电工电子实验技术

（第 4 版）

主　编　吕曙东　孙宏国
副主编　姚志树　许志华
参　编　高福海　罗海东

东南大学出版社
·南京·

内 容 简 介

本书是根据高等学校电工电子实验教学体系改革与实验教学基本要求而编写的实践教材，按照学生的认知规律将各类电工电子实验融为一体，主要内容包括：常用电工电子实验仪器设备的使用、40个电工电子实验、10个电子电路仿真及设计实验、10个综合设计性实验，可满足不同专业、不同学时数和不同层次的教学需要。

本书可作为高等学校电气及电子信息类和其他相关专业的本、专科教材，也可供从事电气、电子技术工作的工程技术人员参考。

图书在版编目（CIP）数据

电工电子实验技术／吕曙东，孙宏国主编．—4版．—南京：东南大学出版社，2018.5（2021.8重印）

ISBN 978-7-5641-7896-3

Ⅰ.①电… Ⅱ.①吕… ②孙… Ⅲ.①电工技术—实验②电子技术 实验 Ⅳ.①TM—33②TN—33

中国版本图书馆CIP数据核字（2018）第171709号

电工电子实验技术

出版发行：东南大学出版社
社　　址：南京市四牌楼2号　　邮编：210096
出 版 人：江建中
责任编辑：史建农
网　　址：http://www.seupress.com
经　　销：全国各地新华书店
印　　刷：南京京新印刷有限公司
开　　本：787 mm×1 092 mm　1/16
印　　张：16.25
字　　数：410千字
版　　次：2018年5月第4版
印　　次：2021年8月第5次印刷
书　　号：ISBN 978-7-5641-7896-3
定　　价：45.00元

第 4 版前言

电工技术与电子技术基础实验是高等工科院校实践性很强的专业基础课，其开课目的是培养学生理论联系实际的能力、实践操作能力、综合应用能力和开发创新能力，培养学生严谨求实的科学态度和踏实细致的工作作风。

《电工电子实验技术》(第 4 版)根据高等学校电工电子实验教学大纲和实验教学要求，总结了作者多年的实验教学经验和实验教学改革成果编写而成，综合了“电工学”“电路”“信号与线性系统分析”“电子技术基础(模拟部分)”“电子技术基础(数字部分)”等专业基础课程的实验内容，便于单独开设实验课程，同时也适合与理论课同步进行实验教学。

全书共分为 6 章。第 1 章介绍常用电工、电子实验仪器设备的使用；第 2 章为电工、电路与信号系统实验，包括电工学、电路与信号系统共 20 个实验项目；第 3 章为模拟电路实验，共 10 个实验项目；第 4 章为数字电路实验，共 10 个实验项目；第 5 章为电子电路仿真及设计，介绍了仿真设计软件 Multisim 12 的应用及 10 个电子电路仿真及设计实验实例；第 6 章为综合设计性实验，介绍了基本单元电路设计及 10 个实验项目。

本教材在教学中不断改进，及时融入新知识、新技术及新的教学理念，第 4 版的改编力求体现实验内容的典型性、实用性和创新性：

(1) 按基础性实验、EDA 仿真及设计实验、综合设计性实验三个层次展开，循序渐进，可根据各专业不同的教学要求选择不同的内容进行实验教学。各章节之间相互独立，可灵活组织进行实验教学。

(2) 对于基础性实验，将各章中原有实验项目进行优化组合，以实验内容作为载体，通过实验仪器和电路的联合应用，着重培养学生电工电子基本实验方法和基本实验技能，巩固基本原理和基本概念。

(3) 对于仿真及设计实验，采用 EDA 技术建立虚拟电工电子实验平台，通过 Multisim 12 的应用进行 EDA 实验教学，培养学生的综合分析、开发设计和创新能力，克服了实验室硬件条件、实验时间和空间的约束，提高了实验教学效果。

(4) 对于综合设计性实验，增补了基本单元电路设计，针对具体的电路设计任务,介绍实验电路的设计方法、基本电路单元的应用方案、系统参数和性能的测试与调试等,将原理、方法和应用结合起来,给学生留出施展才能的空间。

参加本书编写的有吕曙东、孙宏国、姚志树、许志华。吕曙东编写了绪论、第1章、第2章、第3章、第5章,孙宏国编写了第6章,姚志树编写了第4章,许志华参加了部分章节的文字和插图整理工作。本书得到了盐城工学院教材出版基金的资助。全书由吕曙东组织编写并负责统稿。孙宏国教授审阅了全稿。

由于我们的水平有限,书中难免有错误和不妥之处,恳请读者给予批评指正。

编　者

2018年5月于盐城

目　录

0　绪　论 ………………………………………………………………… (1)
0.1　做好课前预习 ………………………………………………………… (1)
0.2　实验操作程序 ………………………………………………………… (1)
0.3　电路故障检查 ………………………………………………………… (2)
0.4　误差分析处理 ………………………………………………………… (3)
0.5　实验报告要求 ………………………………………………………… (4)
1　常用电工、电子实验仪器设备的使用 ………………………………… (5)
1.1　YB1732C2A 型三路直流稳压电源 ……………………………………… (5)
1.2　MF-47 型万用表 ……………………………………………………… (6)
1.3　YB1603P 型函数信号发生器 ………………………………………… (8)
1.4　EE1642B 型函数信号发生器/计数器 ………………………………… (11)
1.5　YB4320C 型示波器 …………………………………………………… (13)
1.6　YB4340G 型示波器 …………………………………………………… (16)
1.7　YB2172/YB2173 型交流毫伏表 ……………………………………… (18)
1.8　GDDS 型高性能电工实验台简介及使用说明 ………………………… (19)
1.9　MDS-V 模拟电路实验系统简介及使用说明 ………………………… (23)
1.10　TKSS-C 型信号与系统实验箱简介及使用说明 …………………… (24)
2　电工、电路与信号系统实验 ………………………………………… (28)
2.1(实验1)　电路基本元件的伏安特性测定 ……………………………… (28)
2.2(实验2)　基尔霍夫定律 ………………………………………………… (30)
2.3(实验3)　叠加定理 ……………………………………………………… (32)
2.4(实验4)　戴维南定理和诺顿定理 ……………………………………… (33)
2.5(实验5)　CCVS 及 VCCS 受控源的研究 ……………………………… (35)
2.6(实验6)　三表法测量交流电路等效阻抗 ……………………………… (38)
2.7(实验7)　日光灯电路功率因数的提高 ………………………………… (40)
2.8(实验8)　互感电路 ……………………………………………………… (42)
2.9(实验9)　*RLC* 串联谐振 ……………………………………………… (45)
2.10(实验10)　三相交流电路电压、电流的测量 ………………………… (48)
2.11(实验11)　三相电路电功率的测量 …………………………………… (51)

2.12(实验12) 线性无源二端网络的研究 …… (53)
2.13(实验13) 一阶电路的方波响应 …… (56)
2.14(实验14) 运算放大器的特性与应用 …… (58)
2.15(实验15) 回转器的应用 …… (61)
2.16(实验16) 50 Hz 非正弦周期信号的分解与合成 …… (62)
2.17(实验17) 无源和有源滤波器 …… (65)
2.18(实验18) 二阶网络函数的模拟 …… (68)
2.19(实验19) 抽样定理 …… (71)
2.20(实验20) 二阶网络状态轨迹的显示 …… (73)
3 模拟电路实验 …… (77)
3.1 电子技术实验中基本电量(电压、电流)的测量 …… (77)
3.1.1 电压的测量 …… (77)
3.1.2 电流的测量 …… (80)
3.2 模拟电路实验 …… (81)
3.2.1 电子学认识实验 …… (81)
3.2.2 晶体管的特性及主要参数的测试 …… (83)
3.2.3 共射极单管放大电路 …… (86)
3.2.4 两级阻容耦合放大电路 …… (89)
3.2.5 场效应管放大电路 …… (91)
3.2.6 负反馈放大电路 …… (93)
3.2.7 差动放大电路 …… (94)
3.2.8 *RC* 正弦波振荡器 …… (97)
3.2.9 信号处理电路 …… (98)
3.2.10 整流、滤波、稳压电路 …… (100)
4 数字电路实验 …… (103)
4.1(实验1) TTL 与非门参数测试 …… (103)
4.2(实验2) 集成门电路逻辑功能测试及逻辑变换 …… (105)
4.3(实验3) OC 门和三态门的应用 …… (108)
4.4(实验4) 组合逻辑电路的设计 …… (111)
4.5(实验5) 译码器和编码器 …… (114)
4.6(实验6) 半加器、全加器及数据选择器、分配器 …… (119)
4.7(实验7) 触发器 …… (124)
4.8(实验8) 计数器及其应用 …… (129)
4.9(实验9) 寄存器、移位寄存器及其应用 …… (133)
4.10(实验10) D/A 和 A/D 转换 …… (140)
5 电子电路仿真及设计 …… (144)
5.1 Multisim 12 基本操作指南 …… (144)

5.1.1 Multisim 12 简介、特点 …… (144)
5.1.2 Multisim 12 的基本界面 …… (144)
5.1.3 Multisim 12 电路的创建 …… (153)
5.1.4 Multisim 12 常用仪器仪表的使用 …… (162)
5.2 Multisim 12 仿真及设计实验实例 …… (172)
5.2.1 *RLC* 串联谐振 …… (172)
5.2.2 一阶、二阶电路的暂态响应 …… (175)
5.2.3 二阶网络函数的模拟 …… (179)
5.2.4 共发射极放大电路 …… (182)
5.2.5 差动放大电路 …… (188)
5.2.6 函数信号发生器的设计 …… (191)
5.2.7 OTL 功率放大器 …… (194)
5.2.8 译码器及其应用 …… (197)
5.2.9 555 定时器的应用 …… (199)
5.2.10 集成计数器的应用 …… (203)
6 综合设计性实验 …… (206)
6.1 基本单元电路设计 …… (206)
6.1.1 模拟信号处理单元 …… (206)
6.1.2 模拟信号变换单元 …… (214)
6.1.3 信号产生单元 …… (217)
6.1.4 多路选择开关 …… (220)
6.2 直流稳压电源的设计 …… (221)
6.2.1 简述 …… (221)
6.2.2 设计任务与要求 …… (221)
6.2.3 设计思路 …… (221)
6.2.4 电路设计 …… (224)
6.3 模拟三相交流信号源的设计 …… (224)
6.3.1 简述 …… (224)
6.3.2 设计任务与要求 …… (225)
6.3.3 设计思路 …… (225)
6.3.4 电路设计 …… (225)
6.4 函数信号发生器的设计 …… (226)
6.4.1 简述 …… (226)
6.4.2 设计任务与要求 …… (227)
6.4.3 设计思路 …… (227)
6.4.4 电路设计 …… (227)
6.5 数字钟设计 …… (229)

6.5.1 简述 …………………………………………………………………… (229)
6.5.2 设计任务与要求 ……………………………………………………… (229)
6.5.3 设计思路 ……………………………………………………………… (229)
6.5.4 电路设计 ……………………………………………………………… (230)
6.6 交通信号灯 ……………………………………………………………… (233)
6.6.1 简述 …………………………………………………………………… (233)
6.6.2 设计任务与要求 ……………………………………………………… (233)
6.6.3 设计思路 ……………………………………………………………… (233)
6.6.4 电路设计 ……………………………………………………………… (234)
6.7 多组竞赛抢答器的设计 ………………………………………………… (236)
6.7.1 简述 …………………………………………………………………… (236)
6.7.2 设计任务和要求 ……………………………………………………… (237)
6.7.3 设计思路 ……………………………………………………………… (237)
6.7.4 电路设计 ……………………………………………………………… (237)
6.8 节日彩灯控制器的设计 ………………………………………………… (239)
6.8.1 简述 …………………………………………………………………… (239)
6.8.2 设计任务和要求 ……………………………………………………… (240)
6.8.3 设计思路 ……………………………………………………………… (240)
6.8.4 电路设计 ……………………………………………………………… (240)
6.9 数据采集系统 …………………………………………………………… (242)
6.9.1 简述 …………………………………………………………………… (242)
6.9.2 设计任务与要求 ……………………………………………………… (242)
6.9.3 设计思路 ……………………………………………………………… (242)
6.9.4 电路设计 ……………………………………………………………… (243)
6.10 温度测量仪 …………………………………………………………… (244)
6.10.1 简述 ………………………………………………………………… (244)
6.10.2 设计任务与要求 …………………………………………………… (244)
6.10.3 设计思路 …………………………………………………………… (244)
6.10.4 电路设计 …………………………………………………………… (245)
6.11 低频相位计的设计 …………………………………………………… (247)
6.11.1 简述 ………………………………………………………………… (247)
6.11.2 设计任务与要求 …………………………………………………… (247)
6.11.3 设计思路 …………………………………………………………… (248)
6.11.4 电路设计 …………………………………………………………… (248)

主要参考文献 ……………………………………………………………… (251)

0　绪　　论

高等院校培养的大学生既要有坚实的理论基础，又要有过硬的实践操作能力，还要具有一定的实验研究能力、分析计算能力、总结归纳能力和解决各种实际问题的能力。开设并做好必要的实验，是学好理论课程的重要教学辅助环节。

0.1　做好课前预习

预习是提高实验课质量的关键，没有预习的学生，不得参加实验。为了能在实验时有清晰的思路，以便主动地有计划地进行实验，对预习提出下列要求：

1）验证性实验

（1）复习与实验内容有关的理论知识，明确实验目的与原理，了解实验步骤，明确操作方法，记住注意事项。

（2）完成实验所要求的计算和图表。

（3）熟悉实验线路及所用仪器的规格、性能及使用方法。

2）设计性实验

（1）根据题目要求，设计或选用实验电路和测试电路。设计电路时，计算要正确，步骤要清楚，画出的电路要整洁，元器件符号要标准化，数值符合系列标准。

（2）列出本次实验所选用元器件、仪器、仪表和器材的详细清单。

（3）拟定详细实验步骤，包括实验电路的调试和测试步骤，设计实验数据记录表格。

0.2　实验操作程序

1）实验前

（1）实验指导老师在实验前检查学生的预习情况，不合格者不准参加实验。

（2）由实验指导老师讲授本次实验的内容、步骤及注意事项。

（3）学生到指定的实验台（桌）上核对所需仪器及辅助设备是否齐全，性能是否良好，发现有损坏或不齐全时应及时报告。

（4）学生要了解电源配制情况，了解仪器设备的规格及使用方法。

2）接线原则

按实验原理（接线）图连接实验线路：

（1）接线要整齐清楚，尽量避免交叉。

（2）要便于读取数据与操作。

（3）接线时应先接主要回路，然后接上其他支路（先串联后并联，实验中需改接线或实验完毕都应先断开电源，然后改接或拆除线路）。

（4）接线要牢固，每个接线柱上不要超过两根连接导线。

3）实验中

（1）接通电源前，学生必须首先自己检查所接线路是否正确，然后经指导老师检查认可后方可接通电源。

（2）进行实验操作，观察实验现象，记录实验数据，并将测量数据交老师审阅，发现错误及时重做。

（3）实验中要改接线路时，必须在断开电源后进行；线路改接好后，也应严格检查方可接通电源。

（4）发现异常气味或危险现象等不正常的情况时必须立即断开电源，保持原状，并报告指导老师处理，不得私自调换或改接线路。只有找出并排除故障后，方可继续进行实验。

（5）测量数据和调整仪器要注意人身安全和设备的安全，对 220 V 以上的市电进行操作时，要特别小心，以免发生触电事故。

4）实验后

（1）实验完毕后断开电源，实验设备经指导老师检查清点后拆线并做好仪器设备、实验台（桌）和环境的清理工作。

（2）实验原始记录必须经指导老师签字。

（3）认真填写《仪器设备使用情况记载簿》，并经指导老师签字认可。

0.3 电路故障检查

故障是不可避免的电路异常工作状况。分析、寻找和排除故障是电气工程人员必备的实践技能。

（1）直接观察法

首先检查仪器的选用和使用是否正确，电源电压的等级和极性是否符合要求，电解电容的极性、二极管和三极管的管脚、集成电路的引脚有无错接、漏接、互碰等情况，布线是否合理，电阻、电容有无烧焦和炸裂等；然后再用万用表欧姆挡，对照实验原理图，对每个元件及连接导线逐一进行检查，根据被查点的电阻大小找出故障点。

（2）信号寻迹法

对于各种较复杂的电路，可在输入端接入一个一定幅值、适当频率的信号（例如，对于多级放大电路，可在其输入端接入 $f=1\ 000$ Hz 的正弦波信号），用示波器由前级到后级（或者相反），逐级观察波形及幅值的变化情况，如哪一级异常，则故障就在该级。这是深入检查电路的方法。

（3）对比法

怀疑某一电路存在问题时，可将此电路的参数与工作状态和相同的正常电路的参数（或理论分析的电流、电压、波形等）一一进行对比，从中找出电路中的不正常情况，进而分析故障原因，判断故障点。

（4）旁路法

若有寄生振荡现象，可以利用适当容量的电容器，选择适当的检查点，将电容临时跨接在检查点与参考接地点之间，如果振荡消失，就表明振荡是产生在此附近或前级电路中；否则就在后面，再移动检查点进行寻找。

应该指出的是,旁路电容的容量要适当,不宜过大,只要能较好地消除有害信号即可。

(5) 短路法

短路法就是采取临时性短接一部分电路来寻找故障的一种方法。短路法对检查断路性故障最有效。但要注意对电源是不能采用短路法的。

(6) 断路法

可以采取依次断开电路的某一支路的办法来检查故障。如果断开该支路后,电路恢复正常,则故障就发生在此支路。断路法用于检查短路故障最有效,也是一种逐步缩小故障怀疑点范围的方法。

0.4 误差分析处理

测量结果和待测量的客观真值之间存在的差别即测量误差。

1) 误差的表示方法

(1) 绝对误差

设被测量的真值为 X_0,测量仪器的示值为 X,则绝对误差为

$$\Delta X = X - X_0$$

(2) 相对误差

相对误差是用绝对误差 ΔX 与被测量的真值 X_0 的比值的百分数来表示的,记为

$$\gamma = \frac{\Delta X}{X_0} \times 100\%$$

相对误差可为正值,也可为负值。

(3) 引用误差

用绝对误差 ΔX 与仪器的满刻度值 X_N 之比的百分数来表示的相对误差,则称为引用误差,即

$$\gamma_N = \frac{\Delta X}{X_N} \times 100\%$$

电工仪表的准确度等级就是由 γ_N 决定的,如 1.0 级的电表,表明 $\gamma_N \leqslant \pm 1.0\%$。我国常用电工仪表分为 0.1、0.2、0.5、1.0、1.5、2.5、5.0 七级。因此,当我们使用这类仪表进行测量时,一般应使被测量的值尽可能在仪表满刻度值的二分之一以上。

2) 测量误差的处理

(1) 系统误差

系统误差是指在相同条件下重复测量同一量时,误差的大小和符号保持不变,或按照一定的规律变化的误差。为了减小或消除系统误差,应配备性能优良的仪器并定时对测量仪器进行校准。

(2) 随机误差

在相同条件下多次重复测量同一量时,误差大小和符号无规律地变化的误差称为随机误差。随机误差不能用实验方法消除,但可通过多次重复测量,然后取其算术平均值来达到

目的。

(3) 过失误差

过失误差也称粗差,这种误差是由于测量者对仪器不了解、实验过程中粗心导致读数不正确而引起的,测量条件的突然变化也会引起粗差。所以应做到:测量过程中认真仔细;反复对被测量进行测量以避免单次误差;改变测量方法或测量仪器后测量同一被测量。

0.5 实验报告要求

实验报告是对本次实验课的全面总结,要对实验的目的、原理、设备、任务、数据的分析和处理等方面进行明确的叙述。

(1) 实验报告必须用规定的实验报告册书写,一般情况下,必须完成前一个实验报告,方可做下一个实验。

(2) 实验报告必须整洁,除图表可用铅笔外,一律用钢笔、签字笔或圆珠笔书写,不得用红笔。

(3) 实验报告内容应有下列各项:

① 预习报告。

② 实验目的和要求。

③ 实验所用仪器或器材(需写明名称、规格、编号)。

④ 实验电路图(要用直尺和其他工具作图,特别要注意交接点的圆点)。

⑤ 实验的具体步骤、实验原始数据及实验过程的详细情况记录,实验结果的数据记录表格以及实验数据的处理过程(必须注明实验条件,数据要注明量程和单位)。

⑥ 波形的绘制:必须注明坐标及时间的对应关系和波形的名称。

⑦ 曲线的制作:必须注明函数关系及实验条件,坐标轴应注明单位,尤其是对数坐标要取正确,如一个图上同时要画几条曲线时,应分别指示相应的坐标,曲线应尽量布满全图,不要过大或过小,并且要用曲线板画工整。

⑧ 实验结果的必要分析和问题的讨论必须引用实验中所得的数据与观察到的现象来说明,反对不用具体数据而空谈理论。

⑨ 回答实验思考题。

⑩ 实验报告不符合要求的要退回修改或重做,并限时完成。

1　常用电工、电子实验仪器设备的使用

1.1　YB1732C2A 型三路直流稳压电源

1）主要技术指标

（1）输出电压：0～30 V（双路）；5 V（固定输出）。

（2）输出电流：0～2 A（双路）；2 A（固定输出）。

（3）负载效应：CV—5×10^{-4} +2 mV；CC—20 mA。

（4）源效应：CV—1×10^{-4} +0.5 mV；CC—1×10^{-3} +5 mA。

（5）纹波及噪声：CV—1 mVrms；CC—1 mArms。

（6）输出调节分辨率：CV—20 mV；CC—30 mA。

（7）跟踪误差：±1%。

（8）显示精度：2.5 级。

（9）电源电压：AC 220 V ±22 V；频率：50 Hz ±2 Hz。

（10）工作温度：0 ℃ ～ +40 ℃。

2）面板图

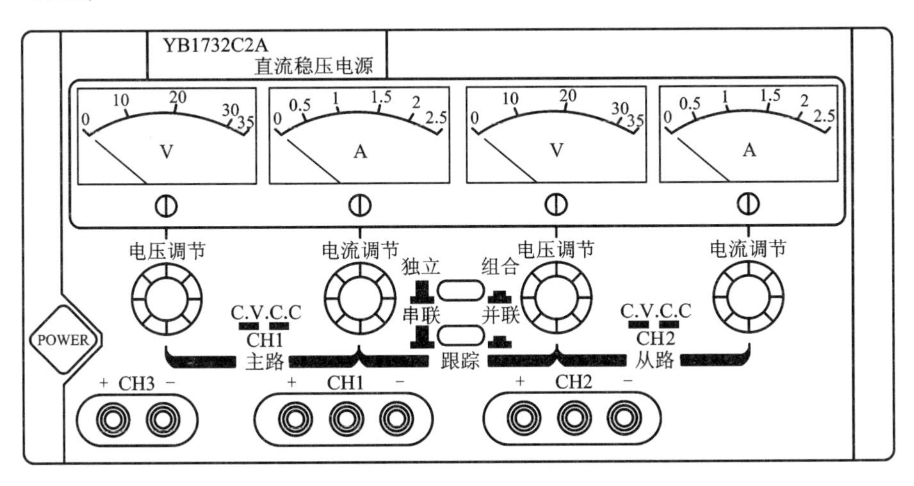

图 1.1　YB1732C2A 型三路直流稳压电源

3）面板操作键名称及功能说明（图 1.1）

（1）电源开关（POWER）：将电源开关按键弹出即为"关"位置；按下电源开关即接通电源。

（2）电压调节旋钮（VOLTAGE）：主路及从路电压调节旋钮，顺时针调节，电压由小变大；逆时针调节，电压由大变小。

（3）电流调节旋钮（CURRENT）：主路及从路电流调节旋钮，顺时针调节，电流由小变大；逆时针调节，电流由大变小。

(4) 恒压指示灯(C. V):主路及从路处于恒压状态时,C. V 指示灯亮。

(5) 恒流指示灯(C. C):主路及从路处于恒流状态时,C. C 指示灯亮。

(6) 输出端口(CH3):固定 5 V 输出端口。

(7) 输出端口(CH1):主路(CH1)输出端口。

(8) 输出端口(CH2):从路(CH2)输出端口。

(9) 显示窗口:从左向右为主路(CH1)电压显示窗口、主路(CH1)电流显示窗口、从路(CH2)电压显示窗口、从路(CH2)电流显示窗口。

(10) 电源独立/组合控制开关:此开关弹出,两路可分别独立使用。开关按入,电源进入跟踪状态。

(11) 电源串联/并联选择开关:独立/组合开关按入,串联/并联开关弹出,为串联跟踪,此时调节主电源电压调节旋钮,从路输出电压严格跟踪主路输出电压,使输出电压最高可达两路电压的额定值之和。独立/组合开关和串联/并联开关都按入,为并联跟踪,此时调节主电源电压调节旋钮,从路输出电压严格跟踪主路输出电压;调节主电源电流调节旋钮,从路输出电流跟踪主路输出电流,使输出电流最高可达两路电流的额定值之和。

1.2 MF-47 型万用表

1)技术性能(见表 1.1)

表 1.1 仪表的测量范围及精度等级

测量类型	量限范围	灵敏度及电压降	精度	误差表示方法
直流电流	0 ~ 0.05 mA ~ 0.5 mA ~ 5 mA ~ 50 mA ~ 500 mA ~ 5 A	0.3 V	2.5	以上量限的百分数计算
直流电压	0 ~ 0.25 V ~ 1 V ~ 2.5 V ~ 10 V ~ 50 V ~ 250 V ~ 500 V ~ 1 000 V ~ 2 500 V	20 000 Ω/V	2.5 5	以上量限的百分数计算
交流电压	0 ~ 10 V ~ 50 V ~ 250 V ~ (45 ~ 65 ~ 5 000 Hz) 500 V ~ 1 000 V ~ 2 500 V (45 ~ 65 Hz)	4 000 Ω/V	5	以上量限的百分数计算
直流电阻	$R\times1$;$R\times10$;$R\times100$ $R\times1$ k;$R\times10$ k	$R\times1$ 中心刻度为 16.5 Ω	2.5	以标度尺弧长的百分数计算
			10	以指示值的百分数计算
音频电平	-10 dB ~ +22 dB	0 dB = 1 mW、600 Ω		
晶体管直流放大倍数	0 ~ 300 h_{FE}			
电感	20 ~ 1 000 H			
电容	0.001 ~ 0.3 μF			

2）面板图(图1.2)

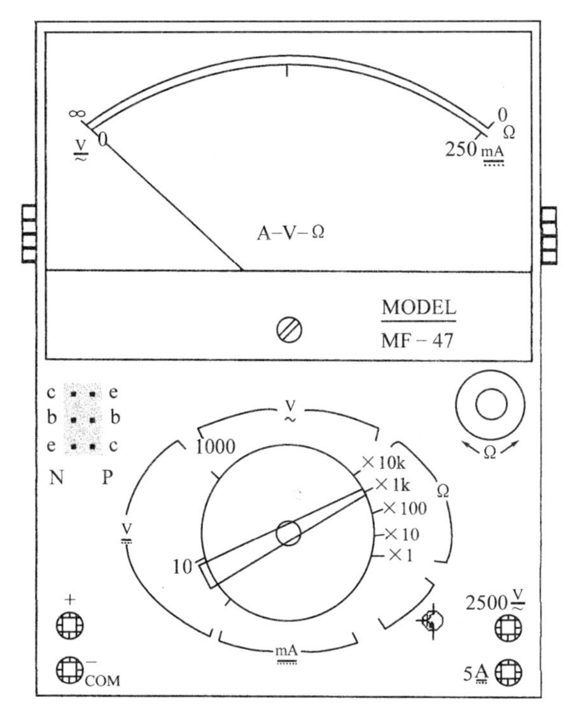

图1.2 MF-47型万用表面板

3）使用方法

(1) 使用前应检查表头指针是否指在机械零位上，如不指在零位时，可旋转表盖上的调零器使指针指示在零位上。

(2) 将红黑测试表棒分别插入“+”“-”插座中，如测量交、直流2 500 V或直流5 A时，红表棒则应分别插入标有“2 500 V”或“5 A”的插座中。

(3) 直流电流的测量：测量0.05～500 mA时，转动开关至所需电流挡；测量5 A时，转动开关可放在500 mA直流电流量限上而后将测试棒串接于被测电路中。

(4) 交、直流电压的测量：测量交流10～1 000 V或直流0.25～1 000 V时，转动开关至所需电压挡。测量交、直流2 500 V时，转动开关应分别旋至交流1 000 V或直流1 000 V位置上，而后将测试棒跨接于被测电路两端。

(5) 直流电阻的测量：装上电池(1.5 V二号电池及9 V层叠电池各一只)，转动开关至所需测量的电阻挡，将红黑测试表棒两端短接，调整零欧姆调节旋钮，使指针对准欧姆挡“0”位上，再将测试表棒分开测量未知电阻的阻值。如短路测试时调整零欧姆调节旋钮不能使指针对准欧姆挡“0”位上，则表示电池电压不足，应尽早取出并更换新电池。

测量电路中的电阻时，应先切断电源，如电路中有电容则应先行放电。

(6) 音频电平的测量：测量方法与测量交流电压相似，转动开关至相应的交流电压挡，并使指针有较大的偏转。

音频电平刻度是根据0 dB=1 mW、600 Ω输送线标准而设计的。音频电平(N)与功率、电压的关系是：

$$N = 10\lg\left(\frac{P_2}{P_1}\right) = 20\lg\left(\frac{U_2}{U_1}\right)$$

式中：P_1——在600 Ω负荷阻抗上0 dB的标称功率，$P_1 = 1$ mW；

U_1——在600 Ω负荷阻抗上消耗功率为1 mW时的相应电压，即

$$U_1 = \sqrt{0.001 \times 600} = 0.775\ \text{V};$$

P_2——被测功率；

U_2——被测电压。

音频电平是以交流10 V为基准刻度，如指示值大于+22 dB时，可在50 V以上各量限测量，其示值可按表1.2所示值修正。

表1.2　音频电平测量量限及范围

量限(V)	按电平刻度增加值(dB)	电平的测量范围(dB)
10		-10 ~ +22
50	14	+4 ~ +36
250	28	+18 ~ +50
500	34	+24 ~ +56

(7) 电容的测量：转动开关至交流10 V位置，被测电容串接于任一测试棒，然后跨接于10 V交流电压电路中进行测量。

(8) 电感的测量：与电容测量方法相同。

(9) 晶体管直流放大倍数h_{FE}的测量：先转动开关至ADJ位置上，将红黑测试表棒两端短接，调节欧姆电位器，使指针对准300 h_{FE}刻度线上，然后转动开关至h_{FE}位置，将要测的晶体管脚分别插入晶体管测试座的e、b、c管座内，指针偏转所示数值约为晶体管的直流放大倍数β值。NPN型晶体管应插入N型管孔内，PNP型晶体管应插入P型管孔内。

4) 注意事项

(1) 仪表在测试时，不能旋转开关旋钮。

(2) 测量电路中的电阻阻值时，应将被测电路的电源切断，如果电路中有电容，应先将其放电后才能测量。切勿在电路带电情况下测量电阻。

(3) 测未知量的电压或电流时，应先选择最高量限，待第一次读取数值后，方可逐渐转至适当位置以取得较准确读数并避免烧坏电路。

(4) 电阻各挡所用干电池应定期检查、更换，以保证测量精度。

(5) 每次使用结束后，应将万用表量程开关置于交流电压最大挡。

(6) 仪表应保持清洁和干燥，以免影响准确度和损坏仪表。

1.3　YB1603P型函数信号发生器

1) 主要技术指标

(1) 电压输出

① 频率范围：0.3 Hz ~ 3 MHz。

② 频率调整率:0.1 ~1。

③ 输出波形:正弦波、方波、三角波、脉冲波、斜波、50 Hz 正弦波。

④ 输出阻抗:50 Ω。

⑤ 输出信号类型:单频、调频、扫频。

⑥ 扫频类型:线性、对数。

⑦ 输出电压幅度:20 V_{P-P}(1 MΩ);

10 V_{P-P}(50 Ω)。

⑧ 对称度调节:20% ~80%。

⑨ 直流偏置:±10 V(1 MΩ);

±5 V(50 Ω)。

⑩ 50 Hz 正弦波输出:约 2 V_{P-P}。

(2) TTL/CMOS 输出

① 输出幅度:"0":≤0.6 V;"1":≥2.8 V。

② 输出阻抗:600 Ω。

(3) 频率计数

① 分辨率:0.1 Hz。

② 闸门时间:10 s、1 s、0.1 s。

③ 外测频范围:1 Hz ~10 MHz。

④ 计数范围:六位(999999)。

(4) 功率输出

① 频率范围:0 ~30 kHz。

② 输出电压:35 V_{P-P}。

③ 输出功率:≥10 W。

④ 直流电平偏移范围:+15 V ~ −15 V。

⑤ 输出过载指示:指示灯亮。

(5) 幅度显示

① 显示位数:三位。

② 显示单位:V_{P-P}或 mV_{P-P}。

③ 分辨率:1 mV_{P-P}(40 dB)。

(6) 一般特性

① 工作温度:0 ℃ ~ +40 ℃。

② 电源:AC 220 V ±22 V;50 Hz ±2.5 Hz。

③ 视在功率:约 10 V·A。

2) 面板图

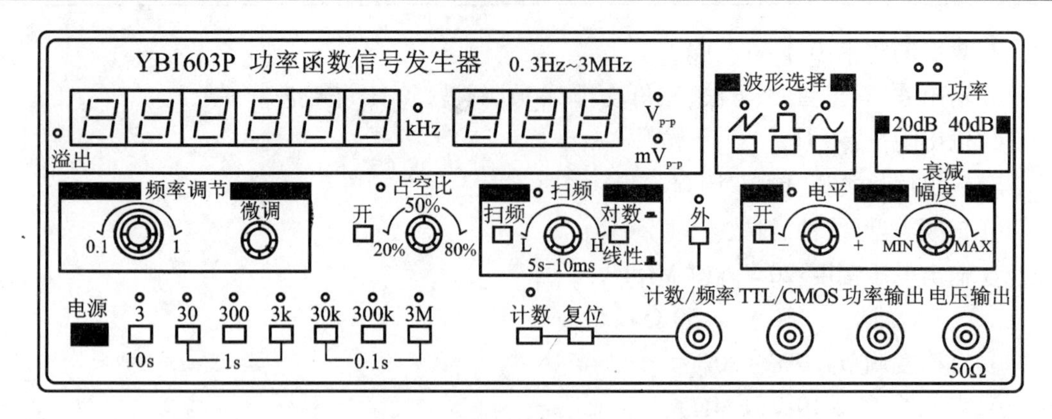

图 1.3　YB1603P 型函数信号发生器

3）面板操作键名称及功能说明(图 1.3)

(1) 电源开关(POWER):将电源开关按键弹出即为“关”位置;按下电源开关即接通电源。

(2) LED 显示窗口:此窗口指示输出信号的频率,当“外测”开关按入,显示外测信号的频率。如超出测量范围,溢出指示灯亮。

(3) 频率调节旋钮(FREQUENCY):调节此旋钮改变输出信号频率。顺时针旋转,频率增大;逆时针旋转,频率减小,微调旋钮可以微调频率。

(4) 占空比(DUTY):占空比开关和占空比调节旋钮。将占空比开关按下,占空比指示灯亮,调节占空比旋钮,可改变波形的占空比。

(5) 波形选择开关(WAVE FORM):按下对应波形的某一键,可选择需要的波形。

(6) 衰减开关(ATTE):电压输出衰减开关,二挡开关组合为 20 dB、40 dB、60 dB。

(7) 频率范围选择开关(并兼频率计闸门开关):根据所需要的频率,按其中任一键。

(8) 计数、复位开关:按计数键,LED 显示开始计数;按复位键,LED 显示全为 0。

(9) 计数/频率端口:计数、外测频率输入端口。

(10) 外测频开关:按下此开关,LED 显示窗口显示外测信号频率或计数值。

(11) 电平调节:按下电平调节开关,电平指示灯亮,此时旋转电平调节旋钮,可改变直流偏置电平。

(12) 幅度调节旋钮(AMPLITUDE):顺时针调节此旋钮,增大电压输出幅度。逆时针调节此旋钮可减小电压输出幅度。

(13) 电压输出端口(VOLTAGE OUT):电压由此端口输出。

(14) TTL/CMOS 输出端口:由此端口输出 TTL/CMOS 信号。

(15) 功率输出端口:功率信号由此端口输出。

(16) 扫频:按下扫频开关,电压输出端口输出信号为扫频信号,调节速率旋钮,可改变扫频速率,改变线性/对数开关可产生线性扫频和对数扫频。

(17) 电压输出指示:3 位 LED 显示输出电压值,输出接 50 Ω 负载时应将读数除以 2。

(18) 功率按键:按下此键,按键上方左边绿色指示灯亮,功率输出端口输出信号;当输出过载时,右边红色指示灯亮。

1.4 EE1642B 型函数信号发生器/计数器

1）主要技术参数（见表 1.3）

表 1.3 主要技术参数

一、函数信号发生器技术参数		
项目		技术参数
输出频率		0.2 Hz～10 MHz 按十进制分类共分八挡
输出阻抗	函数输出	50 Ω
	TTL 同步输出	600 Ω
输出信号波形	函数输出	正弦波、三角波、方波（对称或非对称输出）
	TTL 同步输出	脉冲波
输出信号幅度	函数输出	不衰减：（1 V_{P-P}～10 V_{P-P}），±10% 连续可调 衰减 20 dB：（0.1 V_{P-P}～1 V_{P-P}），±10% 连续可调 衰减 40 dB：（10 mV_{P-P}～100 mV_{P-P}），±10% 连续可调
	TTL 同步输出	“0”电平：≤0.8 V，“1”电平：≥1.8 V（负载电阻≥600 Ω）
函数输出信号直流电平（OFFSET）调节范围		关或（－5 V～＋5 V）±0.5 V（50 Ω 负载） “关”位置时输出信号所携带的直流电平为：<0 V ±0.1 V 负载电阻≥1 MΩ 时，调节范围为（－10 V～＋10 V）±1 V
函数输出信号衰减		0 dB/20 dB 或 40 dB
输出信号类型		单频信号、扫频信号、调频信号（受外控）
函数输出非对称性（SYM）调节范围		关或 25%～75% “关”位置时输出波形为对称波形，误差≤2%
扫描方式	内扫描方式	线性/对数扫描方式
	外扫描方式	由 VCF 输入信号决定
输出信号特征	正弦波失真度	≤2%
	三角波线性度	>90%（输出幅度的 10%～90% 区域）
	脉冲波上（下）升（降）沿时间	≤30 ns
幅度显示	显示位数	三位（小数点自动定位）
	显示单位	V_{P-P} 或 mV_{P-P}
频率显示	显示范围	0.200 Hz～10 000 kHz
	显示有效位数	五位：10 Hz～20 000 kHz；四位：0.200 Hz～9.999 Hz
二、频率计数器技术参数		
频率测量范围		0.2 Hz～20 000 kHz

续表 1.3

项目		技术参数
输入电压范围(衰减度为 0 dB)		50 mV ~ 2 V(10 Hz ~ 20 000 kHz)
		100 mV ~ 2 V(0.2 ~ 10 Hz)
输入阻抗		500 kΩ/30 pF
波形适应性		正弦波、方波
滤波器截止频率		大约 100 kHz(带内衰减,满足最小输入电压要求)
测量时间		0.1 s(f_i > 10 Hz)
		单个被测信号周期(f_i < 10 Hz)
显示方式	显示范围	0.2 Hz ~ 20 000 kHz
	显示有效位数	五位:10 Hz ~ 20 000 kHz;四位: 0.200 Hz ~ 9.999 Hz
时基	标称频率	10 MHz
	频率稳定度	±5 × 10^{-5}/d
三、工作条件		
电压、频率		220 V ± 22 V;50 Hz ± 2.5 Hz
功耗、工作环境		≤30 V · A;0 ℃ ~ +40 ℃

2) 面板图

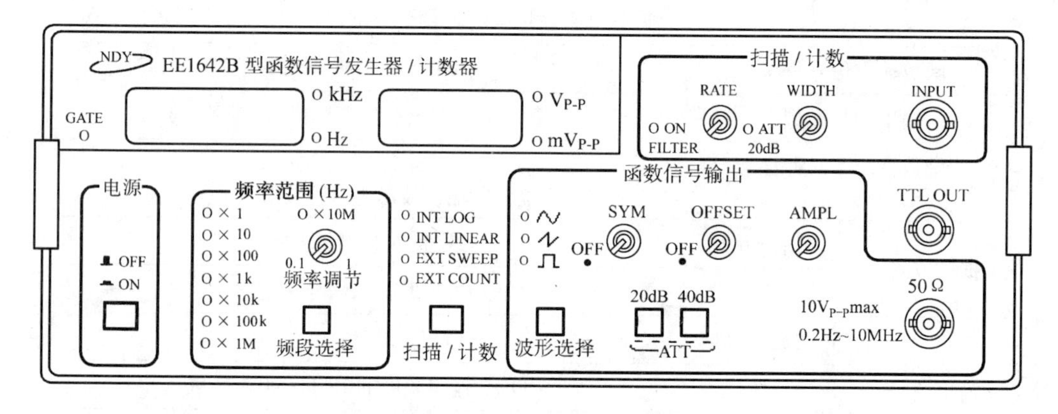

图 1.4　EE1642B 型函数信号发生器/计数器

3) 使用说明

(1) 扫描速率调节旋钮(RATE)

调节该旋钮可以改变内扫描的时间长短。在外测频时,逆时针旋到底(绿灯亮),为外输入测量信号经过低通开关进入测量系统。

(2) 宽度调节旋钮(WIDTH)

调节该旋钮可调节扫频输出的扫频范围。在外测频时,逆时针旋到底(绿灯亮),为外输入测量信号经过衰减"20 dB"进入测量系统。

(3) 外部输入插座(INPUT)

当"扫描/计数"按键功能选择在外扫描状态或外测频功能时,外扫描控制信号或外测频信号由此输入。

(4) TTL 信号输出端(TTL OUT)

输出标准的 TTL 幅度的脉冲信号,输出阻抗为 600 Ω。

(5) 函数信号输出端(50 Ω)

输出多种波形受控的函数信号,输出幅度为 $20V_{P-P}$(1 MΩ 负载),$10V_{P-P}$(50 Ω 负载)。

(6) 函数信号输出幅度调节旋钮(AMPL)

调节范围为 20 dB。

(7) 输出信号直流电平预置调节旋钮(OFFSET)

调节范围:-5 V ~ +5 V(50 Ω 负载),当该旋钮处在“关”位置时,则为 0 电平。

(8) 输出波形对称性调节旋钮(SYM)

调节该旋钮可以改变输出信号的对称性,当该旋钮处在“关”位置时,则输出对称信号。

(9) 函数信号输出幅度衰减开关(ATT)

“20 dB”“40 dB”键均不按下,输出信号不经过衰减直接输出。“20 dB”“40 dB”键分别按下,则可选择 20 dB 或 40 dB 衰减。若上述二键同时按下,则衰减 60 dB。

(10) 波形选择按钮

可选择正弦波、三角波、脉冲波输出。

(11) 扫描/计数按钮

可选择多种扫描方式和外测频方式。

① 内扫描/扫频信号输出:当选定为内扫描方式时,分别调节扫描速率调节旋钮(RATE)、宽度调节旋钮(WIDTH),从函数信号输出端、TTL 信号输出端均输出相应的内扫描的扫频信号。

② 外扫描/扫频信号输出:当选定为外扫描方式时,由外部输入插座(INPUT)输入相应的控制信号,即可得到相应的受控扫描信号。

③ 外测频功能:当选定为外计数方式时,用本机提供的测试电缆,将函数信号引入外部输入插座(INPUT),观察显示频率应与“内”测量时相同。

(12) “频段选择”按钮

每按一次此按钮,输出频率向下调整 1 个频段。

1.5 YB4320C 型示波器

1) 主要技术指标

(1) 垂直系统

① CH1 和 CH2 的灵敏度:5 mV/div ~ 5 V/div(1 mV/div ~ 1 V/div: ×5 扩展),1-2-5 挡,10 挡。

② 精度: ×1 ±5%; ×5 ±10%。

③ 频带宽度(5 mV/div):DC(DC ~ 20 MHz);AC(10 Hz ~ 20 MHz)

④ 上升时间:≤17.5 ns。

⑤ 输入阻抗:1 MΩ ±2%,25 pF ±3 pF。

⑥ 最大输入电压:400 V(DC + AC 峰值)。

⑦ 输入耦合系统:AC - ⊥ - DC。

⑧ 工作系统:CH1(仅通道 1 工作);CH2(仅通道 2 工作);ADD(CH1 和 CH2 的叠加);双踪(同时显示通道 1 和通道 2)。

⑨ 倒相:仅通道 2 的信号可转换。

(2) 水平系统

① 扫描方式:×1, ×5, ×1、×5 交替。

② 扫描时间:0.1 μs/div ~ 0.2 s/div(±5%),20 挡可调,1 - 2 - 5 挡。

③ 扫描扩展:20 ns/div ~ 40 ms/div。

④ 交替扩展触发:至多四迹。

⑤ 轨迹分挡微调:≤1.5 div。

(3) 一般特性

① 工作环境:温度 0 ℃ ~ +40 ℃;湿度 20% ~ 90%。

② 电源:AC220 V ± 22 V;50 Hz ± 2.5 Hz。

③ 功耗:35 W。

2) 面板图

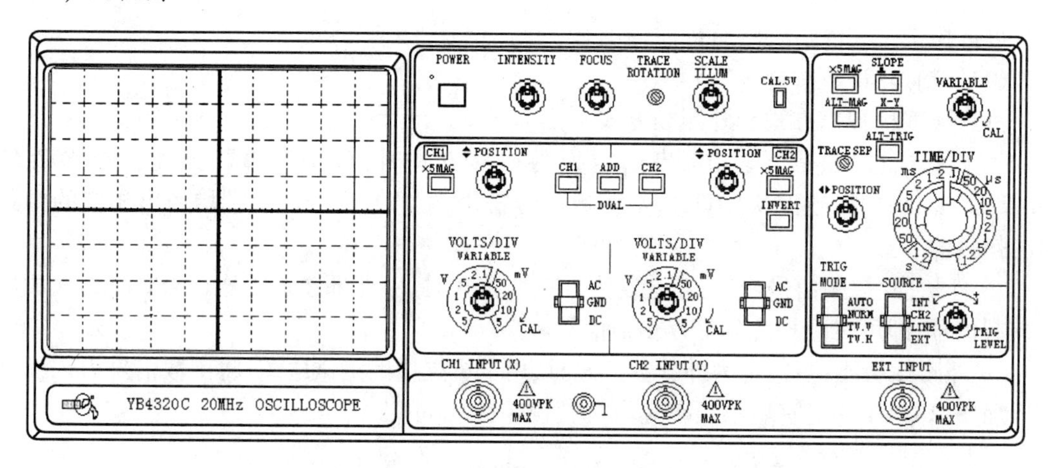

图 1.5 YB4320C 型示波器

3) 面板控制键作用说明(图 1.5)

(1) 电源开关(POWER):将电源开关按键弹出即为“关”位置,将电源线接入,按下电源开关,以接通电源,同时电源指示灯亮。

(2) 辉度旋钮(INTENSITY):顺时针方向旋转该旋钮,亮度增强。

(3) 聚焦旋钮(FOCUS):用亮度控制旋钮将亮度调节到合适的位置,然后调节聚焦控制钮直至轨迹达到最清晰的程度,虽然调节亮度旋钮时聚焦可自动调节,但聚焦有时也会轻微变化。如果出现这种情况,需重新调节聚焦。

(4) 轨迹旋转旋钮(TRACE ROTATION):由于磁场的作用,当轨迹在水平方向轻微倾斜时,该旋钮用于调节轨迹与水平刻度线平行。

(5) 刻度照明控制旋钮(SCALE ILLUM):该旋钮用于调节屏幕刻度亮度。如果该旋钮顺时针方向旋转,亮度将增加,该功能主要用于黑暗环境或拍照时的操作。

(6) 通道 1 输入端(CH1 INPUT):该输入端用于垂直方向的输入,在 $X-Y$ 方式时输入端的信号成为 X 轴信号。

(7) 通道 2 输入端(CH2 INPUT):和通道 1 一样,只是在 $X-Y$ 方式时输入端的信号成为 Y 轴信号。

(8) 交流-接地-直流耦合选择开关(AC - GND - DC):选择垂直放大器的耦合方式。

① 交流(AC):垂直输入端由电容器来耦合,此时输入信号中的直流成分被阻断。

② 接地(GND):放大器的输入端接地(输入信号不接地),荧光屏上出现接地电平,可作测量基准或寻迹用。

③ 直流(DC):垂直放大器输入端与信号直接耦合,此时输入信号的所有成分都被显示。

(9) 衰减器开关(VOLTS/DIV):用于选择垂直偏转灵敏度的调节。如果使用的是 10∶1 的探头,计算时将幅度 ×10。

(10) 垂直微调旋钮(VARIABLE):垂直微调用于连续改变电压偏转灵敏度。该旋钮逆时针方向旋到底,垂直方向的灵敏度下降到$\frac{1}{4}$以下。在正常情况下该旋钮应位于顺时针方向旋到底的位置。

(11) CH1 ×5 扩展、CH2 ×5 扩展(CH1 ×5MAG、CH2 ×5MAG):按下“×5”扩展按键,垂直方向的信号扩大 5 倍,最高灵敏度变为 1 mV/div。

(12) 垂直位移(POSITION):调整轨迹在屏幕中的垂直位置。

(13) 通道 1 选择(CH1):屏幕上仅显示 CH1 的信号。

(14) 通道 2 选择(CH2):屏幕上仅显示 CH2 的信号。

(15) 双踪选择(DUAL):同时按下 CH1 和 CH2 按钮,屏幕上会出现双踪并自动以断续或交替方式同时显示 CH1 和 CH2 上的信号。

(16) 叠加(ADD)按钮:显示 CH1 和 CH2 输入信号的代数和。

(17) CH2 极性开关(INVERT):按下此开关时 CH2 显示反相电压值。

在双踪显示模式下,如先按下 CH2 的倒相“INVERT”按钮,再按下“叠加”(ADD)按钮,则屏幕上将显示 CH1 和 CH2 相减后的信号。

(18) 扫描时间系数选择开关(TIME/DIV):共 20 挡,在 0.1 μs/div ~ 0.2 s/div 范围内选择扫描速率。

(19) 扫描微调旋钮(VARIABLE):在正常工作中,该旋钮应位于校准位置(顺时针旋到底)。

(20) 水平位移(POSITION):用于调节轨迹在水平方向上移动。顺时针方向旋转该旋钮向右移动轨迹,逆时针方向旋转向左移动轨迹。

(21) 扫描系数(×5MAG)扩展控制键:按下此键时,扫描系数乘以 5 扩展,扫描时间是“TIME/DIV”开关指示数值的 1/5。

(22) 交替扩展按钮(ALT - MAG):按下此键时,扫描系数 ×1、×5 交替显示。

同时使用垂直双踪方式和水平扩展交替可在屏幕上同时显示 4 条轨迹。

(23) “$X-Y$”控制按键:在 $X-Y$ 工作方式时,垂直偏转信号接入 CH2 输入端,水平偏转信号接入 CH1 输入端。

(24) 触发源选择开关(SOURCE):选择触发信号源。

① 内触发(INT):CH1 或 CH2 上的输入信号是触发信号。

② 通道 2 触发(CH2):CH2 上的输入信号是触发信号。

③ 电源触发(LINE):电源频率成为触发信号。

④ 外触发(EXT):触发输入上的触发信号是外部信号,用于特殊信号的触发。

(25) 外触发输入插座(EXT INPUT):用于外部触发信号的输入。

(26) 交替触发(ALT - TRIG):在双踪交替显示时,触发信号交替来自于两个 *Y* 通道,此方式可用于同时观察两路不相关信号。

(27) 触发极性按钮(SLOPE):用于选择信号的上升或下降沿触发。

(28) 触发方式选择(TRIG MODE)

① 自动(AUTO):在自动方式时扫描电路自动进行扫描,在没有信号输入或输入信号没有被触发同步时,屏幕上仍然可以显示扫描基线。

② 常态(NORM):有触发信号才能扫描,否则屏幕上无扫描线显示。当输入信号的频率低于 20 Hz 时,请用"常态" 触发方式。

③ TV. H:用于观察电视信号中行信号波形。

④ TV. V:用于观察电视信号中场信号波形。

(29) 校准信号(CAL):电压幅度为 0.5 V_{P-P},频率为 1 kHz 的方波信号。

(30) 触发电平旋钮(TRIG LEVEL):用于调节被测信号在某一电平触发同步。顺时针旋转到底(电平锁定),则无论信号如何变化,触发电平自动保持在最佳位置,不需人工调节电平。

1.6 YB4340G 型示波器

1) 主要技术指标

(1) 垂直系统

① 偏转系数:1 mV/div ~5 V/div,1 -2 -5 进制分 12 挡;误差 ±5% 。

② 偏转系数微调比:≥2.5:1。

③ 频带宽度:5 mV/div ~5 V/div,DC ~40 MHz;1 mV/div ~2 mV/div,DC ~15 MHz。

④ 上升时间:5 mV/div ~5 V/div,约 8.8 ns;1 mV/div ~2 mV/div,约 23 ns。

⑤ 输入阻抗:1 MΩ ±2% ,约 25 pF。

⑥ 最大输入电压:400 Vpk,频率≤1 kHz。

⑦ 工作方式:CH1、CH2、双踪、叠加。

⑧ 相位转换:180°(仅 CH2 通道可转换)。

(2) 触发系统

① 触发源:CH1、CH2、电源、外接。

② 触发方式:自动、常态、单次。

③ 最大输入电压:100 Vpk,频率≤1 kHz。

(3) 水平系统

① 水平显示方式:A、A 加亮、B、B 触发。

② A 扫描时基:0.1 μs/div ~0.5 s/div(±5%),1 -2 -5 进制分 21 挡。

③ B 扫描时基:0.1 μs/div ~0.5 ms/div(±5%),1 -2 -5 进制分 12 挡。

④ 延迟时间:1 μs/div ~5 ms/div 连续可调。

(4) 一般特性

① 工作环境:温度 0 ℃ ~ +40 ℃。

② 电源:AC220 V ±22 V;50 Hz ±2 Hz;功耗:约 40 W。

2) 面板图

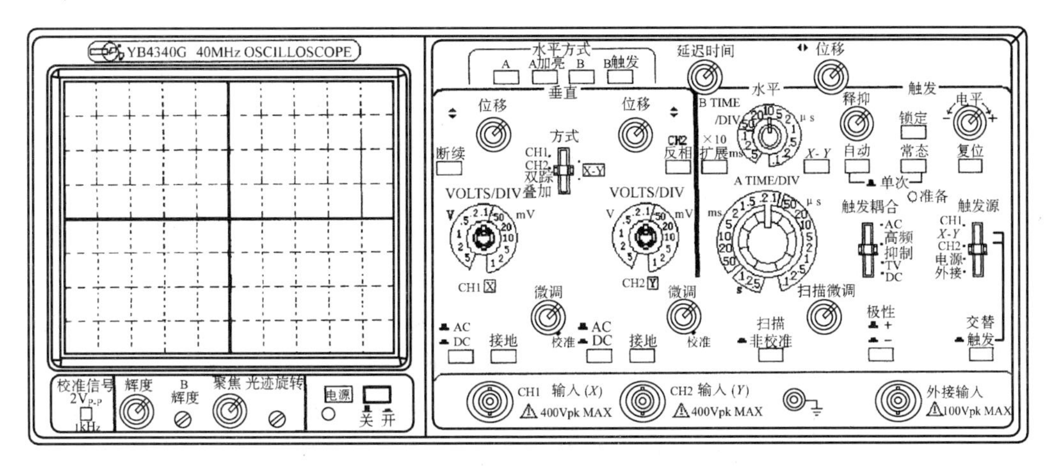

图 1.6 YB4340G 型示波器

3) 面板控制键作用说明(图 1.6)

这里仅介绍与 YB4320C 型示波器有所区别的部分控制按键。

(1) 延迟扫描辉度控制旋钮(B 辉度):顺时针方向旋转此旋钮,增加延迟扫描 B 显示光迹亮度。

(2) 校准信号输出端子(校准信号):提供 1 kHz(±2%)、2 V_{P-P}(±2%)方波作本机 Y 轴、X 轴校准用。

(3) 断续工作方式开关(断续):CH1、CH2 两个通道按断续方式工作,断续频率为 250 kHz,适用于低速扫描。

(4) 主扫描时间系数选择开关(A TIME/DIV):共 21 挡,在 0.1 μs/div ~0.5 s/div 范围内选择扫描速率。

(5) 扫描非校准状态开关键(扫描非校准):按入此键,扫描时基进入非校准调节状态,此时调节扫描微调有效。

(6) 扩展控制键(×10 扩展):按下此键后,扫描因数 ×10 扩展,扫描时间是 TIME/DIV 开关指示数值的 1/10。

(7) 延迟扫描 B 时间系数选择开关(B TIME/DIV):分 12 挡,在 0.1 μs/div ~0.5 ms/div 范围内选择 B 扫描速率。

(8) 水平工作方式选择(水平方式)

① 主扫描(A):按入此键主扫描 A 单独工作,用于一般波形观察。

② A 加亮:选择 A 扫描的某区段扩展为延迟扫描,可用此扫描方式。与 A 扫描相对应的 B 扫描区段(被延迟扫描)以高亮度显示。

③ 被延迟扫描(B):单独显示被延迟扫描 B。

④ B 触发:选择连续延迟扫描和触发延迟扫描。

(9) 延迟时间调节旋钮(延迟时间):调节延迟扫描对应于主扫描起始延迟多长时间启动延迟扫描,调节该旋钮,可使延迟扫描在主扫描全程任何时段启动延迟扫描。

(10) 交替触发:在双踪交替显示时,触发信号来自于两个垂直通道,此方式可用于同时观察两路不相关信号。

(11) 触发电平旋钮(电平):用于调节被测信号在某选定电平触发,当旋钮转向"+"时显示波形的触发电平上升,反之触发电平下降。

(12) 电平锁定(锁定):无论信号如何变化,触发电平自动保持在最佳位置,不需人工调节电平。

(13) 释抑:当信号波形复杂,用电平旋钮不能稳定触发时,可用"释抑"旋钮使波形稳定同步。

(14) 触发极性按钮(极性):触发极性选择。用于选择信号的上升沿和下降沿触发。

(15) 触发方式选择(TRIG MODE)

① 自动(AUTO):在"自动"扫描方式时,扫描电路自动进行扫描。在没有信号输入或输入信号没有被触发同步时,屏幕上仍然可以显示扫描基线。

② 常态(NORM):有触发信号才能扫描,否则屏幕上无扫描线显示。当输入信号的频率低于 50 Hz 时,请用"常态"触发方式。

③ 单次(SINGLE):当"自动"(AUTO)"常态"(NORM)两键同时弹出被设置于单次触发工作状态,当触发信号来到时,准备(READY)指示灯亮,单次扫描结束后指示灯熄,复位键(RESET)按下后,电路又处于待触发状态。

1.7 YB2172/YB2173 型交流毫伏表

1) 主要技术指标(见表 1.4)

表 1.4 主要技术参数

参　　数	YB2172	YB2173
通道	单	双
指针	单指针	双指针
量程选择方式	无	CH1、CH2 相互独立工作, CH2 由 CH1 量程控制方式
电压量程	1 mV ~ 300 V,十二级	300 μV ~ 100 V,十二级
电压误差	1 kHz 为基准,满度≤ ±3%	
输入阻抗	10 MΩ	1 MΩ
最大输入电压	300 V(300 μV ~ 1 V 量程),500 V(3 ~ 100 V 量程)	
电源	220 V,50 Hz	

2）面板图

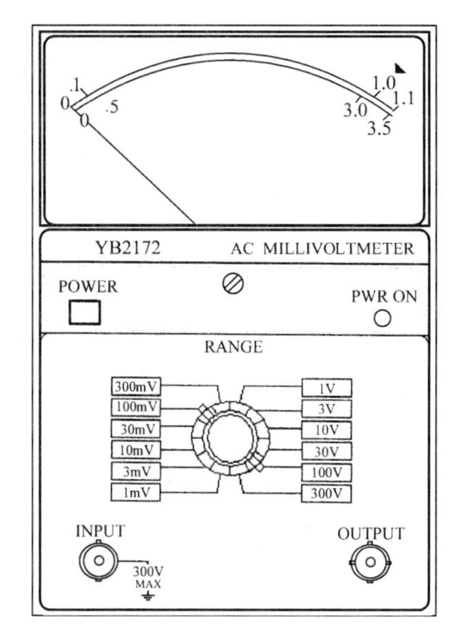

图 1.7　YB2172 型交流毫伏表

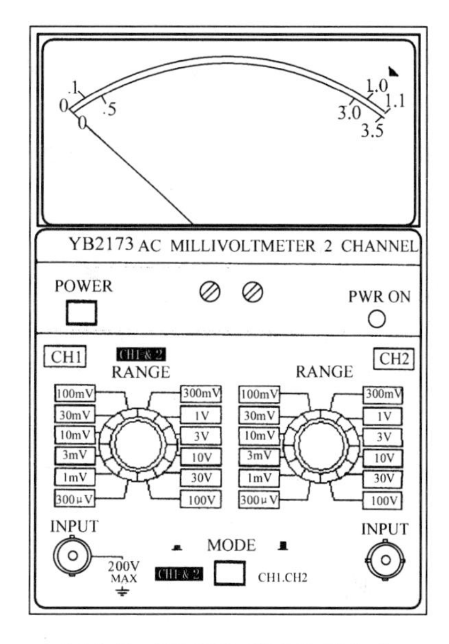

图 1.8　YB2173 型交流毫伏表

3）使用方法

（1）关闭电源开关。

（2）检查指针是否指在零点，如有偏差，用小起子调节表头的机械调零装置，使其指针分别指在零点。

（3）接通交流电源。

（4）将量程开关置于 100 V 挡，然后打开电源开关。

（5）将被测信号接入本机输入端子，拨动量程选择开关，使表头指针所指的位置在大于或等于满度的 1/3 处，以便能方便地读出读数。

（6）仪表暂时不用时，应将量程开关置于最大量程位置上，以免输入开路时由于外界感应信号可能使电表指针偏转过大而损坏表头。

（7）“MODE”方式开关（仅对 YB2173）

当此开关弹出时，CH1、CH2 量程选择开关仅控制各自的量程；当此开关按入时，CH1 的量程开关可同时控制 CH1、CH2 的电压量程，此时 CH2 的量程选择开关失去作用。

（8）接地选择开关（仅对 YB2173）

当此开关拨向上方，CH1、CH2 是不共地的，它们的地是各自通过一个 100 kΩ 电阻的悬浮地；当此开关拨向下方，CH1、CH2 共地。

1.8　GDDS 型高性能电工实验台简介及使用说明

本书中电工、电路部分的实验项目、线路、步骤按 GDDS 型高性能电工实验装置编写。

1）系统构成与特点

（1）实验台体采用优质钢板模压结构、双层喷塑，外观轻巧、强度大、不变形，工作台板采用耐热、防火、抗潮加厚密度板，具有高绝缘、防漏电安全性能，实验台前后均设有多个抽屉及存放柜以及扩展设备安装室，便于发展更新之用。并设有带刹车的移动轮子，侧面装有挂线箱。

（2）实验屏存储容量大，全部实验所需仪器仪表、各种电源及实验部件均装于屏上，而且都处于待用状态，形成“全天候”式结构，可随时调用组合，进行任何实验无需装卸移动，可开实验的质与量较“挂件”式老结构大幅提高。

（3）实验台采用全套高性能仪表、实验电源以及实验部件，使实验质量得到保证，特别是全套测试仪表采用先进的双显示结构，使数字表与模拟指针表的优点互补为一体。同时所有仪表均具有超强过载能力，自动显示过载报警，自动记录过载次数，消除过载自动恢复正常测试，指针表无任何过载冲击，并具有读数锁存等一系列优良性能。另外，全套仪表还具有 0.5 级基本精度，以及较任何现行仪表有高得多的实际测试精度，更接近于理想型仪表。

（4）根据需要，实验台可加装学生操作微机控制系统，用于采集、存储各测量表读数以及与实验室主计算机进行数据信息传送、交换和输出打印等一系列实验过程的计算机管理。

（5）实验台除基本配置外还备有多种仪器仪表、电源、实验部件等扩展件，可根据实验发展提高要求选择使用。

2）系统操作使用说明

（1）实验台电源系统的使用

① 合上实验台电源总开关进行漏电模拟实验，如漏电保护功能正常则可合上电源总开关，实验台左上方 20 W 照明日光灯亮，右上方 20 W 日光灯是否接通电源由实验部件 D04 板上双投开关控制，此开关在“内接电源”位置表示实验台内部已将 220 V 电源送至日光灯作照明之用，如扳向“外接电源”位置则表示该日光灯应在开关下方插口送入电源，此功能可配合测量仪表等部件进行日光灯功率因数提高等实验。

② 接通带锁开关“仪表电源”指示灯亮，所有仪表电源接通，预热 30 s 准备测量，注意带锁开关只控制测量仪表供电电源。

③ 进行三相电路实验时，三相交流电压可从三相电源控制板接线柱输出，三相电源控制板采用高分断能力(6 000 A)的自动空气开关进行瞬时短路及过载延时切断保护。另外还设有熔丝管作小电流速断保护，三相电压数值由控制板上三只电压表作粗略指示。

④ 单相调压电源由单相调压电源控制板接线柱输出，该电源通过单相调压器可使输出电压在 0 ~ 250 V 之间改变，调压器容量为 500 VA，输出电压由板上方指示电表作粗略指示，该电源通过(6 000 A)自动空气开关及熔丝管实行瞬时短路及过载延时切断保护功能。

⑤ 直流电源输出控制板共设有两路完全独立的稳压电源及一路独立的稳流电源，三路电源均具有过载、短路、过热等保护功能，稳压电源在电源开关接通后通过粗、细两个调节旋钮调节电压。操作上注意在关断电压源时应先将输出电压调节至零，然后关断其本身电源开关，最后切断交流总电源开关，以避免过度电压使仪表报警记录，如需直接关断交流电源总开关的情况时，可将仪表量限先置于 200 V 挡。稳流电源虽允许开路但在教学原则上应强调正确的概念，即实际电流源是不允许开路的（如实际的电流互感器次级开路会造成损坏）。因此，在使用电流源时应预先连接好外部线路后再接通电源开关输出电流，为使输出电流能正确达到要求之值，本稳流电源具有预调功能，即在电源开关关断情况下接通一个内

部负载，通过调节可在板上方指示电表上显示电流值，当电源开关接通时就断开内部负载向外部负载输出已调节的电流，内转外时无任何瞬时开路冲击现象。使用电流源时应注意当电源开关接通时在任何情况下不要中断外部负载，否则会产生较高的输出电压，此时如再度接通外部负载就可能产生冲击电流使仪表过载记录。

如需改接外部负载线路应先断开电源开关，此时内部负载与外部负载是并联的，断开外电路不会使电流源开路。通过本电流源的反复使用可使学生牢固建立正确的电流源操作理念。

另外，需注意电源板上方小电流表的量限能随着输出电流粗调开关位置同步转换，在 0 ~ 10 mA位置时满偏是 20 mA 位置，在 0 ~ 200 mA 位置时满偏为 200 mA。

上述三路电源都具有过热保护，当发生过热情况时能自动关闭电源，消除过热现象后又自动恢复工作。

(2) 实验台测量仪表的使用

① JDA－21 型高性能直流毫安–安培组合表

本表是以 4 位半 0.05 级高精度数字显示表为基础的、带数据输出接口的新型仪表，结构上是一种直流毫安双显示仪表、直流安培双显示仪表以及单一模拟指针表三位一体的多用途组合表，仪表左边两输入接线口及对应的按键开关为 3 个量限的直流毫安表，右边两输入接线口及对应的按键开关为 3 个量限的直流安培表，显示部分及其余部分共用，两表量限按键开关互相机械连锁，所以只能择一使用，并且只能选择与接线口对应的量限按键。

另外，仪表右下方有一钮子开关，上下两个位置控制模拟指针表内接或外接，内接时与数字表共同组成双显示仪表，外接时模拟表与数字表及其余部分完全脱离，由仪表下方两接线插口接出正负端子，形成一个独立的高灵敏度（满偏电流约为 100 μA）的指针式表头，此功能提供灵活的仪表组合方式，可开设多种仪表测量或其他设计性实验。

本表另一特点是毫安级量限具有很低内阻，因此具有较高的实际测量精度。

使用本表应特别注意按压量限开关需迅速而用力适当，避免在开关转换过程中启动过载记录器。

为使毫安表工作更安全，在输入端串接了一个 2 A 熔丝管座，装在仪表背部，一般情况下不会熔断，如需要更换打开实验屏后门即可。

② JDV－21 型双显示直流电压表

本表是以 4 位半 0.05 级高精度数字显示表为基础的、带数据输出接口的新型仪表，具有对交直流电压高过载能力、过载时指针无冲击、不影响测量电路工作状态、正向及反向过载自动报警、消除过载自动恢复工作、自动记录过载次数、读数锁存、改变量限操作简便等一系列优点。

③ JDA－11 型双显示交流电流表

除具有双显示系统仪表相同特点外，还具有真有效值响应测量功能，仪表的频率响应可扩展至 50 Hz 基波的 11 次谐波，因此很适合非正弦波测试。

交流电流表在任何量限下由于误操作直接接入 220 V 交流电网电压时由于仪表内阻抗极低，冲击电流可达到数千安培，仪表不会损坏，但可能出现下述现象均属正常状态：

a. 仪表在超大电流冲击的瞬时，模拟表指针无任何机械冲击，但当电源开关跳闸或熔断丝烧断，线路电流被切断后，仪表指针会缓慢来回摆动数次，释放输入冲击的能量。

b. 仪表保护系统中设置了一个根据冲击能量大小的自动分级标准，如在正弦峰值瞬间短路被视为严重故障，超限记录器会加倍记录两次；如在正弦零值瞬间短路则被视为较轻故障，可免于记录。在其他绝大部分情况下则为一般故障记录一次。

④ JDV－24 型双显示交流电压表

本表是以 4 位半 0.05 级高精度数字显示表为基础的、带数据输出接口的新型仪表，具有高过载能力、过载自动报警、消除过载自动恢复工作、自动记录过载次数、读数锁存、真有效值响应、宽频范围、能测量非正弦信号等一系列特点。

⑤ JDW－32 型双显示功率表

本表是以 4 位半 0.05 级高精度数字显示表为基础的、带数据输出接口的新型仪表，具有高过载能力、过载自动报警、消除过载自动恢复工作、自动记录过载次数、读数锁存、过载时仪表指针无任何冲击、电压过载与电流过载分别显示等一系列特点。

（3）部件介绍

① D01——组合式大功率十进制可变电阻箱

本电阻箱是一个多用途元件，由 4 个高质量特制多位开关及大功率线绕电阻器构成，4 位独立可变电阻盘与面板中部 4 个固定线绕电阻器联合串联使用可形成 0～9 999 Ω 可变电阻器，如全部分开使用则可组成多种电阻网络，也可连接在多条实验线路支路中作调节电流之用。如相互并联连接则可作微细增量调节电阻。用几个度盘还可接成可变分压器，能得到可变小电压信号源。

② D02——直流电路实验部件

本部件包含一个由电阻、电容、二极管等元件排列成的元件库及一个桥式电路，用于各种直流电路实验。桥式电路供实验教学初期进行叠加原理实验，其余实验可由学生任意选择搭配元件组合。

③ D03——有源元件实验板

本部件由回转器、负阻器、VCCS 及 CCVS 受控源、运算放大器、电子开关等 5 种有源元件及进行上述有源元件实验时常用的电阻、电容无源元件组合而成。另外，为使实验概念清晰，面板上标有彩色的电路元件符号，而具体接线及所有有源元件的 ±15 V 供电稳压电源已在后面印刷电路板上连接，部件仅需接上 220 V 电源即可工作。

对于 4 种受控源的另外两种 VCVS 及 CCCS，可由面板上两种受控源输出/输入端级联而成。

运算放大器和负阻变换器共用同一元件，由运算放大器上方双投开关控制，使用时需特别注意开关位置。

负阻器左上方有一电子开关输出端，此开关受 50 Hz 交流信号控制，开关一端接负阻输入端，另一端接地，因此如果把电子开关输出插座与负阻器输入端相连即可使负阻器输入端以 50 Hz 频率接地与断开，其输出端就会以 50 Hz 频率将负阻器断开与接入。

④ D04——互感、电度表、日光灯实验单元

本互感器是高品质因数线性互感器，在电路实验中可作多种应用，如互感器系数测量，串联、并联谐振，一阶、二阶电路响应，阻抗的频率特性测量等实验均可搭配应用，使用时要注意控制工作电流小于额定电流。L_1 与 L_2 两线圈输出端各装熔丝管一只、电流插座一只。每一只互感器的互感值标注在元件上。

⑤ D05——三相阻容组合负载单元

本单元由电容器、白炽灯、切换开关等元件组成，能进行多种三相电路实验，如三相对称与不对称电路，有中线与无中线电路，三相有功、无功功率测量，星形-三角形连接以及作为三相变压器负载等实验。本单元的特点是无需改变电网电压即可进行各种三相电路实验，使学生进一步了解掌握电网三相系统的实际状况。白炽灯负载可通过开关切换单灯使用，也可串、并联使用，视外加电压而灵活变化。

⑥ D06——电容箱、三相变压器组实验单元

十进制可变电容箱用于直流电路或单相交流电路中作为电容量调节元件，电容元件均采用额定电压交流 400 V 以上油浸纸介电容器，配合大电流容量切换开关可方便进行十进制容量变换。电容箱接线端子上并联有放电开关，接线时必须先按下放电按钮 3 ~5 s，使用完后必须先放电后拆线。

3）注意事项

（1）各种电源输出端之间严禁直接连接（如交流电网源输出端直接连至信号电源或直流电源输出端等）。

（2）在利用三相电源进行实验时如发生误接线或误操作使电源直接短路的情况时，由于瞬间短路电流极大，其热效应可能导致保险丝管内气压过大而爆破碎裂，更换时可能不易将碎玻璃取出。如需避免这种情况，根据本电源具有多级短路、过载保护系统（熔断丝作前级短路保护，三相空气开关实行第二级短路、过载保护，断开最大瞬时电流 6 000 A，三相四线电源总开关作第三级短路、过载保护）的特点可将熔断丝管额定电流减小至 0.5 A，以减少熔断能量，或将熔丝管额定电流加大至 10 A 以上使短路时由空气开关执行跳闸断电。

（3）使用交流电源时，在通电之前应检查系统上电源开关的位置是否处于打开状态，做完实验后必须将总电源切断。

1.9　MDS－V 模拟电路实验系统简介及使用说明

本书中模拟电路部分的实验项目、线路、步骤按 MDS－V 模拟电路实验系统编写。

1）系统构成与特点

本实验系统强调基本实验技能训练，其特点是把所有基本的模拟电子技术实验电路集中在一块实验板上。由直流电源输入，交流电源信号变换，单级、多级、负反馈放大电路及 *RC* 振荡器，差动放大器，场效应管放大电路，集成运算放大器，集成功率放大器，整流、滤波、稳压，电位器，分立元件扩展等 11 个单元组成。面板采用逻辑符号（均为新国标）形式，实验板安装在 500 mm × 300 mm × 100 mm 的箱体中。具有结构简单紧凑、直观清楚、实验可靠、使用方便灵活、便于实验室管理的优点；所选实验为模拟电子技术课程中的基本实验，便于学习掌握该课程的基本概念；所选实验电路具有一定的代表性和典型性，其电路参数选择合理，容易调试，电路中预留测试点，便于测试。

2）实验项目

在本实验系统上可完成的基本实验项目有：基本放大电路的特征及应用（包括共射、共集、共基等 3 种基本电路）、多级放大器、负反馈放大电路、场效应管放大电路、*RC* 正弦波振荡电路、差动放大电路、集成运算放大器的特性和参数测试、基本运算电路（反相放大电路、

同相放大电路、减法器、加法器、积分器、微分电路)、运放电压型 RC 文氏桥正弦波振荡器、信号处理电路、脉冲波形的产生与变换、绝对值电路、音频功率放大集成电路、整流滤波电路、集成化稳压电源及性能测试等。

本系统还开辟了一分立元件扩展单元,可安插小于 0.8 mm 的二引脚及三引脚的元件(如电阻、电感、电容、二极管、三极管、场效应管、WS-5 系列电位器等)。利用该单元和集成运算放大器单元中的电阻,学生可自行进行一些设计性的实验。

3) 使用说明

(1) 打开箱盖(箱盖可取下),检查实验系统是否完好,有无插座松动的现象。

(2) 熟悉实验系统的结构、各单元功能及分布位置、实验时所需电压等。

(3) 实验前,必须认真预习实验指导书及相关内容。

(4) 根据实验内容及要求,将实验设备如直流稳压电源、信号源输出等引至实验系统。注意:直流稳压电源输出电压的大小、信号源的输出信号应根据实验内容及要求调节,并用万用表检查直流稳压电源输出电压是否符合要求,切勿将输出短路。

(5) 关断外接实验设备的电源开关,根据实验电路图,选择相应的实验单元,用连接线搭接实验电路。

(6) 检查线路无误后,接通有关信号,即可进行实验。

(7) 在进行“整流、滤波、稳压”实验时,用配备的电源线一端插入箱体后侧的交流 220 V输入插座,另一端插到交流 220 V 电源插座上(实验时,合上实验箱后侧面的电源开关),系统面板上可获得 15 V 的交流电压。

(8) 实验使用的接插件均采用高性能的叠式自锁紧接插件。使用时,把插头插入插座略加旋转,就可获得极大的轴向锁紧力,接触十分可靠(由于插头与插座接触面大,接触电阻 R_j 甚微,$R_j < 0.0008\ \Omega$);拔出时采用旋转方式,便可迅速拔出。在使用过程中,由于这种接插件自锁紧效应很强,禁止抓住导线拔出插头,以免损坏导线。

(9) 实验完毕后,关断外接电源,拆除并整理导线,合上箱盖。

4) 注意事项

(1) 本系统配备的电阻功率为 0.25 W,电位器功率为 0.5 W,电容器的耐压值为 25 V,三极管为 3DG6($\beta = 50 \sim 60$),场效应管为 3DJ7。实验时,不能超过它们的额定参数。

(2) 本系统采用外接电源法,实验前应将稳压电源输出的电压调至所需的电压值,可用万用表检查。

(3) 对集成元件,应注意电源电压与极性。用连接线搭接实验电路。

(4) 使用交流电源时,在接通 220 V 交流电源前,应检查系统上电源开关是否处于“关”的位置,禁止带电接线。

(5) 搭接线路时,应合理布线,避免产生干扰,影响实验。

(6) 使用完毕后,应关好实验箱,避免灰尘附在面板上,影响使用寿命。

1.10 TKSS-C 型信号与系统实验箱简介及使用说明

本书中信号与系统部分的实验项目、线路、步骤按 TKSS-C 型信号与系统实验箱编写。

1）系统构成与特点

TKSS－C 型信号与系统实验箱是专为信号与系统这门课程而配套设计的。它集实验模块、扫频电源、交流毫伏表、稳压源、信号源、频率计于一体，整个实验功能板放置并固定在体积为 460 mm × 360 mm × 140 mm 的高强度保护箱内，结构紧凑，性能稳定可靠，实验灵活方便，有利于培养学生的动手能力。

本实验箱主要是由一整块单面敷铜印刷线路板构成，其正面（非敷铜面）印有清晰的图形、线条、字符，使其功能一目了然。板上提供实验必需的扫频电源、信号源、频率计、交流毫伏表等。具有实验功能强、资源丰富、使用灵活、接线可靠、操作快捷、维护简单等优点。

2）组成和使用

（1）实验箱的供电

实验箱的后方设有带保险丝管（1 A）的 220 V 单相交流电源三芯插座，另配有三芯插头电源线一根。箱内设有三只降压变压器，为实验板提供多组低压交流电源。

（2）实验电路板

实验电路由一块大型（430 mm × 320 mm）单面敷铜印刷线路板构成，正面印有清晰的各部件及元器件的图形、线条和字符，并焊有实验所需的元器件。

该实验板包含以下各部分内容：

① 正面左下方装有电源总开关及电源指示灯各一只，控制总电源。

② 60 多个高可靠性的自锁紧式、防转、叠插式插座。它们与固定器件、线路的连接已设计在印刷线路板上。这类锁紧式插件，其插头与插座之间的导电接触面很大，接触电阻极其微小（接触电阻≤0.003 Ω，使用寿命 > 10 000 次以上），在插头插入时略加旋转后，即可获得极大的轴向锁紧力，拔出时，只要沿反方向略加旋转即可轻松地拔出，无需任何工具便可快捷插拔，同时插头与插头之间可以叠插，从而可形成一个立体布线空间，使用起来极为方便。

③ 扫频电源。

④ 直流稳压电源。提供 4 路 ±15 V 和 ±5 V 直流稳压电源，每路均有短路保护功能，在电源总开关打开的前提下就会有相应的电压输出。

⑤ 信号源。本函数信号发生器是由单片集成函数信号发生器 ICL8038 及外围电路组合而成。其输出频率范围为 15 Hz ~ 90 kHz，输出幅度峰-峰值为 0 ~ 15 V_{P-P}。使用时只要开启“函数信号发生器”处开关，此信号源即进入工作状态。两个电位器旋钮用于输出信号的“幅度调节”（左）和“频率调节”（右）。实验板上两个短路帽则用于波形选择（上）和频率选择（下）。

将上面一个短路帽放在 1、2 两脚处，输出信号为正弦波；将其置于 3、4 两脚处，则输出信号为三角波；将其置于 4、5 两脚处，则为方波输出。

将下面一个短路帽放在 1、2 两脚（即“f_1”处），调节右边一个电位器旋钮（“频率调节”）则输出信号的频率范围为 15 Hz ~ 500 Hz；将其置于 2、3 两脚（即“f_2”处），调节“频率调节”旋钮，则输出信号的频率范围为 300 Hz ~ 7 kHz；将其置于 4、5 脚（即“f_3”处）则输出信号的频率范围为 5 kHz ~ 90 kHz。

⑥ 频率计。本频率计是由单片机 89C2051 和六位共阴极 LED 数码管设计而成的，分辨率为 1 Hz，测频范围为 1 Hz ~ 300 kHz。只要开启“函数信号发生器”处开关，频率计即进

入待测状态。

将频率计处开关(内测/外测)置于“内测”,即可测量函数信号发生器本身的信号输出频率。将开关置于“外测”,则频率计显示由“输入”插口输入的被测信号的频率。在使用过程中,如遇瞬时强干扰,频率计可能出现死锁,此时只要按一下复位“RES”键,即可自动恢复正常工作。

⑦ 50 Hz 非正弦多波形函数信号发生器。提供的周期信号有:半波整流、全波整流、方波、矩形波、三角波共 5 种 50 Hz 的非正弦信号。

⑧ 数字式真有效值交流毫伏表。本机采用的交流毫伏表具有频带较宽、精度高、数字显示和“真有效值”的特点,测量范围为 0 ~ 20 V,分 200 mV、2 V、20 V 三挡,按键开关切换,三位半数显,频率范围为 10 Hz ~ 1 MHz,基本测量精度为 ±0.5%,即使测试远离正弦波形状的窄脉冲信号,也能测得精确的有效值大小,其适用的波峰因素范围达到 10。

真有效值交流电压表由输入衰减器、阻抗变换器、定值放大器、真有效值 AC/DC 转换器、滤波器、A/D 转换器和 LED 显示器组成。

输入衰减器用来将大于 2 V 的信号衰减,定值放大器用来将小于 200 mV 的信号放大。本机 AC/DC 转换由一块宽频带、高精度的真有效值转换器完成,它能将输入的交流信号(不论是正弦波、三角波、方波、锯齿波,甚至窄脉冲波)精确地转换成与其有效值大小等价的直流信号,再经滤波器滤波后加到 A/D 转换器,变成相应的数字信号,最后由 LED 显示出来。

⑨ 本实验箱附有充足的长短不一的实验专用连接导线一套。

⑩ 提供的实验模块有:a. 无源滤波器和有源滤波器特性的观测;b. 50 Hz 非正弦周期信号的分解与合成;c. 二阶网络状态轨迹的显示;d. 信号的采样与恢复。

(3) 线路扩展

主板上设有可装卸固定线路实验小板的固定脚 4 只,可采用固定线路及灵活组合进行实验。

3) 实验内容

本实验系统所提供的实验项目有:

(1) 无源滤波器和有源滤波器特性的观测(LPF、HPF、BPF、BEF);

(2) 基本运算单元(在自由布线区设计电路);

(3) 50 Hz 非正弦周期信号的分解与合成(同时分析法);

(4) 二阶网络状态轨迹的显示;

(5) 信号的采样与恢复(抽样定理);

(6) 二阶网络函数的模拟(在自由布线区设计电路);

(7) 系统时域响应的模拟解(在自由布线区设计电路)。

4) 使用注意事项

(1) 使用前应先检查各电源是否正常,检查步骤为:

① 先关闭实验箱的所有电源开关,然后用随箱的三芯电源线接通实验箱的 220 V 交流电源。

② 开启实验箱上的电源总开关,指示灯应被点亮。

③ 用万用表的直流电压挡测量面板上的 ±15 V 和 ±5 V 是否正常。

④ 开启信号源开关，则信号源应有输出：当频率计打到“内测”时，应有相应的频率显示。

⑤ 开启交流毫伏表，数码管应被点亮。

（2）接线前务必先熟悉实验线路的原理及实验方法。

（3）实验接线前必须先断开总电源与各分电源开关，不要带电接线。接线完毕，检查无误后，才可进行实验。

（4）实验自始至终，实验板上要保持整洁，不可随意放置杂物，特别是导电的工具和多余的导线等，以免发生短路等故障。

（5）实验完毕，应及时关闭各电源开关，并及时清理实验板面，整理好连接导线并放置到规定的位置。

（6）实验时需用到外部交流供电的仪器，如示波器等，这些仪器的外壳应妥善接地。

2 电工、电路与信号系统实验

2.1(实验1) 电路基本元件的伏安特性测定

1) 实验目的

(1) 掌握几种元件的伏安特性的测试方法,加深对线性电阻元件、非线性电阻元件伏安特性的理解。

(2) 掌握实际电压源和电流源的使用方法。

(3) 学习常用直流电工仪表和设备的使用方法。

2) 实验原理

(1) 在电路中,电路元件的特性一般用该元件上的电压 U 与通过该元件的电流 I 之间的函数关系 $U=f(I)$ 来表示,这种函数关系称为该元件的伏安特性,有时也称外部特性。而电源的外特性则是指它的输出端电压和输出电流之间的关系,通常这些伏安特性用 U 和 I 分别作为纵坐标和横坐标绘成曲线,这种曲线就叫做伏安特性曲线或外特性曲线。

(2) 本实验中所用元件为线性电阻、白炽灯泡、一般半导体二极管整流元件及稳压二极管等常见的电路元件。其中线性电阻的伏安特性是一条通过原点的直线,如图 2.1(a)所示,该直线的斜率等于该电阻的阻值。白炽灯泡在工作时灯丝处于高温状态,其灯丝电阻随着温度的改变而改变,并且具有一定的惯性,又因为温度的改变是与流过的电流有关,所以它的伏安特性为一条曲线,如图 2.1(b)所示,电流越大温度越高,对应的电阻也越大。一般灯泡的“冷电阻”与“热电阻”可相差几倍至十几倍。一般半导体二极管整流元件也是非线性元件,当正向运用时其外特性如图 2.1(c)所示。稳压二极管是一种特殊的半导体器件,其正向伏安特性类似普通二极管,但其反向伏安特性则较特别,如图 2.1(d)所示,在反向电压开始增加时,其反向电流几乎为零,但当电压增加到某一数值时(一般称稳定电压)电流突然增加,以后它的端电压维持恒定,不再随外加电压升高而增加,这种特性在电子设备中有着广泛的应用。

3) 实验内容

(1) 测定一线性电阻 R 的伏安特性

按图 2.2(a)接线,调节稳压电源的输出电压,即改变电路中的电流,从而可测得通过电阻 R 的电流及相应的电压值。将所读数据填入表 2.1 中。

(2) 测定白炽灯泡的伏安特性

将上述电路中的电阻换成白炽灯泡,重复上述步骤即可测得白炽灯泡两端的电压及相应的电流数值,数据填入表 2.1。

(3) 测定二极管的伏安特性

按图 2.2(b)接线,同样调节稳压电源输出电压,并测量相对应的电压和电流值,数据填入表 2.1。

(4) 测定稳压二极管的反向伏安特性

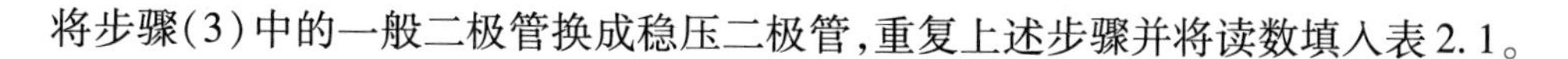

将步骤(3)中的一般二极管换成稳压二极管,重复上述步骤并将读数填入表2.1。

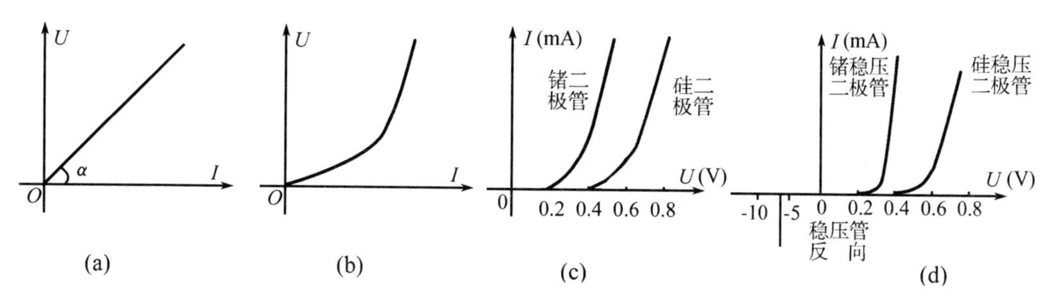

图2.1　几种电路基本元件的伏安特性曲线

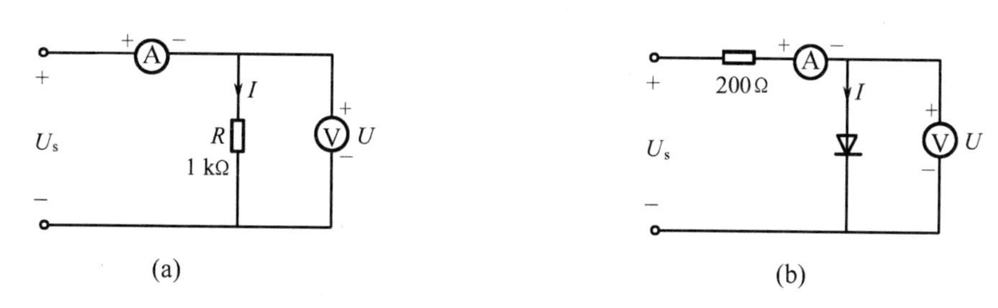

图2.2　电阻和二极管伏安特性测试电路

表2.1　基本元件的伏安特性测试表

线性电阻 R 的伏安特性
U(V)
I(mA)
白炽灯泡的伏安特性
U(V)
I(mA)
一般硅二极管正向伏安特性
U(V)
I(mA)
稳压二极管反向伏安特性
U(V)
I(mA)

4）实验报告

(1) 根据各次实验测得的数据,在坐标纸上分别绘出各元件的伏安特性曲线。

(2) 分析实验结果,并分析出现测量误差的原因。

5）注意事项

(1) 实验时,电流表应串接在电路中,电压表应并接在被测元件上,极性切勿接错。

(2) 合理选择量程,切勿使电表超过量程。

(3) 稳压电源输出应由小到大逐渐增加,输出端切勿碰线短路。

6）思考题

用电压表和电流表测量元件的伏安特性时,电压表可接在电流表之前或之后,理论上两者对测量误差有何影响？实际测量时应根据什么原则选择？

2.2(实验2)　基尔霍夫定律

1）实验目的

（1）加深对基尔霍夫定律、参考方向概念的理解。

（2）用实验数据验证基尔霍夫定律。

（3）继续学习直流仪器仪表的使用方法。

2）实验原理

基尔霍夫定律是电路理论中最基本的定律之一，它阐明了电路整体结构必须遵守的规律，应用极为广泛。

基尔霍夫定律有两条：电流定律和电压定律。

（1）基尔霍夫电流定律（简称 KCL）

在任一时刻，流入到电路任一节点的电流总和等于从该节点流出的电流总和。换句话说，就是在任一时刻，流出或流入到电路任一节点的所有支路电流的代数和为零。这一定律实质上是电流连续性的表现。运用这条定律时必须注意电流的方向。如果不知道电流的真实方向，可以先假设每一电流的正方向（也称参考方向），根据参考方向就可写出基尔霍夫的电流定律表达式，例如图2.3所示为电路中某一节点 N，共有5条支路与它相连，5个电流的参考正方向如图2.3，根据基尔霍夫电流定律就可写出：

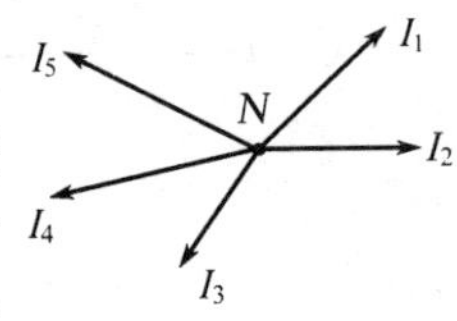

图2.3　节点 N

$$I_1 + I_2 + I_3 + I_4 + I_5 = 0$$

如果把基尔霍夫电流定律写成一般形式就是 $\sum I = 0$。显然，这条定律与各支路上接的是什么样的元件无关。不论是线性电路还是非线性电路，都遵循此定律。

基尔霍夫电流定律原是运用于某一节点，我们也可以把它推广运用于电路中的任一假设的封闭面，例如图2.4所示封闭面 S 所包围的电路有3条支路与电路其余部分相连接，其电流为 I_1、I_2、I_3，则

$$I_1 + I_2 + I_3 = 0$$

因为对任一封闭面来说，电流仍然是连续的。

（2）基尔霍夫电压定律（简称 KVL）

在任一时刻，沿任一闭合回路所有支路的电压降的代数和总等于零。把这一定律写成一般形式即为 $\sum U = 0$，例如在图2.5所示的闭合回路中，电阻两端的电压参考正方向如箭头所示，如果从节点 a 出发，顺时针方向绕行一周又回到 a 点，便可写出：

$$U_1 + U_2 + U_3 - U_4 - U_5 = 0$$

显然，基尔霍夫电压定律也和闭合回路上元件的性质无关。因此，不论是线性电路还是非线性电路，都遵循此定律。

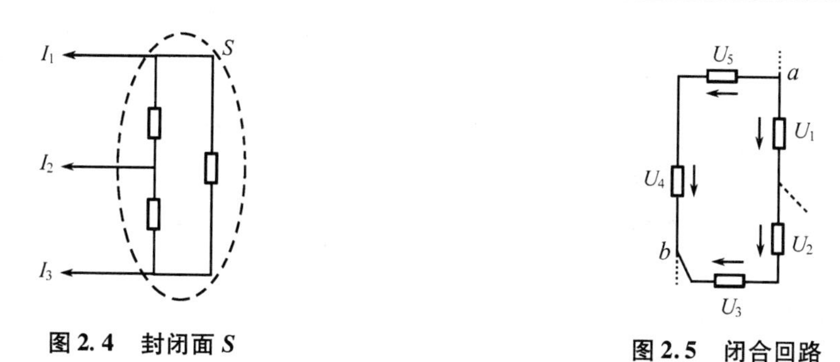

图 2.4 封闭面 S　　　　图 2.5 闭合回路

3）实验内容

按照图 2.6 所示实验线路验证基尔霍夫电流定律和电压定律。

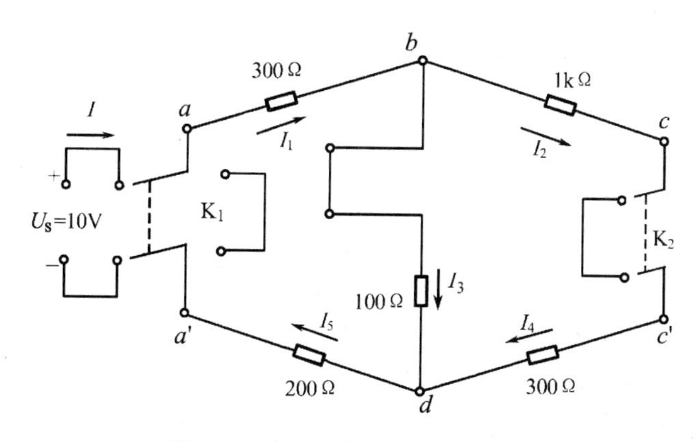

图 2.6 基尔霍夫定律实验电路图

图中 $U_S=10\ \text{V}$ 为实验台上稳压电源输出电压，实验中调节好后保持不变，实验时各条支路电流及总电流用电流表测量，回路中各电压用电压表测量。

4）实验结果

（1）基尔霍夫电流定律

将直流电流表串接于电路各支路中，测出图 2.6 电路中所标示的各电流值，数据填入表 2.2。

表 2.2 基尔霍夫电流定律

项　　目	I	I_1	I_2	I_3	I_4	I_5
测量值(mA)						
$\sum I$ 测量值(mA)	$\sum I_b=$			$\sum I_d=$		

（2）基尔霍夫电压定律

用直流电压表测出表 2.3 中各电压值（对应于图 2.6 电路），数据填入表 2.3。

注意：电压表读数如为负值时，负号不能省去。

表 2.3 基尔霍夫电压定律

项　　目	U_{ab}	U_{bc}	U_{cd}	$U_{da'}$	$U_{a'a}$	U_{bd}
测量值(V)						
$\sum U$ 测量值(V)	$\sum U(abcc'da'a)=$		$\sum U(abda'a)=$		$\sum U(bcc'db)=$	

5）实验报告

（1）完成实验测试，数据列表。

（2）根据基尔霍夫定律及电路参数计算出图2.6中各支路电流及电压，将计算结果与实验测量结果进行比较，说明出现误差的原因。

（3）总结对基尔霍夫定律的认识。

6）思考题

电压和电位有什么区别？如何确定电路中电压、电流的实际方向？

2.3（实验3） 叠加定理

1）实验目的

（1）通过实验来验证线性电路中的叠加定理及其适用范围。

（2）熟练掌握常用仪器仪表的使用方法。

2）实验原理

在线性电路中，如果有多个独立电源共同作用，它们在电路中任一支路产生的电流或电压，等于各个独立电源分别单独作用时，在该支路产生的电流或电压的代数和，这一结论称为线性电路的叠加定理；如果网络是非线性的，叠加定理不适用。

本实验中，先使电压源和电流源分别单独作用，测量各点间的电压，然后再使电压源和电流源共同作用，测量各点间的电压，验证是否满足叠加定理。

独立电源单独作用，是指当某个独立电源单独作用于网络时，其余的电压源短路，电流源开路。

3）实验内容

（1）按图2.7接线，先不加I_S，调节好$U_1=10$ V，$U_2=5$ V。

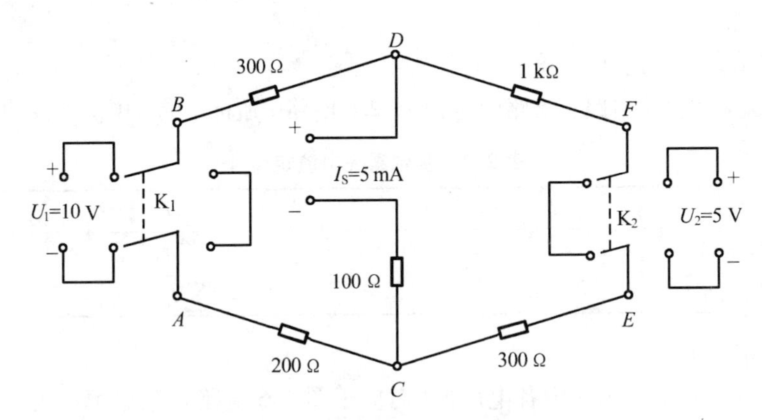

图2.7 叠加定理实验电路图

（2）K_1接通电源，K_2打向短路侧，用直流电压表测量表2.4中各电压值，注意测量值的符号，数据填入表2.4。

（3）K_2接通电源，K_1打向短路侧，重复实验测量。

（4）K_1、K_2都打向短路侧，I_S输出经电流表接至电路“+”及“−”端，并调节至5 mA，重复实验测量。

(5) 在上一步骤测量完后将 K_1、K_2 都接至电源,重复测量,完成表 2.4。

表 2.4 叠加定理验证电路的测试数据

项 目	U_{AC}(V)	U_{CE}(V)	U_{BD}(V)	U_{DF}(V)	U_{CD}(V)
U_1 单独作用					
U_2 单独作用					
I_S 单独作用					
U_1、U_2、I_S 共同作用					
理论计算值					
绝对误差					
相对误差					
$U_1=10$ V		$U_2=5$ V		$I_S=5$ mA	

4) 实验报告

(1) 测量数据列表并进行分析比较。

(2) 可选做含非线性元件的电路,证明是否适用叠加定理(如将电路中 1 kΩ 电阻换成稳压管)。

5) 思考题

(1) 与 I_S 串联的 100 Ω 电阻改成 200 Ω 电阻后对测量结果有何影响?

(2) 如电源含有不可忽略的内电阻与内电导,实验中应如何处理?

2.4(实验 4) 戴维南定理和诺顿定理

1) 实验目的

(1) 通过实验来验证戴维南定理和诺顿定理。

(2) 通过实验来验证电压源与电流源进行等效变换的条件。

2) 实验原理

(1) 戴维南定理:任何一个线性有源二端网络 N,如图 2.8(a)所示,对端口外部电路而言,可以用一个电压源与一个电阻的串联组合来等效代替,如图 2.8(b)所示,电压源的电压等于该网络 N 端口 a、b 处的开路电压 U_{0C},其串联电阻 R_0 等于该网络 N 中所有独立电源为零时(电压源短路,电流源开路)得到的无源网络 a、b 两端之间的等效电阻。

(2) 诺顿定理:任何一个线性有源二端网络 N,如图 2.8(a)所示,对端口外部电路而言,可以用一个电流源与一个电阻的并联组合来等效代替,如图 2.8(c)所示,电流源的电流等于该网络 N 端口 a、b 处的短路电流 I_{SC},其并联电阻 R_0 等于该网络 N 中所有独立电源为零时(电压源短路,电流源开路)得到的无源网络 a、b 两端之间的等效电阻。

本实验用图 2.9 所示线性网络来验证以上两个定理。

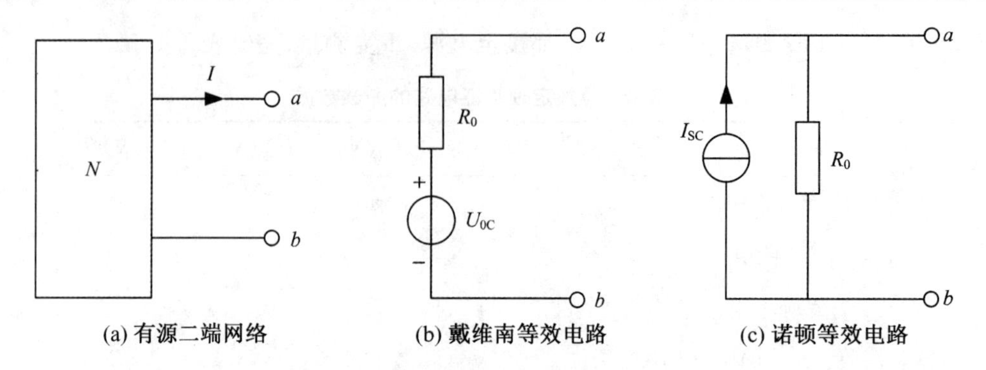

(a) 有源二端网络　　(b) 戴维南等效电路　　(c) 诺顿等效电路

图 2.8　线性有源二端网络及等效电路

3）实验内容

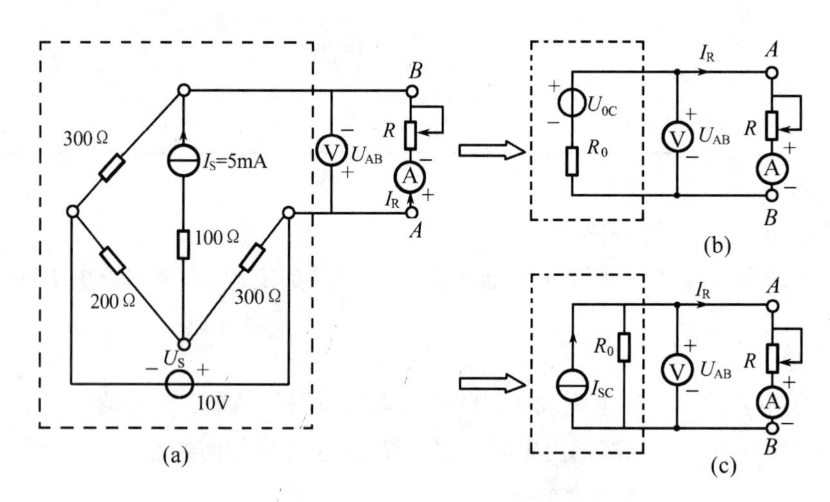

图 2.9　戴维南定理和诺顿定理实验电路图

（1）按图 2.9(a)接线，改变负载电阻 R，测量出 U_{AB} 和 I_R 的数值，数据填入表 2.5，特别注意要测出 $R=\infty$ 及 $R=0$ 时的电压和电流。

表 2.5　有源二端网络的外特性

$R(\Omega)$	0	100	200	300	400	500	600	700	800	900	∞
U_{AB}(V)											
I_R(mA)											

（2）测量无源二端网络的等效电阻

将电流源去掉（开路），电压源去掉（短路），再将负载电阻开路，用伏安法或直接用万用表电阻挡测量 A、B 两点的电阻 R_{AB}，该电阻即为网络的等效电阻。

（3）验证戴维南定理

选用实验台上适当的电阻和电阻箱的电阻，使其等于 R_{AB}，然后将稳压电源输出电压调到 U_{0C}（步骤(1)时所测得的开路电压），并与 R_{AB} 串联，如图 2.9(b)所示。重复测量 U_{AB} 和 I_R 的关系曲线，数据填入表 2.6，并与步骤(1)所测得的数值进行比较，验证戴维南定理。

表 2.6 戴维南定理测量表

$R(\Omega)$	0	100	200	300	400	500	600	700	800	900	∞
$U_{AB}(V)$											
$I_R(mA)$											

(4) 验证诺顿定理

用一电流源,其大小为实验步骤(1)中 R 短路时的电流 I_{SC} 与一等效电阻 R_{AB} 并联后组成的实际电流源,接上负载电阻,如图 2.9(c),重复步骤(1)的测量,数据填入表 2.7,与步骤(1)所测得的数值进行比较,验证诺顿定理。

表 2.7 诺顿定理测量表

$R(\Omega)$	0	100	200	300	400	500	600	700	800	900	∞
$U_{AB}(V)$											
$I_R(mA)$											

4) 思考题

(1) 根据实验测得的 U_{AB} 及 I_R 数据,在同一坐标系中分别绘出 $U_{AB}=f(I_R)$ 曲线,验证它们的等效性,并分析误差产生的原因。

(2) 设有源二端网络是封闭的,对外只伸出两个端钮,并知两个端钮之间不允许短路。试问如何确定该网络的等效电路?

(3) 根据步骤(1)所测得的开路电压 U_{OC} 和短路电流 I_{SC},计算有源二端网络的等效内阻,与步骤(2)所测得的 R_{AB} 进行比较。

2.5(实验 5) CCVS 及 VCCS 受控源的研究

1) 实验目的

(1) 熟悉受控源的基本特性。

(2) 掌握受控源转移参数的测试方法。

2) 实验原理

(1) 电源有独立电源(如电池、发电机等)与非独立电源(或称受控源)两种。

独立电源的电压或电流是某一固定数值或某一时间函数,不随电路其余部分的状态而改变,且理想独立电压源的电压不随其输出电流而改变,理想独立电流源的输出电流与其端电压无关。

受控源的电压或电流则随网络中另一支路的电压或电流而变化,当控制的电压或电流消失或等于零时,受控源的电压或电流也将为零。

受控源又与无源元件不同,无源元件的电压和它自身的电流有一定的函数关系,而受控源的输出电压或电流则和另一支路(或元件)的电流或电压有某种函数关系。

(2) 独立电源与无源元件是二端器件,受控源则是四端器件(或称为双口器件),它有一对输入端和一对输出端。输入端用来控制输出端电压或电流的大小,施加于输入端的控制量可以是电压或电流,因此受控源可分为电压控制电压源(VCVS)、电流控制电压源(CCVS)、电压控制电流源(VCCS)、电流控制电流源(CCCS)4 种类型。

当受控源的电压(或电流)与控制支路的电压(或电流)成正比变化时,该受控源是线性的。

(3) 理想受控源的控制支路中只有一个独立变量(电压或电流),另一个独立变量等于零。在控制端,对电压控制的受控源,其输入电阻为无穷大($I_i=0$);对电流控制的受控源,其输入电阻为零($U_i=0$)。即从入口看,理想受控源或者是开路,或者是短路。

在受控端,对于受控电压源,其输出电阻为零,输出电压恒定;对于受控电流源,其输出电阻为无穷大,输出电流恒定。因此,从出口看,理想受控源或者是一理想电流源,或者是一理想电压源。

受控源的控制端与受控端的关系式称为转移函数,4 种受控源的转移函数参量分别用 β、g、μ、r 表示,它们的定义如下:

① CCCS:$\beta=I_2/I_1$,转移电流比(或电流增益);

② VCCS:$g=I_2/U_1$,转移电导;

③ VCVS:$\mu=U_2/U_1$,转移电压比(或电压增益);

④ CCVS:$r=U_2/I_1$,转移电阻。

3) 实验内容

(1) CCVS 的伏安特性及转移电阻 r 的测试

① 实验线路如图 2.10 所示。

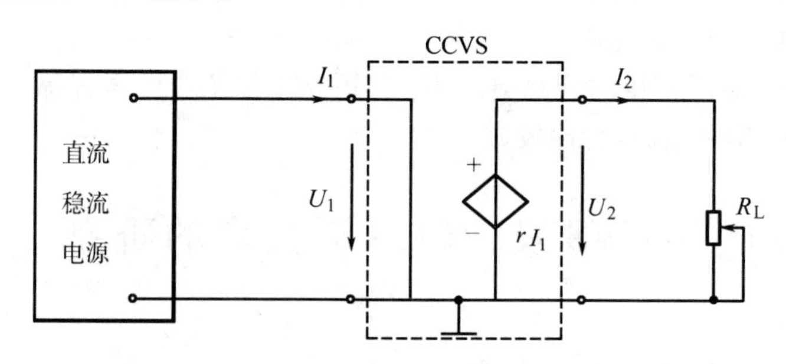

图 2.10 CCVS 实验电路图

② 实验方法

a. 按图 2.10 接线,接通电源。

b. 调节稳流电源输出电流使 $I_1=5$ mA,然后改变 R_L 为不同值时测量出 U_2、I_2,将所测数据填入表 2.8,并绘制 CCVS 的负载特性曲线 $U_2=f(I_2)$。

为使 CCVS 能正常工作,应使 I_2 在 ±5 mA 以内,U_2 在 ±5 V 以内,$R_L\geqslant 1$ kΩ。

表 2.8 CCVS 负载特性表($I_1=5$ mA)

R_L(Ω)	1 k	2 k	3 k	4 k	5 k	6 k	7 k	8 k	9 k	10 k	∞
U_2(V)											
I_2(mA)											

c. 固定 $R_L=1$ kΩ,改变稳流电源输出电流 I 为正负不同数值时分别测量 U_2、I_2,将所测

数据填入表 2.9，并计算转移电阻 r 及绘制转移特性曲线 $U_2=f(I_1)$。

表 2.9 CCVS 转移特性表（$R_L=1\ k\Omega$）

I_1(mA)	U_2(V)	I_2(mA)	$r=U_2/I_1$(Ω)
5			
2			
1			
-1			
-2			
-5			

（2）VCCS 的伏安特性及转移电导 g 的测试

① 实验线路如图 2.11 所示。

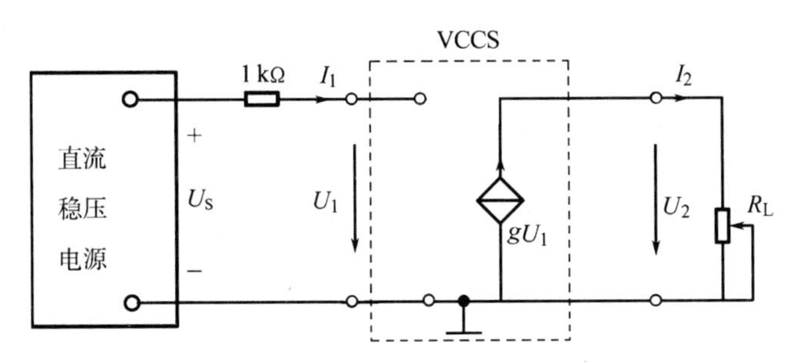

图 2.11 VCCS 实验电路图

② 实验方法

a. 按图 2.11 接线，接通 VCCS 电源。

b. 调节稳压电源输出电压使 $U_S=5$ V，然后改变 R_L 为不同值时测量出 U_2、I_2，将所测数据填入表 2.10，并绘制 VCCS 的负载特性曲线 $I_2=f(U_2)$。

为使 VCCS 能够正常工作，应使 U_1（或 U_2）在 ±5 V 以内，I_1（或 I_2）在 ±5 mA 以内，$R_L\leq 1\ k\Omega$。

表 2.10 VCCS 负载特性表（$U_S=5$ V）

R_L(Ω)	1 k	900	800	700	600	500	400	300	200	100
U_2(V)										
I_2(mA)										

c. 固定 $R_L=1\ k\Omega$，改变稳压电源输出电压 U_S 为正负不同数值时分别测量 U_1、I_2，将所测数据填入表 2.11，并计算转移电导 g，绘制 VCCS 的转移特性曲线 $I_2=f(U_1)$。

表 2.11　VCCS 转移特性表（$R_L=1\ k\Omega$）

U_S(V)	U_1(V)	I_2(mA)	$g=I_2/U_1(1/\Omega)$
5			
2			
1			
−1			
−2			
−5			

4）实验报告

根据实验数据，在坐标纸上分别绘出 VCCS 及 CCVS 受控源的转移特性和负载特性曲线，并求出相应的转移参数。

5）思考题

（1）受控源与独立源相比有何异同点？受控源的控制特性是否适用于交流信号？

（2）若令受控源的控制极性反向，试问其输出极性是否发生变化？

2.6（实验 6）　三表法测量交流电路等效阻抗

1）实验目的

（1）学习用功率表、电压表、电流表测量交流电路等效参数的方法。

（2）掌握功率表的使用方法。

2）实验原理

（1）在正弦交流电路中，负载可以是电阻、电感或电容，也可能是它们的组合。如用阻抗 $Z=R+jX$ 表示其电路参数，该负载可以看成电阻 R 与电抗 X 的串联。

（2）利用交流电压表、交流电流表和功率表分别测量元件或无源网络的电压、电流和有功功率，即可测得交流电路元件的等效参数，这种测量方法称为"三表法"，是测量正弦交流电路参数的基本方法。三表法测量电路原理图如图 2.12 所示。

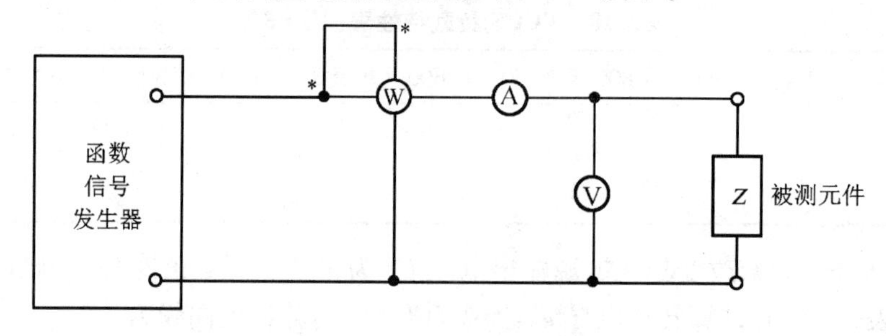

图 2.12　三表法测量电路

电压 U、电流 I、有功功率 P 及阻抗 Z 有以下关系：

阻抗的模　　$|Z| = \dfrac{U}{I}$

功率因数　　$\cos\varphi = \dfrac{P}{UI}$

等效电阻　　$R = \dfrac{P}{I^2} = |Z|\cos\varphi$

等效电抗　　$X = |Z|\sin\varphi$

被测阻抗如果为感性，对应的等效参数为：$R = |Z|\cos\varphi, L = \dfrac{X}{\omega} = \dfrac{X}{2\pi f}$

被测阻抗如果为容性，对应的等效参数为：$R = |Z|\cos\varphi, C = \dfrac{1}{\omega X} = \dfrac{1}{2\pi f X}$

（3）由“三表法”测得的 U、I、P 的数值还不能判别被测阻抗属于感性还是容性，除了常采用并联适当容量电容的方法外，还可利用示波器观察阻抗元件的电流及端电压之间的相位关系，电压超前电流为感性，反之为容性。

3）实验内容

（1）图 2.12 中阻抗网络 Z 可采用图 2.13 的结构，$C = 4\ \mu F$ 可用电容箱中的电容，L 为互感器线圈原边（约为 100 mH），R 用电阻箱中的电阻。

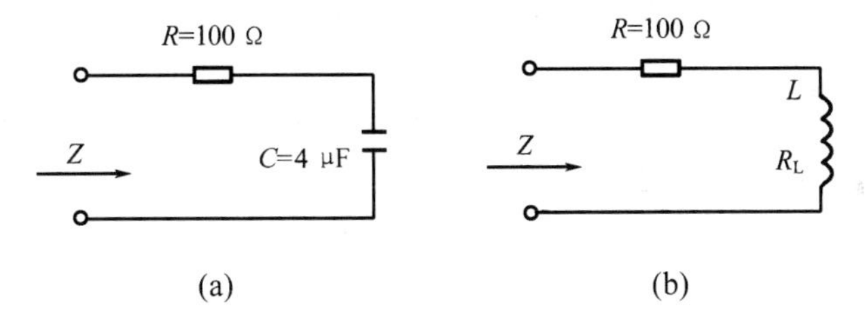

图 2.13　三表法实验电路图

（2）按图 2.12 接好线路，功率表同名端连在一起，电流量限可选 0.4 A，电压量限选 50 V。

（3）由函数信号发生器输入电压，从 0～9 V 变化，增加过程中随时观察电流表与电压表，显示值不超过功率表的量限。

（4）测出图 2.13（a）、（b）中阻抗网络 Z 的电压、电流和功率，数据填入表 2.12。

表 2.12　三表法实验测量表

阻　　抗	直接测量值			中间计算值			网络等效参数	
	U(V)	I(mA)	P(W)	Z(Ω)	$\cos\varphi$	X(Ω)	R(Ω)	L 或 C
容性阻抗 $f = 500$ Hz								
感性阻抗 $f = 200$ Hz								

4）注意事项

（1）功率表的同名端按标准接法连在一起，否则功率表中指针表反偏而数字表无显示。

（2）使用功率表测量时必须正确选定电压量限与电流量限，按下相应的按键开关，否则功率表将有不适当显示。

5）思考题

（1）根据直流电流表和直流电压表测定直流电阻的两种接线方式，在测定交流电路的参数时，是否也需要考虑接线方式？

（2）用并联小容量电容的方法，判断无源二端网络是容性或是感性的依据是什么？

2.7（实验 7） 日光灯电路功率因数的提高

1）实验目的

（1）掌握日光灯电路的工作原理，并能正确迅速连接电路。

（2）通过实验了解提高功率因数的原理及意义。

（3）熟练掌握功率表的使用方法。

2）实验原理

日光灯电路由灯管 A、镇流器 L（带铁心电感线圈）、启辉器 S 组成（图 2.14）。当接通电源后，启辉器内发生辉光放电，双金属片受热弯曲，触点接通，将灯丝预热使其发射电子，启辉器接通后辉光放电停止，双金属片冷却，又将触点断开，这时镇流器感应出高电压加在灯管两端使日光灯管放电，产生大量紫外线，灯管内壁的荧光粉吸收后辐射出可见光，日光灯就开始正常工作。启辉器相当于一只自动开关，能自动接通电路（加热灯丝）和断开电路（使镇流器产生高压，使灯管产生弧光放电），镇流器的作用除了感应出高电压使灯管放电外，在日光灯正常工作时，起限制电流的作用，镇流器的名称也由此而来。由于电路中串联着镇流器，它是一个电感量较大的线圈，因而整个电路的功率因数较低。

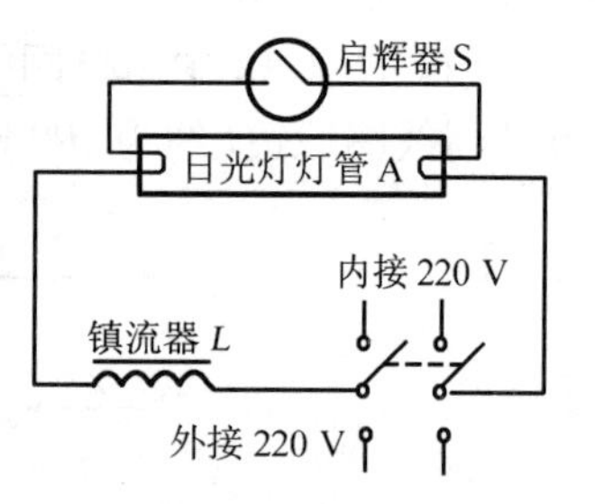

图 2.14 日光灯电路原理图

在电力系统中，当负载的有功功率一定，电源电压一定时，功率因数越小，供电线路中的电流就越大，在供电线路上的功率损耗（称为线损）越大，线路上的压降越大，从而降低了电能的传输效率，影响供电质量，也使电源容量得不到充分利用。为了提高功率因数，一般最常用的方法是在负载两端并联一个补偿电容器，抵消负载电流的一部分无功分量。在日光灯电路接电源两端并联一个可变电容（图 2.15（a）），当电容的容量逐渐增加时，电容支路电流 I_C 也随之增大，因 I_C 超前电压（U）90°，可以抵消电流 I_G 的一部分无功分量 I_{GL}，结果总电流 I 逐渐减小，但如果电容器 C 增加过多（过补偿），那么 I_C 就会大于 I_{GL}，使得总电流又将增大。向量关系如图2.15（b）所示。

3）实验内容

（1）本实验中日光灯电路标明在 D04 实验板上，实验时将双向开关扳向“外接 220 V 电源”一侧，当开关扳向“内接电源”时，由内部将 220 V 电源接至日光灯电路作为平时照明光源之用。灯管两端电压及镇流器两端电压可在板上接线插口处测量。

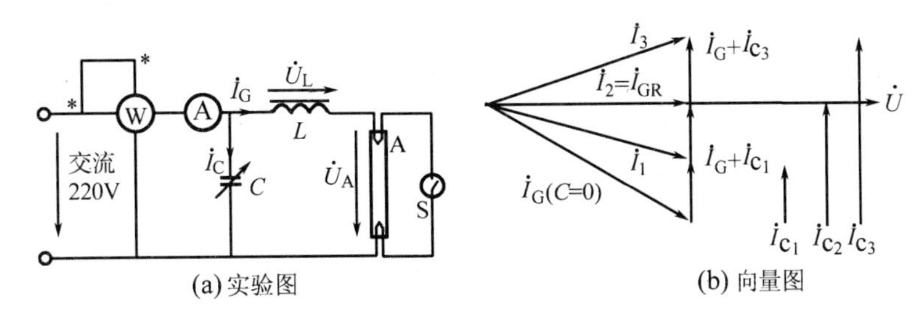

图 2.15 日光灯电路实验图及相量图

(2) 将日光灯电路及可变电容箱元件按实验图 2. 15(a)所示电路连接。在各支路分别串联接入交流电流表,再将功率表接入线路,按图接线并经检查后,由单相交流调压器提供电源,接通后电压增加到 220 V。

(3) 改变可变电容箱的电容值,先使 $C=0$,测量日光灯单元(灯管、镇流器)两端的电压及电源电压,读取此时灯管电流 I_G 及功率表读数 P。

(4) 逐渐增加电容 C 的数值,测量各支路的电流和总电流。电容值不要超过 6 μF,否则电容电流过大。将测试数据填入表 2. 13。

表 2. 13 日光灯电路测量表

电容 C (μF)	总电压 U(V)	U_L(V)	U_A(V)	总电流 I(mA)	I_C(mA)	I_G(mA)	P(W)	$\cos\varphi$
0								
0. 47								
1. 0								
1. 47								
2. 0								
2. 47								
3. 0								
3. 47								
4. 0								
4. 47								
5. 0								
5. 47								
6. 0								

注意:

① 日光灯启动电压随环境温度会有所改变,一般在 180 V 左右可启动,日光灯启动时电流较大(约 0. 6 A),工作时电流约 0. 37 A。应注意仪表量程范围的选择。

② 日光灯管功率(本实验中日光灯标称功率为 20 W)及镇流器所消耗功率都随温度而变化,在不同环境温度及接通电路后不同时间中功率会有所变化。

4) 实验报告

(1) 完成表 2. 13 数据测试,并计算 $\cos\varphi$。

(2) 在坐标纸上绘出总电流 $I=f(C)$ 曲线,并分析讨论。

5）注意事项

（1）日光灯电路是一个复杂的非线性电路，原因有二：其一是灯管在交流电压接近零时熄灭，使电流间隙中断；其二是镇流器为非线性电感。

（2）为保护功率表中指针表开机冲击，JDW－32 型功率表采用指针表开机延时工作方式，仪表通电后约 10 s 两表自动进入同步显示。

（3）本实验如数据不符合理论规律，首先检查供电电源波形是否过度畸变，因目前电网波形高次谐波分量相当高，如能装电源进线滤波器则基本能解决波形畸变问题。

6）思考题

（1）怎样根据交流电流表的读数判断电路达到完全补偿？

（2）并联电容后功率表的读数有无变化？为什么？

2.8（实验 8）　互感电路

1）实验目的

（1）学会互感电路同名端的判定方法，以及互感系数、耦合系数的测定方法。

（2）通过两个具有互感耦合的线圈顺向串联和反向串联实验，加深理解互感对电路等效参数以及电压、电流的影响。

2）实验原理

在互感电路的分析计算时，除了需要考虑线圈电阻、电感等参数的影响外，还应特别注意互感电势（或互感电压降）的大小及方向的正确判定。为了测定互感电势的大小可将两个具有互感耦合的线圈中的一个线圈（例如线圈 2）开路而在另一个线圈（线圈 1）上加一定电压，用电流表测出这一线圈中的电流 I_1，同时用电压表测出线圈 2 的端电压 U_2，如果所用的电压表内阻很大，可近似地认为 $I_2=0$（即线圈 2 可看作开路），这时电压表的读数就近似地等于线圈 2 中互感电动势 E_{2M}，即：

$$U_2 \approx E_{2M} = \omega M I_1$$

式中：ω——电源的角频率。可算出互感系数 M 为：

$$M \approx \frac{U_2}{\omega I_1}$$

正确判断互感电动势的方向，必须首先判定两个具有互感耦合的同名端，如图 2.16（a）所示的判定互感电路同名端的方法是：用一直流电源经开关突然与互感线圈 1 接通，在线圈 2 的回路中接一直流毫安表，在开关 K 闭合的瞬间，线圈 1 回路中的电流 I_1 通过互感耦合将在线圈 2 中产生一互感电动势并在线圈 2 回路中产生一电流 I_2，使所接毫安表发生偏转。根据楞次定律及图示所假定的电流正方向，当毫安表正向偏转时，线圈 1 与电源正极相接的端点 1 和线圈 2 与直流毫安表正极相接的端点 2 便为同名端；如毫安表反向偏转，则此时线圈 2 与直流表负极相接的端点 2′和线圈 1 与电源正极相接的端点 1 为同名端（注意上述判定同名端的方法仅在开关 K 闭合瞬间才成立）。

互感电路同名端也可利用交流电压来测定，如图 2.16（b）所示，将线圈 1 的一个端点 1′与线圈 2 的一个端点 2′用导线连接。在线圈 1 两端加以交流电压，用电压表分别测出 1 及

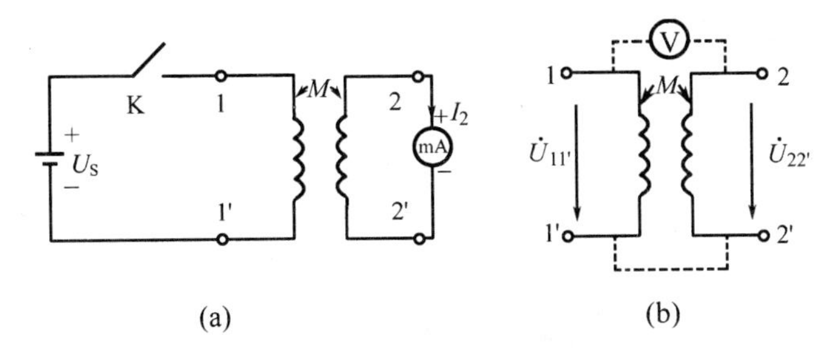

图 2.16　互感电路同名端的判定方法

1′两端与 1、2 两端的电压，设分别为 $U_{11'}$ 与 U_{12}，如果 $U_{12} > U_{11'}$，则用导线连接的两个端点(1′与 2′)应为异名端(也即 1′与 2 以及 1 与 2′为同名端)，因为如果我们假定正方向为 $U_{11'}$，当 1 与 2′为同名端时，线圈 2 中互感电压的正方向应为 $U_{2'2}$，所以 $U_{12} = U_{11'} + U_{2'2}$(因 1′与 2′相连)必然大于电源电压 $U_{11'}$。同理，如果 1、2 两端电压的读数 U_{12} 小于电源电压(即 $U_{12} < U_{11'}$)，此时 1′与 2′为同名端。

互感电路的互感系数 M 也可以通过将两个具有互感耦合的线圈，加以顺向串联和反向串联而测出。

当两线圈顺接时，如图 2.17(a)，有

$$
\begin{aligned}
\dot{U} &= \dot{I}(R_1 + j\omega L_1) + \dot{I}j\omega M + \dot{I}(R_2 + j\omega L_2) + \dot{I}j\omega M \\
&= \dot{I}[(R_1 + R_2) + j\omega(L_1 + L_2 + 2M)] \\
&= \dot{I}(R_{等效} + j\omega L_{等效})
\end{aligned}
$$

由此可得出顺接时电路的等效电感：

$$L_{等效} = L_1 + L_2 + 2M$$

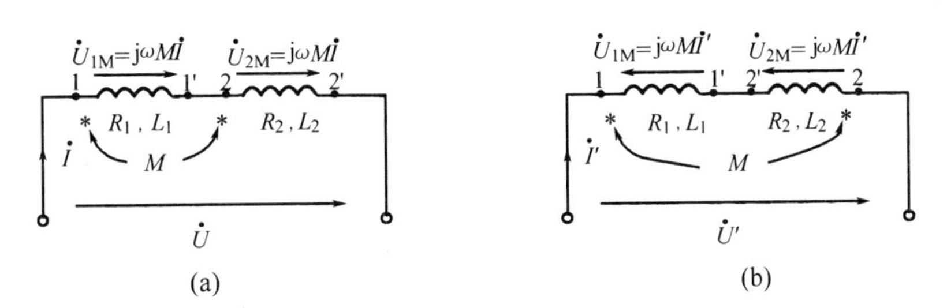

图 2.17　互感电路的互感系数 M 的测量方法

如图 2.17(b)，两个线圈反接时，电压方程式为

$$
\begin{aligned}
\dot{U}' &= \dot{I}'(R_1 + j\omega L_1) - \dot{I}'j\omega M + \dot{I}'(R_2 + j\omega L_2) - \dot{I}'j\omega M \\
&= \dot{I}'[(R_1 + R_2) + j\omega(L_1 + L_2 - 2M)] \\
&= \dot{I}'(R'_{等效} + j\omega L'_{等效})
\end{aligned}
$$

由此可得出反接时电路的等效电感：

$$L'_{等效} = L_1 + L_2 - 2M$$

如果用直流电桥测出两线圈的电阻 R_1 和 R_2，再用电压表和电流表分别测出顺接时的

电压、电流分别为 U、I，反接时的电压、电流分别为 U'、I'，则

$$Z_{等效} = \sqrt{R_{等效}^2 + (\omega L_{等效})^2}$$

$$Z'_{等效} = \sqrt{R_{等效}^2 + (\omega L'_{等效})^2}$$

$$X_{等效} = \sqrt{Z_{等效}^2 - (R_1 + R_2)^2} = \omega L_{等效} = \omega(L_1 + L_2 + 2M)$$

$$X'_{等效} = \sqrt{Z'^2_{等效} - (R_1 + R_2)^2} = \omega L'_{等效} = \omega(L_1 + L_2 - 2M)$$

算得

$$M = \frac{X_{等效} - X'_{等效}}{4\omega}$$

上述方法也可判定两个具有互感耦合线圈的极性，当两线圈用正、反两种方法串联后，加以同样电压，电流数值大的一种接法是反向串联，电流数值小的一种接法是顺向串联，由此可判定出极性（同名端）。

3）实验内容

（1）用直流电源和交流电源分别测试互感线圈的同名端，自定方法，但需注意直流电源只能当开关合闸瞬间接通线圈，看出电表偏转方向后即打开开关，线路中电流不超过 0.25 A，电表可单独使用 JDA－21 型电流表中的指针表头。

（2）用交流伏安法测定线圈的 L_1、L_2 及 M，电源可用函数信号发生器正弦波输出，频率可调至 200 Hz（直接用电网电压波形差，干扰大，电压不稳），电流不超过 0.25 A。

（3）用顺串法与反串法测量 M，电流不超过 0.25 A。完成表 2.14～表 2.16。

表 2.14　线圈 2 开路测量表

线圈 1 电阻 R_1 = ____Ω　　频率 f = 200 Hz										
次数	U_1 (V)	I_1 (A)	U_2 (V)	I_2 (A)	Z_1 (Ω)	X_1 (Ω)	L_1 (H)	M (H)	$L_{1平均}$ (H)	$M_{平均}$ (H)
第一次										
第二次										
第三次										

表 2.15　线圈 1 开路测量表

线圈 2 电阻 R_2 = ____Ω　　频率 f = 200 Hz										
次数	U_1 (V)	I_1 (A)	U_2 (V)	I_2 (A)	Z_2 (Ω)	X_2 (Ω)	L_2 (H)	M (H)	$L_{2平均}$ (H)	$M_{平均}$ (H)
第一次										
第二次										
第三次										

表 2.16　线圈 1 和线圈 2 顺向和反向串联测量表($f=200$ Hz)

连接方法	测量次数	电表读数		计算结果				
		U (V)	I (A)	$R_{等效}$	$Z_{等效}$	$X_{等效}$	互感系数 M	$M_{平均}$
顺向连接	1							
	2							
	3							
反向连接	1							
	2							
	3							

4) 实验报告

(1) 总结互感线圈同名端的判定方法、互感系数的实验测试方法。

(2) 数据列表计算。

5) 思考题

用直流通断法判断同名端时,将开关闭合和断开,判断的结果是否一致?

2.9(实验 9)　*RLC* 串联谐振

1) 实验目的

(1) 学会用实验方法测定 *RLC* 串联谐振电路的电压和电流以及学会绘制谐振曲线。

(2) 加深理解串联谐振电路的频率特性和电路品质因数的物理意义。

2) 实验原理

含有电感和电容元件的电路,在一定条件下可以呈现电阻性,即整个电路的总电压与总电流同相位,这种现象称为谐振。谐振时,电路的电抗为零,电路的复阻抗 $Z=R+\mathrm{j}X=R$,此时阻抗值最小,电路对外呈现纯电阻性,在输入电压 U_i 为定值时,电路中的电流达到最大值。当电路的参数一定时,调节信号源的频率,可使电路发生谐振(称为变频调谐);当电源的频率一定时,改变电路的参数 L 或 C 的数值也可使电路发生谐振。

在 *RLC* 串联谐振电路中,当外加正弦交流电压的频率可变时,电路中的感抗、容抗和电抗都随着外加电源频率的改变而变化,因而电路中的电流也随着频率而变化。将这些物理量随频率而变化的特性绘成曲线,就是它们的频率特性曲线。

由于

$$X_L=\omega L, X_C=\frac{1}{\omega C}$$

$$X=X_L-X_C=\omega L-\frac{1}{\omega C}$$

$$Z=\sqrt{R^2+\left(\omega L-\frac{1}{\omega C}\right)^2}$$

$$\varphi = \arctan \frac{\omega L - \dfrac{1}{\omega C}}{R}$$

将它们的频率特性曲线绘出，就得到如图 2.18 所示的一系列曲线，当 $X_L = X_C$ 时的频率 ω 叫做串联谐振频率 ω_0，这时电路呈谐振状态，谐振角频率为

$$\omega = \omega_0 = \frac{1}{\sqrt{LC}}$$

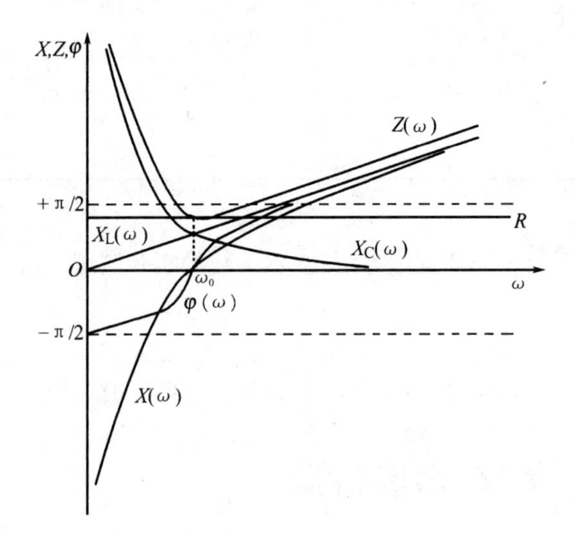

图 2.18　串联谐振电路频率特性曲线图

谐振频率为：

$$f_0 = \frac{1}{2\pi \sqrt{LC}}$$

可见谐振频率决定于电路参数 L 及 C，随着频率的变化，电路的性质在 $\omega < \omega_0$ 时呈容性；$\omega > \omega_0$ 时呈感性；$\omega = \omega_0$ 时，即在谐振点呈纯电阻性。

如维持外加电压 U 不变，并将谐振时的电流表示为：

$$I_0 = \frac{U}{R}$$

电路的品质因数 Q 为：

$$Q = \frac{\omega_0 L}{R} = \frac{1}{\omega_0 CR} = \frac{1}{R}\sqrt{\frac{L}{C}}$$

改变外加电压的频率，作出如图 2.19 所示的电流谐振曲线，它的表达式为：

$$\frac{I}{I_0} = \frac{1}{\sqrt{1 + Q^2\left(\dfrac{\omega}{\omega_0} - \dfrac{\omega_0}{\omega}\right)^2}}$$

当电路的 L 及 C 维持不变，只改变 R 的大小时，可以作出不同 Q 值的谐振曲线。Q 值越

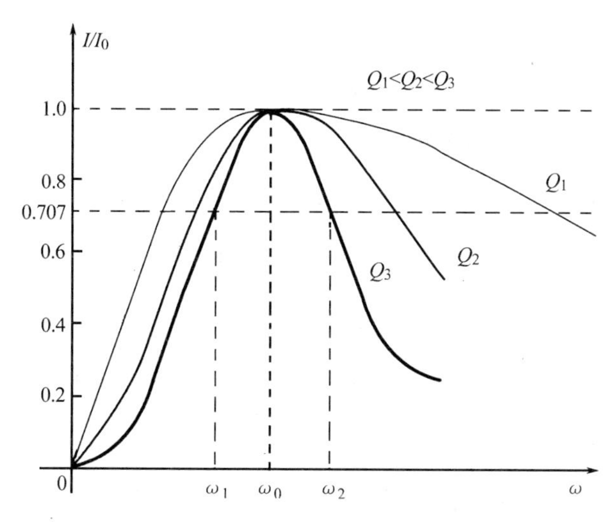

图 2.19　不同 Q 值时的电流谐振曲线

大,曲线越尖锐。在这些不同 Q 值谐振曲线图上通过纵坐标 $I/I_0=0.707$ 处作一平行于横轴的直线,与各谐振曲线交于两点——ω_1 及 ω_2,Q 值越大,这两点之间的距离越小。可以证明:

$$Q=\frac{\omega_0}{\omega_2-\omega_1}$$

上式说明,电路的品质因数越大,谐振曲线越尖锐,电路的选择性越好,相对通频带 $(\omega_2-\omega_1)/\omega_0$ 越小,这就是 Q 值的物理意义。

3) 实验内容

(1) 实验电路如图 2.20 所示,选 $C=1\ \mu\text{F}$,$R=100\ \Omega$,$L=100\ \text{mH}$(用互感器原边),保持 $U_\text{i}=8\ \text{V}$,调节信号源的频率由小逐渐变大(注意要维持信号源的输出幅度不变),当电路中的电流 I 的读数为最大时,信号源输出信号的频率即为电路的谐振频率 f_0。在谐振点两侧,依次各取 4 ~ 6 个测量点,逐点测出电路中的电流 I,作出电流谐振曲线。

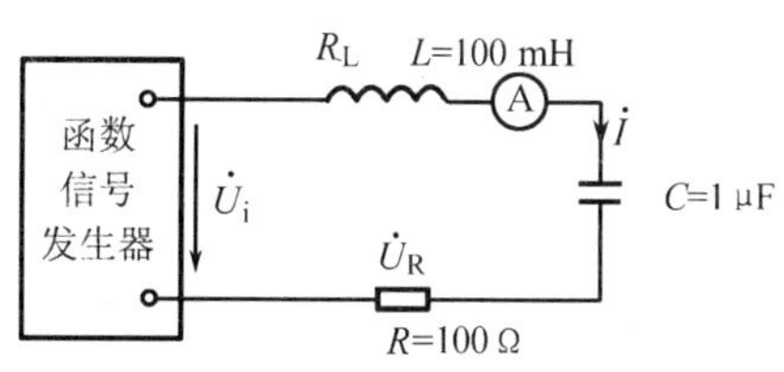

图 2.20　串联谐振实验电路图

(2) 选 $C=1\ \mu\text{F}$,$R=400\ \Omega$,$L=100\ \text{mH}$(用互感器原边),重复步骤(1),完成表 2.17。

表 2.17　串联谐振测量表

串联谐振回路参数				
$R=100\ \Omega$ 或 $R=400\ \Omega$	$C=1\ \mu\text{F}$	$L=100\ \text{mH}$	$U_\text{i}=8\ \text{V}$	$R_\text{L}=$ ____ Ω
$R=100\ \Omega$ 实验测量数	据 $f_0=$ ____ Hz,	$f_\text{H}=$ ____ Hz,	$f_\text{L}=$ ____ Hz,	$Q=$ ____
f(Hz)				
I(mA)				
$R=400\ \Omega$ 实验测量数据	$f_0=$ ____ Hz,	$f_\text{H}=$ ____ Hz,	$f_\text{L}=$ ____ Hz,	$Q=$ ____
f(Hz)				
I(mA)				

4）实验报告

（1）在坐标纸上绘出两种电阻的电流谐振曲线，并比较上述两种曲线的特点。

（2）计算相对通频带与 Q 值。

5）思考题

（1）根据实验电路给出的元件参数值，计算电路的谐振频率。

（2）改变电路的哪些参数可以使电路发生谐振，电路中 R 的数值是否影响谐振频率值？

（3）如何判断电路是否发生谐振？测试谐振点的方案有哪些？

（4）要提高 RLC 串联谐振电路的品质因数，电路参数应如何改变？

（5）本实验在谐振时，对应的 U_L 与 U_C 是否相等？如有差异，原因何在？

2.10（实验 10） 三相交流电路电压、电流的测量

1）实验目的

（1）学会三相负载星形和三角形的连接方法，掌握这两种接法的线电压和相电压、线电流和相电流的测量方法。

（2）验证对称三相电路中的$\sqrt{3}$倍关系。

（3）观察分析三相四线制中，当负载不对称时中线的作用。

（4）学会相序的测试方法。

2）实验原理

将三相负载（图 2.21（a））各相的一端 X、Y、Z 连接在一起接成中点，A、B、C（或 U、V、W）分别接于三相电源即为星形连接，如图 2.21（b）所示。这时相电流等于线电流，如电源为对称三相电压，则因线电压是对应的相电压的矢量差，在负载对称时它们的有效值相差$\sqrt{3}$倍，即：

$$U_{线} = \sqrt{3}U_{相}$$

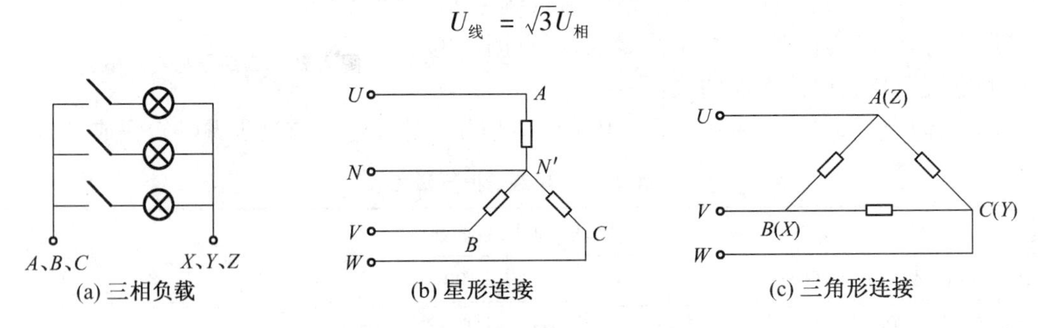

图 2.21　三相负载及星形、三角形连接

这时各相电流也对称，电源中点与负载中点之间的电压为零，如用中线将两中点之间连接起来，中线电流也等于零。如果负载不对称，则中线就有电流流过，这时如将中线断开，三相负载的各相相电压不再对称，各相电灯出现亮、暗不同的现象，这就是中点位移引起各相电压不等的结果。

如果将实验图 2.21（a）的三相负载的 X 与 B、Y 与 C、Z 与 A 分别相连，再在这些连接点

上引出三根导线至三相电源，即为三角形连接法，如图2.21(c)所示。这时线电压等于相电压，但线电流为对应的两相电流的矢量差，负载对称时，它们也有$\sqrt{3}$倍的关系，即：

$$I_{线} = \sqrt{3}I_{相}$$

若负载不对称，虽然不再有$\sqrt{3}$倍的关系，但线电流仍为相应的相电流矢量差，这时只有通过矢量图方能计算出它们的大小和相位。

在三相电源供电系统中，电源线相序的确定是极为重要的事情，因为只有同相序的系统才能并联工作，三相电动机的转子的旋转方向也完全决定于电源线的相序，许多电力系统的测量仪表及继电保护装置也与相序密切相关。

确定三相电源相序的仪器称相序指示器，它实际上是一个星形连接的不对称电路，一相中接有电容C，另两相分别接入相等的电阻R(或两个相同的灯泡)，如图2.22所示。

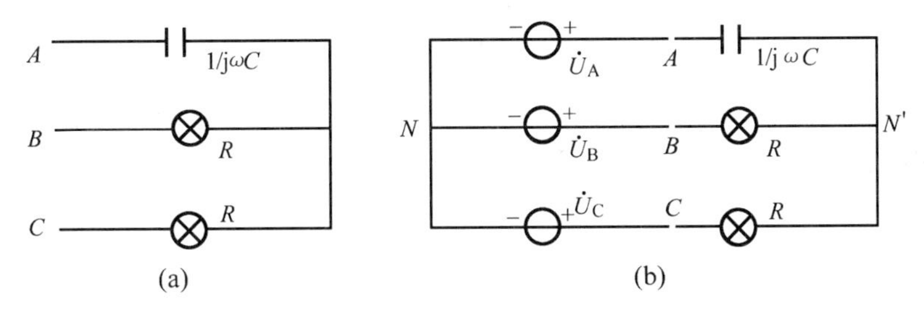

图2.22　相序指示器

如果把图2.22(a)的电路接到对称三相电源上，等效电路如图2.22(b)，则如果认定接电容的一相为A相，那么，其余两相中相电压较高的一相必定是B相，相电压较低的一相是C相，B、C两种电压的相差程度决定于电容的数值，电容可取任意值，在极限情况下B、C两相电压相等，即如果电容$C=0$，A相断开，此时B、C两相电阻串接在线电压上，如两电阻相等，则两相电压相同；如电容$C\to\infty$，A相短路，此时B、C两相都接在线电压上，如电源对称，则两相电压也相同。当电容为其他值时，B相电压高于C相，一般为便于观测，B、C两相用相同的灯泡代替R，如选择$1/\omega C=R$，这时有下述计算过程：

设三相电源电压$\dot U_A = U\angle 0°$，$\dot U_B = U\angle -120°$，$\dot U_C = U\angle 120°$，电源中点N，负载中点N'，两中点间电压为：

$$\dot U_{N'N} = \frac{j\omega \dot C U_A + \dot U_B/R + \dot U_C/R}{j\omega C + 1/R + 1/R} = \frac{jU\angle 0° + U\angle -120° + U\angle 120°}{j+2} = (-0.2 + j0.6)U$$

B相负载的相电压：

$$\begin{aligned}\dot U_{BN'} &= \dot U_{BN} - \dot U_{N'N} = U\angle -120° - (-0.2 + j0.6)U = (-0.3 - j1.47)U \\ &= 1.5U\angle -101.5°\end{aligned}$$

C相负载的相电压：

$$\dot U_{CN'} = \dot U_{CN} - \dot U_{N'N} = U\angle 120° - (-0.2 + j0.6)U = (-0.3 + j0.266)U = 0.4U\angle 138.4°$$

由计算可知，B相电压比C相电压高2.8倍，所以B相灯泡较C相亮，电源相序就可确定了。

3）实验内容

(1) 将三相负载按星形接法连接，接至三相对称电源。

(2) 测量有中线时,负载对称和不对称的情况下,各线电压、相电压、线电流、相电流和中线电流的数值。

(3) 拆除中线后,测量负载在对称和不对称的情况下,各线电压、相电压、线电流、相电流的数值。观察各相灯泡的亮暗,测量负载中点与电源中点之间的电压,分析中线的作用,完成表2.18。

(4) 将三相负载接成三角形连接,测量在负载对称及不对称时的各线电压、相电压、线电流、相电流数值,分析它们相互间的关系,完成表2.19。

(5) 用两相灯泡负载与一相电容器组成一只相序指示器接上三相对称电源检查相序,并测量指示器各相电压、线电压、线电流及指示器中点与电源中点间的电压,完成表2.20。

表2.18　星形连接测量表

负载状态		线电压(V)			相电压(V)、相(线)电流(A)						中线电流(A)	中点间电压(V)
		U_{AB}	U_{BC}	U_{CA}	U_A	U_B	U_C	I_A	I_B	I_C		
对称负载	有中线											
	无中线											
不对称负载	有中线											
	无中线											

表2.19　三角形连接测量表

负载状态	线电压(V)			相电流(A)			线电流(A)			线电流/相电流		
	U_{AB}	U_{BC}	U_{CA}	I_{AB}	I_{BC}	I_{CA}	I_A	I_B	I_C	I_A/I_{AB}	I_B/I_{BC}	I_C/I_{CA}
对称负载												
不对称负载												

表2.20　相序指示器测量表

U_{AB}	U_{BC}	U_{CA}	$U_{AN'}$	$U_{BN'}$	$U_{CN'}$	I_A	I_B	I_C	$U_{N'N}$	R_B	R_C	C

4) 实验报告

(1) 根据测量数据验证对称三相电路中线电压与相电压、线电流与相电流的关系。

(2) 由实验数据分析中线的作用。

5) 注意事项

(1) 如使用电流表插座应控制插头快速进出,同时电流表量限适当选大一些,防止电容负载电流瞬态冲击使过载记录器启动。

(2) 因本实验操作电压较高,所以必须小心接线,改接线路必须断电。特别注意不要使用破损导线。

6) 思考题

(1) 试分析三相星形连接不对称负载在无中线情况下,当某相负载开路或短路时会出现什么情况?如果接上中线,情况又如何?

（2）试画出对称三相电路中断开一相负载后，负载为三角形连接时电流的相量图及负载为星形连接时电压的相量图。

（3）在三相四线制中，中线是不允许接保险丝的，试分析其原因。

2.11（实验 11）　三相电路电功率的测量

1）实验目的

（1）熟悉功率表的正确使用方法。

（2）掌握三相电路中有功功率的各种测量方法。

2）实验原理

（1）工业生产中经常碰到要测量对称三相电路与不对称三相电路的有功功率的测量问题。测量的方法很多，原则上讲，只要测出每相功率（即每相接一只功率表）相加就是三相总功率。但这种方法只有在三相四线制系统时才是方便的，如负载为三角形连接或虽为星形连接但无中线引出来，在这种情况下要测每相功率是比较困难的，因而除了在四线制不对称负载情况下用三只功率表测量的方法外，常用其他方法进行测量。

（2）二瓦计法

在三线制负载情况下常采用二瓦计法测量三相总功率，接线方式有 3 种，如图 2.23 所示。

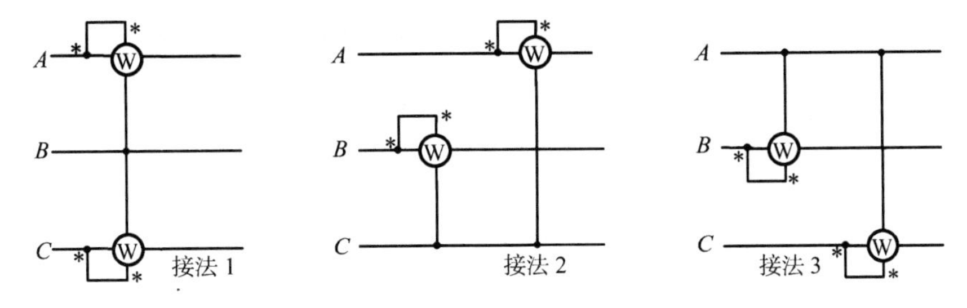

图 2.23　二瓦计法测量三相电路总功率

以接法 1 为例证明两表读数之和等于三相总功率。

瞬时功率

$$p_1 = u_{AB}i_A = (u_A - u_B)i_A$$

$$p_2 = u_{CB}i_C = (u_C - u_B)i_C$$

$$p_1 + p_2 = u_Ai_A + u_Ci_C - u_B(i_A + i_C)$$

由于在三线制中

$$i_A + i_B + i_C = 0$$

所以

$$-(i_A + i_C) = i_B$$

于是

$$p = p_1 + p_2 = u_Ai_A + u_Bi_B + u_Ci_C$$

功率表读数为功率的平均值：

$$p = p_1 + p_2 = \frac{1}{T}\int_0^T (u_Ai_A + u_Bi_B + u_Ci_C)\mathrm{d}t = p_A + p_B + p_C$$

如果电路对称，可作矢量如图 2.24 所示：

由图可得：

$$P_1 = U_{AB}I_A\cos(\varphi + 30°)$$
$$P_2 = U_{CB}I_C\cos(\varphi - 30°)$$

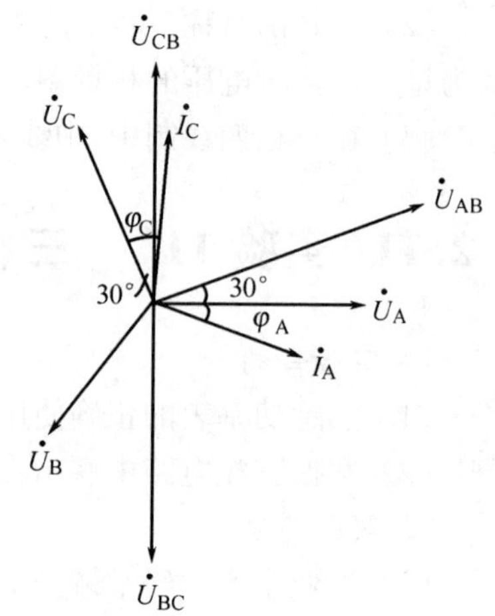

图 2.24　矢量图

因为电路对称，所以 $U_{AB} = U_{BC} = U_{CA} = U_L$（线电压），$I_A = I_B = I_C = I_L$（线电流）

$$P_1 = U_LI_L\cos(\varphi + 30°)$$
$$P_2 = U_LI_L\cos(\varphi - 30°)$$

利用三角等式变换可得：

$$P = P_1 + P_2 = \sqrt{3}U_LI_L\cos\varphi$$

下面讨论几种特殊情况：

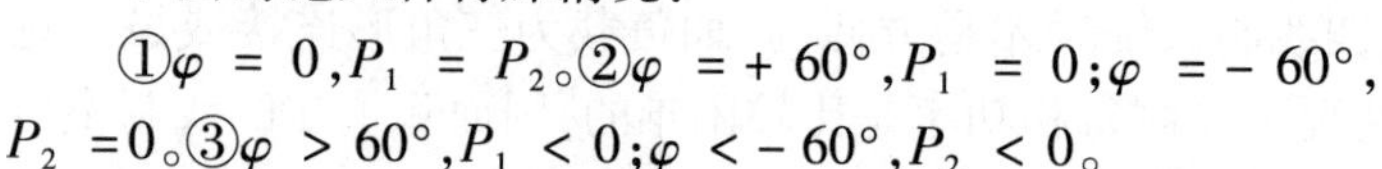

①$\varphi = 0$，$P_1 = P_2$。②$\varphi = +60°$，$P_1 = 0$；$\varphi = -60°$，$P_2 = 0$。③$\varphi > 60°$，$P_1 < 0$；$\varphi < -60°$，$P_2 < 0$。

在最后一种情况下有一表指针反偏，这时应该将功率表电流线圈的两个端子对调，同时读数应算负值。

（3）三相无功功率的测量

① 二瓦计法

这种方法与二瓦表测三相有功功率接线相同，但测无功功率只能用于负载对称的情况：

$$P_2 - P_1 = U_LI_L\cos(\varphi - 30°) - U_LI_L\cos(\varphi + 30°) = U_LI_L\sin\varphi$$

所以三相无功功率为：

$$Q = \sqrt{3}U_LI_L\sin\varphi = \sqrt{3}(P_2 - P_1)$$

② 一瓦计法

适用于三线制对称负载，接线如图 2.25 所示。

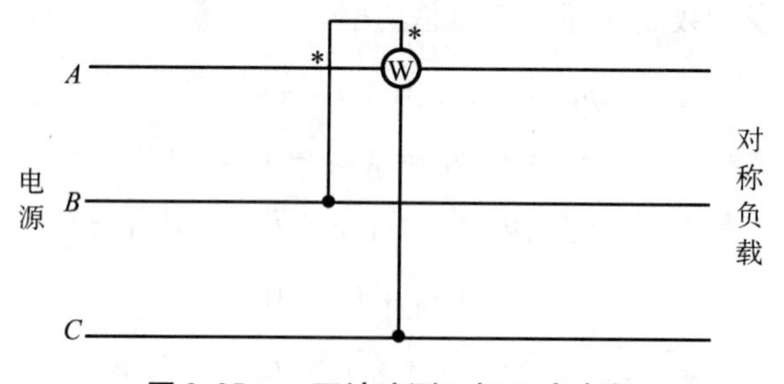

图 2.25　一瓦计法测三相无功功率

3）实验内容

（1）用一瓦计法测量三相四线制不对称负载的三相有功功率。

（2）用二瓦计法测量三相三线制不对称负载的三相有功功率（如实验中只有一只功率表，则分两次测量）。

所测数据分别列于表 2.21 和表 2.22 中。

表 2.21 一瓦计法测量三相四线制不对称负载的三相有功功率

负载形式	A 相负载(灯泡功率×数量)	B 相负载(灯泡功率×数量)	C 相负载(灯泡功率×数量)	P_A	P_B	P_C	$P=P_A+P_B+P_C$
三相四线制不对称负载							

表 2.22 二瓦计法测量三相三线制不对称负载的三相有功功率

负载形式	A 相负载(灯泡功率×数量)	B 相负载(灯泡功率×数量)	C 相负载(灯泡功率×数量)	P_1	P_2	$P=P_1+P_2$
三相三线制不对称负载						

4) 思考题

(1) 为什么用二瓦计法测量功率时,会出现读数为负的情况?

(2) 分析图 2.25 中三相无功功率 Q 与功率表读数 P 的关系,并画出相量图。

2.12(实验 12) 线性无源二端网络的研究

1) 实验目的

(1) 学习测试二端网络参数的方法。

(2) 通过实验来研究二端网络的特性及其等效电路。

2) 实验原理

(1) 二端网络是电工技术中广泛使用的一种电路形式。网络本身的结构可以是简单的,也可以是极复杂的,但就二端网络的外部性能来说,一个很重要的问题就是要找出它的两个端口(通常也就是称为输入端和输出端)处的电压、电流之间的相互关系,这种相互关系可以由网络本身结构所决定的一些参数来表示。不管网络如何复杂,总可以通过实验的方法来得到这些参数,从而可以很方便地来比较不同的二端网络在传递电能和信号方面的性能,以便评价它们的质量。

(2) 由图 2.26 分析可知,二端网络的基本方程是:

$$\dot{U}_1 = A_{11}\dot{U}_2 - A_{12}\dot{I}_2$$

$$\dot{I}_1 = A_{21}\dot{U}_2 - A_{22}\dot{I}_2$$

式中:A_{11}、A_{12}、A_{21}、A_{22}称为二端网络的传输参数,其数值的大小决定于网络本身的元件及结构。这些参数可以表征网络的全部特性。它们的物理概念可分别用以下的式子来说明:

输出端开路:

$$A_{11} = \left.\frac{\dot{U}_{10}}{\dot{U}_{20}}\right|_{i_2=0}, \qquad A_{21} = \left.\frac{\dot{I}_{10}}{\dot{U}_{20}}\right|_{i_2=0}$$

输出端短路:

图 2.26　二端网络

$$A_{12}=\left.\frac{\dot{U}_{1S}}{-\dot{I}_{2S}}\right|_{\dot{U}_2=0},\qquad A_{22}=\left.\frac{\dot{I}_{1S}}{-\dot{I}_{2S}}\right|_{\dot{U}_2=0}$$

可见,A_{11}是两个电压比值,是一个无量纲的量,A_{12}是短路转移阻抗,A_{21}是开路转移导纳,A_{22}是两个电流的比值,也是无量纲的量。A_{11}、A_{12}、A_{21}、A_{22} 4 个参数中也只有 3 个是独立的,因为这 4 个参数间具有如下关系:

$$A_{11}\cdot A_{22}-A_{12}\cdot A_{21}=1$$

如果是对称的二端网络,则有:

$$A_{11}=A_{22}$$

(3) 由上述二端网络的基本方程组可以看出,如果在输入端 1－1′接以电源,而输出端 2－2′处于开路和短路两种状态时,分别测出 $\dot{U}_{10}$、$\dot{U}_{20}$、$\dot{I}_{10}$、$\dot{U}_{1S}$、$\dot{I}_{1S}$及 $\dot{I}_{2S}$就可得出上述 4 个参数。但这种方法实验测试时需要在网络两端即输入端和输出端同时进行测量电压和电流,这在某些实际情况下是不方便的。

在一般情况下,我们常用在二端网络的输入端及输出端分别进行测量的方法来测定这 4 个参数,把二端网络的 1－1′端接以电源,在 2－2′端开路与短路的情况下,分别得到开路阻抗和短路阻抗。

$$R_{01}=\left.\frac{\dot{U}_{10}}{\dot{I}_{10}}\right|_{\dot{I}_2=0}=\frac{A_{11}}{A_{21}},\qquad R_{S1}=\left.\frac{\dot{U}_{1S}}{\dot{I}_{1S}}\right|_{\dot{U}_2=0}=\frac{A_{12}}{A_{22}}$$

再将电源移至 2－2′端,在 1－1′端开路和短路的情况下,又可得到:

$$R_{02}=\left.\frac{\dot{U}_{20}}{\dot{I}_{20}}\right|_{\dot{I}_1=0}=\frac{A_{22}}{A_{21}},\qquad R_{S2}=\left.\frac{\dot{U}_{2S}}{\dot{I}_{2S}}\right|_{\dot{U}_1=0}=\frac{A_{12}}{A_{11}}$$

同时由上述 4 式可见:

$$\frac{R_{01}}{R_{02}}=\frac{R_{S1}}{R_{S2}}=\frac{A_{11}}{A_{22}}$$

因此 R_{01}、R_{02}、R_{S1}、R_{S2}中只有 3 个独立变量,如果是对称二端网络就只有两个独立变量,此时

$$R_{01}=R_{02},\qquad R_{S1}=R_{S2}$$

如果由实验已经求得开路和短路阻抗,则可很方便地算出二端网络的 A 参数。

(4) 由上所述,无源二端网络的外特性既然可以用 3 个参数来确定,那么只要找到一个

由具有 3 个不同阻抗（或导纳）所组成的二端网络，如果后者的参数与前者分别相同，则就可认为这两个二端网络的外特性是完全相同的。由 3 个独立阻抗（或导纳）所组成的二端网络只有两种形式，即 T 型电路和 π 型电路。

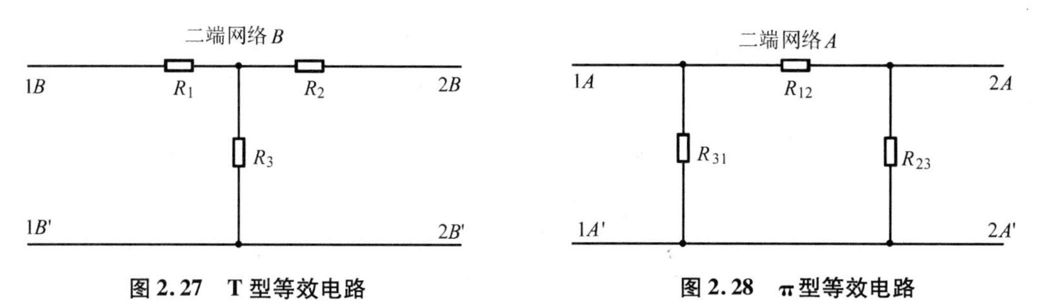

图 2.27　T 型等效电路　　**图 2.28　π 型等效电路**

如果给定了二端网络的 A 参数，则无源二端网络的 T 型等效电路及 π 型等效电路的 3 个参数可由下式求得：

$$R_1=\frac{A_{11}-1}{A_{21}};\qquad R_{31}=\frac{A_{12}}{A_{22}-1};$$

$$R_2=\frac{A_{22}-1}{A_{21}};\qquad R_{12}=A_{12};$$

$$R_3=\frac{1}{A_{21}};\qquad R_{23}=\frac{A_{12}}{A_{11}-1}$$

实验台 D02 上提供的两个二端网络是等价的，其参数如下：

$R_1=200\ \Omega$，$R_2=100\ \Omega$，$R_3=300\ \Omega$；$R_{31}=1.1\ \text{k}\Omega$，$R_{12}=367\ \Omega$，$R_{23}=550\ \Omega$。精度全为 1.0 级，功率均为 4 W。

3）实验内容

（1）按图 2.29 接好线路。

固定 $U_1=U_S=5$ V，测量并记录 B 网络 2－2′端开路时及 2－2′端短路时的各参数，记入表 2.23。

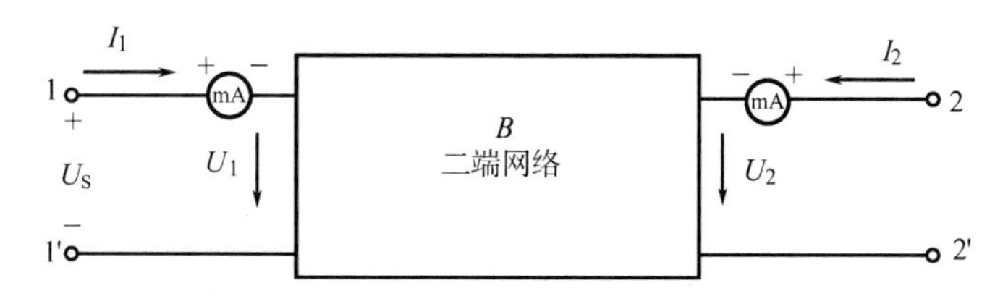

图 2.29　二端网络实验电路图

（2）由第一步测得的结果，计算出 A_{11}、A_{12}、A_{21}、A_{22}。并验证 $A_{11}\cdot A_{22}-A_{12}\cdot A_{21}=1$，然后计算等效 T 型电路的各电阻值。

（3）图 2.29 中换成 A 网络。在 1－1′端加电压 5 V，测量该等效电路的外特性，数据记入表 2.24，并与步骤（1）相比较。

（4）将电源移至 2－2′端，固定 $U_2=5$ V。测量并记录 1－1′端开路时及 1－1′端短路时各参数，记入表 2.25。并验证 $R_{01}/R_{02}=R_{S1}/R_{S2}$，并由此算出 A_{11}、A_{12}、A_{21}、A_{22}记入表 2.26，并

与步骤(2)所得结果相比较。

表 2.23　二端网络参数测量表(1)　$U_1 = U_S = 5$ V

	U_{10}	U_{20}	I_{10}	I_{20}	A_{11}	A_{21}	R_{01}
2－2′开路							
	U_{1S}	U_{2S}	I_{1S}	I_{2S}	A_{12}	A_{22}	R_{S1}
2－2′短路							

表 2.24　二端网络参数测量表(2)　$U_1 = U_S = 5$ V

	U_{10}	U_{20}	I_{10}	I_{20}	A_{11}	A_{21}	R_{01}
1－1′开路							
	U_{1S}	U_{2S}	I_{1S}	I_{2S}	A_{12}	A_{22}	R_{S1}
1－1′短路							

表 2.25　二端网络参数测量表(3)

	U_{10}	U_{20}	I_{10}	I_{20}	R_{02}
1－1′开路					
	U_{1S}	U_{2S}	I_{1S}	I_{2S}	R_{S2}
1－1′短路					

表 2.26　二端网络参数计算表

R_{01}	R_{02}	R_{S1}	R_{S2}	R_{01}/R_{02}	R_{S1}/R_{S2}	A_{11}	A_{12}	A_{21}	A_{22}

4）思考题

（1）无源二端网络的参数与外加电压和电流是否有关？为什么？

（2）本实验方法可否用于交流二端网络的测试？

2.13（实验 13）　一阶电路的方波响应

1）实验目的

（1）研究一阶电路的零状态响应和零输入响应的基本规律和特点，以及电路参数对响应的影响。

（2）理解一阶电路时间常数的意义并掌握其测量方法。

2）实验原理

一阶电路通常是由一个储能元件和若干个电阻组成。储能元件的初始值为零的电路，对外加激励的响应称为零状态响应。而电路在没有外加激励的情况下，由储能元件的初始状态引起的响应称为零输入响应。

对于一阶 RC 串联电路，如图 2.30(a)所示，它的零状态响应具有如下模式：

$u_C(t) = U_S(1 - e^{-t/RC})$，其波形如图 2.30(b)所示。

而零输入响应的模式为：

$u_C(t) = U_S e^{-t/RC}$，电路及波形如图 2.31(a)、(b)所示。

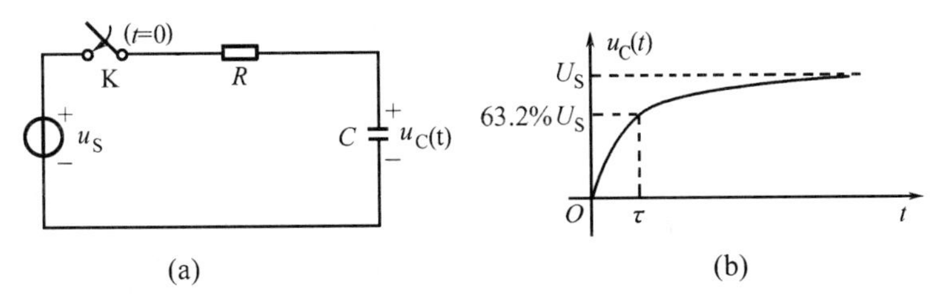

图 2.30 一阶电路的零状态响应 $u_C(0) = 0$

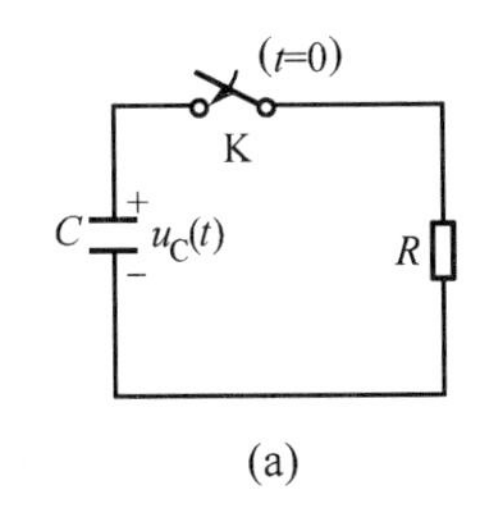

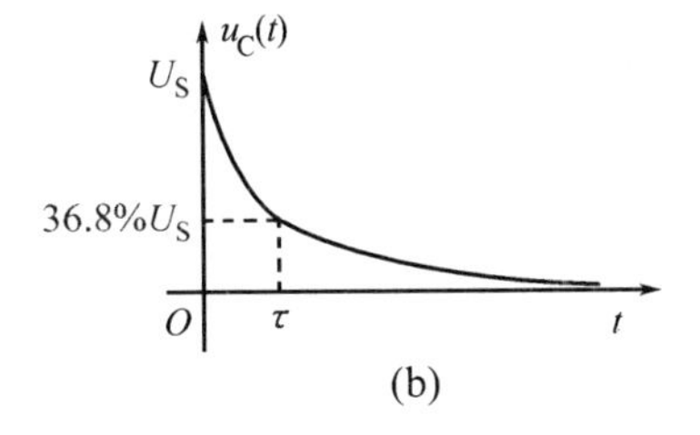

图 2.31 一阶电路的零输入响应 $u_C(0) = U_S$

RC 电路的时间常数 $\tau = RC$，它是反映电路过渡过程快慢的物理量，τ 越大，过渡过程时间越长，即充电或放电就越慢；τ 越小，充电或放电就越快。τ 可以从响应曲线中估算：充电曲线中，幅值上升到终值时的 63.2% 时所对应的时间为一个 τ；放电曲线中，幅值下降到初值时的 36.8% 时所对应的时间为一个 τ。充放电曲线为指数曲线，曲线的形状主要取决于时间常数 τ。

动态电路的过渡过程是十分短暂的单次变化过程，它在瞬间发生又很快消失，因此要想通过普通示波器观察过渡过程和测量有关的参数，必须使这种单次变化的过程重复出现。因此，可以采用周期性的方波脉冲作为激励信号，只要方波的重复周期远大于电路的时间常数 τ，那么电路在这样的方波序列脉冲信号的激励下，它的响应和直流电路接通与断开的过渡过程基本相同。

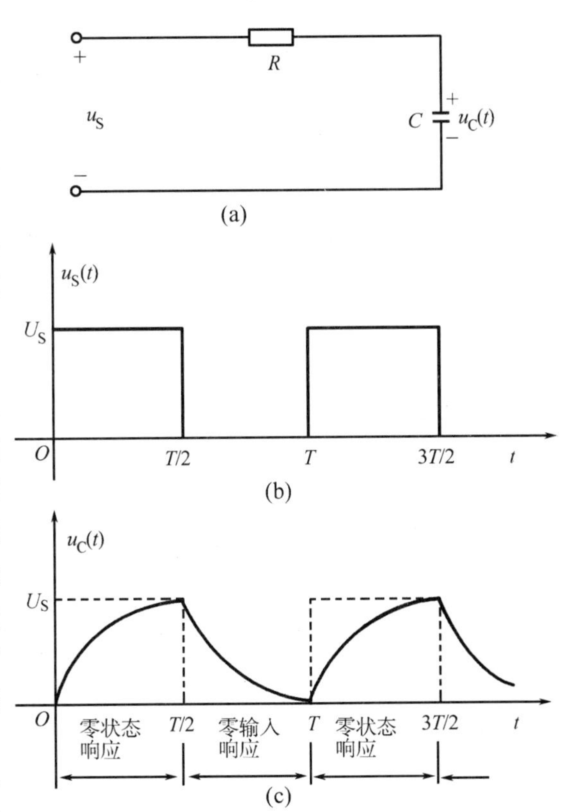

图 2.32 一阶电路的方波响应

RC 串联电路如图 2.32(a)，图2.32(b)为方波激励。设原来 *C* 未充电，从 $t = 0$ 开始，该电路相当于接通直流电源。如果

$T/2$ 足够大($T/2>4\tau$)。则在0 ~ $T/2$时间范围内,u_C 可以达到稳定值 u_S,这样在0 ~ $T/2$范围内 $u_C(t)$即为零状态响应。而从 $t=T/2$ 开始,因为电源内阻很小,则电容 C 相当于从起始电压 u_S 向 R 放电,若 $T/2>4\tau$,在 $T/2$ ~ T 时间范围的 C 上电荷放完。这段时间范围内即为零输入响应,第二周期重复第一周期,如图2. 32(c)所示。

将这个周期性变化的电压送到示波器 Y 轴输入端,适当调节"时基"在荧光屏上只显示出一个周期的波形。则前半周期是零状态响应,后半周期为零输入响应(在示波器的另一端输入 u_S,以鉴别零状态和零输入响应波形)。

若要观察电流波形,将电阻 R 上的电压 u_R 送入示波器即可,因为示波器只能测量输入电压,而电阻上电压、电流是线性关系,即 $I=U_R/R$,所以只要将 $u_R(t)$波形的纵坐标比例乘以 $1/R$ 即为 $i(t)$波形。

3) 实验内容

(1) 用函数信号发生器调出幅度为 1 V,T 为1 ms的方波信号。

(2) 用 $R=10\ \text{k}\Omega$,$C=10\ \text{nF}=0.01\ \mu\text{F}$ 接成一阶电路,如图 2. 32(a)所示,用示波器观察并记录 u_C 波形,并用坐标纸按1∶1的比例描绘波形。

(3) 通过 RC 一阶电路充放电时 u_C 变化曲线测得 τ 值,并与参数值的计算结果作比较,分析误差原因。

4) 注意事项

信号源的接地端与示波器的接地端要连在一起(称共地),以防外界干扰而影响测量的准确性。

5) 思考题

(1) 什么样的电信号可作为 RC 一阶电路零输入响应、零状态响应和完全响应的激励信号?

(2) 一阶 RC 串联电路近似构成微分电路或积分电路的条件是什么? 试分析讨论。

2. 14(实验 14) 运算放大器的特性与应用

1) 实验目的

(1) 从电路原理角度来了解一种有源器件——运算放大器的外部特性及其分析方法。

(2) 熟悉几种由运算放大器组成的有源电路。

(3) 学会有源器件的基本测试方法。

2) 实验原理

运算放大器是具有两个输入端、一个输出端的高增益、高输入阻抗、低输出阻抗的直接耦合多级放大电路,既可以放大交流信号,也可以放大直流信号。在运放的输出端和输入端之间加上反馈网络,可实现各种不同的电路功能,如反馈网络为线性电路时,可实现加法、减法、微分和积分等运算;如反馈网络为非线性电路时,可实现对数、乘法和除法等运算。它还可组成各种波形产生电路,如正弦波、三角波、脉冲波等波形发生器。

理想运算放大器在线性应用时具有两个重要的特性:"虚短"和"虚断"。运放同相输入端和反相输入端的电位近似相等,$U_+\approx U_-$,称为"虚短";流进运放两个输入端的电流为零,$I_+=I_-=0$,称为"虚断"。

运算放大器的符号如图 2. 33 所示。本实验主要研究运算放大器的线性应用。

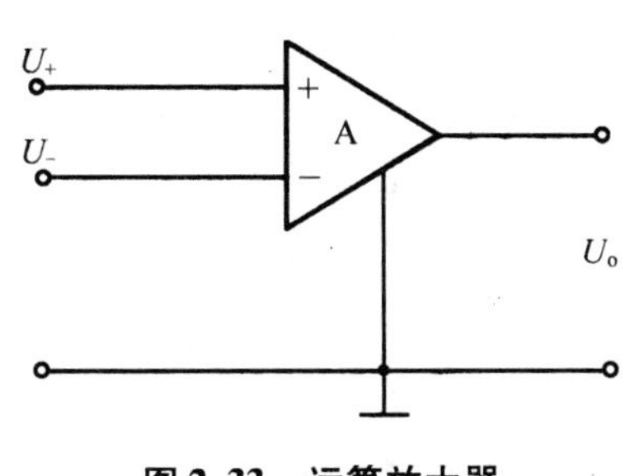

图 2.33　运算放大器

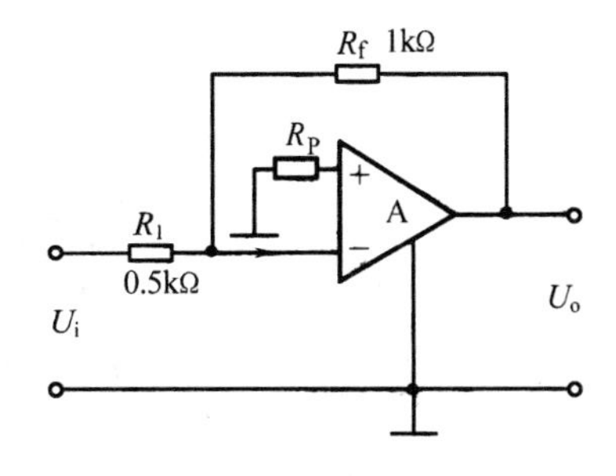

图 2.34　反相比例器

(1) 比例器:图 2.34 是反向输入的比例器电路。在理想条件下,$U_o=-\frac{R_f}{R_1}U_i$,输入可以是交流电压,也可以是直流电压。平衡电阻 $R_P=R_1 /\!/ R_f$。

图 2.35 是同向输入的比例器电路,输出电压与输入电压之间的关系为

$$U_o=\frac{R_1+R_f}{R_1}U_i=\left(1+\frac{R_f}{R_1}\right)U_i,\qquad R_P=R_1 /\!/ R_f$$

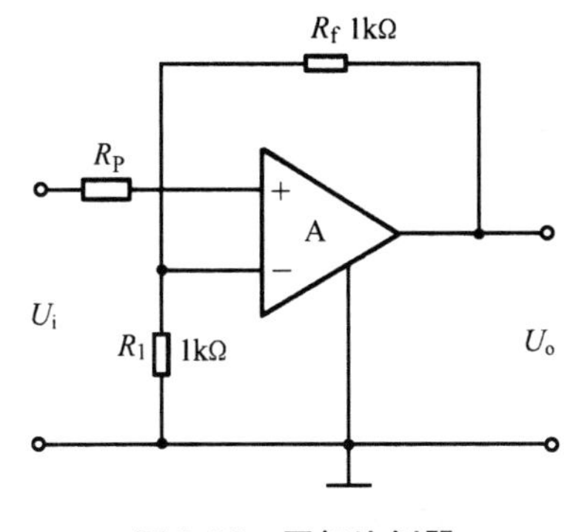

图 2.35　同相比例器

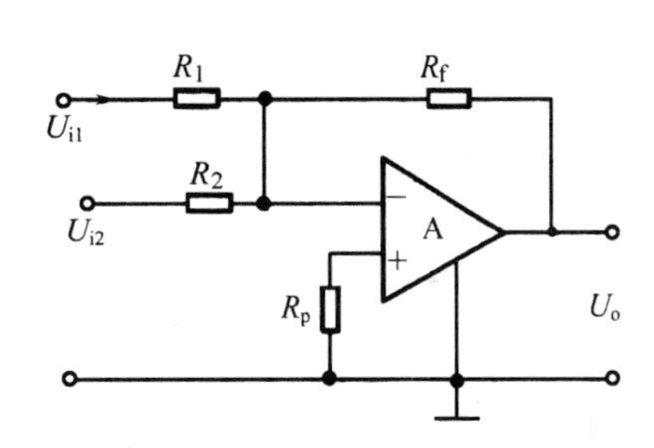

图 2.36　加法器

(2) 加法(减法)器:图 2.36 是由反向输入的比例器稍加修改而成的加法器。在理想条件下,输出电压与输入电压之间的关系为

$$U_o=-\left(\frac{R_f}{R_1}U_{i1}+\frac{R_f}{R_2}U_{i2}\right),\qquad R_P=R_1 /\!/ R_2 /\!/ R_f$$

当电压输入信号极性相反时,则运算放大器输出得到它们相减的数值。

实验电路如图 2.37 所示。

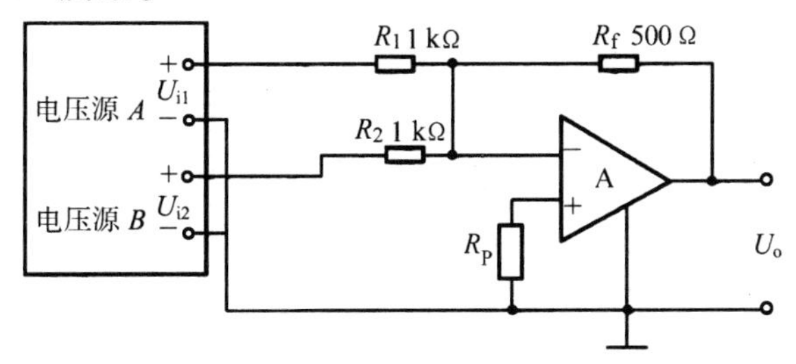

图 2.37　加法器实验电路图

图中两个电压源同时通过 R_1 及 R_2 作用在运算放大器上，其输出端可得到两电压相加的数值。

(3) 电流-电压变换器

实际应用中往往要把一个具有极高串联内阻的电流信号源变换成具有极低串联内阻的电压信号源，例如要把光电管产生的电流信号变换成电压信号，利用运算放大器可方便地实现这种线性变换的要求，实验线路如图 2.38 所示。

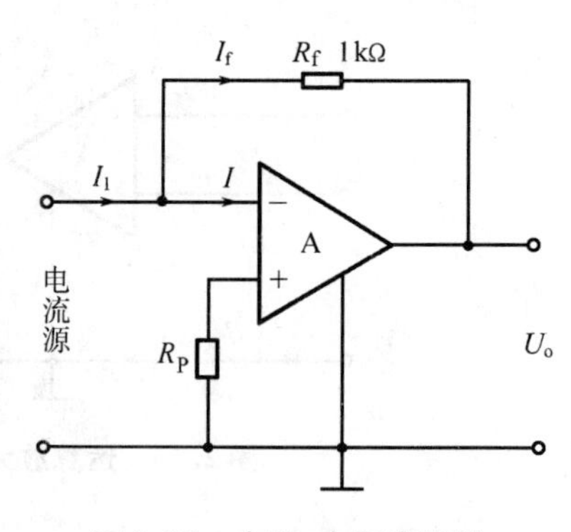

图 2.38　电流-电压变换器

图中由电流源输入电流 I_1，因为 $I \approx 0$，所以 $I_f = I_1$，输出电压 $U_o = -I_fR_f = -I_1R_f = KI_1$，即输出电压决定于输入电流而与负载无关。

3）实验内容

(1) 测量反相比例器(图 2.34)与同相比例器(图 2.35)的输入、输出电压，完成表 2.27。

表 2.27　比例器测量表

反相比例器 R_1 = ____ Ω, R_f = ____ Ω R_P = ____ Ω	U_i(V)	1	2	3	−1	−2	−3
	U_o(V)						
	U_o 理论值						
同相比例器 R_1 = ____ Ω, R_f = ____ Ω R_P = ____ Ω	U_i(V)	1	2	3	−1	−2	−3
	U_o(V)						
	U_o 理论值						

(2) 测量如图 2.37 所示加法器输入、输出电压，完成表 2.28。

表 2.28　加法器测量表

电路参数	R_1 = ____ Ω		R_2 = ____ Ω	R_f = ____ Ω		R_P = ____ Ω
U_{i1}(V)	1	2	3	−1	−2	−3
U_{i2}(V)	0.5	1	−1.5	−0.5	−1	1.5
U_o(V)						
U_o 理论值						

(3) 测量电流-电压变换器的输入电流、输出电压，完成表 2.29。

表 2.29　电流-电压变换器测量表

R_f = 1 kΩ	I_1(mA)	1	2	3	−1	−2	−3
	U_o(V)						

4）实验报告

完成实验内容规定的测试任务，将数据列表分析。

5）思考题

（1）在反相加法器电路（图 2.37）中，如选定 $U_{i2}=-1$ V，当考虑到运算放大器的最大输出幅度（±12 V）时，则 $|U_{i1}|$ 的大小不应超过多少伏？

（2）分析图 2.35 中当 R_f 短路或 R_1 开路时输出电压与输入电压之间的关系。

2.15（实验 15）　回转器的应用

1）实验目的

（1）熟悉回转器的交流特性及其应用。

（2）掌握回转器的测试方法。

2）实验原理

回转器是线性元件，理想回转器的电流、电压关系用下列方程来表示（图 2.39）：

$$u_1=-ri_2$$

$$u_2=ri_1$$

式中：r——回转电阻（或回转常数）。

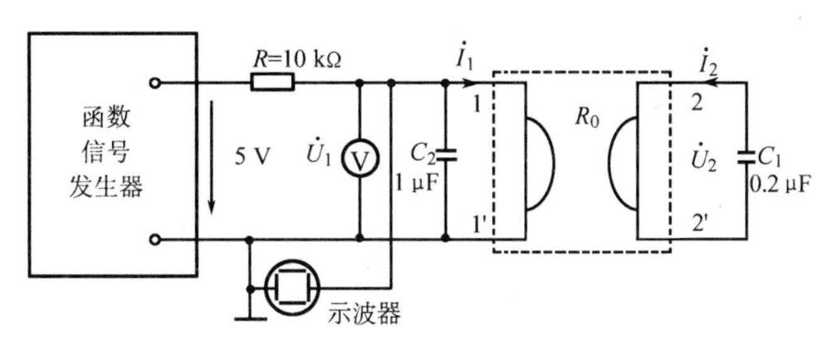

图 2.39　回转器实验电路图

从其特性方程可知它能进行阻抗逆变，把电容元件线性地转换成电感元件，且可得到极大的电感量和很高的电感纯度，因此它广泛应用在交流信号系统中作各种滤波器电感以及各种振荡回路中的电感。理论上回转器使用的频率范围不受限制，实际上受组成回转器的元器件特性所限，目前只能用于低频场合。

本实验利用回转电感与电容元件组成谐振电路进行并联谐振实验测试。

回转器 2－2′端接一只 0.2 μF 电容，经回转器转换后在 1－1′端来看相当于一只电感元件，其电感量 $L=CR_0^2=0.2\times10^{-6}\times10^6=0.2$ H，式中 R_0（1 kΩ）为回转电阻。若在 1－1′端口再并联一只电容元件 $C_2=1$ μF，这样就组成了并联 LC 谐振回路。如果外加一个可变频率的交流电流信号源，那么当信号源频率变化时其输入电流就会随频率变化，在电源频率等于谐振回路固有频率 $f_0=\dfrac{1}{2\pi\sqrt{LC}}$ 时，就产生并联谐振，输入电流达最小值，回路端电压达最大值。由于实际交流信号源都是电压信号源，输出阻抗较小，因此在实验中信号源与谐振回路之间串联一只大电阻近似作为电流信号源。输入电流由测量该电阻两端电压求得。示波器用来观察谐振回路的振荡波形。

3）实验内容

（1）按图 2.39 接线，函数信号发生器输出正弦波电压调至 5 V。

（2）调节信号源频率使电压表指示值最大，电路达到谐振状态，信号源输出信号的频率即为谐振电路的固有频率 f_0。

（3）以 f_0 为中心，向 $f>f_0$ 及 $f<f_0$ 两边改变信号源频率，依次各取 4 ~ 6 个测量点，从电压表上读出对应的电压值，每改变一次信号源频率后必须调整它的输出电压保持 5 V 不变，信号源的频率范围从 100 ~ 500 Hz 之间改变即可。数据填入表 2.30。

表 2.30　并联谐振电路参数测量表

信号源电压 =________	C_1 =________	C_2 =________	回转电感 L =________	f_0 =________
f(Hz)				
U_1(V)				

4）实验报告

（1）在坐标纸上按比例绘出回转电感与电容元件并联谐振曲线。

（2）分析谐振频率误差。

5）注意事项

（1）回转器采用集成电路组合而成，使用电压与电流有一定范围，任何情况下都不要使外加电压及输入电流超过 ±5 V 及 ±5 mA（有效值）。

（2）测试谐振曲线时必须注意示波器显示的波形是否为正弦波，当波形畸变时测试的任何数据都不准确。一般情况如信号输出端波形正常时只有在外加电压或输入电流超过 ±5 V或 ±5 mA（有效值）时才会使波形畸变。

6）思考题

（1）理想回转器由有源器件（运算放大器）构成，为什么称回转器为无源元件？

（2）电路模拟的电感是一端接地的电感，你能设计一个电路实现浮地电感吗？

2.16（实验 16）　50 Hz 非正弦周期信号的分解与合成

1）实验目的

（1）用同时分析法观测 50 Hz 非正弦周期信号的频谱，并与其傅里叶级数各项的频率与系数作比较。

（2）观测基波和其谐波的合成。

2）实验设备

（1）TKSS－C 型信号与系统实验箱　　　　一台

（2）YB4340G 型双踪示波器　　　　一台

3）实验原理

（1）在电子电路系统中最常用的是正弦交流信号，电路的分析以其作为基础。然而，电子技术领域中常遇到另一类交流电，虽然是周期波，却不是正弦量，统称为非正弦周期信号，常见的有方波、锯齿波等，它们对电路产生的影响比单一频率的正弦波复杂得多。

（2）一个非正弦周期波可以用一系列频率与之成整数倍的正弦波来表示。反过来，不同频率的正弦波可以合成一个非正弦周期波。这些正弦波称为非正弦波的谐波分量，其中与非正弦波具有相同频率的成分称为基波或一次谐波，其他成分则根据其频率为基波频率的几倍，就称为几次谐波，其幅度将随谐波次数的增加而减小，直至无穷小。

（3）一个非正弦周期函数可用傅里叶级数来表示，级数各项系数之间的关系可用一个频谱来表示，不同的非正弦周期函数具有不同的频谱图。方波频谱图如图 2.40 所示。

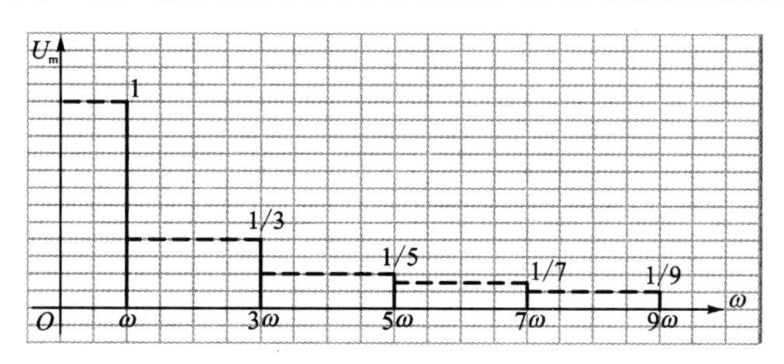

图 2.40　方波频谱图

（4）各种不同非正弦周期函数傅里叶级数表达式如下，波形如图 2.41 所示。

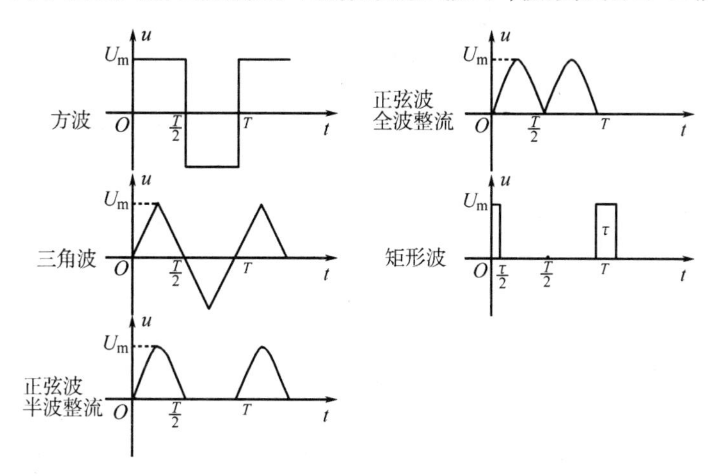

图 2.41　几种非正弦周期函数的波形

① 方波

$$u(t) = \frac{4U_m}{\pi}\left[\sin(\omega t) + \frac{1}{3}\sin(3\omega t) + \frac{1}{5}\sin(5\omega t) + \frac{1}{7}\sin(7\omega t) + \cdots\right]$$

② 三角波

$$u(t) = \frac{8U_m}{\pi^2}\left[\sin(\omega t) - \frac{1}{9}\sin(3\omega t) + \frac{1}{25}\sin(5\omega t) - \cdots\right]$$

③ 半波

$$u(t) = \frac{2U_m}{\pi}\left[\frac{1}{2} + \frac{\pi}{4}\sin(\omega t) - \frac{1}{3}\cos(2\omega t) - \frac{1}{15}\cos(4\omega t) - \cdots\right]$$

④ 全波

$$u(t) = \frac{4U_m}{\pi}\left[\frac{1}{2} - \frac{1}{3}\cos(2\omega t) - \frac{1}{15}\cos(4\omega t) - \frac{1}{35}\cos(6\omega t) - \cdots\right]$$

⑤ 矩形波

$$u(t)=\frac{\tau U_m}{T}+\frac{2U_m}{\pi}\left[\sin\left(\frac{\tau\pi}{T}\right)\cos(\omega t)+\frac{1}{2}\sin\left(\frac{2\tau\pi}{T}\right)\cos(2\omega t)+\frac{1}{3}\sin\left(\frac{3\tau\pi}{T}\right)\cos(3\omega t)+\cdots\right]$$

（5）实验电路图如图 2.42 所示。

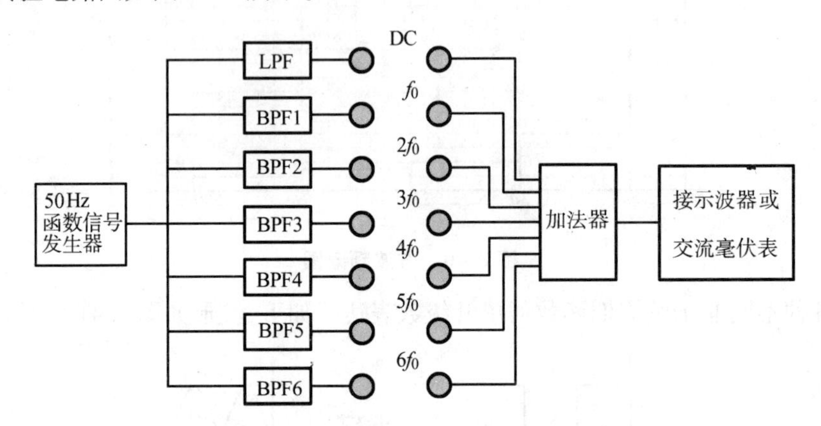

图 2.42 信号分解与合成实验装置结构框图

图中 LPF 为低通滤波器，可分解出非正弦周期函数的直流分量。BPF1 ~ BPF6 为调谐在基波和各次谐波的带通滤波器。加法器用于信号的合成。

4）预习要求

在做实验前必须认真复习教材中关于周期性信号傅里叶级数分解的有关内容。

5）实验内容

（1）调节函数信号发生器，使其输出 50 Hz 的方波信号，并将其接至信号分解实验模块 BPF 的输入端。也可使用实验箱内提供的 50 Hz 方波作为输入信号。

（2）将各带通滤波器的输出分别接至示波器，观测各次谐波的频率和幅值，并列表记录之（表格自拟）。

（3）将方波分解所得的基波和三次谐波分量接至加法器的相应输入端，观测加法器的输出波形，并记录。

（4）在（3）的基础上，再将五次谐波分量加到加法器的输入端，观测并记录相加后的波形。

（5）分别将 50 Hz 单相正弦半波、全波、矩形波和三角波的输出信号接至 50 Hz 电信号分解与合成模块输入端，观测基波及各次谐波的频率和幅度，并记录。

（6）将 50 Hz 单相正弦半波、全波、矩形波、三角波的基波和谐波分量分别接至加法器相应的输入端，观测加法器的输出波形，并记录。

6）实验报告

（1）根据实验测量所得的数据，在同一坐标纸上绘制方波及其分解后所得的基波和各次谐波的波形，画出其频谱图。

（2）将方波分解所得的基波和三次谐波的合成波形及基波、三次谐波、五次谐波的合成波形一同绘制在同一坐标纸上，便于比较。

7）思考题

（1）什么样的周期性函数没有直流分量和余弦项？

（2）分析理论合成的波形与实验观测到的合成波形之间误差产生的原因。

2.17（实验17） 无源和有源滤波器

1）实验目的

（1）了解 *RC* 无源和有源滤波器的种类、基本结构及其特性。

（2）分析和对比无源和有源滤波器的滤波特性。

2）实验设备

（1）TKSS－C 型信号与系统实验箱　　　　一台

（2）YB4340G 型双踪示波器　　　　一台

3）实验原理

（1）滤波器是对输入信号的频率具有选择性的一个二端网络，它允许某些频率（通常是某个频带范围）的信号通过，而其他频率的信号受到衰减或抑制，这些网络可以是由 *RLC* 元件或 *RC* 元件构成的无源滤波器，也可以是由 *RC* 元件和有源器件构成的有源滤波器。

（2）根据幅频特性所表示的通过或阻止信号频率范围的不同，滤波器可分为低通滤波器（LPF）、高通滤波器（HPF）、带通滤波器（BPF）和带阻滤波器（BEF）4 种，它们的幅频响应曲线如图 2.43 所示。把能够通过的信号频率范围定义为通带，把阻止通过或衰减的信号频率范围定义为阻带。而通带与阻带的分界点的频率 ω_C 称为截止频率或转折频率。图 2.43 中的 $|H(j\omega)|$ 为通带的电压放大倍数，ω_0 为中心频率，ω_{CL} 和 ω_{CH} 分别为低端（下限）和高端（上限）截止频率。

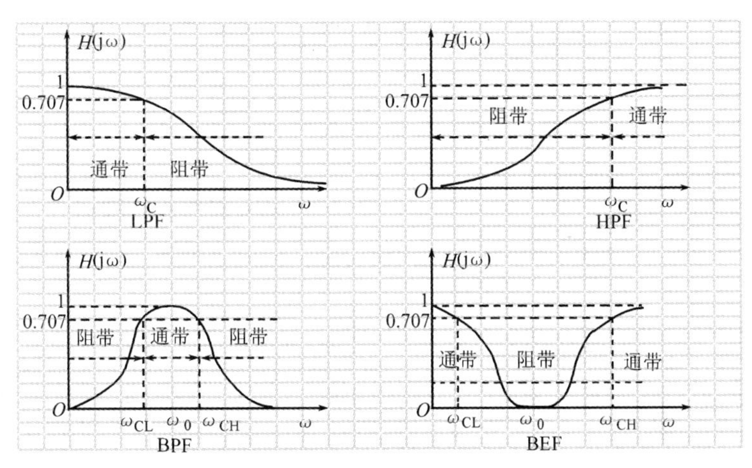

图 2.43　四种滤波器的幅频响应曲线图

（3）低通滤波器的实验电路图如图 2.44，高通滤波器的实验电路图如图 2.45，带通滤波器的实验电路图如图 2.46，带阻滤波器的实验电路图如图 2.47。

（4）如图 2.48 所示，滤波器的频率特性 $H(j\omega)$（又称为传递函数）可用下式表示：

$$H(j\omega)=\frac{\dot{U}_2}{\dot{U}_1}=A(\omega)\angle\theta(\omega)$$

式中:$A(\omega)$——滤波器的幅频特性;$\theta(\omega)$——滤波器的相频特性。它们都可以通过实验的方法来测量。

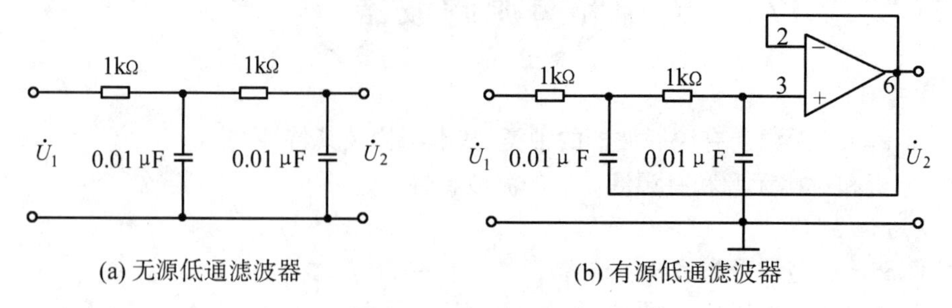

(a) 无源低通滤波器　　(b) 有源低通滤波器

图 2.44　低通滤波器

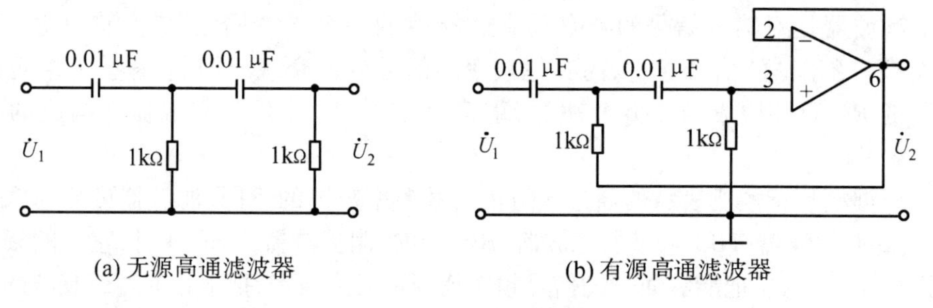

(a) 无源高通滤波器　　(b) 有源高通滤波器

图 2.45　高通滤波器

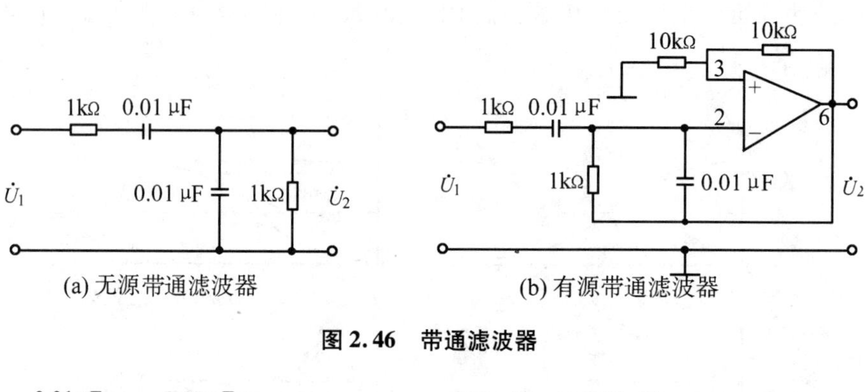

(a) 无源带通滤波器　　(b) 有源带通滤波器

图 2.46　带通滤波器

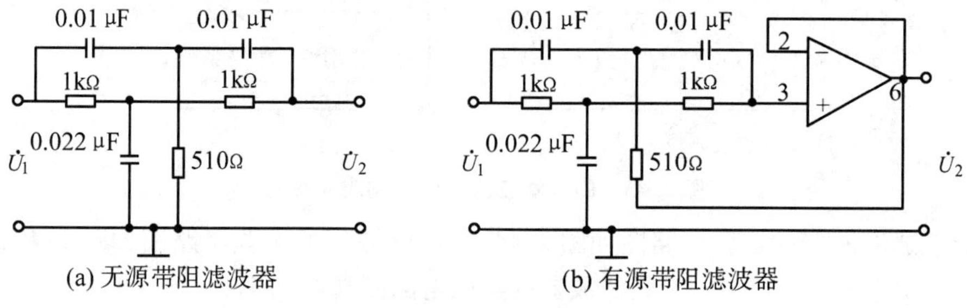

(a) 无源带阻滤波器　　(b) 有源带阻滤波器

图 2.47　带阻滤波器

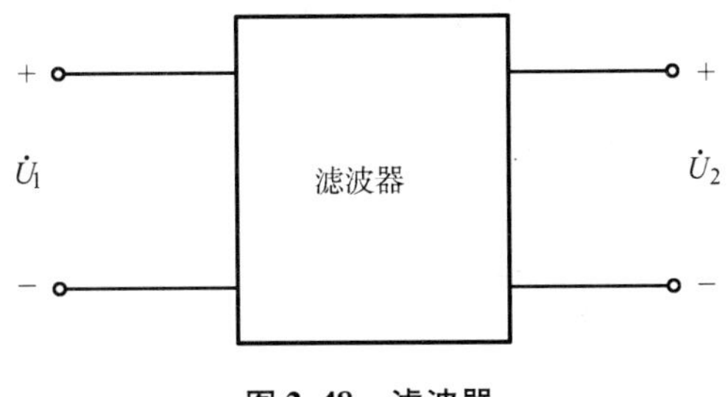

图 2.48 滤波器

4）预习要求

（1）为使实验能顺利进行，课前对教材的相关内容和实验原理、目的、要求、步骤和方法要预习。

（2）推导各类无源和有源滤波器的频率特性，并据此分别画出无源和有源滤波器的幅频特性曲线。

（3）在方波激励下，预测各类滤波器的响应情况。

5）实验内容

（1）滤波器的输入端接正弦函数信号发生器或扫频电源，滤波器的输出端接示波器或交流数字毫伏表。

（2）测试无源和有源低通滤波器的幅频特性。

① 测试 *RC* 无源低通滤波器的幅频特性。

实验电路如图 2.44(a)所示。

实验时，必须在保持正弦波信号输入电压（U_1）幅值不变的情况下，逐渐改变其频率，用实验箱提供的数字式真有效值交流电压表（$10\ \text{Hz} < f < 1\ \text{MHz}$），测量 *RC* 滤波器输出端电压 U_2 的值，并把所测的数据记入表 2.31。

实验时，应合理选择频率测试点，特别在截止频率两侧的测试点要较密，以得到完整的频率特性曲线。

表 2.31 *RC* 无源低通滤波器的幅频特性测量表

U_1 = ____V, f_H = ____Hz	
f(Hz)	
U_2(V)	

② 测试 *RC* 有源低通滤波器的幅频特性。

实验电路如图 2.44(b)所示。

取 $R = 1\ \text{k}\Omega$、$C = 0.01\ \mu\text{F}$、放大系数 $K = 1$。测试方法用与①中相同的方法进行实验操作，并将实验数据记入表 2.32 中。

表 2.32 *RC* 有源低通滤波器的幅频特性测量表

U_1 = ____V, f_H = ____Hz	
f(Hz)	
U_2(V)	

（3）分别测试无源、有源 HPF、BPF、BEF 的幅频特性，实验步骤、数据记录表格及实验内容自行拟定。

（4）研究各滤波器对方波信号或其他非正弦信号输入的响应（选做，实验步骤自拟）。

6）实验报告

（1）根据实验测量所得的数据，绘制各类滤波器的幅频特性。对于同类型的无源和有源滤波器幅频特性，要求绘制在同一坐标纸上，以便比较，并计算出各自的特征频率、截止频率和通频带。

（2）比较分析各类无源和有源滤波器的滤波特性。

（3）分析在方波信号激励下，滤波器的响应情况（选做）。

7）注意事项

（1）在实验测量过程中，必须始终保持正弦波信号源的输出（即滤波器的输入）电压 U_1 幅值不变，且输入信号幅度不宜过大。

（2）在进行有源滤波器实验时，输出端不可短路，以免损坏运算放大器。

（3）用扫频电源作为激励时，可很快得出实验结果，但必须熟悉扫频电源的操作和使用方法。

8）思考题

（1）试比较有源滤波器和无源滤波器各自的优缺点。

（2）各类滤波器参数的改变，对滤波器特性有何影响。

2.18（实验 18） 二阶网络函数的模拟

1）实验目的

（1）了解二阶网络函数的电路模型。

（2）研究系统参数变化对响应的影响。

（3）用基本运算放大器模拟系统的微分方程和传递函数。

2）实验设备

（1）TKSS－C 型信号与系统实验箱　　一台

（2）YB4340G 型双踪示波器　　一台

3）实验原理

（1）微分方程的一般形式为：

$$y^n + a_{n-1}y^{n-1} + \cdots + a_0 y = x$$

式中：x 为激励，y 为响应。模拟系统微分方程的规则是将微分方程输出函数的最高阶导数保留在等式左边，把其余各项一起移到等式右边，这个最高阶导数作为第一积分器输入，以后每经过一个积分器，输出函数导数就降低一阶，直到输出 y 为止。各个阶数降低了的导数及输出函数分别通过各自的比例运算器再送至第一个积分器前面的求和器，与输入函数 x 相加，则该模拟装置的输入和输出所表征的方程与被模拟的实际微分方程完全相同。

图 2.49、图 2.50 分别为一阶微分方程的模拟框图和二阶微分方程的模拟框图。

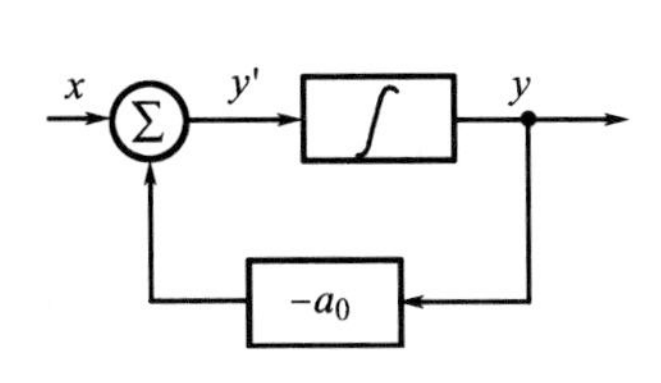

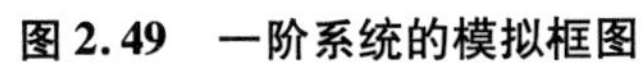
图 2.49 一阶系统的模拟框图

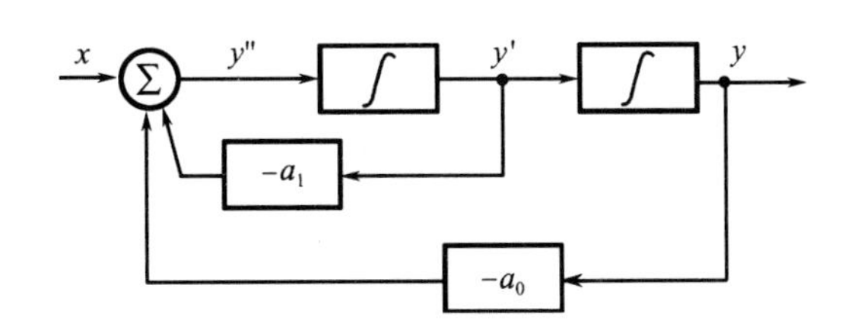

图 2.50 二阶系统的模拟框图

（2）网络函数的一般形式为：

$$H(s)=\frac{Y(s)}{F(s)}=\frac{a_0s^n+a_1s^{n-1}+\cdots+a_n}{s^n+b_1s^{n-1}+\cdots+b_n}$$

或
$$H(s)=\frac{a_0+a_1s^{-1}+\cdots+a_ns^{-n}}{1+b_1s^{-1}+\cdots+b_ns^{-n}}=\frac{P(s^{-1})}{Q(s^{-1})}$$

则有
$$Y(s)=P(s^{-1})\cdot\frac{1}{Q(s^{-1})}F(s)$$

令
$$X=\frac{1}{Q(s^{-1})}F(s)$$

得
$$F(s)=Q(s^{-1})X=X+b_1Xs^{-1}+b_2Xs^{-2}+\cdots+b_nXs^{-n}$$
$$Y(s)=P(s^{-1})X=a_0X+a_1Xs^{-1}+a_2Xs^{-2}+\cdots+a_nXs^{-n}$$

因而
$$X=F(s)-b_1Xs^{-1}-b_2Xs^{-2}-\cdots-b_nXs^{-n}$$

根据上式，可画出如图 2.51 所示的模拟方框图，图中 s^{-1} 表示积分器。

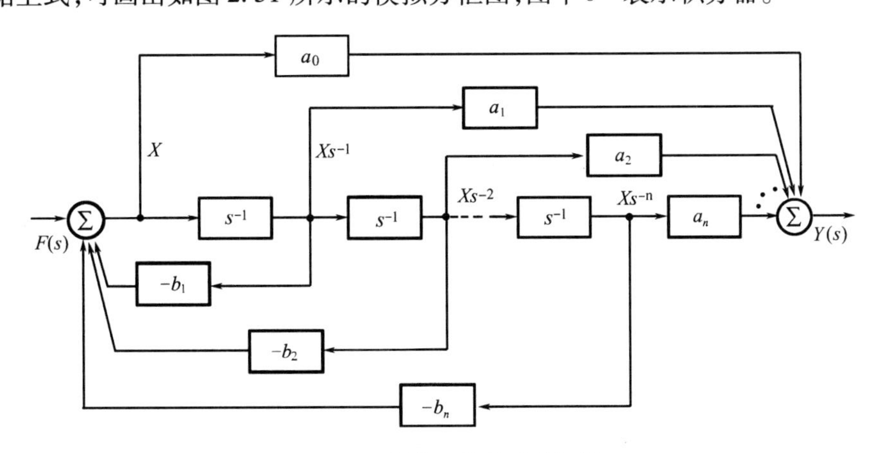

图 2.51 网络函数的模拟框图

图 2.52 为二阶网络函数的模拟方框图，由该图求得下列 3 种传递函数，即

$$\frac{v_t(s)}{v_i(s)}=H_t(s)=\frac{1}{s^2+b_1s+b_2}\qquad \text{低通函数}$$

$$\frac{v_b(s)}{v_i(s)}=H_b(s)=\frac{s}{s^2+b_1s+b_2}\qquad \text{带通函数}$$

$$\frac{v_h(s)}{v_i(s)} = H_h(s) = \frac{s^2}{s^2 + b_1 s + b_2} \qquad \text{高通函数}$$

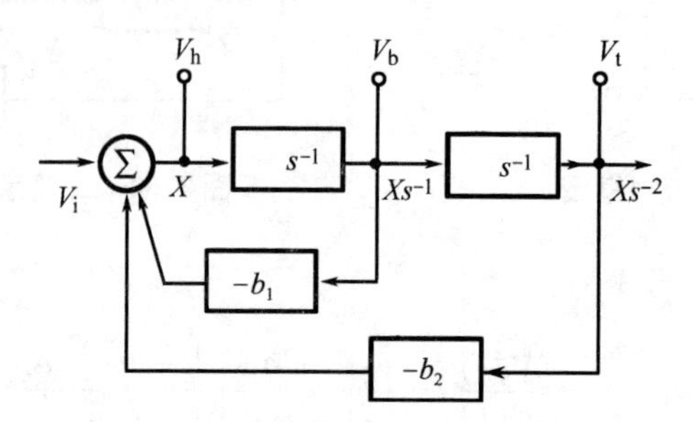

图 2.52　二阶网络函数的模拟框图

图 2.53 为图 2.52 的模拟电路图。

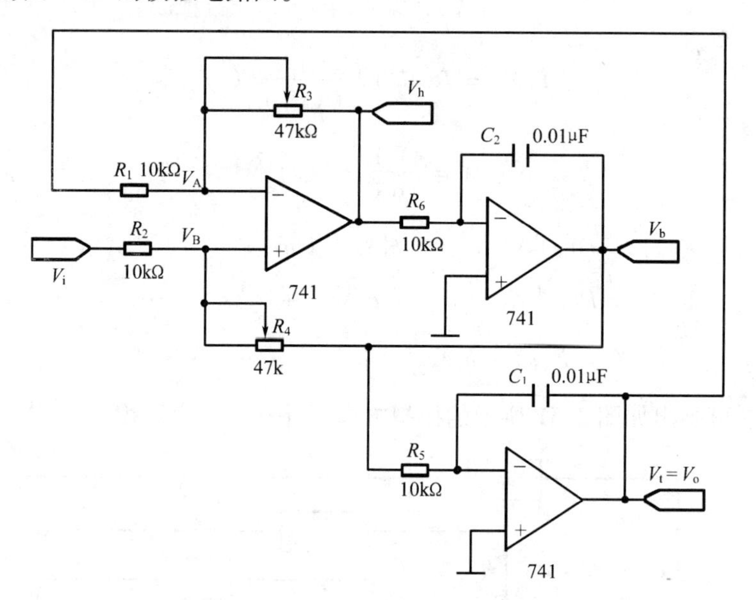

图 2.53　二阶网络函数的模拟电路图

由该模拟电路得：

$$\begin{cases} \left(\dfrac{1}{R_2} + \dfrac{1}{R_4}\right)V_B - \dfrac{1}{R_2}V_i - \dfrac{1}{R_4}V_b = 0 \\ \left(\dfrac{1}{R_1} + \dfrac{1}{R_3}\right)V_A - \dfrac{1}{R_1}V_t - \dfrac{1}{R_3}V_h = 0 \\ V_A = V_B \\ R_1 = R_2 = 10\ \text{k}\Omega, R_3 = R_4 = 30\ \text{k}\Omega \end{cases}$$

由上述方程组并结合图 2.53 中各元件参数可推出：

① $V_t = V_i + \dfrac{1}{3}V_b - \dfrac{1}{3}V_h$

② $V_t = -\int \dfrac{1}{R_5 C_1} V_b \mathrm{d}t = -10^4 \int V_b \mathrm{d}t, \qquad \therefore V_b = -10^{-4} V_t'$

③ $V_b = -\int \frac{1}{R_6 C_2} V_h \mathrm{d}t = -10^4 \int V_h \mathrm{d}t$，　　$\therefore V_h = -10^{-4} V_b' = 10^{-8} V_t''$

④ $V_i = V_t - \frac{1}{3} V_b + \frac{1}{3} V_h = V_t + \frac{10^{-4}}{3} V_t' + \frac{10^{-8}}{3} V_t''$

只要适当地选择模拟装置相关元件的参数，就能使模拟方程和实际系统的微分方程完全相同。

4）实验内容

（1）在 TKSS－C 型信号与系统实验箱中的自由布线区设计图 2.53 的电路图。

（2）写出实验电路的微分方程，并求解。

（3）将正弦波信号接入电路的输入端，调节 R_3、R_4、V_i，用示波器观察各测试点的波形，并记录。

（4）将方波信号接入电路的输入端，调节 R_3、R_4、V_i，用示波器观察各测试点的波形，并记录。

5）实验报告

（1）画出实验中观察到的各种波形。通过对经过基本运算器前后波形的对比，分析参数变化对运算器输出波形的影响。

（2）绘制二阶高通、带通、低通网络函数的模拟电路的频率特性曲线。

（3）归纳和总结用基本运算单元求解二阶网络函数的模拟方程的要点。

6）思考题

（1）微分方程的模拟解与数值解各有什么特点？

（2）试举例说明高通、带通和低通滤波器的实际应用。

2.19（实验 19）　抽样定理

1）实验目的

（1）了解电信号的采样方法与过程以及信号恢复的方法。

（2）验证抽样定理。

2）实验设备

（1）TKSS－C 型信号与系统实验箱　　　　一台

（2）YB4340G 型双踪示波器　　　　一台

3）实验原理

（1）离散时间信号可以从离散信号源获得，也可以从连续时间信号抽样而得。抽样信号 $f_S(t)$ 可以看成连续信号 $f(t)$ 和一组开关函数 $S(t)$ 的乘积。$S(t)$ 是一组周期性窄脉冲，见图 2.54，T_S 称为抽样周期，其倒数 $f_S = 1/T_S$ 称为抽样频率。

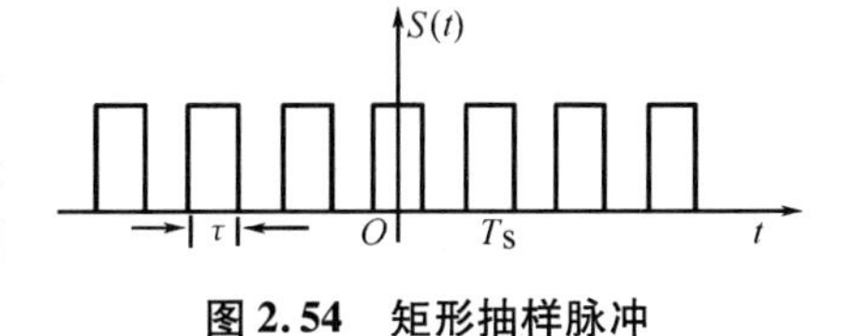

图 2.54　矩形抽样脉冲

对抽样信号进行傅里叶分析可知，抽样信号的频率包括了原连续信号以及无限个经过平移的原信号频率。平移的频率等于抽样频率 f_S 及其谐波频率 $2f_S$、$3f_S$…。当抽样信号是周期性窄脉冲时，平移后的频率幅度按 $(\sin x)/x$ 规律衰减。抽样信号的频谱是原信号频谱周期的延拓，它占有的频带要比原信号频谱宽得多。

(2) 正如测得了足够的实验数据以后我们可以在坐标纸上把一系列数据点连起来,得到一条光滑的曲线一样,抽样信号在一定条件下也可以恢复到原信号。只要用一截止频率等于原信号频谱中最高频率f_n的低通滤波器,滤除高频分量,经滤波后得到的信号包含了原信号频谱的全部内容,故在低通滤波器输出端可以得到恢复后的原信号。

(3) 原信号得以恢复的条件是$f_S \geq 2BW$,其中f_S为抽样频率,BW为原信号占有的频带宽度。而$f_{min}=2BW$为最低抽样频率,又称“奈奎斯特抽样频率”。当$f_S<2BW$时,抽样信号的频谱会发生混叠,从发生混叠后的频谱中我们无法用低通滤波器获得原信号频谱的全部内容,在实际使用中,仅包含有限频率的信号是极少的,因此即使$f_S=2BW$,恢复后的信号失真还是难免的。

图2.55画出了当抽样频率$f_S>2BW$(不混叠时)及$f_S<2BW$(混叠时)两种情况下冲激抽样信号的频谱。

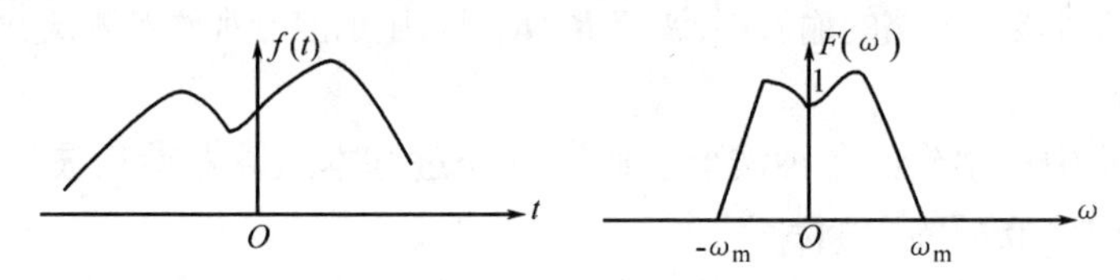

(a) 连续信号的频谱

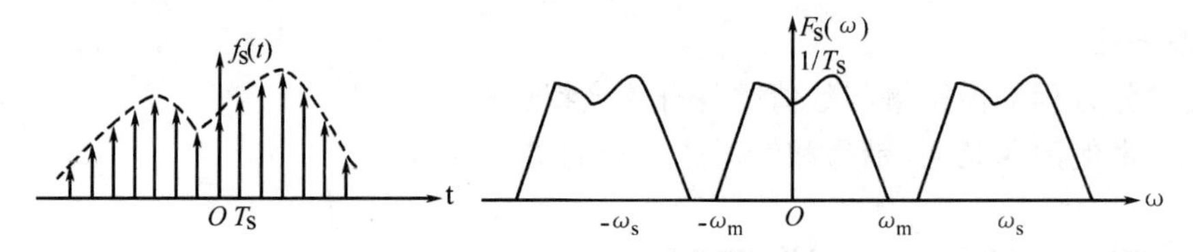

(b) 高抽样频率时的抽样信号及频谱(不混叠)

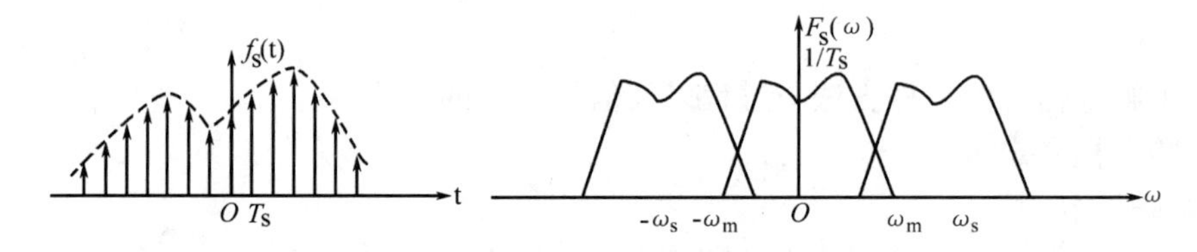

(c) 低抽样频率时的抽样信号及频谱(混叠)

图2.55　冲激抽样信号的频谱

(4) 为了实现对连续信号的抽样和抽样信号的复原,可用实验原理框图2.56的方案。

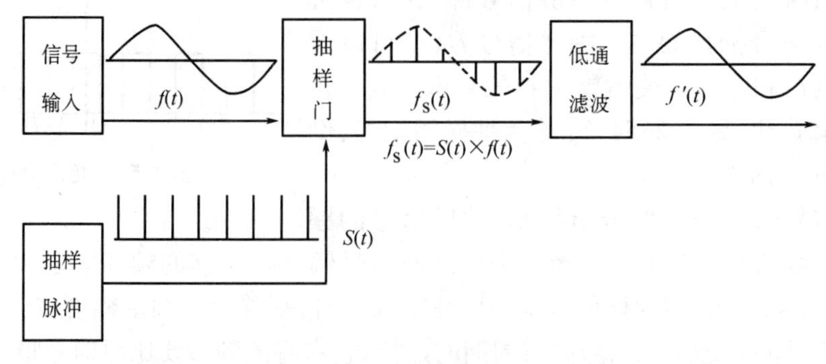

图2.56　抽样定理实验原理方框图

除选用足够高的抽样频率外,常采用前置低通滤波器来防止原信号频谱过宽而造成抽样后信号频谱的混叠,但这也会造成失真。如实验选用的信号频带较窄,则可不设前置低通滤波器。本实验就是如此。

4）预习要求

(1) 若连续时间信号为50 Hz的正弦波,开关函数为$T_S=0.5$ ms的窄脉冲,试求抽样后信号$f_S(t)$。

(2) 设计一个二阶RC低通滤波器,截止频率为5 kHz(选做)。

5）实验内容

(1) 将频率为100 Hz左右的正弦波$f(t)$和采样脉冲信号$S(t)$送入抽样器,观察正弦波经抽样后的信号。

(2) 改变抽样频率为$f_S \geq 2\ BW$和$f_S < 2\ BW$,观察复原后的信号,比较其失真程度。

6）实验报告

(1) 整理并绘出原信号、抽样信号以及复原信号的波形,你能得出什么结论?

(2) 若原信号为方波或三角波,可用示波器观察到离散的抽样信号,但由于本装置难以实现一个理想的低通滤波器,以及高频窄脉冲(即冲激函数),所以方波或三角波的离散信号经低通滤波器后只能观测到它的基波分量,无法恢复原信号。

7）思考题

(1) 观察经低通滤波器恢复后无失真的信号与原输入信号之间的幅度关系,计算放大倍数和延时。

(2) 若连续时间信号取频率为200~300 Hz的正弦波,计算其有效的频带宽度。该信号经频率为f_S的周期脉冲抽样后,若希望通过低通滤波后的信号失真较小,则抽样频率和低通滤波器的截止频率应取多大?试设计一个满足上述要求的低通滤波器。

2.20(实验20)　二阶网络状态轨迹的显示

1）实验目的

(1) 观察RLC网络在不同阻尼比ξ值时的状态轨迹。

(2) 熟悉状态轨迹与相应瞬态响应性能间的关系。

2）实验设备

(1) TKSS-C型信号与系统实验箱　　一台

(2) YB4340G型双踪示波器　　一台

(3) EE1642B型函数信号发生器　　一台

3）实验原理

(1) 任何变化的物理过程在每一时刻所处的“状态”,都可以概括地用若干个被称为“状态变量”的物理量来描述。例如,一辆汽车可以用它在不同时刻的速度和位移来描述它所处的状态。对于电路或控制系统,同样可以用状态变量来表征。例如图2.57所示的RLC电路,基于电路中

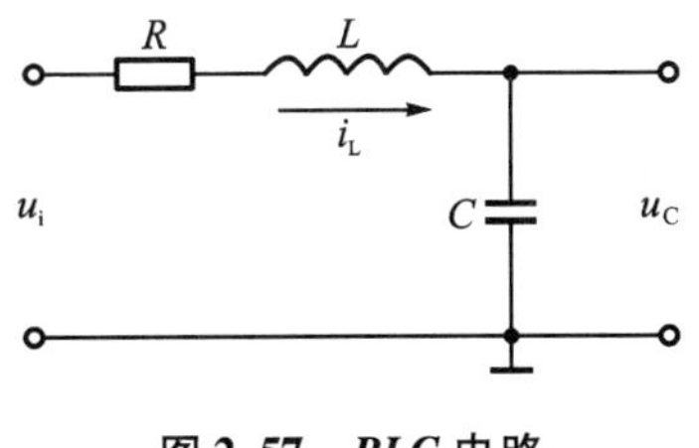

图2.57　RLC电路

有两个储能元件，因此该电路独立的状态变量有两个，如选 u_C 和 i_L 为状态变量，则根据该电路的下列回路方程：

$$i_L R + L\frac{di_L}{dt} + u_C = u_i$$

求得相应的状态方程为：

$$\frac{du_C}{dt} = \frac{1}{C}i_L$$

$$\frac{di_L}{dt} = -\frac{1}{L}u_C - \frac{R}{L}i_L + \frac{1}{L}u_i$$

不难看出，当已知电路的激励电压 u_i 和初始条件 $i_L(t_0)$、$u_C(t_0)$ 时，就可以唯一地确定 $t \geqslant t_0$ 时，该电路的电流 i_L 和电容两端的电压 u_C。

"状态变量"的定义是能描述系统动态行为的一组相互独立的变量，这组变量的元素称为"状态变量"。由状态变量为分量组成的空间称为状态空间。如果已知 t_0 时刻的初始状态 $x(t_0)$，在输入量 u 的作用下，随着时间的推移，状态向量 $x(t)$ 的端点将连续地变化，从而在状态空间中形成一条轨迹线，叫状态轨迹。一个 n 阶系统，只能有 n 个状态变量，不能多也不可少。

为了便于用双踪示波器直接观察到网络的状态轨迹，本实验仅研究二阶网络，它的状态轨迹可在二维状态平面上表示。

(2) 不同阻尼比 ξ 时，二阶网络的相轨迹。

将 $i_L = C\frac{du_C}{dt}$ 代入回路方程，得：

$$LC\frac{d^2u_C}{dt^2} + RC\frac{du_C}{dt} + u_C = u_i$$

$$\frac{d^2u_C}{dt^2} + \frac{R}{L}\frac{du_C}{dt} + \frac{1}{LC}u_C = \frac{1}{LC}u_i$$

二阶网络标准化形成的微分方程为：

$$\frac{d^2u_C}{dt^2} + 2\xi w_n\frac{du_C}{dt} + w_n^2 u_C = w_n^2 u_i$$

可推得：

$$w_n = \frac{1}{\sqrt{LC}}, \quad \xi = \frac{R}{2}\sqrt{\frac{C}{L}}$$

由上式可知，改变 R、L 和 C，使电路分别处于 $\xi > 1$、$0 < \xi < 1$ 和 $\xi = 0$ 三种状态。根据状态方程可直接解得 $u_C(t)$ 和 $i_L(t)$。如果以 t 为参变量，求出 $i_L = f(u_C)$ 的关系，并把这个关系画在 $u_C - i_L$ 平面上。显然，后者同样能描述电路的运动情况。图 2.58、图 2.59 和图 2.60 分别画出了过阻尼、欠阻尼和无阻尼三种情况下，$i_L(t)$、$u_C(t)$ 与 t 的曲线以及 u_C 与 i_L 的状态轨迹。

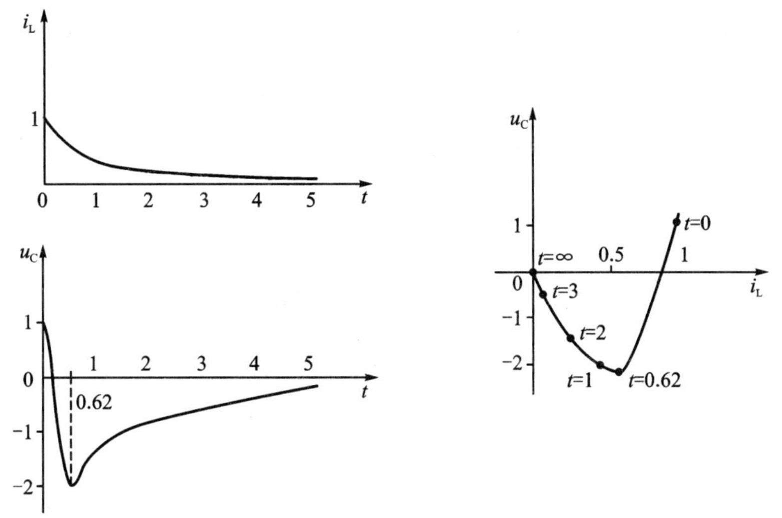

图 2.58 *RLC* 电路在 $\xi>1$（过阻尼）时的状态轨迹

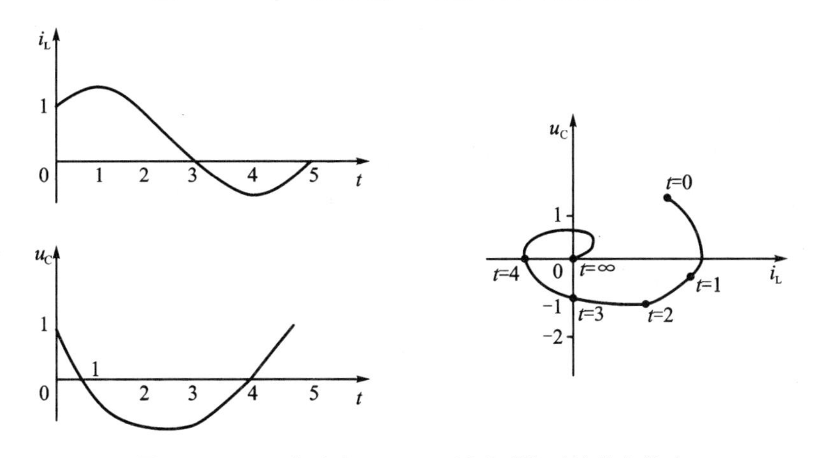

图 2.59 *RLC* 电路在 $0<\xi<1$（欠阻尼）时的状态轨迹

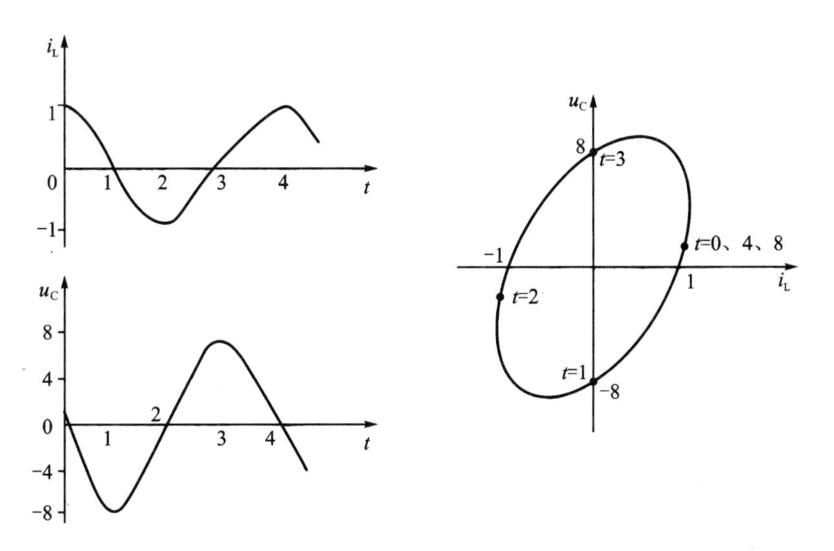

图 2.60 *RLC* 电路在 $\xi=0$（无阻尼）时的状态轨迹

实验原理如图 2.61 所示，u_R 与 i_L 成正比，只要将 u_R 和 u_C 加到示波器的两个输入端，其李萨如图形即为该电路的状态轨迹。

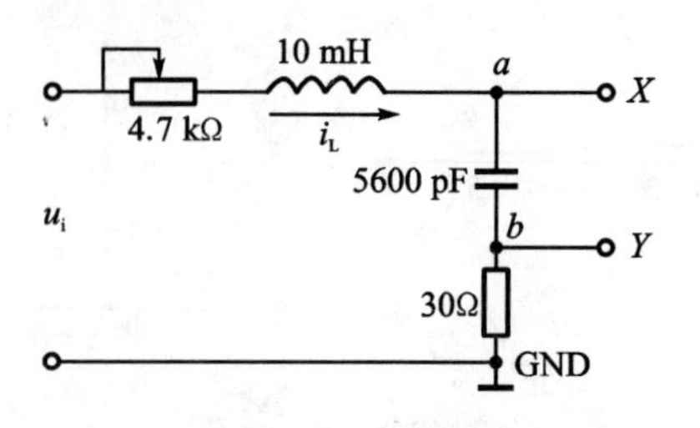

图 2.61　实验电路图

4）实验内容

（1）在 TKSS－C 型信号与系统实验箱中，观察状态轨迹采用了一种简易的方法，如图 2.61 所示，由于该电路中的电阻值很小，在 b 点电压仍表现为容性，因此电容两端的电压 U_a、U_b 分别接至示波器 X 轴和 Y 轴，即能显示电路的状态轨迹。

（2）输入 1 kHz 的方波信号，调节电位器，观察电路在 $\xi>1$、$0<\xi<1$ 和 $\xi=0$ 三种情况下的状态轨迹。

5）预习要求

（1）熟悉用双踪示波器显示李萨如图形的接线方法。

（2）确定所用实验网络的状态变量，在不同电阻值时，状态轨迹的形状是否相同。

6）实验报告

绘制由实验观察到的 $\xi>1$、$0<\xi<1$ 和 $\xi=0$ 三种情况下的状态轨迹，并加以分析、归纳与总结。

7）思考题

（1）为什么状态轨迹能表征系统（网络）瞬态响应的特征？

（2）如何测量电流 i_L？

3 模拟电路实验

3.1 电子技术实验中基本电量(电压、电流)的测量

3.1.1 电压的测量

电压是电子测量领域中的基本参数之一,有许多电参数,如电压增益、频率特性、电流等都可视为电压的派生量。电路各种工作状态,如饱和、截止等,通常都以电压的形式反映出来。电压的测量是许多电参数测量的基础。

在电子电路中,应根据被测电压的波形、频率、幅度、等效内阻,针对不同的测量对象采用不同的测量方法。如测量精度要求不高,可用示波器或普通万用表;若希望测量精度较高,则应根据现有条件,选择合适的测量仪器。

另外,为保证电子测量仪器和设备能正常工作,在电子电路实验中,由信号源、被测电路和测试仪器所构成的测试系统必须具有公共的零电位线,被测电路、测量仪器的接地除了保证人身安全外,还可防止干扰或感应电压窜入测量系统或测量仪器形成相互间的干扰,以及消除人体操作的影响,抑制外界的干扰,使测量稳定。如在测量放大器的放大倍数或观察其输入、输出波形关系时,要强调放大器、函数信号发生器、晶体管毫伏表以及示波器实行共地测量,以此来减小测量误差与干扰。

1) 交流电压的测量

电子技术实验中,交流电压大致可分为正弦和非正弦交流电压两类,交流电压的大小均可用峰值(或峰-峰值)、平均值、有效值来表征。

(1) 峰值 U_P

峰值是交流电压在所观察的时间或一个周期内所能达到的最大值,记为 U_P,如图 3.1 所示。峰值是从参考零电平开始计算的。对于双极性电压波形,且不对称,就有正峰值 U_{P+} 和负峰值 U_{P-} 之分。正峰值与负峰值一起包括时称为峰-峰值 $U_{P\text{-}P}$。常用的还有振幅 U_m,它是以直流电平 U_0 为参考电平计算的。因此,当电压中包含有直流成分时,U_P 与 U_m 是不相等的,只有纯交流电压时 $U_P = U_m$。

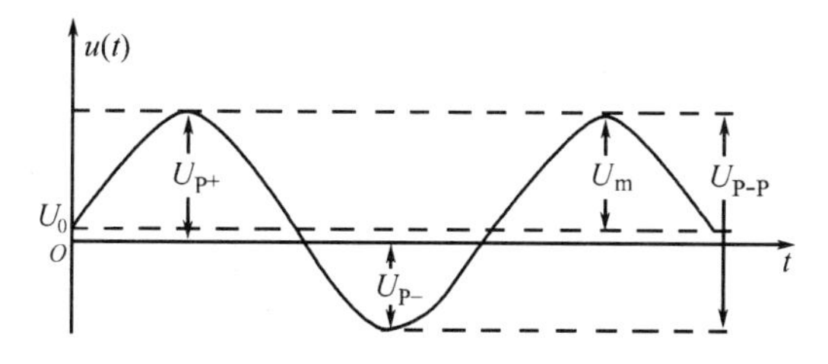

图 3.1 交流电压的峰值与幅度

(2) 平均值

平均值在数学上定义为:

$$\overline{U} = \frac{1}{T}\int_0^T u(t)\,\mathrm{d}t$$

由于在实际测量中,总是将交流电压通过检波器变换成直流电压后再进行测量,因此平均值通常是指检波后的平均值。根据检波器的不同又可分为全波平均值和半波平均值,一般不加特别说明时,平均值都是指全波平均值,即:

$$\overline{U} = \frac{1}{T}\int_0^T |u(t)|\,\mathrm{d}t$$

(3) 有效值 U

一个交流电压和一个直流电压分别加在同一电阻上,若它们产生的功率相等,则交流电压的有效值 U 等于该直流电压值,即

$$U = \sqrt{\frac{1}{T}\int_0^T u^2(t)\,\mathrm{d}t}$$

作为交流电压的一个参数,有效值比峰值、平均值用得更为普遍,当不特别指明时,交流电压的量值均指有效值,各类交流电压表的示值,除特殊情况外,都是按正弦波的有效值来刻度的。几种典型交流电压的波形参数如表 3.1 所示。

表 3.1 几种典型交流电压的波形参数

序号	名称	波形图	波形系数 K_F	波峰系数 K_P	有效值	平均值
1	正弦波	U_P t	1.11	1.414	$\frac{U_P}{\sqrt{2}}$	$\frac{2}{\pi}U_P$
2	半波整流	U_P t	1.57	2	$\frac{U_P}{2}$	$\frac{1}{\pi}U_P$
3	全波整流	U_P t	1.11	1.414	$\frac{U_P}{\sqrt{2}}$	$\frac{2}{\pi}U_P$
4	三角波	U_P t	1.15	1.73	$\frac{U_P}{\sqrt{3}}$	$\frac{U_P}{2}$
5	锯齿波	U_P t	1.15	1.73	$\frac{U_P}{\sqrt{3}}$	$\frac{U_P}{2}$
6	方波	U_P t	1	1	U_P	U_P

2) 正弦交流电压的测量

实验中对正弦交流电压的测量,一般测量其有效值,特殊情况下才测量峰值。

(1) 模拟式万用表测量交流电压

模拟式万用表测量交流电压的频率范围较小,一般只能测量频率在 1 kHz 以下的交

流电压。它的优点是:由于模拟式万用表的公共端与外壳绝缘胶木无关,与被测电路无共同机壳接地(即接地)问题,因此,可以用它直接测量两点之间的交流电压。这是它的一大优点。

(2) 数字式万用表测量交流电压

数字式万用表的交流电压挡,是将交流电压检波后得到的直流电压,通过 A/D 变换器变换成数字量,然后用计数器计数,以十进制显示被测电压值。与模拟式万用表交流电压挡相比,数字式万用表的交流电压挡输入阻抗高,对被测电路的影响小,但它同样存在测量频率范围小的缺点。

(3) 模拟式电子电压表测量交流电压

实验室中常用的晶体管毫伏表就是模拟式电子电压表的一种,这类电压表的输入阻抗高,量程范围广,使用频率范围宽。一般模拟式电子电压表的金属机壳为接地端,另一端为被测信号输入端。因此,这种表一般只能测量电路中各点对地的交流电压,不能直接测量任意两点间的电压,实验中应特别注意。

通常,模拟式电子电压表的表盘刻度都是按正弦波的有效值刻度的,所以,用它测量正弦波形的电压时,可以由表盘直接读取电压有效值。但若用它测量非正弦电压,则不能直接读数,需根据表内检波器的检波方式和被测波形的性质将读数乘上一个换算系数,才能得到被测非正弦波的电压有效值。

(4) 示波器测量交流电压

用示波器法测量交流电压与电压表法相比具有如下优点:

① 速度快:被测电压的波形可以立即显示在屏幕上。

② 能测量各种波形的电压:电压表一般只能测量失真很小的正弦电压,而示波器不但能测量失真很大的正弦电压,还能测量脉冲电压等。

③ 能测量瞬时电压:示波器具有很小的惰性,因此它不但能测量周期信号峰值,还能观测信号幅度的变化情况,它甚至能够测量单次出现的信号电压。此外,它还能测量信号的瞬时电压和波形上任意两点间的电压差。

④ 能同时测量直流电压和交流电压:在一次测量过程中,电压表一般不能同时测量出被测电压的直流分量和交流分量。示波器能方便地实现这一点。

用示波器测量电压主要缺点是误差较大,一般达 5% ~10%,现代数字直读式示波器,由于采用了先进的数字技术,误差可减小到 1% 以下。

3) 非正弦交流电压的测量

电子技术实验中,非正弦交流量一般用得最多的是三角波、矩齿波、脉冲和方波等。根据这几种波形的特点,直接测量其有效值有难度,一般先测出示值后再进行换算。

(1) 用电压表测量

先用电压表测出其波形的示值 U_a(由于电压表的示值都是按正弦波的有效值刻度的,所以此时的示值并不是待测量波形的有效值),再根据示值 U_a 与平均值、有效值 U 之间的转换关系,换算出该波形的有效值 U。

例如:某三角波的测量示值 U_a = 10 V,换算方法为先换算成正弦波的平均值:

$$\overline{U} = U_a/K_F = 10/1.11 = 9.0 \qquad (\text{正弦波 } K_F = 1.11)$$

此值即为待测波的电压平均值,然后用该波的波形系数 K_F 换算成有效值:

$$U = \overline{U} \times K_F = 9.0 \times 1.15 = 10.35 \qquad (\text{三角波 } K_F = 1.15)$$

所以,该三角波的有效值为10.35 V。

(2) 用示波器测量

用示波器可以方便地测出振荡电路、函数信号发生器或其他电子设备输出的非正弦交流电压的峰值。然后,换算出该波形的有效值 U 即可。

3.1.2 电流的测量

在电子测量领域中,电流也是基本参数之一。如静态工作点、电流增益、功率等的测量,许多实验的调试、电路参数的测量,也都离不开对电流的测量。因此,电流的测量也是电参数测量的基础。

电流可分为两类:直流电流和交流电流。测量方法有两种:直接测量和间接测量。直接测量法是将电流表串联在被测支路中进行测量,电流表的示数即为测量结果。间接测量法利用欧姆定律,通过测量电阻两端的电压来换算出被测电流值。一般电流表的内阻越小,对测量结果影响就越小,反之越大。因此,实验过程中应根据具体情况,选择合理的测量方法和合适的测量仪器。

1) 直流电流的测量

(1) 用模拟式万用表测量直流电流

模拟式万用表的电流挡的内阻随量程的大小而不同,量程越大,内阻越小。用模拟式万用表测量直流电流时是将万用表串联在被测电路中的,因此表的内阻可能影响电路的工作状态,使测量结果出错,也可能由于量程选用不当而烧坏万用表,使用时一定要注意。

(2) 用数字式万用表测量直流电流

数字式万用表直流电流挡的基础是数字式电压表,它通过电流-电压转换电路,使被测电流流过标准电阻,将电流转换成电压来进行测量。数字式万用表的直流电流挡的量程切换通过切换不同的取样电阻来实现。量程越小,取样电阻越大,当数字式万用表串联在被测电路中时,取样电阻的阻值会对被测电路的工作状态产生一定的影响,在使用时应注意。

(3) 间接测量法测量直流电流

电流的直接测量法要求断开回路后再将电流表串联接入,往往比较麻烦,容易疏忽而造成测量仪表的损坏。当被测支路内有一个定值电阻 R 可以利用时,可以测量该电阻两端的直流电压 U,然后根据欧姆定律算出被测电流:$I = U/R$。这个电阻 R 一般称为电流取样电阻。

2) 交流电流的测量

按电路工作频率,交流电流可分为低频、高频和超高频电流。在超高频段,电路或元件受分布参数的影响,电流分布是不均匀的,因此,无法用电流表来直接测量各处的电流值。只有在低频(45 ~500 Hz)电流的测量中,可以用交流电流表或具有交流电流测量挡的普通万用表或数字万用表,串联在被测电路中进行交流电流的直接测量。而一般交流电流的测量都采用间接测量法,即先用交流电压表测出电压后,用欧姆定律换算成电流。

3.2　模拟电路实验

3.2.1　电子学认识实验

在电子技术实验里,测试和定量分析电路的静态和动态的工作状况时,最常用的电子仪器有:示波器、函数信号发生器、直流稳压电源、晶体管毫伏表、数字式(或指针式)万用表等,如图3.2所示。

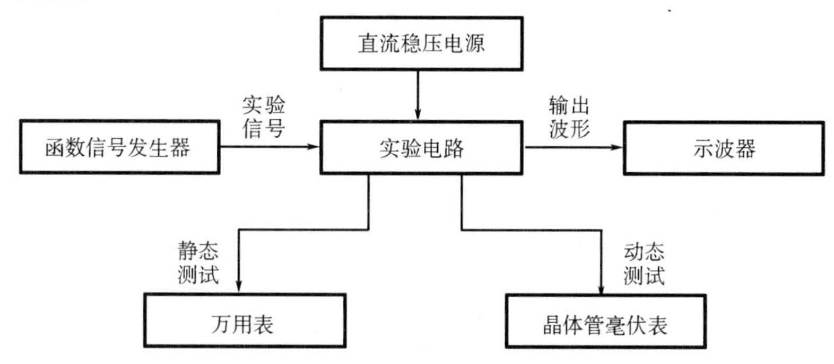

图3.2　电子技术实验中测量仪器连接图

直流稳压电源:为电路提供能源。

函数信号发生器:为电路提供各种频率和幅度的输入信号。

示波器:用来观察电路中各点的波形,以监视电路是否正常工作,同时还用于测量波形的周期、幅度、相位差及观察电路的特性曲线等。

晶体管毫伏表:用于测量电路的输入、输出交流信号的有效值。

数字式(或指针式)万用表:用于测量电路的静态工作点和直流信号的值。

1）实验目的

通过实验,学会常用仪器的操作与使用,初步掌握用示波器测量交流电压的幅值、频率、相位和脉冲信号的有关参数。

2）实验设备

(1) 直流稳压电源(YB1732C2A)　　一台

(2) 函数信号发生器(YB1603P)　　一台

(3) 双踪示波器(YB4320C)　　一台

(4) 晶体管毫伏表(YB2172/YB2173)　　一台

(5) 指针式万用表(MF-47)　　一只

3）实验内容

(1) 直流稳压电源(YB1732C2A)的使用

YB1732C2A型直流稳压电源具有恒压、恒流工作功能及串联(并联)主从工作功能。中间一路为主路,右边为从路,左边为5 V固定输出。

① 接通电源开关,使两路电源分别输出+16 V和-5 V,用万用表"DCV"挡测量输出电压的值。

② 分别使稳压电源输出 +40 V、±12 V，重复上述过程。

③ 从左路电源输出固定 +5 V 电压。

(2) YB4320C 型示波器的使用

① 熟悉示波器面板上各开关、旋钮和按键的作用。接通电源后，找到扫描线，调节各旋钮、开关，观察扫描线有何变化。当把“$X-Y$”按键按下时，扫描线消失，为什么？

② 示波器的自校：将示波器附件探头分别接到“校准信号”(CAL)端口和“CH1 ”或“CH2”输入端。示波器面板上各按键和旋钮调节如下：

按照信号输入的端口按下相应的 CH1(CH2)键，“扫描方式”置于“自动”(AUTO)，“伏特/格”(VOLTS/DIV)置于 0.1 V/div，“秒/格”(TIME/DIV)置于 0.2 ms/div，“水平位移”和“垂直位移”旋钮居中，荧光屏上将出现如图 3.3 所示波形。

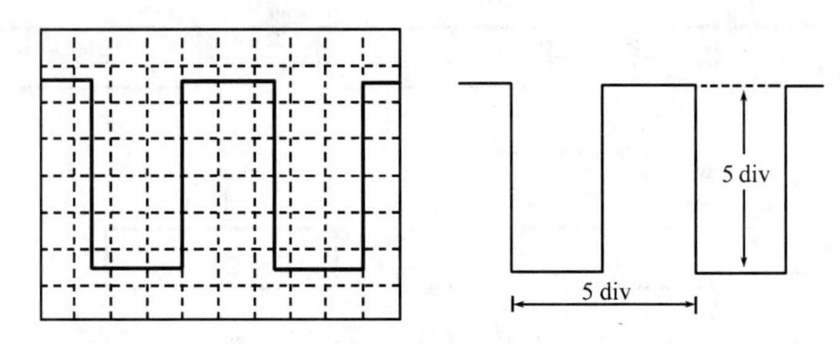

图 3.3　示波器测量本机校准信号

由图可见，其“峰-峰”电压值、周期、频率分别为

$$U_{P-P} = 5\ \text{div} \times 0.1\ \text{V/div} = 0.5\ \text{V} = 500\ \text{mV}$$

$$T = 5\ \text{div} \times 0.2\ \text{ms/div} = 1\ \text{ms}$$

$$f = 1/T = 1\ \text{kHz}$$

(3) 交流信号电压幅值、频率的测量

调节函数信号发生器(YB1603P)输出三种频率分别为 1 kHz、10 kHz、50 kHz 的正弦波，通过晶体管毫伏表(YB2172/YB2173)测量其电压有效值分别为 40 mV、800 mV、2 V，适当调节示波器旋钮使得示波器屏幕上能观察到完整、稳定的正弦波，完成表 3.2。

表 3.2　交流电压幅值、频率测试表

函数信号发生器输出信号(正弦波)	40 mV　1 kHz	800 mV　10 kHz	2 V　50 kHz
示波器灵敏度旋钮位置(VOLTS/DIV)			
峰-峰波形高度(div)			
峰-峰电压 U_{P-P}(V)			
电压有效值(V)			
扫描速度旋钮位置(TIME/DIV)			
波形一个周期所占的水平格数(div)			
信号周期 T(s)			
信号频率 f(Hz)			

注意:灵敏度微调旋钮和扫描速度微调旋钮必须置于标准位置(顺时针旋转到底)。

(4) 用李萨如图形来测定信号的频率,仪器的连线如图 3.4(a)所示。

图中函数信号发生器(Ⅱ)作为未知频率f_Y的信号,从示波器"CH2"输入端输入,函数信号发生器(Ⅰ)作为已知频率f_X的信号,用电缆从"CH1"插座输入,按下"$X-Y$"控制键。调节函数信号发生器(Ⅰ)的频率f_X,当f_X与f_Y之间成一定倍数关系时,屏幕上就能显示李萨如图形,由该图形及f_X的读数即可测定出被测信号的频率f_Y。例如显示的图形如图 3.4(b)所示。由李萨如图形确定未知频率的方法是:在图形上画一条水平线和一条垂直线,它们与图形的最多交点数分别为$n_X=2$,$n_Y=2$,若$f_X=2$ kHz,则被测信号频率为:

$$f_Y = (n_X/n_Y) \times f_X = (2/2) \times 2\ \text{kHz} = 2\ \text{kHz}$$

为了便于读数,通常取n_X/n_Y成简单的倍数,如取 1、2、3、4 等值。

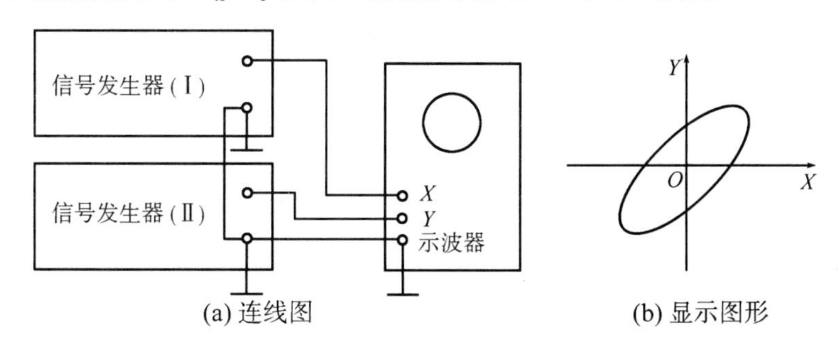

图 3.4 李萨如图形测量频率原理连接图

4) 预习要求

实验前必须预习实验中要使用的各种电子仪器的使用说明和注意事项等有关内容。

5) 实验报告

(1) 说明各种常用电子仪器的使用方法及所测参数的类型。

(2) 记录有关测试参数,画出有关测试图形。

6) 思考题

(1) 使用示波器时若要达到如下要求,应调节哪些旋钮和开关?

波形清晰;亮度适中;波形稳定;移动波形位置;改变波形的个数;改变波形的高度;同时观察两路波形。

(2) 用示波器测量直流信号时应注意什么问题?

(3) 用示波器测量信号的频率与幅值时,如何保证测量精度?

(4) 用示波器测量交、直流混合波形的信号时,输入信号耦合方式如选交流(AC)或直流(DC),屏幕波形各代表什么含义?

3.2.2 晶体管的特性及主要参数的测试

1) 实验目的

(1) 掌握用 YB4812 型晶体管图示仪测量晶体二极管的正向特性、三极管输出特性和其对应主要参数的方法。

(2) 掌握用万用表判断二极管、三极管的电极和性能的方法。

2）晶体管图示仪 YB4812 的使用

（1）晶体二极管的测试

二极管的种类很多,按用途可分为整流管、开关管、检波管及稳压二极管等。但不论哪种二极管,只要能在屏幕上显示出伏安特性曲线,就不难测出其各种参数。但是要显示如图 3.5 所示的伏安特性曲线必须使 X 轴的扫描电压由正扫到负。然而用图示仪 YB4812 测试时,只能分别测二极管的正向和反向的伏安特性曲线。在本次实验中只测试二极管正向伏安特性。

① 二极管正向伏安特性曲线的测试:

调节 YB4812 图示仪"X""Y"轴位移,使坐标原点位于屏幕左下角位置,调"峰值电压"旋钮于零电压,将被测二极管按图 3.6(a)的位置接在图示仪测试台"C"和"E"两端,面板各旋钮开关位置为:"峰值电压范围"为 0 ~ 50 V,"集电极扫描电压极性"为正(+),"功耗限制电阻"顺时针旋足,"X 轴作用"为 0.1 V/div,"Y 轴作用"为 1 mA/div。从零开始逐渐加大峰值电压,在屏幕上即能看到如图 3.6(b)所示的二极管正向伏安特性曲线。通过调节 Y 轴电流和 X 轴集电极电压,配合特性曲线,即能测出二极管的正向特性曲线及各项具体参数。

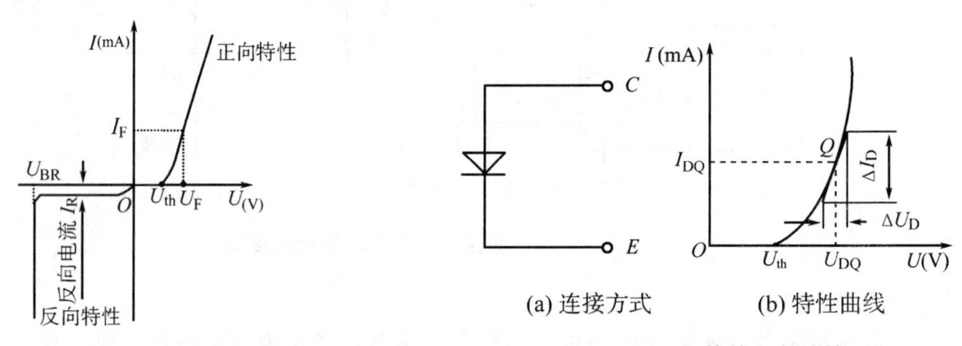

图 3.5　二极管的伏安特性

图 3.6　二极管的正向特性

② 二极管的正向特性的主要参数有:

二极管的正向压降 U_{DQ}:二极管给定工作电流 I_{DQ}时的电压值。

二极管的门坎电压 U_{th}:二极管开始产生正向电流时所对应的电压值。

二极管的正向直流电阻 R_D:给定工作电流处的电压与电流之比,如图 3.6(b)所示。Q 点处的直流电阻 $R_D = U_{DQ}/I_{DQ}$。

二极管的正向交流电阻 r_d:给定电流处的 $\Delta U_D/\Delta I_D$ 之比,如图 3.6(b)所示,过 Q 点作曲线的切线,以此切线为斜边作一直角三角形,其两直角边分别是 ΔU_D 和 ΔI_D,从而求得:$r_d = \Delta U_D/\Delta I_D$。

（2）三极管输出特性曲线的测试

输出特性曲线是三极管常用的一族曲线,很多重要参数都可从中测出。测试前应分清被测管型是 PNP 型还是 NPN 型,是共射极还是共基极接法,以 NPN 型为例,测试前应将 X、Y 轴坐标原点调到荧光屏左下角并调好阶梯零点。面板各开关置于下列位置:"集电极扫描电压极性"(+);"峰值电压范围"0 ~ 50 V;"集电极电流""基极电流""集电极电压"置于合适位置;"阶梯极性"(+),将被测晶体管按图 3.7(a)所示,接入 YB4812 图示仪的测试台。由零开始逐渐加大峰值电压,在屏幕上即显示出如图 3.7(b)所示的输出特性曲线。

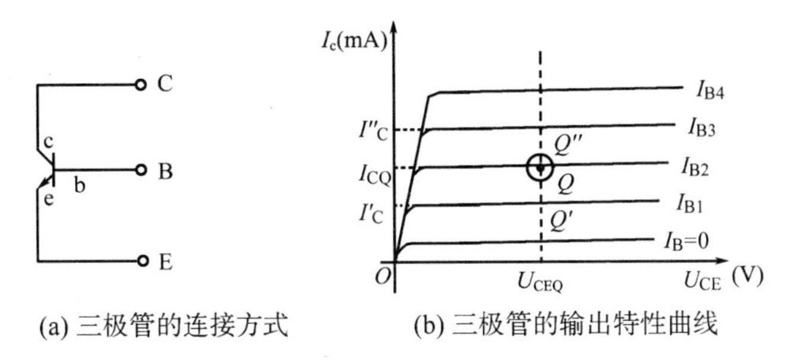

(a) 三极管的连接方式　　(b) 三极管的输出特性曲线

图 3.7　三极管的输出特性的测试

根据特性曲线,配合图示仪面板上开关旋钮位置,便可求出三极管的共射极直流放大系数 $\bar{\beta}$ 和共射极交流放大系数 β。

$$\bar{\beta}=\frac{I_{CQ}}{I_{BQ}}\bigg|_{U_{CEQ}=\text{常数}}$$

$$\beta=\frac{\Delta I_C}{\Delta I_B}\bigg|_{U_{CEQ}=\text{常数}}=\frac{I''_C-I'_C}{I_{B3}-I_{B1}}$$

3) 用万用表检查晶体管

(1) 用万用表判断二极管的质量与极性

根据二极管单向导电的特性,通过万用表电阻挡量程 ×100 Ω 或 ×1 kΩ,分别用红表笔与黑表笔碰触二极管的两个电极,表笔经过两次对二极管的交换测量,若测量的结果有明显的差异,则可认定被测二极管是好的。测量结果呈低电阻时黑表笔所接电极为二极管的正极,另一端为负极。

万用表的欧姆挡等效电路如图 3.8 所示,E 为表内电源,R 为表内等效电阻。用万用表判断二极管的质量与极性的测试电路如图 3.9 所示。

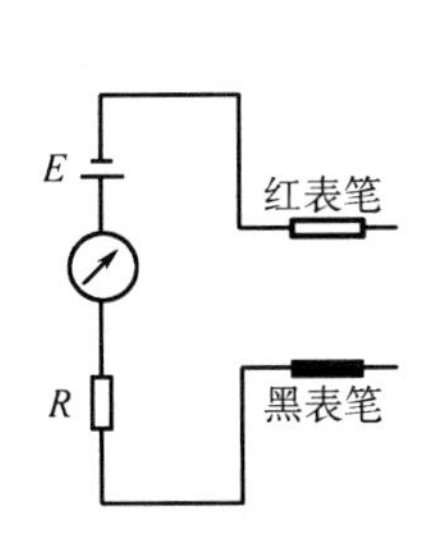

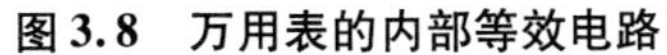

图 3.8　万用表的内部等效电路

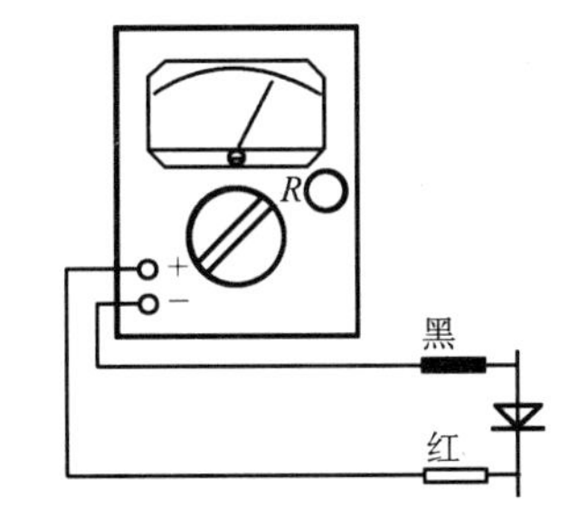

图 3.9　二极管测试电路

因万用表内部电池正极接黑表笔,负极接红表笔,所以黑表笔带正电压,红表笔带负电压,测量结果可对照表 3.3 来进一步对二极管的质量作出判断。

表 3.3　二极管质量检查表

正向电阻	反向电阻	管子好坏
几百欧到几千欧	几百千欧以上	好
0	0	短路损坏
∞	∞	开路损坏
正、反向电阻比较接近		管子失效

表 3.3 中规定的只是大致范围。实际上,正、反向电阻不仅与被测管有关,还与万用表型号有关。若 $R\times1\ \text{k}\Omega$ 挡的欧姆中心值不同,虽然电池电压均为 1.5 V,向二极管提供的电流却不相等,反映的电阻值就有一定的差异。若选择 $R\times100\ \Omega$ 挡或 $R\times1\ \text{k}\Omega$ 挡,则电阻挡越低向被测管提供的电流越大,测出的电阻值越小。

(2) 用万用表判断三极管的电极与质量

① 判断晶体三极管基极 b:以 NPN 型晶体三极管为例,用黑表笔接某一个电极,红表笔分别碰触另外两个电极,若两次测量结果阻值都较小,经过表笔交换测量后若两次测量结果阻值都较大,则可断定第一次测量中黑表笔所接电极为基极;反之若测量结果阻值都是一大一小且相差很大,则证明第一次测量中黑表笔接的不是基极,应更换其他电极重测。

② 判断晶体三极管发射极 e 和集电极 c:确定三极管基极 b 后,用手捏住 b 极和假定的 c 极(注意不要让两极相碰),将黑表笔接假定的 c 极,红表笔接 e 极,记下测得的阻值;然后将假定的 c 极和 e 极交换位置,按上述方法再测一次阻值,比较两次测量的电阻值,电阻值较小的一次黑表笔接的即为 c 极。对于 PNP 型管则相反。

注意事项:按正常接法 c、e 极间通过的电流较大,测出的电阻值就小,由于管子内部结构是不对称的,表笔若反接,测出的电阻值就大。另外,若 c、e 极判断错误,则接入电路后放大倍数会明显降低。由于三极管的 $U_{(BR)CEO}$ 比 $U_{(BR)CBO}$ 要小得多,故若 c、e 极判断错误,则在电路中使用时很容易将发射极击穿。

③ 估测晶体三极管电流放大系数 $\bar{\beta}$。估测三极管电流放大系数的连线图如图 3.10 所示,在三极管 b、c 间接入电阻 $R_b=100\ \text{k}\Omega$,分别测出 R_b 为 ∞ 时和 $R_b=100\ \text{k}\Omega$ 时,c、e 极间电阻值变化的大小,从而判断 $\bar{\beta}$ 的大小。对于 PNP 型管,将表笔交换位置,其测法相同。

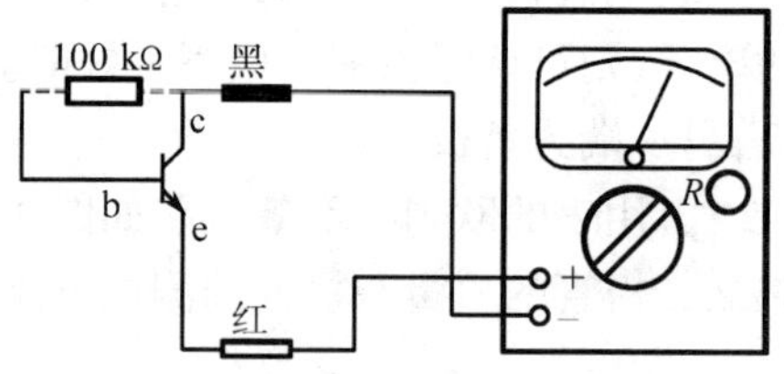

图 3.10 用万用表估测 $\bar{\beta}$ 和 I_{CEO}

④ 估测穿透电流 I_{CEO} 的大小。按图 3.10 将基极断路,测量 c、e 极间电阻,如测量结果电阻值较大(几十千欧以上),则证明 I_{CEO} 较小,管子能正常工作,对于 PNP 型管则调换表笔位置,测法相同。

⑤ 用万用表判别三极管类型。若已知黑表笔所接是基极,而红表笔分别碰触另外两个电极,电阻都较小证明是 NPN 型管,反之则可判定是 PNP 型管。

4) 实验报告

(1) 记录用 YB4812 型晶体管特性测试仪所测二极管、三极管的各种参数和图形。

(2) 说明用万用表测试二极管、三极管的原理。

5) 思考题

(1) 为什么忌用万用表 $R\times1\ \Omega$ 或 $R\times10\ \text{k}\Omega$ 挡检查晶体管?

(2) 用万用表不同电阻挡测量二极管正向电阻,所得电阻是否相同? 为什么?

3.2.3 共射极单管放大电路

1) 实验目的

(1) 学会共射极放大电路静态工作点的调整方法,观察静态工作点变化对电压增益的影响。

(2) 掌握电路的电压增益、输入与输出电阻、通频带的测试方法。

2) 实验设备

(1) MDS－V模拟电路实验系统　　一台

(2) 直流稳压电源(YB1732C2A)　　一台

(3) 函数信号发生器(YB1603P)　　一台

(4) 双踪示波器(YB4320C)　　一台

(5) 晶体管毫伏表(YB2172/YB2173)　　一台

(6) 指针式万用表(MF－47)　　一只

3) 实验原理

如图3.11所示为电阻分压式工作点稳定的共射极单管放大电路。图中,由R_{b21}、R_{P2}和R_{b22}构成分压偏置电路,R_{P2}用来调节电路的静态工作点,R_{b21}为保护电阻,防止R_{P2}调到零时晶体管因基极电流过大而损坏。电源V_{CC}为整个电路提供能源,保证发射结正偏,集电结反偏。集电极电阻R_{c2}将电流的变化转换成电压的变化并反映在输出端。发射极电阻R_{e21}、R_{e22}起到直流负反馈作用,以稳定电路的静态工作点。耦合电容C_S、C_2传递交流信号,又起到电路级与级之间静态工作点的隔直作用。发射极旁路电容C_3可以使交流短路,用以消除发射极电阻带来的增益减小。R_S用来测量放大器的输入电阻。

当在放大器的输入端加入输入信号u_i后,在放大器的输出端便可得到一个与u_i相位相反、幅值被放大了的输出信号u_o,从而实现了电压放大。

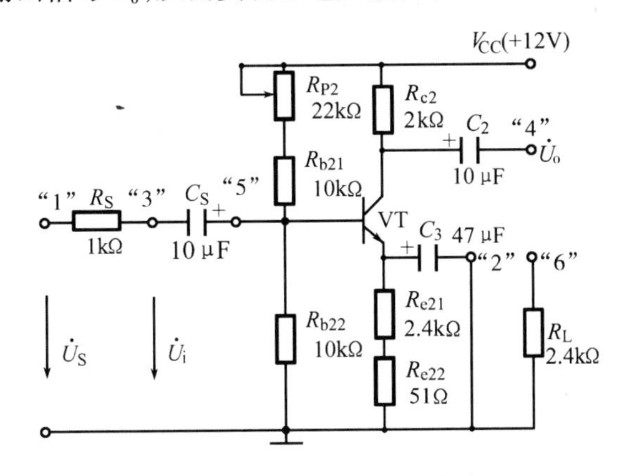

图3.11　共发射极放大电路

4) 实验内容

(1) 在模拟电路实验系统上,选择"基本、多级、负反馈放大电路及RC振荡电路"单元,在图3.11的基础上接成共射极放大电路,即"1"端接信号源,"3"端为信号输入端,"4"端为信号输出端,"2"端接地。布线时应选用短导线。

(2) 接通直流稳压电源,将其输出电压调至+12 V,再关断电源,用导线将电源输出分别接至实验系统"电源输入"单元的"+12 V"端和"GND"端,再将+12 V电压接至本单元的"+12 V"端和"⊥"端。在检查电源无误后,才能接通电源。

(3) 调整静态工作点

① 调节R_{P2},使$U_C=9$ V。

② 保持静态工作点不变,用万用表(直流电压挡)测量U_B、U_C、U_E值的大小,将数据填

入表3.4中。

表3.4　放大电路静态工作点

U_B(V)	U_C(V)	U_E(V)	U_{BE}(V)	U_{CE}(V)	I_{CQ}(mA)

(4) 电压放大倍数的测量

① 电路输出端空载(即“4”“6”端断开),在放大器输入端接上电阻 R_S(1 kΩ)后,在“1”端加入5 mV (f=1 kHz)的正弦波信号 U_S,见图3.11。用晶体管毫伏表测出放大电路输入电压 U_i 及输出电压 U_o'(空载)的值,测出对应的电压放大倍数 A_u'(空载)的值,数据填入表3.5。(注:表3.5中的 $U_i \neq U_S$)。

② 电路输出端接上负载 R_L =2.4 kΩ,测量输出电压 U_o 及对应的电压放大倍数 A_u。

表3.5　放大电路参数测量表

测试值									理论计算值			
U_i (mV)	U_o (mV)	U_o' (空载)	A_u	A_u' (空载)	R_i	R_o	f_H	f_L	A_u	A_u'	R_i	R_o

(5) 分别测量输入电阻 R_i、输出电阻 R_o

测量 R_i、R_o 的电路原理图如图3.12所示。

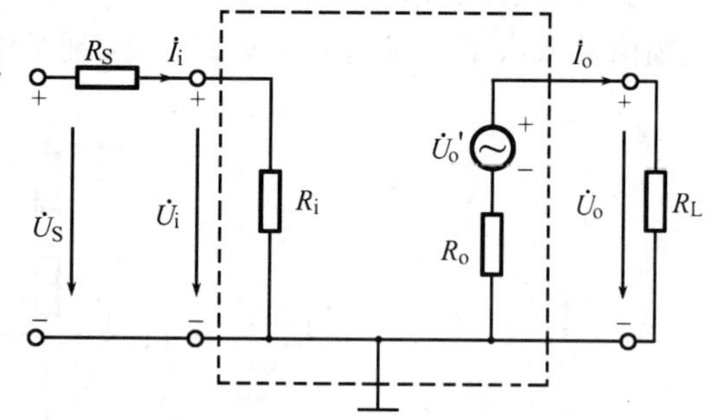

图3.12　R_i、R_o 测量电路原理图

由图3.12可推出:

① $$\frac{R_i}{R_S}=\frac{U_i}{U_S-U_i}$$

得 $$R_i=\frac{U_i}{U_S-U_i}R_S$$

② $$\frac{R_o}{R_L}=\frac{U_o'-U_o}{U_o}$$

得 $$R_o=\frac{U_o'-U_o}{U_o}R_L$$

式中:U_o'——电路输出端空载时的输出电压;U_o——电路输出端带上负载时的输出电压。

测出 R_i、R_o 的值填入表3.5,并与理论计算值相比较。

(6) 测量上、下限频率 f_H 与 f_L

在输入端“3”端加入 U_i =2 mV (1 kHz)的正弦波信号,测出电路输出电压 U_o 的值,根据 f_H、f_L 的定义,保持输入信号的大小不变,改变输入信号 U_i 的频率,当输出电压的大小变为0.707U_o时,此时所对应的频率分别为 f_H、f_L。

(7) 观察波形失真

放大电路的静态工作点分别调至 I_{CQ} =0.8 mA、I_{CQ} =2 mA,在输入端“3”端加入1 kHz的正弦波信号,调整输入信号,使示波器上观察到的输出电压波形出现一边失真,记录波形,并分别说明是什么失真。

5) 预习要求

(1) 认真阅读有关本实验系统的结构及使用方法。

(2) 根据实验目的、实验内容及要求,列写好实验测试步骤及其相关仪器的测试图。

(3) 对所测量的电路参数进行理论计算,以便与实验测量值进行比较。

6) 实验报告

(1) 列出测量结果与理论值的比较,分析误差产生的原因。

(2) 在坐标纸上画出饱和失真和截止失真的波形。

7) 思考题

(1) 影响工作点稳定的因素有哪些? 采用何种方式能稳定静态工作点? 如何调整放大器的静态工作点? Q 点与输出波形失真有何关系?

(2) 测量静态工作点时,用万用表分别测量晶体管的各极对地电压,而不是直接测量电压 U_{CE}、U_{BE},为什么? 能否用晶体管毫伏表测量静态工作点? 为什么?

(3) 若把实验电路中的 NPN 管改为 PNP 管,电路中的参数应作哪些调整才能正常工作?

(4) 分析理论估算与实测工作点和放大倍数的误差。

3.2.4 两级阻容耦合放大电路

1) 实验目的

(1) 学会如何合理设置两级阻容耦合放大电路的静态工作点。

(2) 进一步熟悉放大电路技术指标的测试方法。

2) 实验设备

(1) MDS-V 模拟电路实验系统　　一台

(2) 直流稳压电源(YB1732C2A)　　一台

(3) 函数信号发生器(YB1603P)　　一台

(4) 双踪示波器(YB4320C)　　一台

(5) 晶体管毫伏表(YB2172/YB2173)　　一台

(6) 指针式万用表(MF-47)　　一只

3) 实验原理

阻容耦合多级放大电路主要适用于分立元件交流放大电路,具有以下特点:

(1) 由于电容的隔直作用,各级放大电路的静态工作点相互独立,可分级进行调整。

(2) 多级放大电路的电压放大倍数是各级电压放大倍数的乘积。

(3) 多级放大电路的通频带小于任何一级放大器的通频带。

(4) 在处理多级放大电路级间影响时,可将前级的输出电阻作为后级的信号源内阻;而后级的输入电阻则作为前级的负载电阻。

(5) 只能放大交流信号不能放大直流信号。

(6) 在阻容耦合多级放大器中,由于输出级的输出电压和输出电流都比较大,因而输出级的静态工作点一般都设置在交流负载线的中点,以获得最大不失真输出电压幅值。

如图 3.13 所示为两级阻容耦合放大电路。

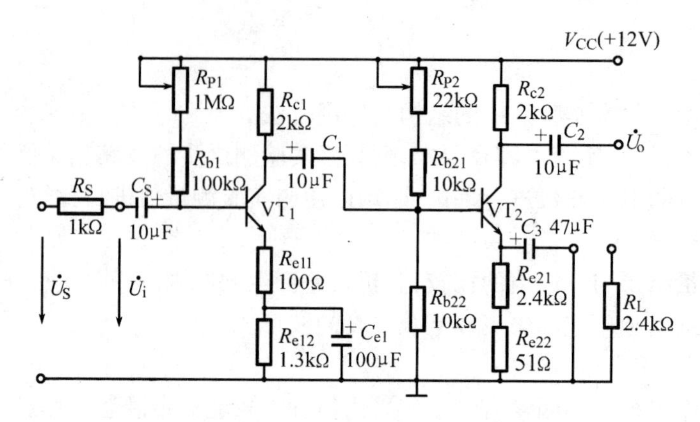

图 3.13　两级阻容耦合放大电路

4）实验内容

在模拟电路实验系统上，选择“基本、多级、负反馈放大电路及 *RC* 振荡电路”单元，按图 3.13 接成两级阻容耦合放大电路。

（1）调整静态工作点

调节 R_{P1}、R_{P2}，使 $U_{C1}=10$ V，$U_{C2}=9$ V。测量并记录各级静态工作点，数据填入表 3.6。

（2）测量两级放大电路的电压放大倍数

① 在空载时，输入一个正弦交流信号（$f=1$ kHz），在输出波形不失真的情况下，测量 U_i、U_{o1}、U_{o2}，填入表 3.6。

② 加入负载 R_L 后（输入信号不变），测量 U_i、U_{o1}、U_{o2}，填入表 3.6，分别计算 A_{u1}、A_{u2}、A_u。

表 3.6　静态工作点及输入/输出电压、电压放大倍数测试表

R_L	静态工作点						输入、输出电压			电压放大倍数		
	第一级(V)			第二级(V)			(mV)			前级	后级	两级
	U_{B1}	U_{C1}	U_{E1}	U_{B2}	U_{C2}	U_{E2}	U_i	U_{o1}	U_{o2}	A_{u1}	A_{u2}	A_u
∞												
2.4 kΩ												

若输入信号后，输出波形有寄生振荡时，可用下列方法解决：

a. 将函数信号发生器、稳压电源等仪器的接线重新整理，使这些导线尽可能短一些。

b. 在适当位置上如三极管 VT$_2$ 的 b、e 间加电容（从几十皮法至几千皮法）。

c. 信号输入线用屏蔽线。

（3）将放大电路第一级的输出与第二级的输入端断开，使之成为两个单独的单级放大电路，分别测量输入、输出电压，并计算每级的放大倍数，此时静态工作点同前，输出空载。自行设计表格，并与表 3.6 测量结果进行比较。

（4）测量两级放大电路的频率特性

① 将所接负载 R_L 断开，先将输入信号频率调到 1 kHz（$U_i=2$ mV），测量此时两级放大电路的输出电压。

② 保持输入信号 $U_i=2$ mV 不变，改变输入信号的频率，测量电路的输出电压值，记入表3.7中，并计算各点放大倍数 A_u。

表3.7 两级放大电路的频率特性测试表

输出电压	f(Hz)
U_o(mV)	
计算 A_u	

5）预习要求

复习多级放大器有关 A_u 的计算方法，级与级之间的相互影响及频率特性的影响。

6）实验报告

（1）总结多级放大电路中静态工作点对放大倍数及输出波形的影响。

（2）比较理论值与实测值之间的误差，分析原因。

（3）整理数据，画出幅频特性曲线，并指出上限频率 f_H 和下限频率 f_L 及通频带 BW（$BW=f_H-f_L$）。

7）思考题

（1）分析为什么第一级静态工作点要比第二级低些？

（2）在测静态工作点时，发现用万用表直接测 U_{BE} 和用万用表分别测 U_B、U_E，然后计算 $U_{BE}=U_B-U_E$，两者相差不少，分析其原因。另外，用万用表不同量程的直流电压挡测出的 U_{BE} 值相差也很大，小量程测得的值小，大量程测得的值大，试分析其原因。

（3）哪些因素影响低频时的电压放大倍数？哪些因素影响高频时的电压放大倍数？

（4）输出端使用屏蔽线和不用屏蔽线，哪种情况下的 f_H 高，为什么？

3.2.5 场效应管放大电路

1）实验目的

（1）熟悉场效应管的特点。

（2）学习场效应管特性曲线的测试方法。

（3）掌握场效应管放大电路静态工作点调试及电路主要参数的测试方法。

2）实验设备

（1）MDS－V模拟电路实验系统　　一台

（2）直流稳压电源（YB1732C2A）　　一台

（3）函数信号发生器（YB1603P）　　一台

（4）双踪示波器（YB4320C）　　一台

（5）晶体管毫伏表（YB2172/2173）　　一台

（6）指针式万用表（MF－47）　　一只

（7）晶体管图示仪（YB4812）　　一台

3）实验原理

场效应管是一种电压控制电流的器件，具有输入电阻高、热稳定性好、抗辐射能力强、噪声系数小等特点，在集成电路中得到了广泛的应用。场效应管按结构可分为结型和绝缘栅型两种类型。结型场效应管分为N沟道和P沟道两种，绝缘栅型场效应管也有N沟道和P沟道之分，而且每一类又分为增强型和耗尽型两种。

与三极管相类似，场效应管有截止区（即夹断区）、恒流区（即放大区）和可变电阻区三个工作区域。在恒流区，可将i_D看成受电压u_{GS}控制的受控恒流源。

如图3.14所示为结型场效应管自偏压放大电路，适用于结型场效应管或耗尽型场效应管，它依靠漏极电流I_D在R_S、R_{PS}上的电压降提供栅极偏压，即$U_{GS}=-I_D(R_S+R_{PS})$。R_D的作用与共射放大电路中R_C的作用相同，将漏极电流i_D的变化转换成电压u_{DS}的变化，从而实现电压放大。栅极电阻R_G用以构成栅源之间的直流通路，若R_G太小，会影响放大电路的输入电阻。C_S为旁路电容，用以减少R_S、R_{PS}对放大倍数的影响，即静态时稳定静态工作点，动态时使电压放大倍数不会下降。

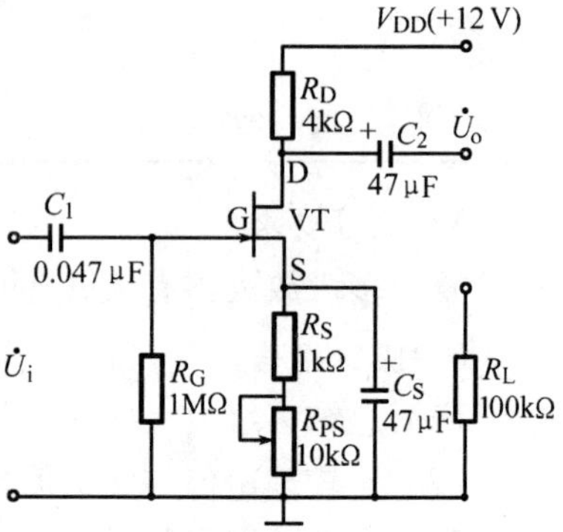

图3.14　场效应管的偏压电路

4）实验内容

（1）场效应管特性曲线的测试

本实验系统选用的场效应管为3DJ7，可用YB4812型晶体管特性图示仪测出其饱和漏极电流I_{DSS}和夹断电压U_P的值。

（2）静态工作点调试

① 在本实验系统上选择“场效应管放大电路”单元，在漏极上串入一直流电流表（可用万用表电流挡，注意极性），检查无误后接通+12 V电源。

② 调节R_{PS}使静态无输入信号时的$I_D=0.5$ mA，用万用表（最好为数字式万用表）测量U_G、U_D、U_S，完成表3.8，并与理论计算结果进行比较。

表3.8　静态工作点测试

测量参数	U_G(V)	U_D(V)	U_S(V)	U_{DS}(V)	U_{GS}(V)
测量结果					

（3）放大倍数的测量

① 在输入端接入正弦波信号U_i($f=1$ kHz)，改变U_i，测出对应的输出电压U_o值，记入表3.9中。并计算A_u的平均值，与理论计算结果进行比较。

表3.9　场效应管参数测试表

U_i(mV)	50	100	150	200
U_o(mV)				
$A_u=U_o/U_i$				
A_u的平均值				

② 调节R_{PS}使静态电流$I_D=0.6$ mA，重复上述过程，并记录数据。

5）预习要求

复习场效应管放大电路的工作特点。

6）实验报告

（1）写出实验步骤，画出测量原理框图。

（2）列写测量结果，并与普通晶体管组成的共射极电路的主要参数相比较，试比较两类器件的特点。

7）思考题

（1）N 沟道增强型 MOS 管能否采用本实验电路图？为什么？

（2）N 沟道结型场效应管 U_{GS} 为正值时会产生什么情况？

（3）在本实验电路图中的隔直电容 C_1 为什么可以选用 0.047 μF，而双极型三极管低频放大电路中的 C_{b1} 为什么不能选用如此小的电容？

3.2.6　负反馈放大电路

1）实验目的

（1）熟悉反馈的概念，并能较熟练地判别反馈的类型及电路属何种组态。

（2）掌握常用的负反馈放大电路的性能及应用，熟练掌握其主要参数的测试方法。

（3）了解电压串联负反馈对放大电路性能的影响。

2）实验设备

（1）MDS－V 模拟电路实验系统　　一台

（2）直流稳压电源（YB1732C2A）　　一台

（3）函数信号发生器（YB1603P）　　一台

（4）双踪示波器（YB4320C）　　一台

（5）晶体管毫伏表（YB2172/YB2173）　　一台

（6）指针式万用表（MF－47）　　一只

3）实验原理

反馈的分类按极性分，可分为负反馈和正反馈。放大电路中采用负反馈，正反馈一般用于振荡电路中。反馈的分类按交直流性质分，可分为直流反馈和交流反馈。直流反馈常用于稳定直流工作点，交流反馈主要用于放大电路性能的改善。

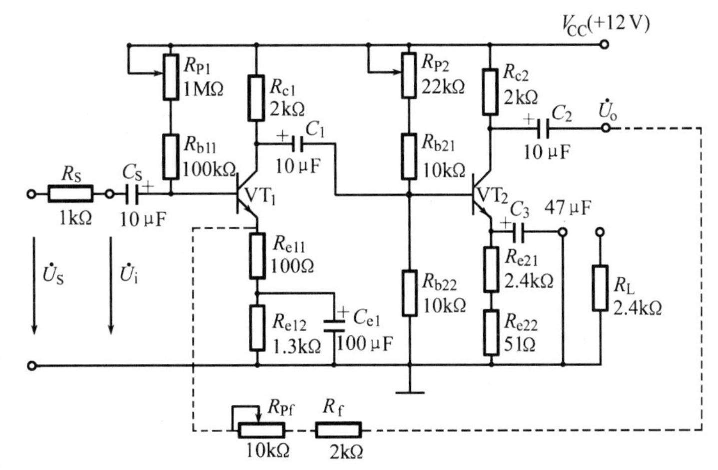

图 3.15　负反馈放大电路实验电路图

负反馈在电子电路中有着非常广泛的应用，虽然它使放大器的放大倍数降低，但能在多方面改善放大器的动态指标，如稳定放大倍数，改变输入、输出电阻，减小非线性失真和扩展通频带等。因此，几乎所有的实用放大器都带有负反馈。

如图 3.15 所示为带有负反馈的两级阻容耦合放大电路，在电路中通过 R_f、R_{Pf} 把输出电

压 u_o 引回到输入端,加在 VT_1 的发射极上,在发射极电阻 R_{e11} 上形成反馈电压 u_f。根据反馈的判断方法可知,它属于电压串联负反馈。调节 R_{Pf} 可以改变电路的反馈系数,从而改变电路的反馈深度。

4）实验内容

在模拟电路实验系统中选择“基本、多级、负反馈放大电路及 *RC* 振荡电路”单元,按图 3.15 接线(虚线暂时不连)。

(1) 调整静态工作点

调节 R_{P1}、R_{P2},使 $U_{C1}=10$ V,$U_{C2}=9$ V。测量并记录各级静态工作点,数据填入表 3.10。

表 3.10　静态工作点测量

参　数	第一级(V)			第二级(V)		
	U_{B1}	U_{C1}	U_{E1}	U_{B2}	U_{C2}	U_{E2}
数　据						

(2) 测试两级放大电路的电压放大倍数 A_u、输入电阻 R_i 与输出电阻 R_o、上限频率 f_H 与下限频率 f_L 等主要参数,填入表 3.11 中。

(3) 将图 3.15 中虚线上的电位器串入电路中,重复(2)主要参数的测试,完成表3.11。判别此电路属何种电路,并将深度负反馈估算的放大倍数与测量值比较,分析原因。

表 3.11　负反馈放大电路参数测量表

条　　件		U_S (mV)	U_i (mV)	U_o (mV)	U_o' (空载)	A_u	A_u' (空载)	R_i	R_o	f_H	f_L
基本放大电路											
负反馈放大电路	$R_{Pf}=0$										
	$R_{Pf}=10\ k\Omega$										

实验过程中,注意观察引入负反馈及改变负反馈深度后对上述测试的参数有何影响。

5）实验报告

(1) 列写测试步骤、条件与测试数据,分析数据结果。

(2) 写出负反馈放大与其他形式反馈有何不同之处。

6）思考题

(1) 负反馈放大电路的反馈深度 $|1+\dot{A}\dot{F}|$ 决定了电路性能的改善程度,但是否越大越好？为什么？

(2) 怎样把负反馈放大电路(图 3.15)改接成基本放大器？

(3) 如 R_{Pf} 和 R_f 接在 VT_1 和 VT_2 的两发射极之间,会出现什么结果？为什么？

(4) 总结负反馈对放大器性能方面有哪些改善。

3.2.7　差动放大电路

1）实验目的

(1) 掌握调节差动放大器的静态工作点的方法。

（2）掌握放大器差动输入、双端输出及单端输出的差模电压放大倍数的测试方法。

（3）掌握放大器双端输出和单端输出的共模放大倍数及共模抑制比的测试方法。

2）实验设备

（1）MDS－V模拟电路实验系统　　一台

（2）直流稳压电源（YB1732C2A）　　一台

（3）函数信号发生器（YB1603P）　　一台

（4）双踪示波器（YB4320C）　　一台

（5）晶体管毫伏表（YB2172/YB2173）　　一台

（6）指针式万用表（MF－47）　　一只

3）实验原理

差动放大电路能够放大差模信号而抑制共模信号，可以消除由于温度变化、外界干扰而产生的具有共模特征的信号所引起的输出误差电压，广泛应用于直接耦合电路和测量电路的输入级。差动放大电路的输入信号可采用直流信号也可采用交流信号。

图3.16是差动放大器的基本结构。它由两个元件参数相同的基本共射放大电路组成。图中输入端的两只电阻R用于均衡输入信号，对电路的性能指标几乎不产生影响。

当“1”接“2”时，构成典型的差动放大器。调零电位器R_P用来调节VT_1、VT_2管的静态工作点，使得输入信号$u_i=0$时，双端输出电压$u_o=0$。R_e为两管共用的发射极电阻，它对差模信号无负反馈作用，因而不影响差模电压放大倍数，但对共模信号有较强的负反馈作用，因此可以有效地抑制零漂，稳定静态工作点。为了既保证R_e足够大，又保证合适的工作点，引入负电源补偿R_e上的电压降。

当“1”接“3”时，构成具有恒流源的差动放大器。它用晶体管恒流源代替发射极电阻R_e，可以进一步提高差动放大器抑制共模信号的能力。

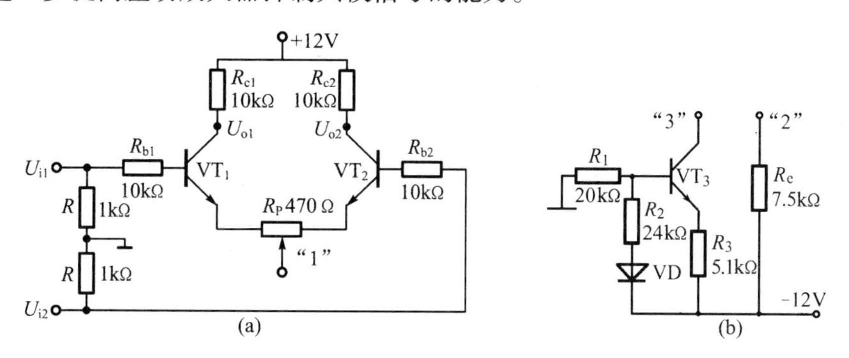

图3.16　差动放大电路

4）实验内容

（1）静态工作点测试

在模拟电路实验系统中选择“差动放大电路”单元，将图3.16中的“1”接“2”或“3”，输入端U_{i1}、U_{i2}接地，用万用表测量两管的集电极输出电压，并调节电位器R_P，使双端输出电压差为零，即$U_o=U_{o1}-U_{o2}\approx 0$。再测量两管各极对地的电位，并且与理论值（$R_P$在中点）进行比较，数据填入表3.12（表中$U_1$指电位器$R_P$中心点对地电压）。

表 3.12 静态工作点

对地电压(V)	U_{B1}	U_{C1}	U_{B2}	U_{C2}	U_1
测量值					

(2) 差模放大倍数的测量

拆去输入端 U_{i1}、U_{i2}接地线,在输入端 U_{i1}、U_{i2}加入直流差模信号 $U_{id}=\pm0.1$ V。

直流差模信号 U_{id}可由“信号变换”单元的 U_{S1}和 U_{S2}上分别加入 +12 V 和 -12 V 电压(“GND”与“⊥”相连),调节电位器 R_{PS1}、R_{PS2}使其输出 U_{i1}和 U_{i2}分别为 +0.1 V 和 -0.1 V,然后再将“信号变换”单元的 U_{i1}和 U_{i2}与“差动放大电路”的 U_{i1}和 U_{i2}相连,用万用表直流电压挡分别测出单端输出差模电压 U_{od1}、U_{od2},算出双端输出差模电压放大倍数 A_{ud}。将数据填入表 3.13 中。

表 3.13 差动放大电路参数测量表

输入信号	差模输出				共模输出				共模抑制比
	U_{od1}	U_{od2}	U_{od}	A_{ud}	U_{oc1}	U_{oc2}	U_{oc}	A_{uc}	K_{CMR}
直流 $U_i=\pm0.1$ V									

(3) 共模电压放大倍数的测量

① 先将输入端 U_{i1}、U_{i2}短接为一端,然后加入直流共模信号 $U_{i1}=+0.1$ V,用万用表直流电压挡测单端输出共模电压 U_{oc1}、U_{oc2},算出双端输出共模电压放大倍数 A_{uc}。将数据填入表 3.13 中。

② 根据测量数据 A_{ud}及 A_{uc}求共模抑制比 K_{CMR},$K_{CMR}=|A_{ud}/A_{uc}|$。

(4) 交流电压放大倍数的测试

输入低频正弦波小信号 $U_i=50$ mV($f=1$ kHz),分别测量单端及双端输出电压,将数据填入表 3.14 中。

表 3.14 交流电压放大倍数的测试

输入电压(mV)	单端输出电压(mV)	双端输出电压(mV)	交流放大倍数 A_u	
			单端输出	双端输出

(5) 比较相位

在输入端 U_{i1}、U_{i2}直接加入 $U_i=5$ mV,$f=1$ kHz 的正弦波,用示波器观察 U_i 与 U_{o1}和 U_{o2}的波形,比较输入与输出的相位。

5) 实验报告

(1) 整理测试数据,并和理论计算值比较。

(2) 总结差动放大器的性能特点。

6) 思考题

(1) 差动放大电路中两管及元件对称对电路性能有何影响?

(2) 电路中,如"1"接"2",则 R_e 的大小对电路性能有何影响?

(3) 为什么电路在工作前需进行零点调整?

3.2.8 *RC* 正弦波振荡器

1) 实验目的

(1) 熟悉 *RC* 振荡器的电路组成和工作原理,验证振荡条件。

(2) 研究 *RC* 桥式振荡器串、并联网络的选频特性。

(3) 学会测量振荡频率的方法。

2) 实验设备

(1) MDS-V 模拟电路实验系统 一台

(2) 直流稳压电源(YB1732C2A) 一台

(3) 函数信号发生器(YB1603P) 一台

(4) 双踪示波器(YB4320C) 一台

(5) 晶体管毫伏表(YB2172/YB2173) 一台

(6) 指针式万用表(MF-47) 一只

3) 实验电路图

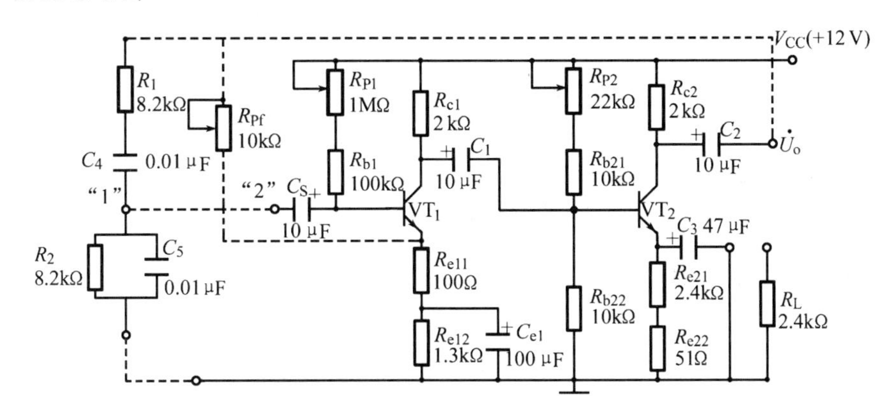

图 3.17 RC 正弦波振荡器

4) 实验内容

振荡器是不需外加信号就能产生正弦波信号的一种电路。它由放大电路、正反馈网络、选频网络和稳幅环节 4 部分组成。

为了产生并维持正弦波形,必须满足以下条件:

振幅平衡条件: $|\dot{A}\dot{F}|=1$

相位平衡条件: $\varphi_A+\varphi_F=\pm 2n\pi, n=0,1,2,3\cdots$

RC 桥式振荡器由电压串联负反馈电路和 *RC* 串、并联选频网络组成。一般对于 *RC* 串、并联选频网络选取参数 $R_1=R_2=R, C_1=C_2=C$,当 $\omega=\omega_0=1/(RC)$ 或 $f=f_0=1/(2\pi RC)$ 时,选频网络的输出最大,其大小为输入信号的 1/3,且输出与输入同相位。这就要求放大倍数为 3,且输入与输出同相位。适当调整负反馈强弱,使 A_u 的值略大于 3 时,电路起振,产生正弦波的振荡频率 $f_0=1/(2\pi RC)$。

在模拟电路实验系统中选择“基本、多级、负反馈放大电路及 RC 振荡电路”单元，按照图 3.17 接线，在检查无误后，接通电源(+12 V)。

(1) 调整静态工作点

调节 R_{P1}、R_{P2} 使 $U_{C1}=10$ V，$U_{C2}=9.4$ V。

(2) 测量选频网络的选频特性

不加电源，断开“1”“2”两点间的连线，在 U_o 端加入 3 V 的正弦波信号，改变信号的频率，在 RC 并联端“1”测量选频网络的幅频特性。

(3) 测量振荡频率

用示波器观察“1”点及 U_o 的输出是否有振荡波形，若不起振可调节 R_{Pf}。振荡频率 f_0 可在示波器上读取，将所测值与理论值比较。

5) 预习要求

(1) 复习正弦波振荡器的工作原理，掌握振荡器的振荡条件、调试方法。

(2) 根据图 3.17 中所给出的参数，计算理论振荡频率 f_0。

6) 实验报告

(1) 比较振荡器产生的振荡波形频率的测量值与计算值。

(2) 说明测量 RC 选频网络选频特性的方法。

(3) 说明用李萨如图形测量振荡波形频率的方法。

7) 思考题

(1) 振荡器波形何时失真？何时消失？

(2) 调节哪些参数可稳定振荡器的输出？

(3) 电路带上负载后有何变化？

(4) 若要改变电路振荡频率，需调整哪些元件？

3.2.9 信号处理电路

1) 实验目的

(1) 通过实验，学习有源滤波电路、电压比较电路的基本原理与波形，深入理解其电路的性能。

(2) 掌握各种应用电路的组成及其调试、测量方法。

2) 实验设备

(1) MDS－V模拟电路实验系统　　一台

(2) 直流稳压电源(YB1732C2A)　　一台

(3) 函数信号发生器(YB1603P)　　一台

(4) 双踪示波器(YB4320C)　　一台

(5) 晶体管毫伏表(YB2172/YB2173)　　一只

(6) 指针式万用表(MF－47)　　一只

3）实验电路图

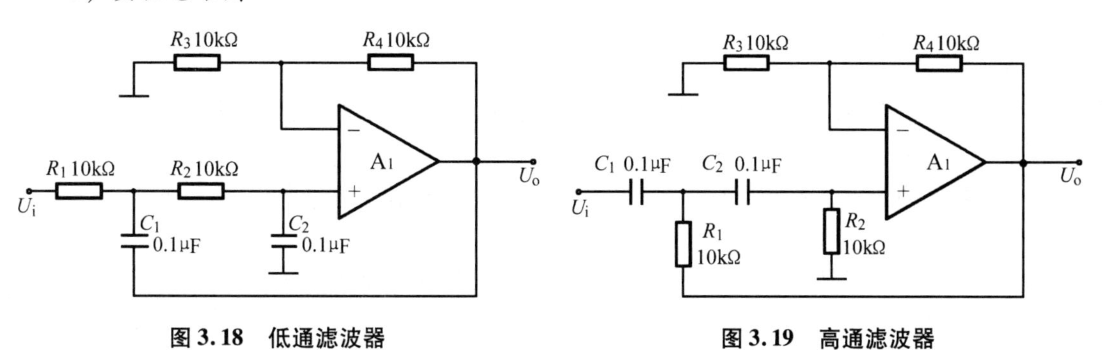

图 3.18 低通滤波器

图 3.19 高通滤波器

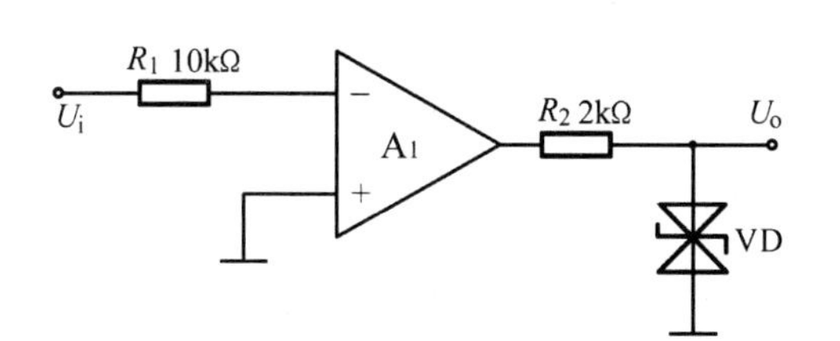

图 3.20 过零比较器

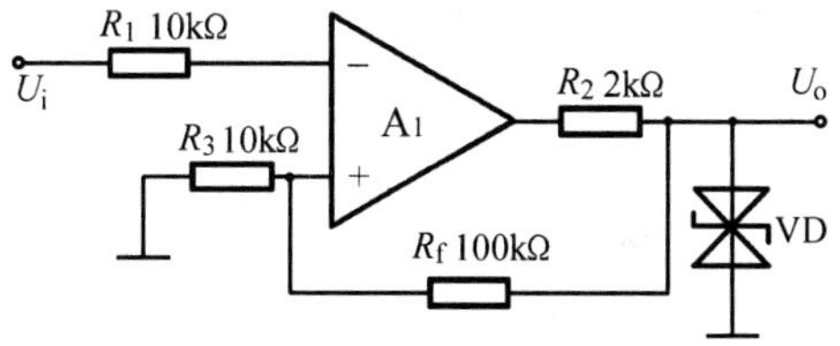

图 3.21 反相滞回比较器

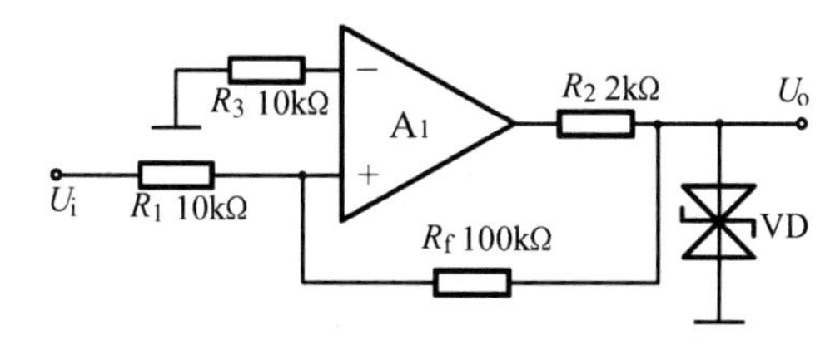

图 3.22 同相滞回比较器

4）实验内容

（1）低通滤波器

按图 3. 18 接线，输入信号 U_i 为正弦波，它的幅度为 2 ~ 3 V，保持 U_i 的幅度，改变其频率，用逐点描迹法测出滤波器的幅频特性。

（2）高通滤波器

按图 3. 19 接线，测试方法同上。

（3）过零比较器

按图 3. 20 接线，输入信号 U_i 为正弦波，用示波器观察并记录输入与输出波形。改变 U_i 的频率再用示波器观察 U_o 波形，记录并分析两者的关系。

（4）反相滞回比较器

按图 3. 21 接线，测试方法同(3)。

（5）同相滞回比较器

按图 3. 22 接线，测试方法同(3)。

5）预习要求

（1）复习有源滤波器、比较器的工作原理。

（2）设计实验步骤和记录表格，有兴趣的同学可设计一个二阶滤波器，并注意比较一阶滤波器与二阶滤波器在性能上的差异。

6）实验报告

整理实验数据，画出波形（幅频特性），比较实测值与理论值并分析实验结果。

7）思考题

（1）在低通滤波器幅频特性曲线的测量过程中，改变信号的频率时，信号的幅值是否也要做相应的改变？为什么？

（2）如何区别高通滤波器的一阶、二阶电路？它们有什么共性和不同点？它们的幅频特性有区别吗？

（3）集成运放在非线性应用时，是否需要调零？为什么？

3.2.10 整流、滤波、稳压电路

1）实验目的

（1）了解整流电路的工作原理及滤波电路的作用。

（2）学会直流稳压电路主要技术指标的测试方法。

2）实验设备

（1）MDS－V模拟电路实验系统　　一台

（2）双踪示波器（YB4320C）　　一台

（3）指针式万用表（MF－47）　　一只

3）实验电路图

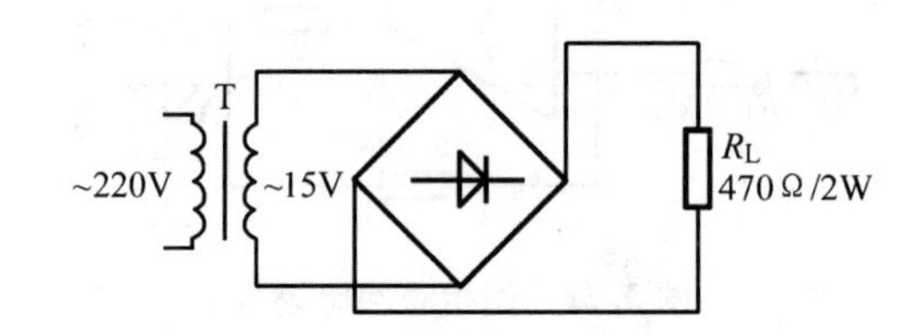

（a）桥式整流

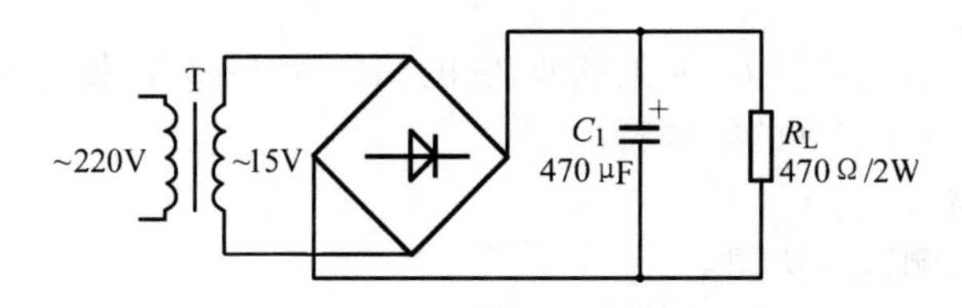

（b）电容滤波

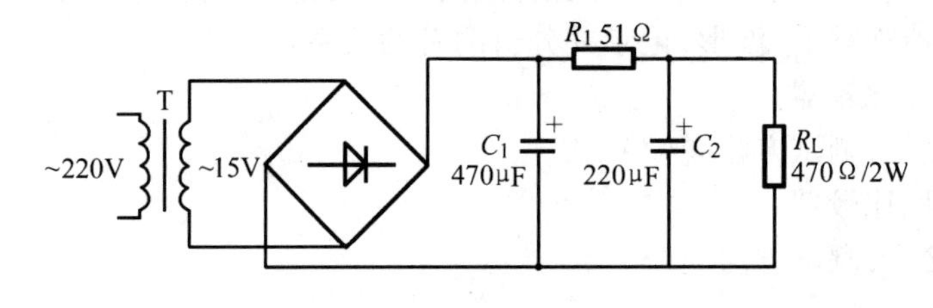

（c）π型滤波

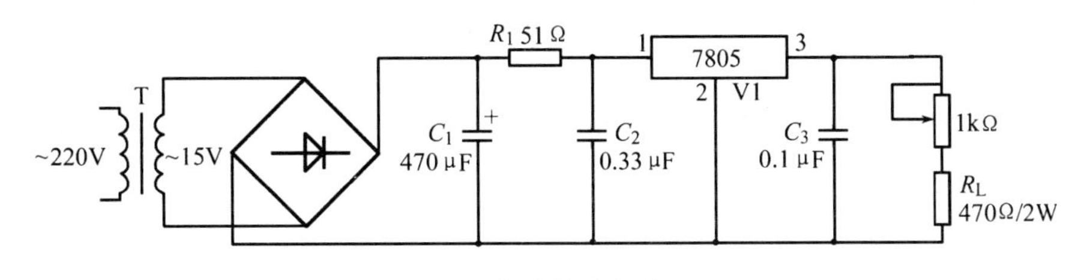

(d) 集成稳压电路

图 3.23 实验电路图

4) 实验原理

(1) 半波、全波整流电路中输入电压和输出电压的关系

利用二极管的单向导电性,可以组成二极管整流器。在整流电路中,在变压器副边的交流电压 U 不变的情况下,输出的直流电压和负载情况有关,若输出开路,则输出电压的平均值在单相半波整流时为 $0.45U$;在单相全波整流时为 $0.9U$。若接入负载后,输出电压降低。

(2) 滤波器的作用

简单的整流器输出电压或电流是脉动的,既含有直流分量,又含有交流分量,脉动太大会影响负载的正常工作。为此,在整流器和负载之间往往要加电容滤波器,或电感滤波器,或 π 型滤波器。其中 π 型滤波器效果最好。

(3) 在电源电压的正负半周内,经过 4 个桥式整流二极管后,在负载两端得到单向的全波脉动波形,如图 3.24(a)所示。

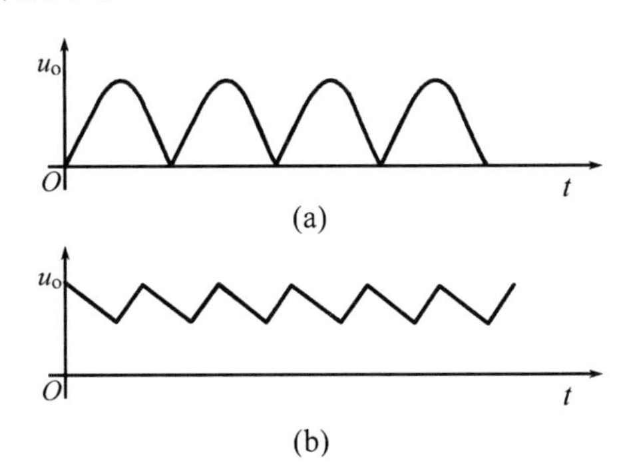

图 3.24 桥式整流电路和电容滤波器电路的输出电压波形

5) 实验内容

在模拟电路实验系统中选择“整流、滤波、稳压”单元。系统后侧提供了交流 220 V 输入(备有电源线、电源开关、熔断器),输出为交流 15 V,已接至本实验单元,只要将电源插头插入交流 220 V 电源插座,打开实验箱后侧面的开关,实验单元上的变压器次级将有交流 15 V 输出。

(1) 整流电路

① 按图 3.23(a)接线,负载电阻 R_L 取 470 Ω/2 W。

② 用示波器观察 R_L 两端的波形并记录。

注意:电路检查正确无误后方可通电,严禁在通电情况下连接或改接电路。

(2) 滤波电路

① 按图 3. 23(b)接线,在整流器和负载之间加上电容滤波器后,得到如图 3. 24(b)所示的波形。

② 按图 3. 23(c)接线,组成一 π 型 *RC* 滤波电路。用示波器观察输入电压和输出电压的波形,并记录。

(3) 集成稳压电路

① 按图 3. 23(d)接成一集成稳压电路,R_L 取 470 Ω/2 W 的电阻作负载。

② 用示波器观察输入电压和输出电压的波形,并记录。

③ 改变负载电阻(R_L 取 470 Ω 与 1 kΩ 电位器串联),调节电位器,用万用表测量 R_L 两端的电压,并记录。

6) 实验报告

(1) 将实验测得的波形和数据填入自拟的表格。

(2) 用测试数据分析三端集成稳压器的作用和性能。

7) 思考题

(1) 说明电容滤波电路和电感滤波电路在应用中的不同。

(2) 图 3. 23(d)中 C_2、C_3 的作用是什么?

4 数字电路实验

4.1(实验1) TTL与非门参数测试

1）实验目的

(1) 熟悉TTL与非门的外形和管脚引线排列。

(2) 通过测试了解与非门的直流参数。

2）实验原理

(1) 数字集成电路的两大系列

① TTL——Transistor-Transistor Logic 晶体管-晶体管逻辑电路

74LS系列集成电路(低功耗肖特基TTL电路)是一种比较理想且使用最广的器件。

② CMOS——Complementary-Symmetry Metal-Oxide-Semiconductor Circuit 互补对称式金属-氧化物-半导体电路

(2) TTL与非门直流参数的测量

图4.1是低电平输出电源电流 I_{CCL}(当输入端全为高电平时,流入电源端的电流)测试电路;图4.2是低电平输入电流 I_{iL}(当某一输入端接低电平,其余输入端接高电平时,从该

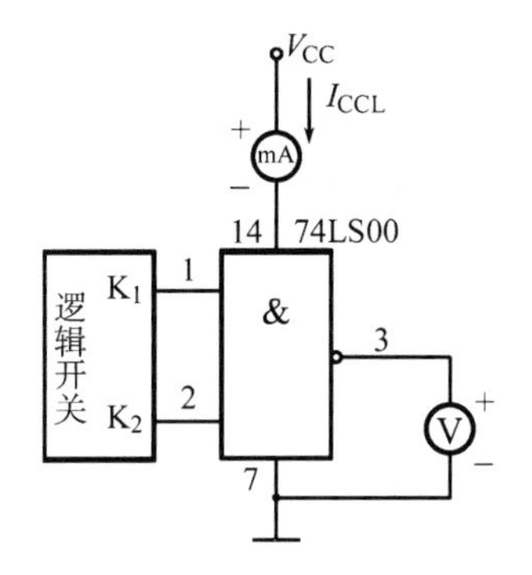

图4.1 I_{CCL}测试电路

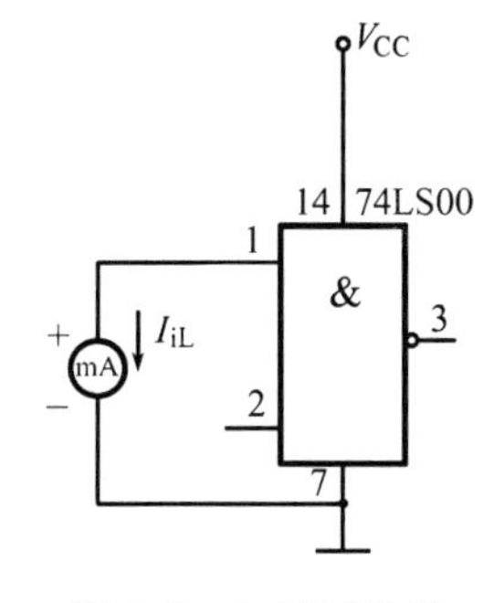

图4.2 I_{iL}测试电路

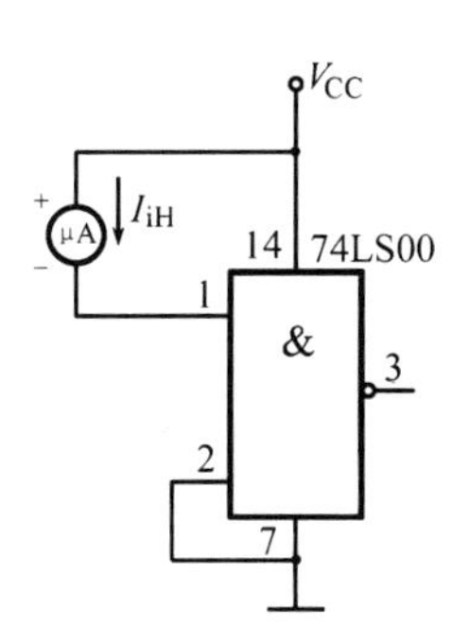

图4.3 I_{iH}测试电路

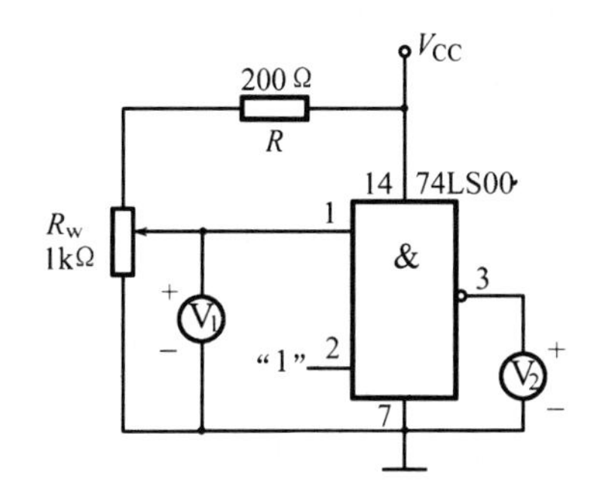

图4.4 电压传输特性测试电路

输入端流出的电流)测试电路;图 4.3 是高电平输入电流 I_{iH}(当某一输入端接高电平,其余输入端接低电平时,流入该输入端的电流)测试电路;图 4.4 是测量电压传输特性(输出电压 U_o 与输入电压 U_i 之间的关系,将某一输入端的电压从零逐渐增大,而将其他输入端接高电平)的电路;图 4.5 是测量扇出系数 N_o(指与非门电路可带同类门的个数,将任一输入端接开门电平 $U_{ON}=1.8\ V$,其余输入端悬空,调节电位器使 $U_o=0.35\ V$,负载电流为 I_{oL},$N_o=I_{oL}/I_{IL}$)的电路。

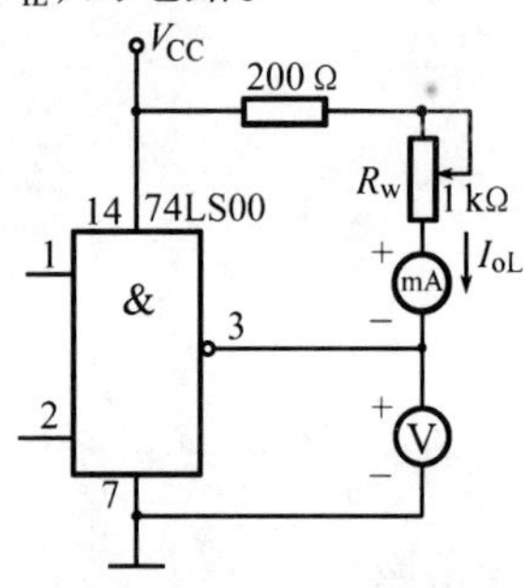

图 4.5 扇出系数测试电路

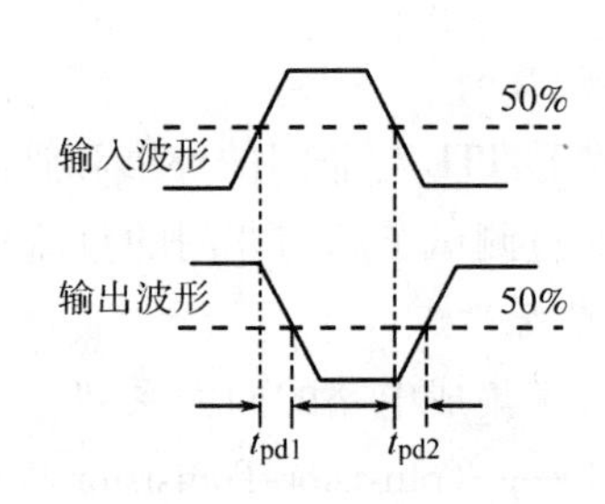

图 4.6 平均传输延迟时间 t_{pd}

(3) 测平均传输延迟时间

在与非门输入端加上一个脉冲电压,则输出电压将有一定的时间延迟,表明延迟时间的输入、输出电压波形如图4.6所示。从输入脉冲上升沿的 50% 处起到输出脉冲下降沿的 50% 处的时间称为上升延迟时间 t_{pd1};从输入脉冲下降沿的 50% 处起到输出脉冲上升沿的 50% 处的时间称为下降延迟时间 t_{pd2}。t_{pd1} 与 t_{pd2} 的平均值称为平均传输延迟时间 t_{pd},此值越小越好。

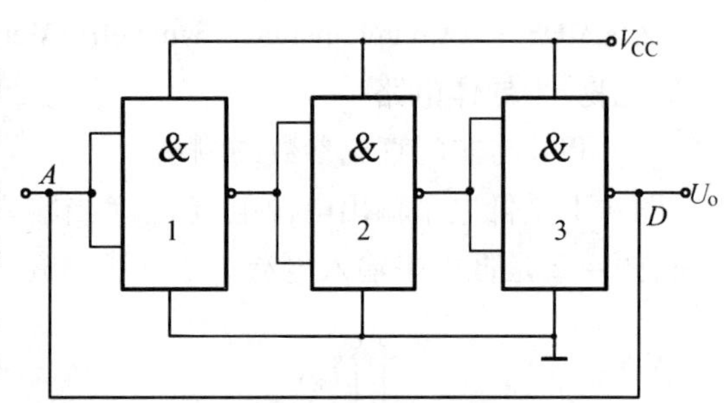

图 4.7 环形振荡器电路

由图 4.7 所示的环形振荡器测出平均传输延迟时间 t_{pd},如果每个与非门的 t_{pd} 都相等,则振荡信号的周期 $T=6t_{pd}$,于是

$$t_{pd}=T/6$$

为了证明上述自激振荡过程,将图 4.7 中的反馈线 AD 断开,如图 4.8 所示,然后在门 1 的输入端加入一个频率合适的方波 U_i,同时观察 U_i、U_o 和 U_F 波形(以 U_i 作同步信号),如图 4.9 所示,U_o 是 U_i 反相后右移 t_{pd} 的波形,如果 U_i 的频率符合振荡所需的相移条件,即 U_i 比 U_o 恰好右移 $2t_{pd}$,则 $3t_{pd}=t_p$。

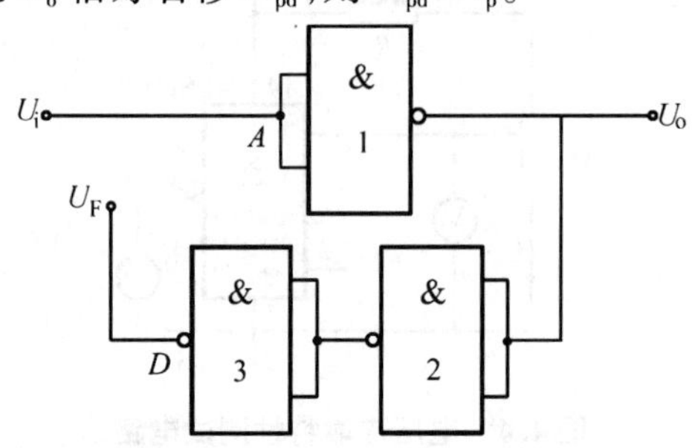

图 4.8 断开反馈线的环形振荡器

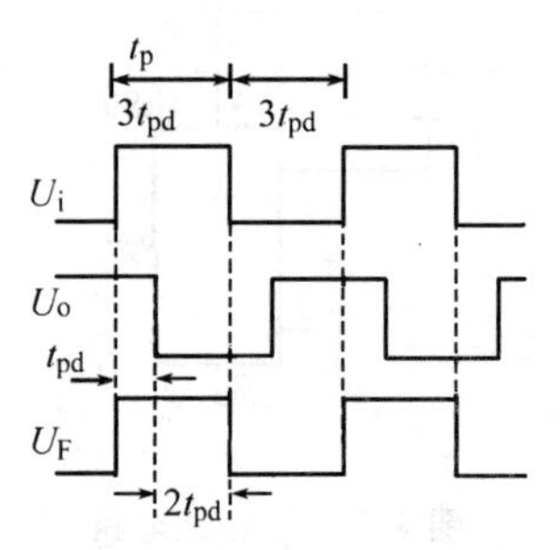

图 4.9 U_i、U_o 和 U_F 波形

式中,t_p 为 U_i 的脉冲宽度。则图 4.7 将输出周期为 T 的方波,显然

$$T = 2 \times 3t_{pd} = 6t_{pd}$$

所以

$$t_{pd} = T/6$$

电路依靠合闸时的扰动电压起振。

3)实验内容

(1)根据与非门的逻辑功能检查与非门是否良好。

(2)测量下列各直流参数:

① 低电平输出电源电流 I_{CCL}(图 4.1)。

② 低电平输入电流 I_{iL}(图 4.2)。

③ 高电平输入电流 I_{iH}(图 4.3)。

④ 电压传输特性(图 4.4),完成表 4.1,并画出电压传输特性曲线(完成图 4.10)。

⑤ 扇出系数 N_o(图 4.5)。

⑥ 平均传输延迟时间 t_{pd}(图 4.7)。

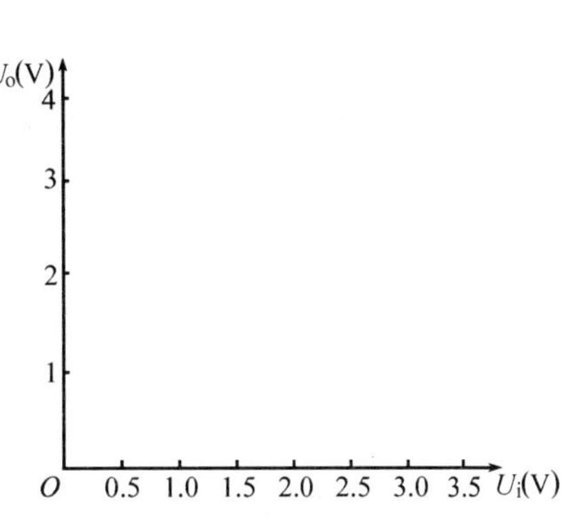

图 4.10 电压传输特性曲线

表 4.1 电压传输特性测量表

U_i(V)	0	0.5	0.7	0.9	1.0	1.1	1.2	1.3	1.4	1.5	1.8	2.0	3.5
U_o(V)													

4)预习要求

阅读所用与非门(74LS00)的说明书,了解其线路、引线排列、逻辑功能和参数。

5)实验报告

列出直流参数的实测数据表格。画出传输特性曲线,确定 U_{OFF}、U_{ON}、U_{oL}、U_{oH} 值,与手册参数相比,判断所测的电参数是否合格。

6)实验设备

(1)双踪示波器(YB4320C) 一台

(2)指针式万用表(MF-47) 一台

(3)直流稳压电源(YB1732C2A) 一台

(4)数字电路实验系统(SDS-Ⅵ) 一台

(5)参考元件:74LS00(二输入端四与非门)管脚排列如图 4.11 所示。

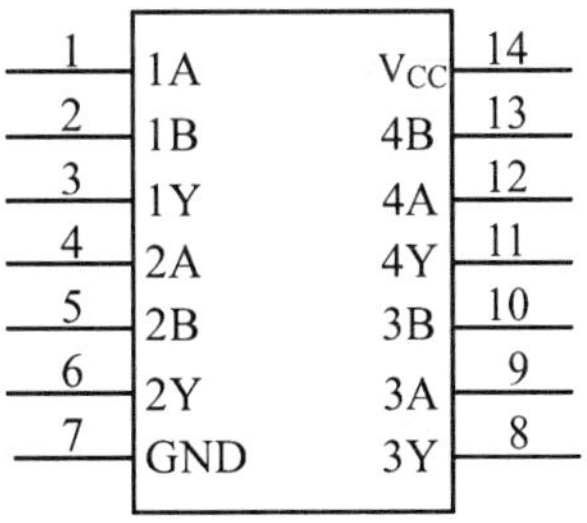

图 4.11 74LS00 管脚排列图

7)思考题

(1)与非门在什么情况下输出高电平?在什么情况下输出低电平?其不用的输入端如何处理?

(2)CMOS 器件和 TTL 器件各有什么特点?在什么场合适合选用 CMOS 器件?

4.2(实验 2) 集成门电路逻辑功能测试及逻辑变换

1)实验目的

(1)掌握门电路的逻辑功能及其测试方法。

（2）掌握常用逻辑门的变换方法。

（3）熟悉和掌握门控的基本概念。

2）实验内容

（1）测试与非门(74LS20)、与或非门(74LS51)以及异或门(74LS86)的逻辑功能。

（2）分别用与非门和或非门实现真值表如表4.2所示的逻辑函数，画出逻辑图，并验证它们的逻辑功能。可用TTL门或CMOS门，任选一种。

表4.2　逻辑函数真值表(Z_1、Z_2)

A	B	C	Z_1	Z_2	A	B	C	Z_1	Z_2
0	0	0	0	0	1	0	0	0	1
0	0	1	0	1	1	0	1	1	1
0	1	0	0	1	1	1	0	1	0
0	1	1	1	1	1	1	1	1	0

（3）用示波器观察与非门和或非门的封门条件和特点。观察异或门的控制特点，掌握门控的概念。

3）实验内容

（1）三种逻辑门功能测试电路示意图分别如图4.12(a)、(b)、(c)所示。首先分别按照电路连线（图中$K_1 \sim K_4$为逻辑电平开关）；然后，分别按照下面三个表格的输入条件，测试电路的输出（发光二极管亮代表输出为“1”；发光二极管灭代表输出为“0”），并填入相应表格中。

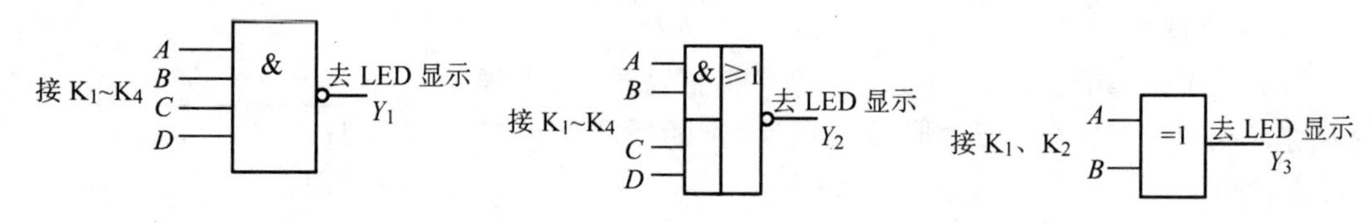

（a）74LS20功能测试图　　（b）74LS51功能测试图　　（c）74LS86功能测试图

图4.12　三种逻辑门功能测试电路

表4.3　74LS20逻辑功能

A	B	C	D	Y_1
0	0	0	0	
0	0	0	1	
0	0	1	1	
0	1	1	1	
1	1	1	1	

表4.4　74LS51逻辑功能

A	B	C	D	Y_2
0	0	0	0	
0	1	1	0	
1	1	0	1	
1	0	1	1	

表4.5　74LS86逻辑功能

A	B	Y_3
0	0	
0	1	
1	0	
1	1	

（2）首先写出Z_1和Z_2的最简与或式和最简或非式，用两次求反法求出它们的与非-与非式。画出逻辑图，按图接好实验电路，A、B、C接逻辑电平开关，Z_1、Z_2接发光二极管。测试结果，验证是否与给定真值表相符。

由表4.2给定的真值表，可写出表达式：

$$Z_1 = \bar{A}BC + A\bar{B}C + AB\bar{C} + ABC$$

$$Z_2 = \bar{A}\bar{B}C + \bar{A}B\bar{C} + \bar{A}BC + A\bar{B}\bar{C} + A\bar{B}C$$

由表达式可画出如图 4.13 所示的卡诺图,可化简 Z_1、Z_2 的逻辑函数为:

$$Z_1 = AB + BC + AC$$

$$Z_2 = A\bar{B} + \bar{A}B + \bar{A}C$$

再将 Z_1、Z_2 按要求化简为与非-与非式。

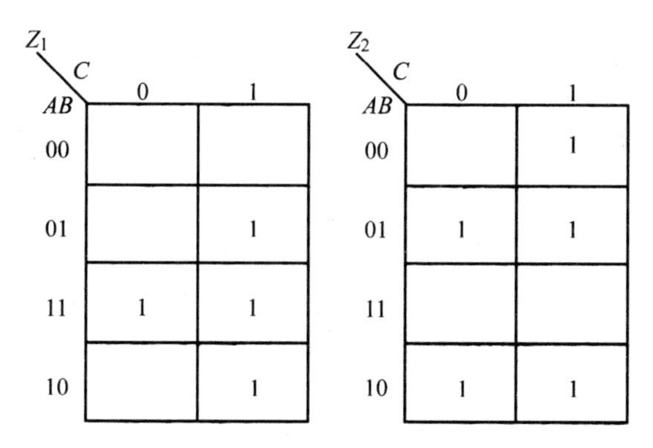

图 4.13 Z_1、Z_2 的卡诺图

(3) 测试电路图如图 4.14(a)、(b)、(c),观察并画出波形图(CH1、CH2 均置 DC 挡),完成图 4.15。

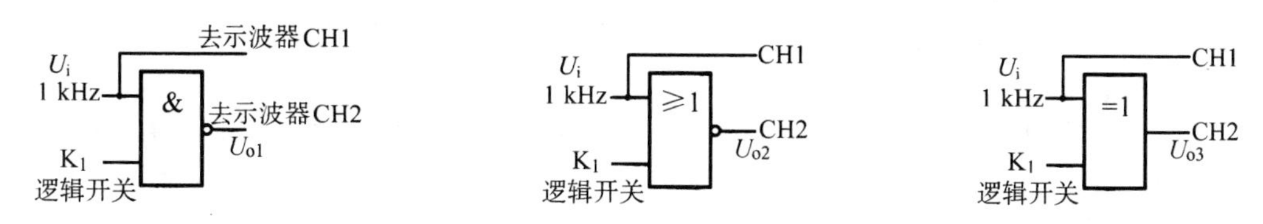

(a)与非门控制波形的观察电路 (b)或非门控制波形的观察电路 (c)异或门控制波形的观察电路

图 4.14 观察门控波形测试电路图

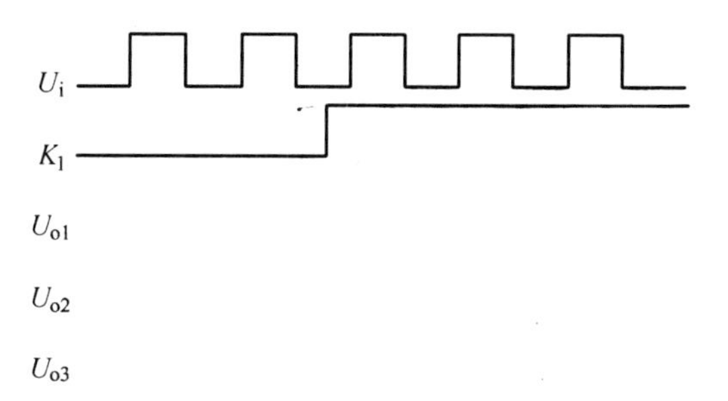

图 4.15 观察门控波形图

4) 实验设备

(1) 双踪示波器(YB4320C) 一台

(2) 直流稳压电源(YB1732C2A) 一台

(3) 数字电路实验系统(SDS-Ⅵ) 一台

(4) 与非门 74LS20(四输入端双与非门)、异或门 74LS86(二输入端四异或门)及与或

非门 74LS51 的管脚图如下：

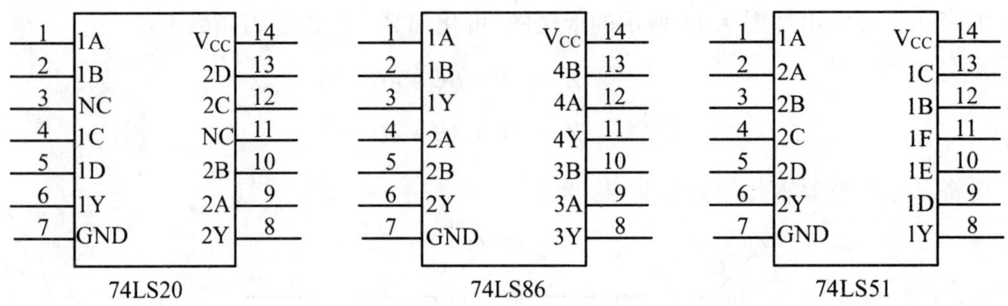

图 4.16 74LS20 管脚排列图　图 4.17 74LS86 管脚排列图　图 4.18 74LS51 管脚排列图

5）思考题

（1）与门、或门的开关条件及特点是什么？异或门的控制特点是什么？

（2）在与或非门中如果有不用的与门，其输入端应如何处理？

（3）与或式变换为或与式的方法是什么？

4.3（实验 3） OC 门和三态门的应用

1）实验目的

（1）熟悉 OC 门和三态门的逻辑功能。

（2）掌握 OC 门和三态门的典型应用，了解 R_L 对 OC 门电路的影响。

2）实验原理

OC 门即集电极开路门。三态门即除正常的高电平“1”和低电平“0”两种状态外，还有第三种状态输出——高阻态。OC 门和三态门均是两种特殊的 TTL 电路，若干个 OC 门的输出可以并联接在一起，三态门亦然。而一般普通的 TTL 门电路，由于它的输出电阻太低，所以，它们的输出不可以并联接在一起构成“线与”。

（1）集电极开路门（OC 门）

集电极开路与非门的逻辑符号如图 4.19 所示，由于输出端内部电路——输出管的集电极是开路的，所以，工作时需外接负载电阻 R_L。两个与非门（OC 门）输出端相连时，其输出即把两个 OC 与非门的输出相与（称“线与”），完成“与或非”的逻辑功能，如图4.20所示。

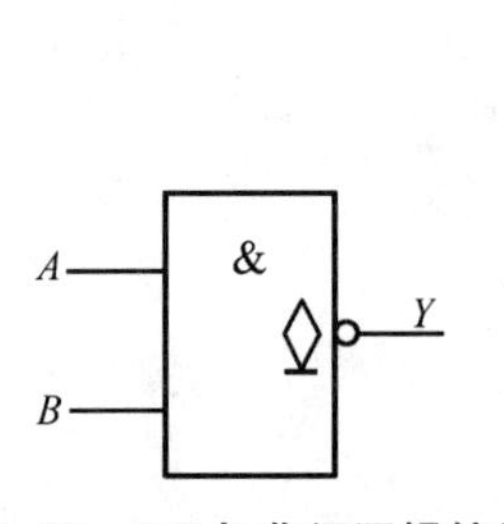

图 4.19 OC 与非门逻辑符号

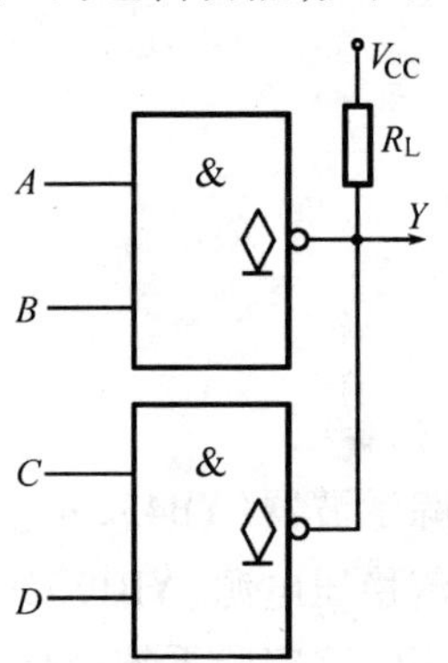

图 4.20 OC 与非门“线与”应用

OC 门的应用主要有 3 个:

① 组成“线与”电路,完成某些特定的逻辑功能;

② 组成信息通道(总线),实现多路信息采集;

③ 实现逻辑电平的转换,以驱动 MOS 器件、继电器、三极管等电路。

TTL 电路中,除集电极开路与非门外,还有集电极开路或门、或非门等其他各种门,在此不一一叙述。

实验电路中选用 74LS01 集电极开路输出的二输入端四与非门。

(2) 三态门

三态门的输出有 0、1、高阻态三种状态。处于高阻态时,电路与负载之间相当于开路。图4.21(a)是三态门的逻辑符号,它有一个控制端(又称禁止端或使能端)$\overline{EN}$,$\overline{EN}=1$ 为禁止工作状态,Y 呈高阻状态;$\overline{EN}=0$ 为正常工作状态,$Y=A$。

三态电路最重要的应用是实现多路信号的采集,即用一个传输通道(或称总线)以选通的方式传送多路信号,如图 4.21(b)所示。本实验选用 74LS125 三态门电路进行实验论证。

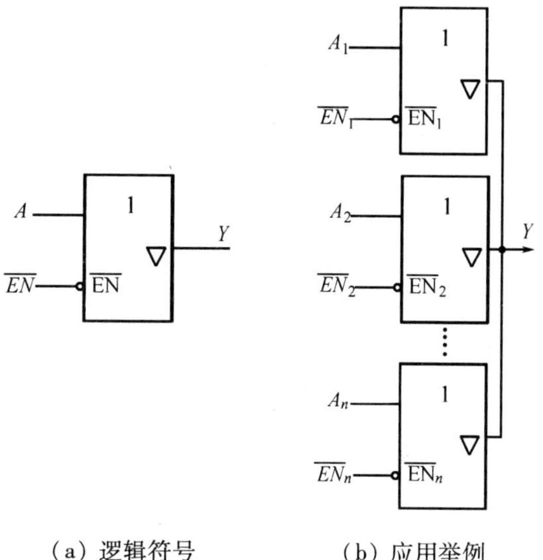

图 4.21 三态门

3) 实验内容

(1) 集电极开路门(OC 门)实验

选用 74LS01 与非门(OC 门)。其管脚排列如图 4.22 所示。

① OC 门逻辑功能的测试

按图 4.23 接好线,测试并记录结果,完成表 4.6;若不接入 R_L 电阻,测试是否能实现与非逻辑功能?

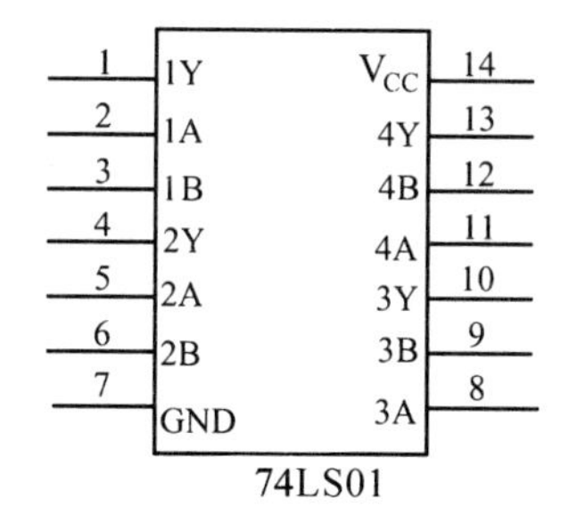

图 4.22 74LS01 管脚排列图

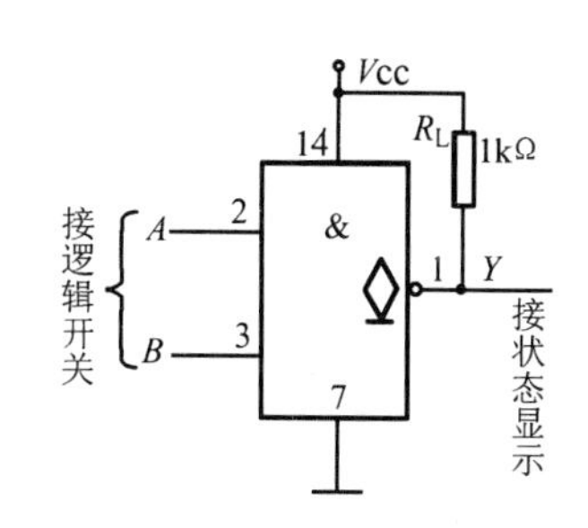

图 4.23 测与非 OC 门逻辑功能

表 4.6 OC 门逻辑功能

输入		输出
A	B	Y
0	0	
0	1	
1	0	
1	1	

② 利用 OC 门实现数据分时传输

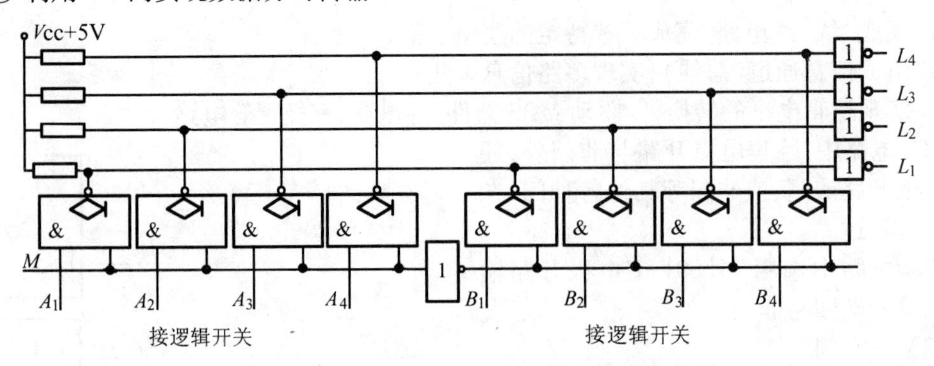

图 4.24　用 OC 门实现两组数据传输线路图

按图 4.24 接线,以表 4.7 进行测试,当 $M=0$ 及 $M=1$ 时,输出是 B 组数据还是 A 组数据,分析其原因。

表 4.7　OC 门数据分时传输

M	A_1 A_2 A_3 A_4	B_1 B_2 B_3 B_4	L_1 L_2 L_3 L_4
0	1　0　0　1	0　0　1　1	
1			
0	0　0　0　1	0　1　1　0	
1			

(2) 三态门实验

三态门选用 74LS125,其管脚排列如图 4.25 所示。当$\overline{EN}=0$ 时,其逻辑关系为 $Y=A$;$\overline{EN}=1$ 时,Y 为高阻态。

按图 4.26 接线,其中三态门 3 个输入端分别接地、“1”电平和脉冲源($f=1$ Hz),输出连在一起接 LED,3 个使能端分别接实验系统逻辑开关 K_1、K_2、K_3,并全置“1”。在 3 个使能端全置“1”时用万用表测量 Y 端输出。分别使 K_1、K_2、K_3 为“0”,观察 LED 输出 Y 端情况。(K_1、K_2、K_3 不能有一个以上同时为“0”,否则会造成与门输出相连,这是不允许的)记录、分析这些结果,完成表 4.8。

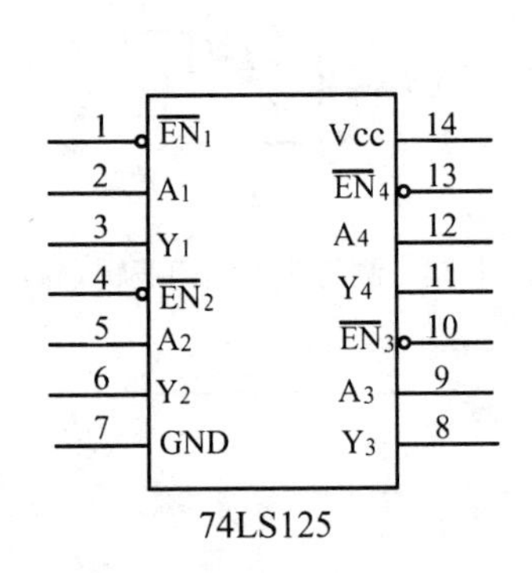

图 4.25　74LS125 三态门管脚排列

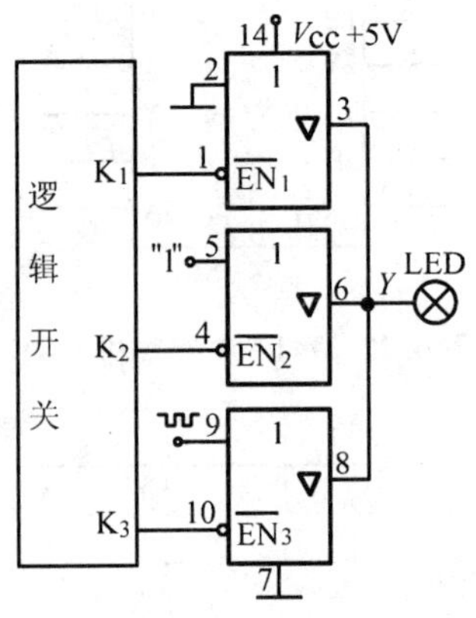

图 4.26　三态门实验电路

表 4.8 三态门实验结果

K_1	K_2	K_3	Y
0	1	1	
1	0	1	
1	1	0	
1	1	1	

4）实验设备

（1）数字电路实验系统（SDS－Ⅵ） 一台

（2）双踪示波器（YB4320C） 一台

（3）指针式万用表（MF－47） 一只

（4）集成电路：74LS01、74LS125 各一片

（5）元器件：电阻 200 Ω、1 kΩ、电位器 10 kΩ

5）思考题

（1）总线传输时是否可以同时接有 OC 门和三态门？

（2）怎样利用三态门实现数据的双向传输？

4.4（实验 4） 组合逻辑电路的设计

1）实验目的

（1）掌握组合逻辑电路设计的一般步骤和方法。

（2）用实验验证所设计的组合逻辑电路的逻辑功能。

2）实验原理

根据给出的实际逻辑问题，求出实现这一逻辑功能的最简单逻辑电路，这就是设计组合逻辑电路时要完成的工作。

这里所说的“最简”，是指电路所用的器件数最少，器件的种类最少，而且器件之间的连线最少。

设计组合逻辑电路的一般步骤如下：

（1）根据任务要求，定义输入逻辑变量及输出逻辑变量（函数）。

（2）列出输入变量与输出函数之间的真值表。

（3）写出与或表达式。

（4）化简并求得最简与或表达式。

（5）（根据给出的器件型号进行变换后）画逻辑电路图。

（6）根据逻辑电路图验证其逻辑功能。

图 4.27 中以方框图的形式总结了逻辑设计的过程。应当指出，上述的设计步骤并不是一成不变的。例如，有的设计要求直接以真值表的形式给出，就不用进行第一步和第二步了。又如，有的问题逻辑关系比较简单、直观，也可以不经过逻辑真值表而直接写出函数式。

3）设计课题

（1）设计一个逻辑电路，它能接收 8421BCD 码，当碰到能被 4 或 5 整除的码组时，该装置的指示灯亮（注：当码组为 0000 时也认为能被 4 或 5 整除）。

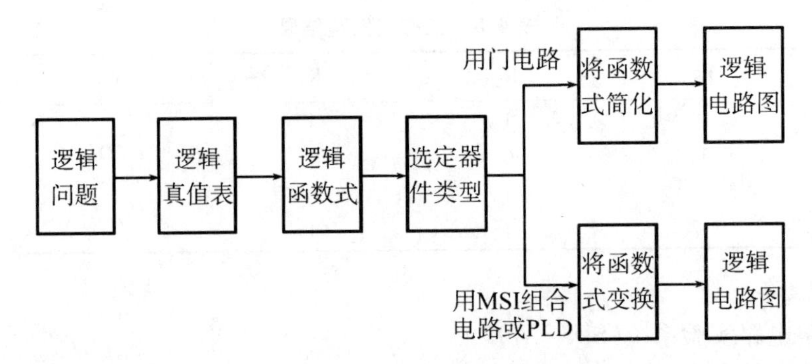

图 4.27　组合逻辑电路的设计过程

(2) 人类有 4 种血型:A 型、B 型、AB 型、O 型。输血时,输血者与受血者血型必须符合图 4.28 的规定,否则,会有生命危险。试设计一个电路,判断输血者和受血者血型是否符合规定。(提示:可用两个变量的组合代表输血者血型,再用另外两个变量的组合代表受血者血型,用一个输出变量代表是否符合以上规定。)

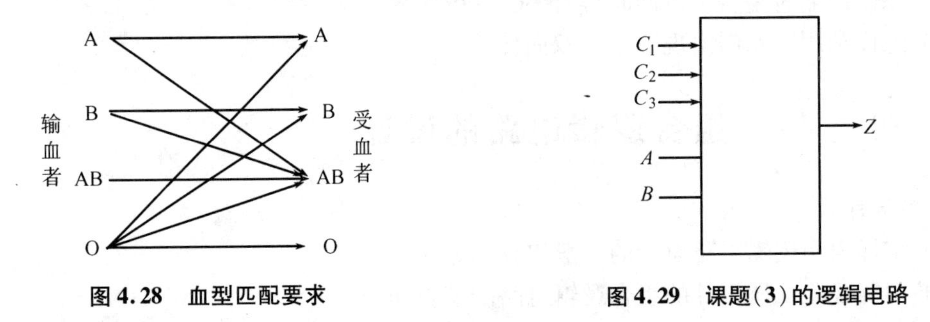

图 4.28　血型匹配要求　　**图 4.29　课题(3)的逻辑电路**

(3) 设计一个如图 4.29 所示逻辑电路,其功能如表 4.9 所示。

表 4.9　逻辑电路功能表

C_1	C_2	C_3	Z
0	0	0	1
0	0	1	$A+B$
0	1	0	$\overline{AB}$
0	1	1	$A\oplus B$
1	0	0	$\overline{A\oplus B}$
1	0	1	$A\cdot B$
1	1	0	$\overline{A+B}$
1	1	1	0

(4) 设计一个 4 人表决机器。当 A、B、C、D 4 人各自投赞成票时,其分数分别为 7 分、5 分、3 分、1 分。在表决重大提案时若各人投票分数之和超过总分(16 分)的三分之二,则提案可以通过,若投反对票均按 0 分计算。

(5) 设计一个保险箱的数字代码锁,该锁有规定的 4 位代码 A、B、C、D 的输入端和一个

开箱钥匙孔信号 E 的输入端，锁的代码由实验者自编（例如1001）。当用钥匙开箱时（$E=1$），如果输入代码符合该锁设定的代码，保险箱被打开（$Z_1=1$），如果不符合，电路将发出报警信号（$Z_2=1$）。电路如图 4.30 所示，要求使用最少的与非门来实现。检测并记录实验结果。（提示：实验时锁被打开，用实验系统上的 LED 发光二极管点亮表示；在未按规定按下开关键时，防盗蜂鸣器响。）

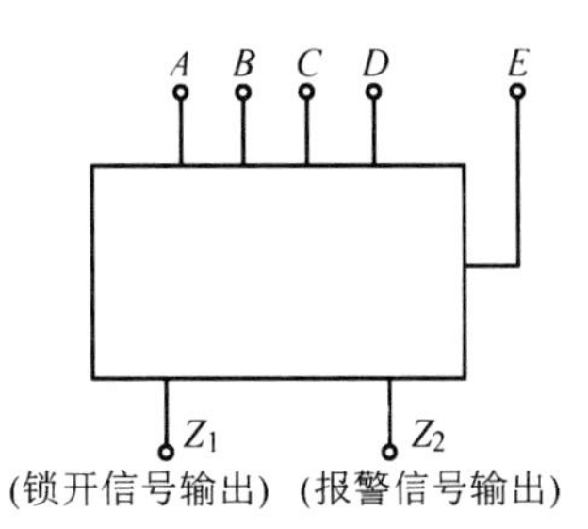

图 4.30 数字锁示意图

4）预习要求

（1）根据所选课题完成电路设计。

（2）拟出实验计划：实验电路、内容与步骤、测试方法及记录表格，所需器材等。

5）实验要求

（1）以上课题各人至少完成两题，器材均为与非门。

（2）写出你的设计过程：列出电路真值表、画出卡诺图并进行化简、画出逻辑电路图。

（3）整理实验结果，并加以分析总结。

（4）实验中出现的问题（故障）及解决办法。

（5）对本实验的改进意见。

例：某工厂有 3 个车间 A、B、C，有一个自备电站，站内有两台发电机 M 和 N，N 的发电能力是 M 的两倍，如果一个车间开工，启动 M 就可以满足要求；如果两个车间开工，启动 N 就可以满足要求；如果 3 个车间同时开工，则同时启动 M、N 才能满足要求。试用异或门（74LS86）和与非门（74LS00）设计一个控制电路，根据车间的开工情况来控制 M 和 N 的启动。

（1）根据要求，设 A、B、C 为输入变量，分别表示 A、B、C 3 个车间开工情况，变量为 1 表示开工，变量为 0 则表示不开工；设 M、N 为输出变量，分别表示发电机的启动情况，变量为 1 表示启动，变量为 0 表示不启动。

（2）列出真值表如表 4.10 所示。

表 4.10 真值表

A	B	C	M	N
0	0	0	0	0
0	0	1	1	0
0	1	0	1	0
0	1	1	0	1
1	0	0	1	0
1	0	1	0	1
1	1	0	0	1
1	1	1	1	1

（3）根据真值表 4.10 写出 M、N 的与或表达式，即

$$\begin{cases} M=\bar{A}\bar{B}C+\bar{A}B\bar{C}+A\bar{B}\bar{C}+ABC \\ N=\bar{A}BC+A\bar{B}C+AB\bar{C}+ABC \end{cases}$$

(4) 实验仅提供异或门(74LS86)和与非门(74LS00)器件,如实现上述逻辑,则必须化简为“异或”和“与非”的形式,即

$$\begin{cases} M=\bar{A}(B\oplus C)+A(\overline{B\oplus C})=A\oplus B\oplus C \\ N=(A\oplus B)C+AB=\overline{\overline{(A\oplus B)C}\cdot\overline{AB}} \end{cases}$$

(5) 拟订实验线路并进行验证。

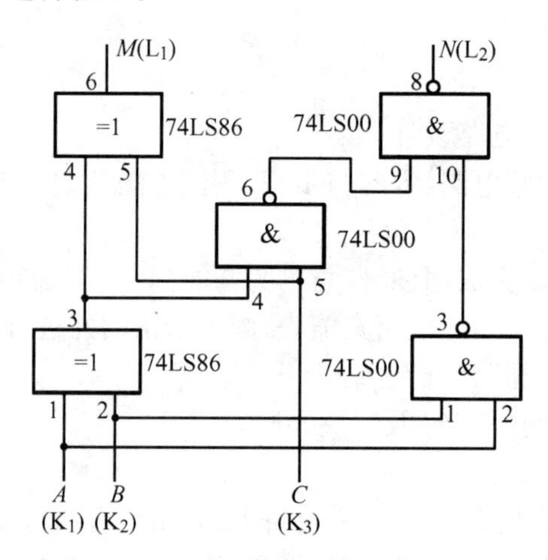

图 4.31 电路接线图

画电路接线图如图 4.31 所示(输入端 A、B、C 分别接 3 个逻辑开关,输出端 M、N 接 LED 发光二极管,并对应标记在图上)。

(6) 将测试结果与真值表 4.10 对照验证。

6) 实验设备

(1) 数字电路实验系统(SDS-Ⅵ) 一台

(2) 双踪示波器(YB4320C) 一台

(3) 指针式万用表(MF-47) 一只

(4) 集成电路:74LS00、74LS20 或自选

7) 思考题

在设计课题(2)中,如何选择两个自变量的组合与血型的对应关系,使得电路为最简?

4.5(实验 5) 译码器和编码器

1) 实验目的

(1) 掌握译码器和编码器的工作原理和特点。

(2) 熟悉常用译码器和编码器的逻辑功能和它们的典型应用。

2) 实验原理

按照逻辑功能的不同特点,常把数字电路分成两大类:一类为组合逻辑电路,另一类为时序逻辑电路。组合逻辑电路在任何时刻其输出信号的稳态值,仅决定于该时刻各个输入信号取值组合的电路。在这种电路中,输入信号作用以前电路所处的状态对输出信号无影响。通常,组合逻辑电路由门电路组成。

组合逻辑电路的设计方法是从给定逻辑要求出发,画出逻辑图。一般分4步进行:

a. 分析要求:将问题分析清楚,理清哪些是输入变量,哪些是输出函数。

b. 列真值表。

c. 进行化简:变量比较少时,用图形法;变量多时,可用公式化简。

d. 画逻辑图:按函数要求画逻辑图。

进行上述4步工作,设计已基本完成,但还需选择元件进行实验论证。

(1) 译码器

译码器是一个多输入、多输出的组合逻辑电路。它的作用是把给定的代码进行"翻译",变成相应的状态,使输出通道中相应的一路有信号输出。译码器在数字系统中有广泛的用途,不仅用于代码的转换、终端的数字显示,还用于数据分配、存储器寻址和组合控制信号等。不同的功能可选用不同种类的译码器。

译码器可分为通用译码器和显示译码器。前者又分为变量译码器和代码变换译码器。译码器分成3类:

① 二进制译码器:如中规模2-4线译码器74LS139、3-8线译码器74LS138等。

② 二-十进制译码器:实现各种代码之间的转换,如BCD码-十进制译码器74LS145。

③ 显示译码器:用来驱动各种数字显示器,如共阴极数码管译码驱动74LS48(74LS248)、共阳极数码管译码驱动74LS47(74LS247)等。

(2) 编码器

编码实际上是与译码相反的过程。编码器是将一组编码输入的每个信号编成一个对应的输出代码,编码器可分为普通编码器和优先编码器。按照被编码信号的不同特点和要求,编码器也分成3类:

① 二进制编码器:如用门电路构成的4-2线、8-3线编码器等。

② 二-十进制编码器:将十进制的0~9编成BCD码,如10线十进制-4线BCD码编码器74LS147等。

③ 优先编码器:如8-3线优先编码器74LS148等。

3) 实验内容

(1) 译码器实验

① 将二进制2-4线译码器74LS139及二进制3-8线译码器74LS138分别插入实验系统IC空插座中。按图4.32接线,输入$\overline{G}$、A、B信号,观察LED输出$\overline{Y}_0$、$\overline{Y}_1$、$\overline{Y}_2$、$\overline{Y}_3$的状态,并将结果填入表4.11中。

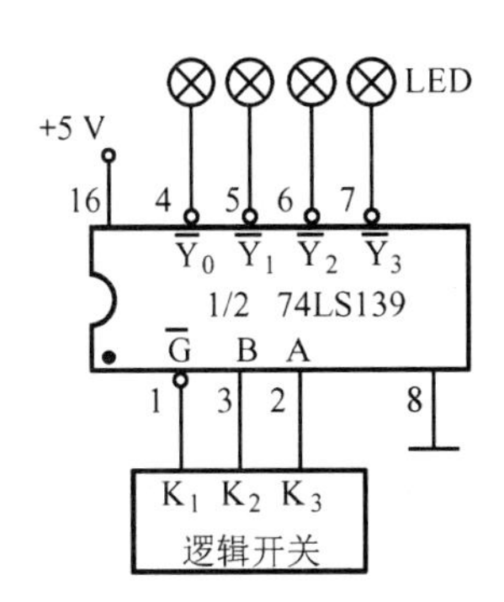

图4.32 74LS139(2-4线)译码器实验电路

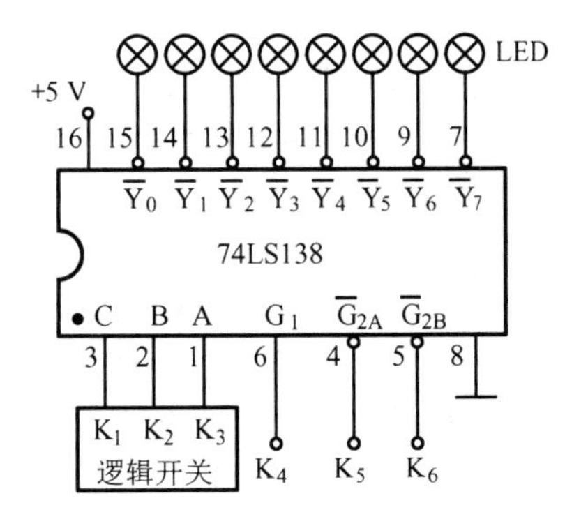

图4.33 74LS138(3-8线)译码器实验电路

表 4.11　74LS139(2-4 线)译码器功能表

输入			输出			
$\overline{G}$	B	A	$\overline{Y}_0$	$\overline{Y}_1$	$\overline{Y}_2$	$\overline{Y}_3$
1	×	×				
0	0	0				
0	0	1				
0	1	0				
0	1	1				

按图 4.33 接线,输入 G_1、$\overline{G}_{2A}$、$\overline{G}_{2B}$、A、B、C 信号,观察 LED 输出$\overline{Y}_0 \sim \overline{Y}_7$,使能信号 G_1、$\overline{G}_{2A}$、$\overline{G}_{2B}$($\overline{G}_2 = \overline{G}_{2A} + \overline{G}_{2B}$)满足表 4.12 条件时,译码器选通。完成表 4.12。

表 4.12　74LS138(3-8 线)译码器功能表

输入					输出							
使能		选择			$\overline{Y}_0$	$\overline{Y}_1$	$\overline{Y}_2$	$\overline{Y}_3$	$\overline{Y}_4$	$\overline{Y}_5$	$\overline{Y}_6$	$\overline{Y}_7$
G_1	$\overline{G}_2$	C	B	A								
×	1	×	×	×								
0	×	×	×	×								
1	0	0	0	0								
1	0	0	0	1								
1	0	0	1	0								
1	0	0	1	1								
1	0	1	0	0								
1	0	1	0	1								
1	0	1	1	0								
1	0	1	1	1								

② 译码器的扩展。用74LS139 双2-4 线译码器可接成3-8 线译码器。用74LS138 两片3-8 线译码器可组成4-16 线译码器,按图 4.34(a)、(b)接线,即可完成 2-4 线、3-8 线译码器的扩展。同样的方法,可完成更多的 $N \to 2^N$ 译码器的扩展功能。

③ 将译码驱动器 74LS48(74LS248)和共阴极数码管 LC5011-11(547R)插入实验系统空 IC 插座中,按图 4.35 接线。图 4.36 为共阴极数码管管脚排列图。

接通电源后,观察数码管显示结果是否和逻辑开关指示数据一致,并完成表 4.13。

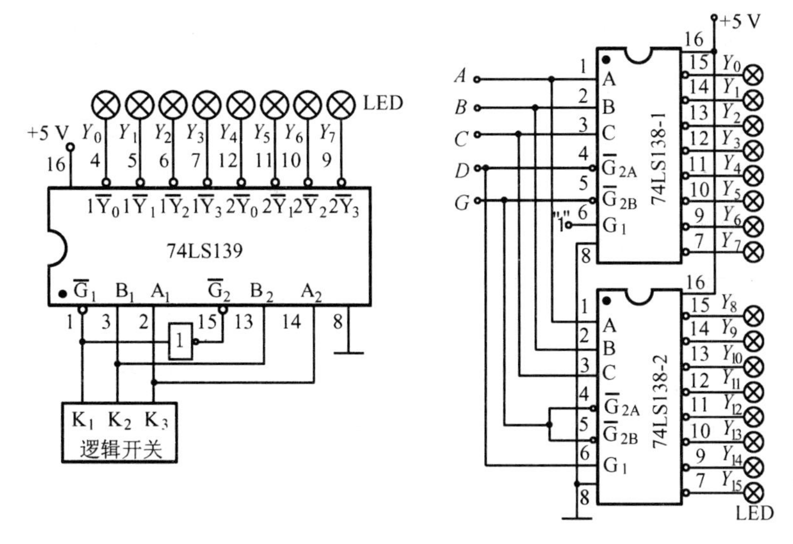

（a）2－4 线译码器扩展　　（b）3－8 线译码器扩展

图 4.34　译码器扩展电路

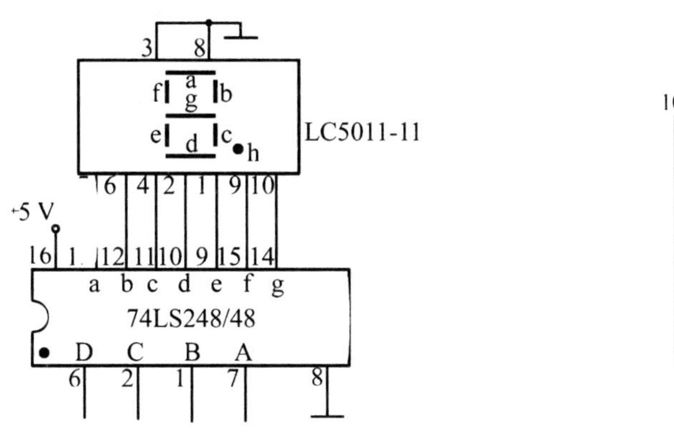

图 4.35　译码显示实验图

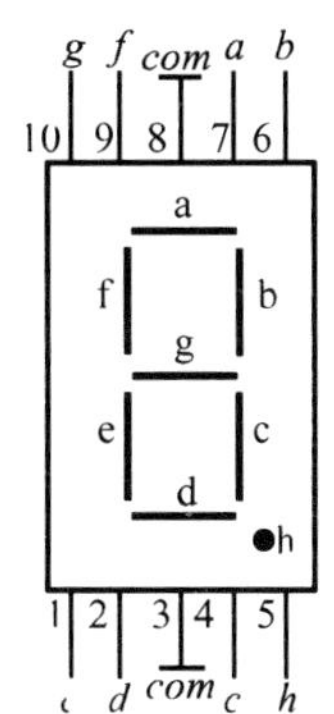

图 4.36　共阴极数码管管脚图

表 4.13　74LS248/48 功能表

D	*C*	*B*	*A*	LED
0	0	0	0	
…………………………………………				
1	1	1	1	

（2）编码器实验

① 将 10－4 线（十进制－BCD 码）编码器 74LS147 插入实验系统 IC 空插座中，按照图 4.37 接线，其中输入接 9 位逻辑“0”～“1”开关，输出 $\overline{Q}_D$、$\overline{Q}_C$、$\overline{Q}_B$、$\overline{Q}_A$ 接 4 位 LED 发光二极管。接通电源，按表 4.14 输入各逻辑电平，观察输出结果并填入表 4.14 中。

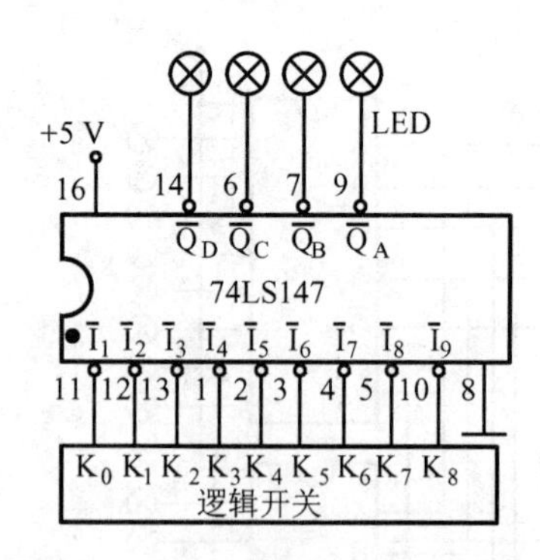

图 4.37　10－4 编码器实验接线图

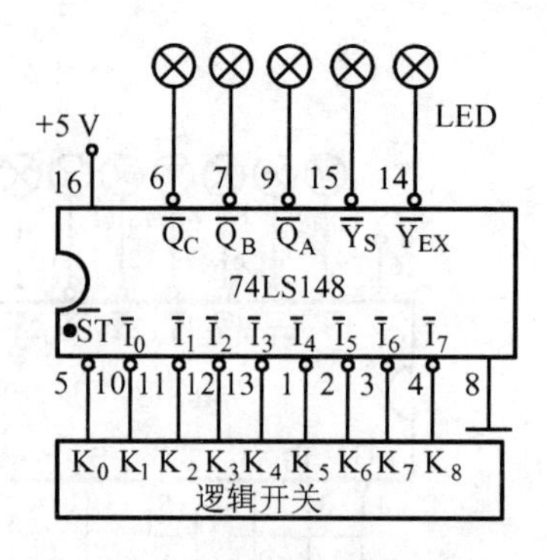

图 4.38　8－3 编码器实验接线图

② 将 8－3 线优先编码器 74LS148 按上述同样方法进行实验论证。其接线图如图 4. 38 所示，观察输出结果并填入表 4. 15 中。

表 4.14　十进制－BCD 码编码器 74LS147 功能表

输入									输出			
$\overline{I}_1$	$\overline{I}_2$	$\overline{I}_3$	$\overline{I}_4$	$\overline{I}_5$	$\overline{I}_6$	$\overline{I}_7$	$\overline{I}_8$	$\overline{I}_9$	$\overline{Q}_D$	$\overline{Q}_C$	$\overline{Q}_B$	$\overline{Q}_A$
1	1	1	1	1	1	1	1	1				
×	×	×	×	×	×	×	×	0				
×	×	×	×	×	×	×	0	1				
×	×	×	×	×	×	0	1	1				
×	×	×	×	×	0	1	1	1				
×	×	×	×	0	1	1	1	1				
×	×	×	0	1	1	1	1	1				
×	×	0	1	1	1	1	1	1				
×	0	1	1	1	1	1	1	1				
0	1	1	1	1	1	1	1	1				

表 4.15　8－3 线编码器 74LS148 功能表

输入									输出				
$\overline{ST}$	$\overline{I}_0$	$\overline{I}_1$	$\overline{I}_2$	$\overline{I}_3$	$\overline{I}_4$	$\overline{I}_5$	$\overline{I}_6$	$\overline{I}_7$	$\overline{Q}_C$	$\overline{Q}_B$	$\overline{Q}_A$	$\overline{Y}_S$	$\overline{Y}_{EX}$
1	×	×	×	×	×	×	×	×					
0	1	1	1	1	1	1	1	1					
0	×	×	×	×	×	×	×	0					
0	×	×	×	×	×	×	0	1					
0	×	×	×	×	×	0	1	1					
0	×	×	×	×	0	1	1	1					
0	×	×	×	0	1	1	1	1					
0	×	×	0	1	1	1	1	1					
0	×	0	1	1	1	1	1	1					
0	0	1	1	1	1	1	1	1					

③ 编码器扩展

用两片74LS148组成16位输入、4位二进制码输出的优先编码器，按图4.39接线即可得到16－4线优先编码器。

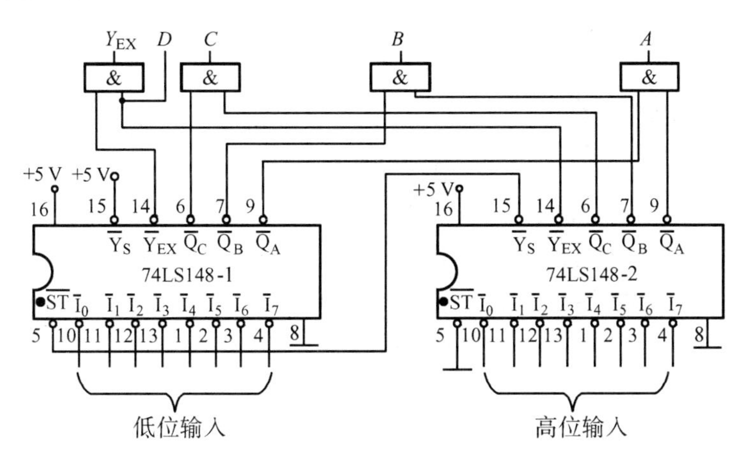

图4.39　编码器扩展电路

4）预习要求

（1）复习译码器、编码器的工作原理和设计方法，画好逻辑状态表。

（2）熟悉实验中所用的译码器、编码器集成电路的管脚排列和逻辑功能。

5）实验报告

（1）整理实验线路图和实验数据、表格。

（2）总结用集成电路进行各种扩展电路的方法。

（3）比较用门电路组成组合逻辑电路和应用专用集成电路各有哪些优缺点。

6）实验设备

（1）数字电路实验系统（SDS－Ⅵ）　　一台

（2）集成电路：74LS138、74LS248/48、74LS139、74LS147、74LS148　　各一片

（3）共阴极数码管：LC5011－11　　一片

7）思考题

用3－8线译码器74LS138和门电路实现逻辑函数 $Z=\bar{A}\bar{B}\bar{C}+\bar{A}B\bar{C}+A\bar{B}\bar{C}+ABC$。

4.6（实验6）　半加器、全加器及数据选择器、分配器

1）实验目的

（1）掌握半加器、全加器及数据选择器、分配器的工作原理。

（2）熟悉常用全加器、半加器及数据选择器、分配器的管脚排列和逻辑功能。

（3）学习用数据选择器设计组合逻辑电路的方法。

2）实验原理

（1）半加器和全加器

如果不考虑有来自低位的进位将两个1位二进制数相加，称为半加。实现半加运算的

电路叫做半加器。根据组合电路设计方法,首先按照二进制加法运算规则可列出半加器的真值表,见表 4.16。

写出半加器的逻辑表达式:

$$S=\bar{A}B+A\bar{B}=A\oplus B$$

$$C=AB$$

若用与非门来实验,即为

$$S=\overline{\overline{\overline{AB}\cdot A}\cdot\overline{\overline{AB}\cdot B}}=\bar{A}B+A\bar{B}$$

$$C=\overline{\overline{AB}}=AB$$

半加器的逻辑电路图如图 4.40 所示。

表 4.16 半加器真值表

输入 A	输入 B	和 S	进位 C
0	0	0	0
0	1	1	0
1	0	1	0
1	1	0	1

在实验过程中,我们可以选异或门 74LS86 及与门 74LS08 实现半加器的逻辑功能,也可用与非门 74LS00 和反相器 74LS04 组成半加器。

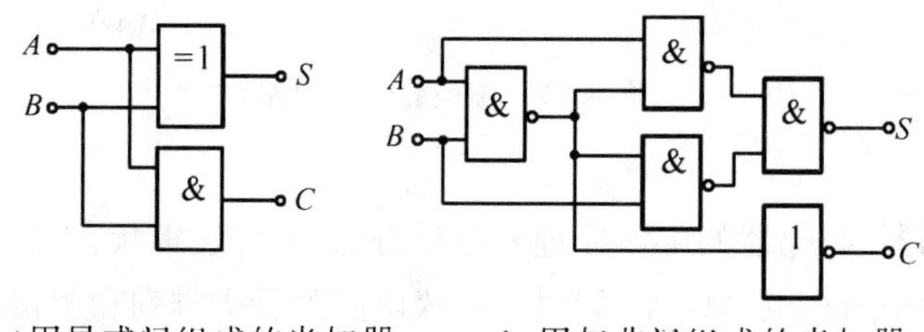

(a)用异或门组成的半加器　　(b)用与非门组成的半加器

图 4.40 半加器逻辑电路图

在将两个多位二进制数相加时,除了最低位以外,每一位都应该考虑来自低位的进位,即将两个对应位的加数和来自低位的进位 3 个数相加。这种运算称为全加,所用的电路称为全加器。

用两个半加器可组成全加器,原理如图 4.41 所示。选用的集成双全加器 74LS183 其管脚排列如图 4.42 所示。

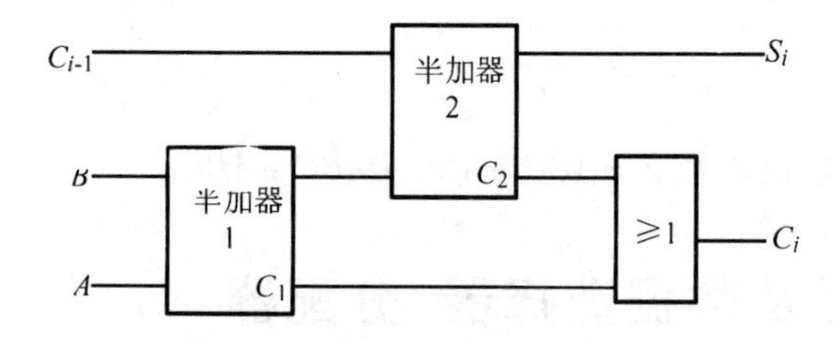

图 4.41 由两个半加器组成的全加器

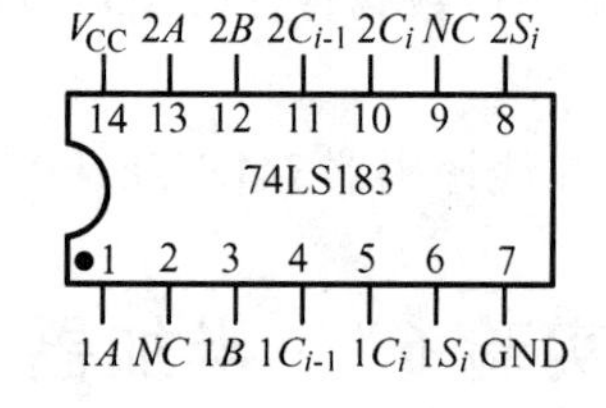

图 4.42 74LS183 双全加器管脚图

(2)数据选择器和数据分配器

数据选择器又叫多路开关,其基本功能相当于单刀多位开关,其集成电路有“四选一”“八选一”“十六选一”等多种类型。这里我们以“八选一”数据选择器 74LS151 为例进行实验论证。

数据选择器的应用很广,它可以实现任何形式的逻辑函数,将并行码变成串行码,组成数码比较器等。例如,在计算机数字控制装置和数字通信系统中,往往要求将并行形式的数据转换成串行的形式。若用数据选择器就能很容易地完成这种转换。只要将要变换的并行码送到数据选择器的信号输入端，使组件的控制信号按一定的编码（如二进制码）顺序依次变化，则在输出端可获得串行码输出，如图4.43所示。

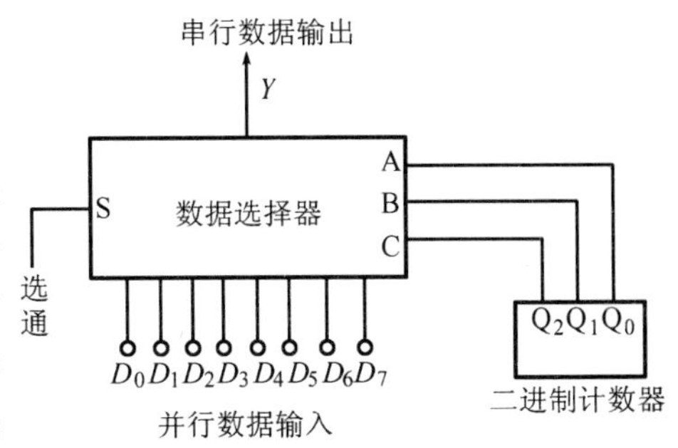

图4.43 变并行码为串行码

实际上，数据分配器的逻辑功能与数据选择器相反。它的功能是使数据由1个输入端向多个输出端中的某个输出端进行传送，它的电路结构类似于译码器，所不同的是多了一个输入端。若选择器输入端恒为1，它就成了上一实验的译码器。实际上，我们可以用译码器集成产品充当数据分配器。例如，用2-4线译码器充当4路数据分配器，3-8线译码器充当8路数据分配器。就是将译码器的译码输出充当数据分配器的输出，而将译码器的使能输入充当数据分配器的数据输入。

数据选择器和分配器组合起来，可实现多路分配，即在一条信号线上传送多路信号。这种分时传送多路数字信息的方法在数字技术中经常被采用。

（3）数据选择器的应用——实现组合逻辑函数

数据选择器是地址选择变量的最小项输出器，而任何一个逻辑函数都可以表示为最小项之和的标准形式。因此，用数据选择器可以很方便地实现逻辑函数，如采用八选一数据选择器74LS151可实现任意三输入变量的组合逻辑函数。

例：用八选一数据选择器74LS151实现函数 $F=AB+AC+BC$。

① 表达式比较法

a. 写出逻辑函数的最小项表达式

$$F=AB+AC+BC=\overline{C}BA+C\overline{B}A+CB\overline{A}+CBA$$

b. 写出数据选择器的输出函数表达式

$$Y=\overline{C}\overline{B}\overline{A}D_0+\overline{C}\overline{B}AD_1+\overline{C}B\overline{A}D_2+\overline{C}BAD_3+$$
$$C\overline{B}\overline{A}D_4+C\overline{B}AD_5+CB\overline{A}D_6+CBAD_7$$

c. 将函数 F 中的 C、B、A 分别与74LS151的地址端 C、B、A 相对应，比较 F 和 Y 两式中最小项的对应关系，则为了使 $F=Y$，应令：

$$D_0=D_1=D_2=D_4=0$$
$$D_3=D_5=D_6=D_7=1$$

d. 画出实现函数 F 的接线图，如图4.44所示。

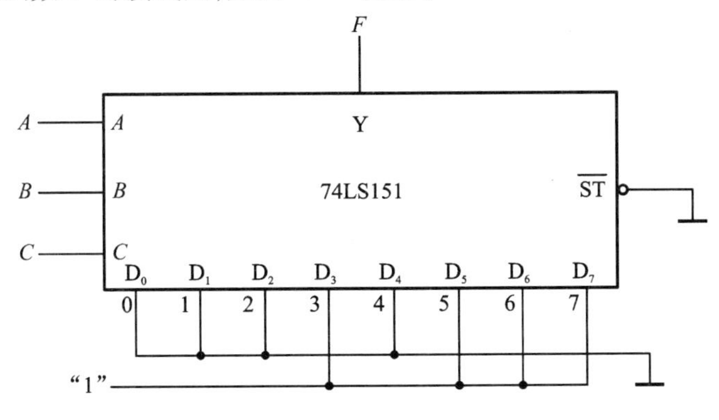

图4.44 74LS151实现函数 $F=AB+AC+BC$

② 卡诺图比较法

a. 画出逻辑函数 F 与数据选择器输出 Y 的卡诺图,如图 4.45 所示。

b. 将函数 F 中的 C、B、A 分别与 74LS151 的地址端 C、B、A 相对应,比较逻辑函数 F 与数据选择器输出 Y 的卡诺图,则为了使 $F=Y$,应令:

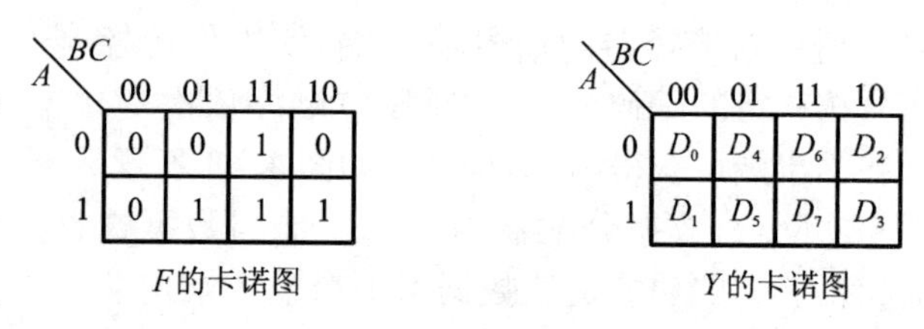

图 4.45 逻辑函数与数据选择器的卡诺图

$$D_0=D_1=D_2=D_4=0$$
$$D_3=D_5=D_6=D_7=1$$

c. 画出接线图:与表达式比较法结果相同。

由上述例子可看出,当逻辑函数的变量数 m 和数据选择器的地址数 n 相同时,可直接用数据选择器来实现逻辑函数。

当逻辑函数的变量数 m 大于地址数 n 时,应从 m 个变量中选择 n 个直接作为数据选择器的地址输入,然后求出其余$(m-n)$个输入变量所组成的子函数,并将它们加到数据选择器相应的数据输入端。

当逻辑函数的变量数 m 小于地址数 n 时,应将不用的地址端及不用的数据输入端都接地。

3) 实验内容

(1) 半加器和全加器

① 将二输入四异或门 74LS86 和二输入四与门 74LS08 按电路图 4.40(a)接线,进行实验论证;将二输入四与非门 74LS00 和非门 74LS04 按电路图 4.40(b)接线进行实验论证。

将 A、B 分别接实验系统逻辑开关 K_1、K_2,输出 S 和 C 接发光二极管 LED。按半加器真值表输入 K_1、K_2 逻辑电平信号,观察输出结果和 S 及进位 C,验证表 4.16。

② 验证全加器 74LS183 的功能

将 A、B、C_{i-1} 分别接实验系统逻辑开关 K_1、K_2、K_3,输出 S_i 和 C_i 接发光二极管 LED,观察输出结果和 S_i 及进位 C_i,完成表 4.17。

表 4.17 全加器逻辑功能

输入			输出	
C_{i-1}	B	A	S_i	C_i
0	0	0		
0	0	1		
0	1	0		
0	1	1		
1	0	0		
1	0	1		
1	1	0		
1	1	1		

(2) 数据选择器和分配器

① 将实验用 74LS151 八选一数据选择器插入实验系统中。74LS151 管脚如图 4.46 所示,按图 4.47 接线。

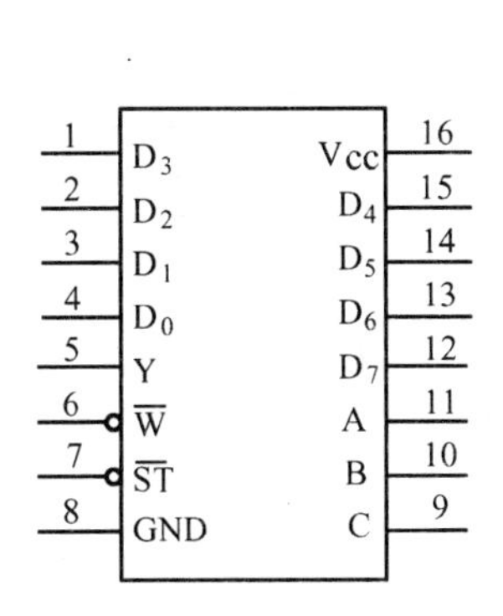

图 4.46 74LS151 管脚图

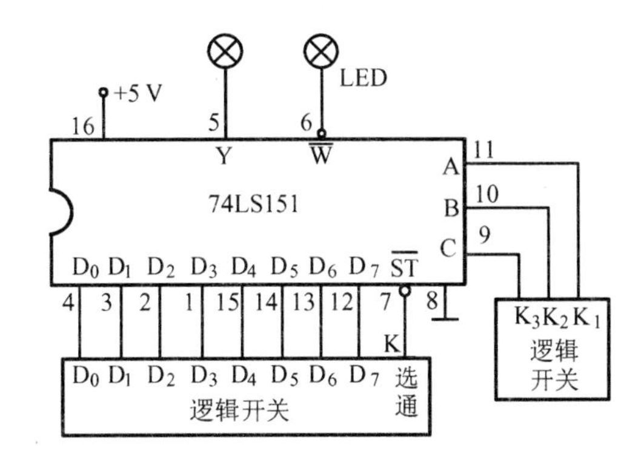

图 4.47 八选一数据选择器实验接线图

其中 C、B、A 为三位地址码,$\overline{ST}$为低电平选通输入端,$D_0 \sim D_7$ 为数据输入端,输出 Y 为原码输出端,$\overline{W}$为反码输出端。

置选通端$\overline{ST}$为“0”电平,数据选择器被选中,拨动逻辑开关 $K_3 \sim K_1$ 分别为 000,001,…,111(置数据输入端 $D_0 \sim D_7$ 分别为 10101010 或 11110000),观察输出端 Y 和$\overline{W}$输出结果并记录(表格自拟)。实验结果表明,图 4.47 实现了并行码变串行码的转换。

② 译码器常常可接成数据分配器,在多路分配器中即用 3 - 8 线 74LS138 译码器接成数据分配器形式,从而完成多路信号的传输,具体实验接线如图 4.48 所示。

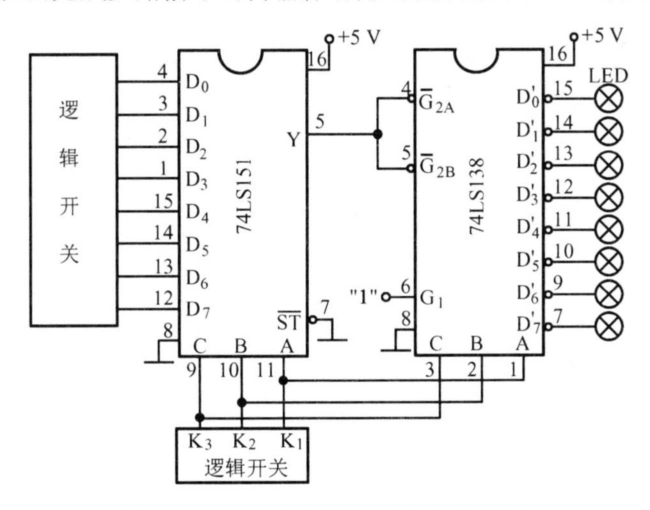

图 4.48 多路信号的传输(多路分配器)

按图 4.48 接线,$D_0 \sim D_7$ 分别接数据开关或逻辑开关,$D_0' \sim D_7'$接 8 个发光二极管 LED 显示,数据选择器和数据分配器地址码一一对应相连,并接 3 位逻辑电平开关(也可用 8421 码拨码开关的 4、2、1 三位或 3 位二进制计数器的输出端 Q_C、Q_B、Q_A)。把数据选择器 74LS151 原码输出端 Y 与 74LS138 的$\overline{G}_{2A}$和$\overline{G}_{2B}$($\overline{G}_2 = \overline{G}_{2A} + \overline{G}_{2B}$)输入端相连,两个芯片的选通分别接规定的电平。这样即完成了多路分配器的功能。

置 $D_0 \sim D_7$ 为 11110000 和 10101010 两种状态，再分别两次置地址码 C、B、A 为 000 ~ 111，观察输出发光二极管 LED 状态，完成表 4.18。

表 4.18 多路分配器实验结果（$D_0 \sim D_7$ 为 11110000）

74LS151					74LS138				
$\overline{ST}$	C	B	A	$Y=\overline{G}_2$	G_1	C	B	A	$D_0{}' \sim D_7{}'$
0	0	0	0		1	0	0	0	
0	0	0	1		1	0	0	1	
0	0	1	0		1	0	1	0	
0	0	1	1		1	0	1	1	
0	1	0	0		1	1	0	0	
0	1	0	1		1	1	0	1	
0	1	1	0		1	1	1	0	
0	1	1	1		1	1	1	1	

（3）数据选择器的应用——实现组合逻辑函数

用八选一数据选择器 74LS151 实现逻辑函数 $F = A\overline{B} + \overline{A}B + \overline{A}C$，写出设计过程，画出接线图，并验证电路逻辑功能。

4）预习要求

（1）复习半加器、全加器、数据选择器、数据分配器的工作原理和特点。

（2）了解本实验中所用集成电路的逻辑功能和使用方法。

5）实验报告

（1）整理实验数据和实验线路图。

（2）试用数据选择器实现全加器及比较器的功能，画出具体线路图。

6）实验设备

（1）数字电路实验系统（SDS－Ⅵ） 一台

（2）集成电路：74LS00、74LS04、74LS08、74LS86、74LS183、74LS138、74LS151 各一片

7）思考题

（1）能否用八选一数据选择器 74LS151 实现四变量的逻辑函数？

（2）用八选一数据选择器 74LS151 设计本章实验 4 中的第 2 个课题（血型匹配判断电路）。

4.7（实验 7） 触发器

1）实验目的

（1）掌握几种所学触发器的逻辑功能及其测试方法。

（2）了解触发器触发方式的测试方法。

（3）了解用触发器设计简单实用电路的基本方法。

2）实验原理

触发器是一个具有记忆功能的二进制信息存储器件，是构成各种时序电路的最基本逻

辑单元。触发器具有两个稳定状态,用逻辑状态“0”和“1”来表示。在一定的外界信号作用下,可以从一个稳定状态翻转到另一个稳定状态。

(1) 基本 *RS* 触发器

图 4.49 为由两个与非门交叉连接构成的基本 *RS* 触发器。基本 *RS* 触发器具有置“0”、置“1”和“保持”三种功能。通常称$\overline{S}$为置“1”端,因为$\overline{S}=0$时触发器被置“1”;$\overline{R}$为置“0”端,因为$\overline{R}=0$时触发器被置“0”;当$\overline{S}=\overline{R}=1$时状态保持。基本 *RS* 触发器也可以用两个“或非门”组成,此时为高电平触发器。

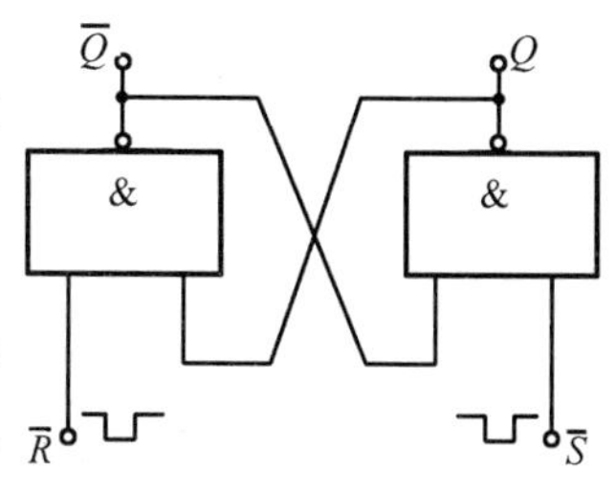

图 4.49 基本 *RS* 触发器

(2) *JK* 触发器

在输入信号为双端的情况下,*JK* 触发器是功能完善、使用灵活和通用性较强的一种触发器。本实验采用 74LS112 双 *JK* 触发器,是下降边沿触发的边沿触发器。管脚功能及逻辑符号如图 4.50 所示 。*JK* 触发器常被用作缓冲存储器、移位寄存器和计数器。*JK* 触发器的状态方程为:

$$Q^{n+1}=J\overline{Q}^{n}+\overline{K}Q^{n}$$

J 和 *K* 是数据输入端,是触发器状态更新的依据。*Q* 与$\overline{Q}$为两个互补输出端。通常把 $Q=0$、$\overline{Q}=1$ 的状态定为触发器“0”状态,而把 $Q=1$、$\overline{Q}=0$ 定为“1”状态。

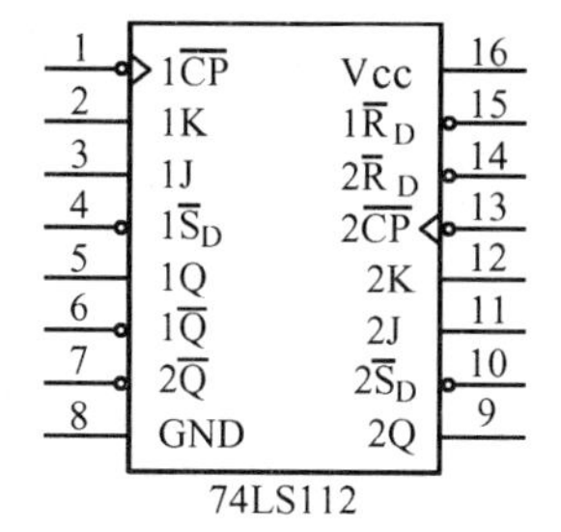

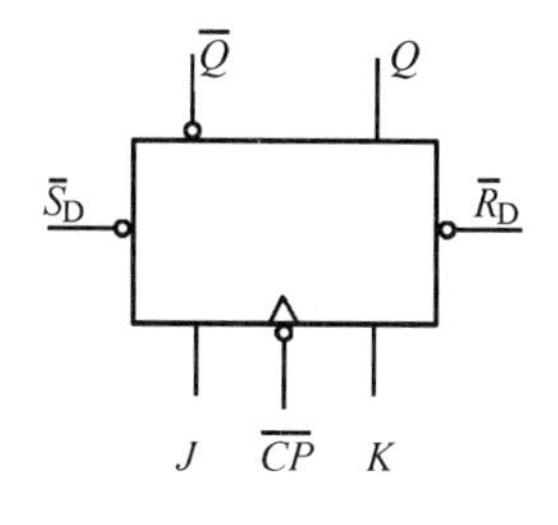

图 4.50 74LS112 双 *JK* 触发器管脚功能及逻辑符号

下降边沿触发 *JK* 触发器的功能表如表 4.19 所示。

表 4.19 *JK* 触发器的逻辑功能

输入					输出	
$\overline{S}_D$	$\overline{R}_D$	$\overline{CP}$	J	K	Q^{n+1}	$\overline{Q}^{n+1}$
0	1	×	×	×	1	0
1	0	×	×	×	0	1
0	0	×	×	×	不定	不定
1	1	↓	0	0	Q^n	$\overline{Q}^n$
1	1	↓	1	0	1	0
1	1	↓	0	1	0	1
1	1	↓	1	1	$\overline{Q}^n$	Q^n
1	1	↑	×	×	Q^n	$\overline{Q}^n$

(3) D 触发器

在输入信号为单端的情况下,D 触发器用起来最为方便,其状态方程为:$Q^{n+1}=D$。其状态的更新发生在 CP 脉冲的上升沿,故又称之为上升沿触发的边沿触发器。触发器的状态只取决于时钟脉冲到来时刻 D 端的状态。

D 触发器应用很广,可用做数字信号的寄存、移位寄存、分频和波形发生器等。

实验选用的是 74LS74 双上升沿 D 触发器,其管脚排列及逻辑符号如图 4.51 所示。其功能表如表 4.20 所示。

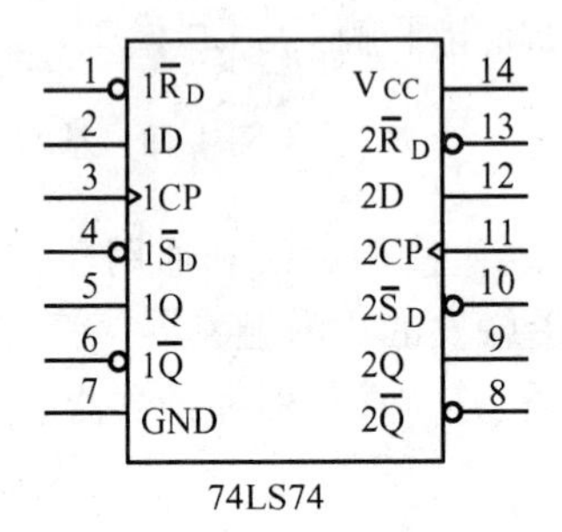

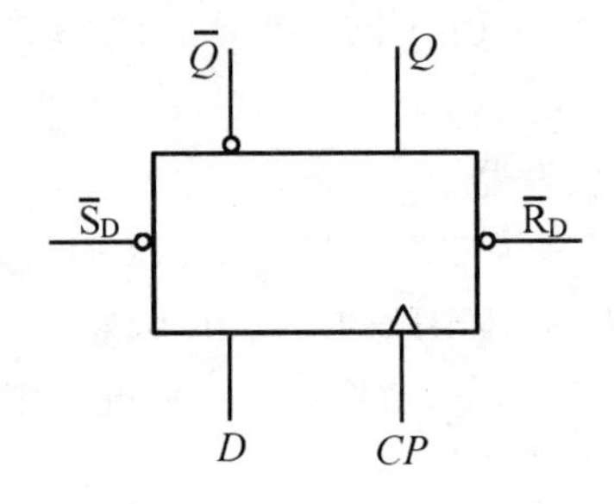

图 4.51　74LS74 管脚排列及逻辑符号

表 4.20　D 触发器的逻辑功能

输入				输出	
$\overline{S}_D$	$\overline{R}_D$	CP	D	Q^{n+1}	$\overline{Q}^{n+1}$
0	1	×	×	1	0
1	0	×	×	0	1
0	0	×	×	不定	不定
1	1	↑	1	1	0
1	1	↑	0	0	1
1	1	↓	×	Q^n	$\overline{Q}^n$

3) 实验内容

(1) 测试基本 RS 触发器的逻辑功能

按图 4.49 接线,用两个与非门组成基本 RS 触发器,输入端$\overline{R}$、$\overline{S}$接逻辑开关,输出端 Q、$\overline{Q}$接 LED,按表 4.21 要求测试,并记录结果。

表 4.21　基本 RS 触发器的逻辑功能

$\overline{R}$	$\overline{S}$	Q	$\overline{Q}$
1	1→0		
	0→1		
1→0	1		
0→1			
0	0		

(2) 测试 JK 触发器 74LS112 逻辑功能

① 按表 4.22 的要求改变 J、K、CP 的状态,观察 Q、$\overline{Q}$状态变化,观察 Q 端的状态更新是否发生在 CP 脉冲的下降沿(即 CP 由 1→0),并记录之。

② $J=K=1$，CP 端输入 1 kHz 连续脉冲，用双踪示波器观察并描绘 CP、Q 端波形图（注意触发方式和分频情况）。

表 4.22　*JK* 触发器的逻辑功能测试表

J	K	CP	Q^{n+1}	
			$Q^n=0$	$Q^n=1$
0	0	0→1		
		1→0		
0	1	0→1		
		1→0		
1	0	0→1		
		1→0		
1	1	0→1		
		1→0		

（3）测试 D 触发器 74LS74 的逻辑功能

① 按表 4.23 进行测试，并观察触发器状态更新是否发生在 CP 脉冲的上升沿（即 0→1），记录在表 4.23 中。

② $Q^n=0$、$D=\overline{Q^n}$，CP 端输入 1 kHz 的连续脉冲，用双踪示波器观察并描绘 CP、Q 端波形图（注意触发方式和分频情况）。

表 4.23　*D* 触发器的逻辑功能测试表

D	CP	Q^{n+1}	
		$Q^n=0$	$Q^n=1$
0	0→1		
	1→0		
1	0→1		
	1→0		

（4）用 D 触发器设计一个三人抢答器，设计任务和要求：

① 设计一个可供三名选手参赛的抢答器，他们的编号分别是 A、B、C，每名选手控制一个抢答开关，分别是 K_1、K_2、K_3，以控制自己的一个 LED 指示灯。

② 为主持人设置一个控制开关，用来控制抢答器的清零和抢答的开始。

③ 抢答器具有锁存和显示的功能。抢答开始后，第一抢答者拨动抢答开关后，通过 LED 显示第一抢答者，同时封锁输入电路，其他人再抢无效。第一抢答者的 LED 一直保持到主持人将系统清零为止。

由 D 触发器构成的三人抢答器电路如图 4.52 所示。

电路工作原理：抢答前主持人将复位开关先置于“0”对系统清零，使 Q_A、Q_B、Q_C 均为“0”，同时 A、B、C 三人的抢答开关 K_1 ~ K_3 初始状态均为“0”。抢答时主持人将复位开关置于“1”，若 A 先将对应的开关 K_1 拨至“1”，则 A 对应触发器的 D_A 为“1”，在与非门输出的 1 024 Hz 的脉冲 CP_A 作用下，Q_A 由初始的“0”翻转为“1”，A 对应的 LED 指示灯点亮，同时 $\overline{Q}_A$

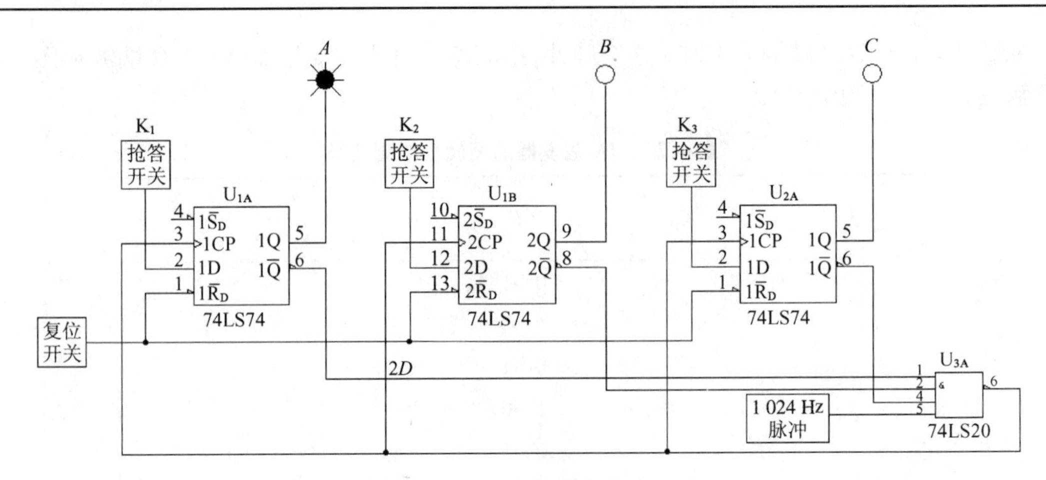

图 4.52　三人抢答器电路图

为“0”,使与非门的输出为“1”,即三个 D 触发器的 CP 脉冲输入全为“1”,此时无上升沿脉冲信号,从而封锁了 B 和 C 对应的触发器,抢答成功。抢答完后由主持人拨动复位开关使第一抢答者的指示灯熄灭,并解除封锁,以便进行下一轮抢答。

4）实验报告

（1）整理实验数据、图、表,对实验结果进行分析。

（2）根据实验结果总结触发器的逻辑功能和触发方式。

5）实验设备

（1）数字电路实验系统(SDS－Ⅵ)　　一台

（2）双踪示波器(YB4320C)　　一台

（3）集成电路:74LS00、74LS112、74LS74　　各一片

6）思考题

（1）D 触发器在时钟脉冲作用下,触发器状态等于什么？当触发器状态等于 D 输入端信号后,若 D 不变,再来时钟脉冲,触发器状态会不会再翻转？如果要使 D 触发器处于计数状态,则输入端应处于什么状态？画出逻辑图。

（2）时钟触发器的触发方式有几种？它们的主要特点是什么？

（3）一个 T 触发器的时钟输入端输入频率为 f 的脉冲源,试问触发器输出脉冲的频率为多少？若再经过一个触发器后,频率为多少？为什么？

（4）如图 4.53(a)是一个机械式的接触开关,由于机械的弹性作用,都会在扳动时来回跳几次,而图 4.53(b)是一个去抖动开关,试分析该电路为什么没有反跳现象？

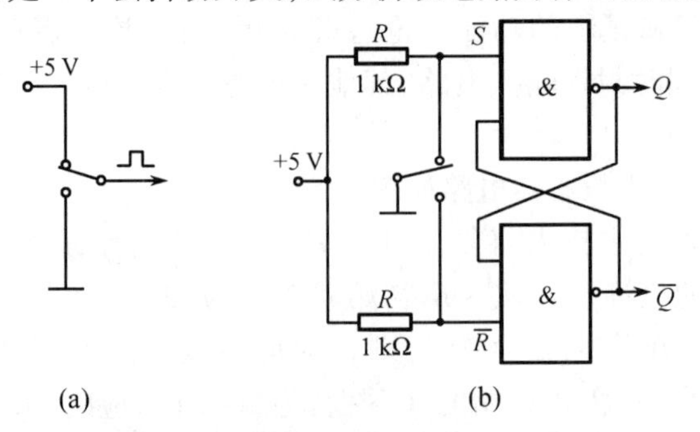

图 4.53　机械式接触开关和去抖动开关

4.8(实验 8) 计数器及其应用

1)实验目的

(1)学习用触发器构成各种计数器的方法。

(2)测试各种计数器的逻辑功能和波形图,了解同步计数器与异步计数器的区别。

(3)掌握利用集成计数器构成任意进制计数器的原理和方法。

2)实验原理

计数器是典型的时序逻辑电路,它用来累计和记忆输入脉冲的个数。计数是数字系统中很重要的基本操作,集成计数器是应用最广泛的逻辑部件之一。

计数器种类较多,分类方法也有多种。按构成计数器中的多个触发器是否使用同一个时钟脉冲源来分,有同步计数器和异步计数器;根据计数进制的不同,分为二进制计数器、十进制计数器和任意进制计数器;根据计数的增减趋势,又分为加法、减法和可逆计数器;还有可预置计数和可编程序功能计数器等。

(1)用 D 触发器构成异步二进制加/减法计数器

由于双稳态触发器有“1”和“0”两个状态,所以一个触发器可以表示一位二进制数。如果要表示 n 位二进制数,就得用 n 个触发器。

我们可以列出 4 位二进制加法计数器的状态表(表 4.24)。

表 4.24 二进制加法计数器的状态表

计数脉冲数	二进制数			
	Q_3	Q_2	Q_1	Q_0
0	0	0	0	0
1	0	0	0	1
2	0	0	1	0
3	0	0	1	1
4	0	1	0	0
5	0	1	0	1
6	0	1	1	0
7	0	1	1	1
8	1	0	0	0
9	1	0	0	1
10	1	0	1	0
11	1	0	1	1
12	1	1	0	0

续表 4.24

计数脉冲数	二进制			
	Q_3	Q_2	Q_1	Q_0
13	1	1	0	1
14	1	1	1	0
15	1	1	1	1
16	0	0	0	0

要实现表 4.24 所列的 4 位二进制加法计数,必须用 4 个双稳态触发器,它们具有计数功能。采用不同的触发器可以有不同的逻辑电路。即使用同一种触发器也可以得出不同的逻辑电路。

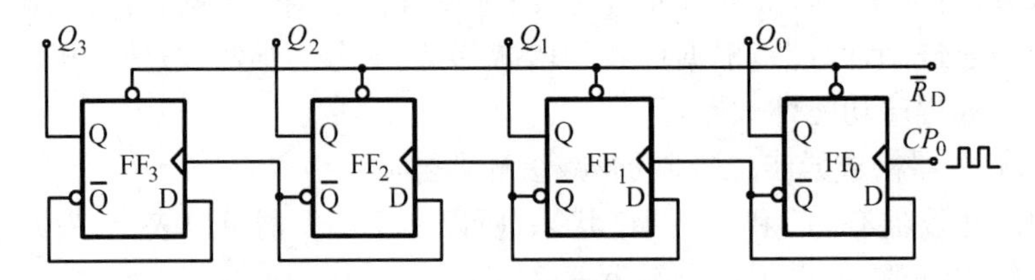

图 4.54 4 位二进制异步加法计数器

如图 4.54 所示是用 4 只 D 触发器构成的 4 位二进制异步加法计数器,其连接特点是将 D 触发器接成 T' 触发器,再由低位触发器的 $\overline{Q}$ 端和高一位的 CP 端相连。

如果将图 4.54 稍加改动,即将低位触发器的 Q 端与高一位的 CP 端相连,即可构成一个 4 位二进制减法计数器,如图 4.55 所示。

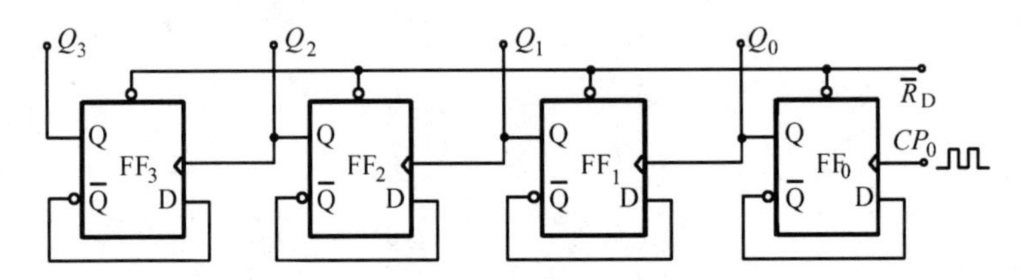

图 4.55 4 位二进制异步减法计数器

(2) 集成计数器的应用

① 74LS160 为十进制可预置同步计数器,其逻辑符号和管脚图如图 4.56 所示,功能表如表 4.25 所示。

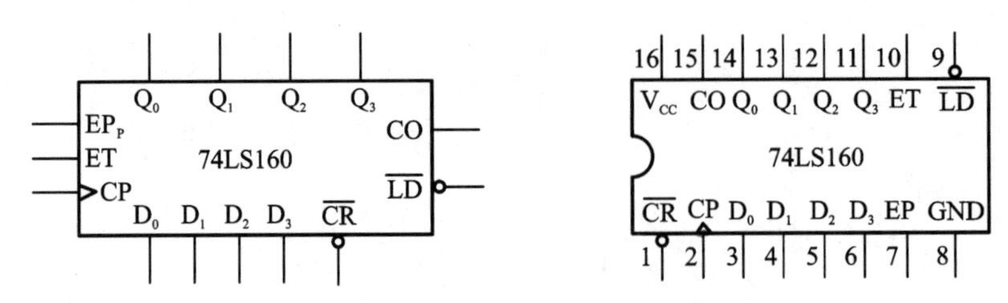

图 4.56 74LS160 逻辑符号及管脚图

74LS160 计数器有下列输入端：异步清零端$\overline{CR}$（低电平有效），时钟脉冲输入端 CP，同步并行预置数控制端$\overline{LD}$（低电平有效），计数控制端 ET 和 EP，并行数据输入端 $D_0 \sim D_3$。

74LS160 计数器有下列输出端：4 个触发器的输出 $Q_0 \sim Q_3$，进位输出 CO，进位输出端 CO 通常为 0，仅当计数控制端 $ET=1$ 且计数器状态为 9 时它才为 1。

表 4.25　74LS160 的功能表

输入									输出			
$\overline{CR}$	$\overline{LD}$	EP	ET	CP	D_0	D_1	D_2	D_3	Q_0^{n+1}	Q_1^{n+1}	Q_2^{n+1}	Q_3^{n+1}
0	×	×	×	×	×	×	×	×	0	0	0	0
1	0	×	×	↑	d_0	d_1	d_2	d_3	d_0	d_1	d_2	d_3
1	1	1	1	↑	×	×	×	×	计数			
1	1	0	×	×	×	×	×	×	保持			
1	1	×	0	×	×	×	×	×	保持			

根据功能表 4.25，可看出 74LS160 具有以下功能：

a. 异步清零功能。若$\overline{CR}=0$，不论其他输入端（包括 CP 端）为何种状态，均实现 4 个触发器全部清零。由于这一清零操作不需要时钟脉冲 CP 配合（即不论 CP 是什么状态都行），所以称为“异步清零”。

b. 同步并行置数功能。当$\overline{CR}=1$ 且$\overline{LD}=0$ 时，在 CP 上升沿的作用下，触发器 $Q_0 \sim Q_3$ 分别接收并行数据输入信号 $D_0 \sim D_3$。由于此置数操作与 CP 上升沿同步，且 4 个触发器同时置数，所以称为“同步并行置数”。

c. 同步十进制加计数功能。当$\overline{CR}=\overline{LD}=1$ 时，若计数控制端 $ET \cdot EP=1$，则对计数脉冲 CP 实现同步十进制加计数。“同步”表明各触发器动作都与 CP（上升沿）同步。

d. 保持功能。当$\overline{CR}=\overline{LD}=1$ 时，若 $ET \cdot EP=0$，即两个计数控制端中至少有一个为 0，则不管 CP 状态如何，计数器中各触发器保持原状态不变。

综上所述，74LS160 是具有异步清零功能的可置数十进制同步计数器。

② 利用输出信号对输入端的不同反馈（有时需加少量门电路），74LS160 可以实现任意进制的计数器。

例：用 74LS160 实现八进制计数器。

a. $M=8$，用一片 74LS160 即可。图 4.57（a）为利用异步清零功能构成的八进制计数器。设初态全为 0，则在前 7 个计数脉冲作用下，$Q_3Q_2Q_1Q_0$ 均按十进制规律正常计数，而当第 8 个计数脉冲上升沿到来后，$Q_3Q_2Q_1Q_0$ 的状态变为 1000，通过反相器使$\overline{CR}$从平时的 1 变为 0，借助异步清零功能，使 4 个触发器全部清 0，从而中止了“十进制”的计数趋势，实现了自然态序模 8 加计数。注意：主循环中的 8 个状态是 0000 至 0111，它们各延续一个计数脉冲周期；而 1000 只是一个瞬态，实际上它只停留短暂的一瞬，如图 4.57（d）中的波形图所示。

b. 图 4.57（b）为利用同步置数功能构成的八进制计数器，在 $Q_3Q_2Q_1Q_0$ 为 0111 的状态下，准备好置数条件——$\overline{LD}=0$，这样，在下一个计数脉冲上升沿到来后，就不再实现“加 1”计数，而是实现同步置数，$Q_3Q_2Q_1Q_0$ 接收“并行数据输入信号”，变成 0000，从而满足了模 8

的要求。此方法可称为借助同步置数功能的置全零法。

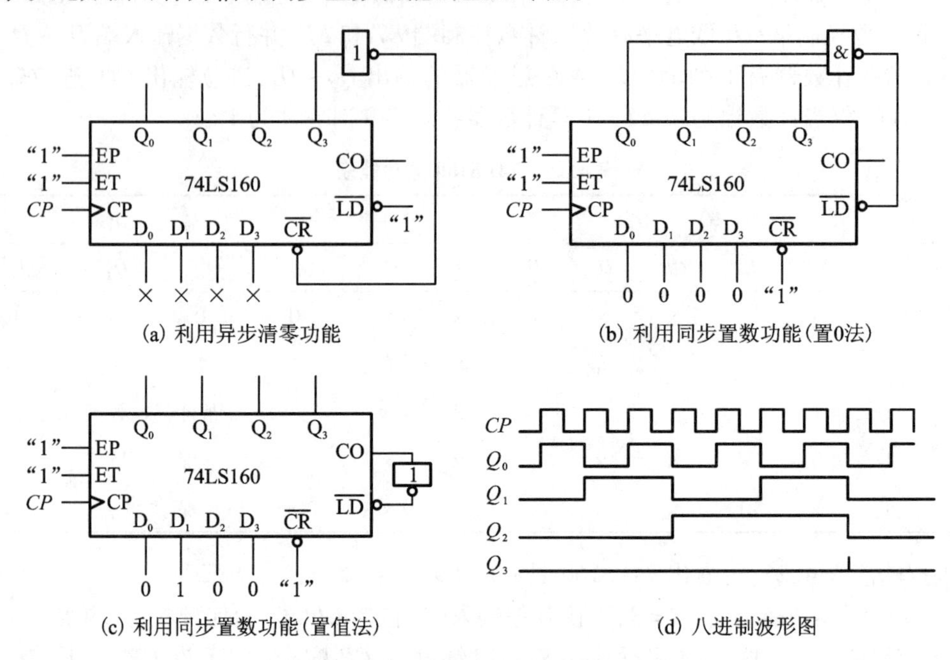

(a) 利用异步清零功能

(b) 利用同步置数功能(置0法)

(c) 利用同步置数功能(置值法)

(d) 八进制波形图

图 4.57　用 74LS160 构成八进制计数器

c. 图4.57(c)为利用同步置数功能构成八进制计数器的另一种方法。要求的模 $M=8$,因而多余的状态数 $=10-8=2$,十进制数 2 对应 BCD 码是 0010,于是如果在 1001 状态下准备好同步置数条件,且"并行数据输入"$D_3D_2D_1D_0$ 分别接 0010,则下一个计数脉冲上升沿就能使 $Q_3Q_2Q_1Q_0$ 不变成 0000,而转为 0010,这样就跳过了 0000 至 0001 两个状态,实现了模 8 计数。该方法充分利用了 1001 状态下 CO 才为 1 的特点。我们把这种方法称为借助同步置数功能的置值法。

3) 实验内容

(1) D 触发器我们还是选用 74LS74 双上升沿 D 触发器,用两片 74LS74 构成异步二进制加/减法计数器。

① 先按图 4.54 接线,验证异步二进制加法器的功能 ,$\overline{R}_D$ 接逻辑开关,将 CP_0 时钟端接单次脉冲源,输出端 Q_3、Q_2、Q_1、Q_0 接 LED,$\overline{S}_D$ 接高电平 +5 V。

② 清零后,逐个送入单次脉冲,观察并记录 Q_3、Q_2、Q_1、Q_0 的状态。

③ 将单次脉冲改为 1 Hz 的连续脉冲,观察 Q_3、Q_2、Q_1、Q_0 的状态。

④ 将 CP_0 再改为 1 kHz 的连续脉冲,用示波器观察 Q_3、Q_2、Q_1、Q_0 端的波形。

⑤ 再按图 4.55 接线,验证异步二进制减法器的功能。重复上述步骤,并列表记录输出波形(表格自拟)。

(2) 用 74LS160 实现十二进制计数器。

① 利用异步清零功能构成十二进制计数器的电路如图 4.58 所示。因为 $M=12$,所以用两片 74LS160,两片 74LS160 的 CP 端直接与计数脉冲相连,构成一个同步计数器,并将低位片(1)的进位输出 CO 送到高位片(2)的计数控制端 ET 和 EP。由于构成的计数器的模为 12,因此清零条件为$\overline{CR}=\overline{Q_0''\,Q_1'}$(注:$Q_1'$ 为第 1 片 74LS160 的输出 Q_1,Q_0'' 为第 2 片 74LS160

的输出 Q_0),即当两片计数器计数到 12 时,产生一个清零信号,使计数器整体置零。

② 按图 4.58 接线,验证十二进制计数器的功能,将 CP 时钟端接单次脉冲,输出端接 LED。

③ 逐次送入单次脉冲,观察并记录两片 74LS160 的输出脉冲状态。

④ 将单次脉冲改为 1 Hz 的连续脉冲,观察两片 74LS160 的输出状态。

⑤ 将 CP 时钟端接 1 kHz 的连续脉冲,用示波器观察两片 74LS160 的输出端的波形。

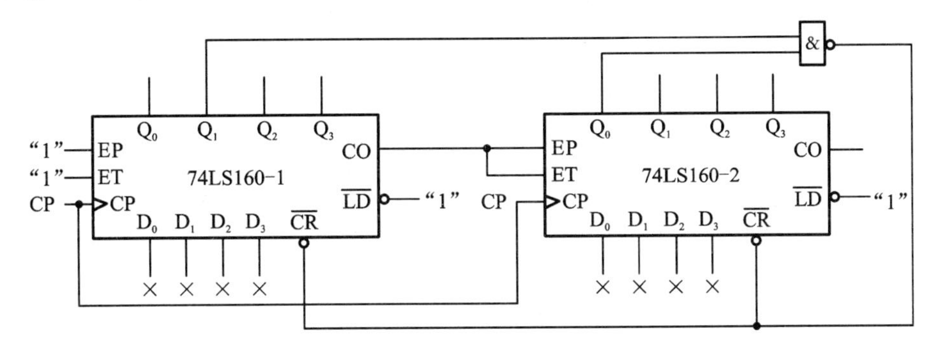

图 4.58 74LS160 构成的十二进制计数器(异步清零)

4) 实验报告

(1) 画出各实验电路对应的逻辑图、状态表、波形图。

(2) 总结二进制、十二进制波形图的特点,分析其原因。

5) 实验设备

(1) 数字电路实验系统(SDS-Ⅵ) 一台

(2) 双踪示波器(YB4320C) 一台

(3) 集成电路:74LS112、74LS74、74LS160、74LS00 各两片

6) 思考题

(1) 设计由 4 只 JK 触发器构成的异步十进制加法计数器电路。

(2) 画出利用 74LS160 的同步置数功能实现十二进制计数器的电路图。

4.9(实验 9) 寄存器、移位寄存器及其应用

1) 实验目的

(1) 熟悉寄存器的电路结构和工作原理。

(2) 掌握中规模集成电路 74LS194 双向移位寄存器的逻辑功能和使用方法。

(3) 熟悉移位寄存器的逻辑电路和工作原理。

2) 实验原理

在数字电路中,常常需要将一些数码、指令或运算结果暂时存放起来,能完成这种作用的部件叫做寄存器。寄存器具有清除数码、接收数码、存放数码和传送数码的功能。寄存器常分为数码寄存器和移位寄存器两种,其区别在于有无移位的功能。

(1) 数码寄存器

由 JK 触发器组成的数码寄存器如图 4.59 所示,$\overline{R}_D$ 端输入负脉冲时,使各移位寄存器

清零。

CP 端的脉冲为写脉冲，当 *CP* 脉冲下降沿到来时，d_3、d_2、d_1、d_0 各位数据被输入到寄存器中，并寄存。数码的输出由读出脉冲控制。所以数据寄存器就有如下特点：① 能清除；② 能写入；③ 能寄存；④ 能读出。这种输入、输出方式称为并行输入、并行输出。

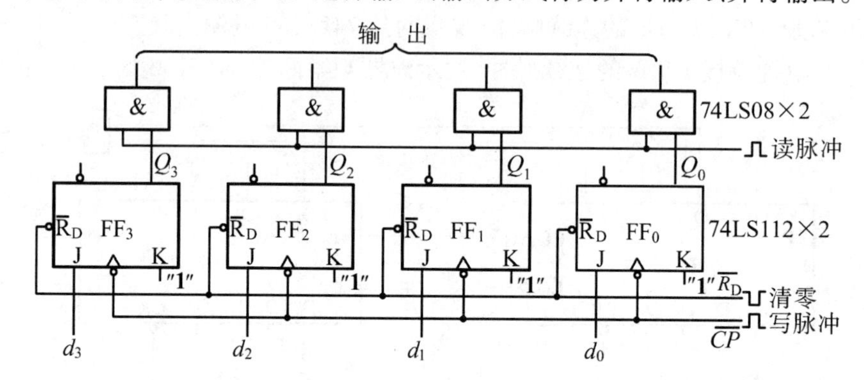

图 4.59　4 位数码寄存器

（2）移位寄存器

具有移位逻辑功能的寄存器称为移位寄存器。移位功能是每位触发器的输出与下一级触发器的输入相连而形成的。它可以起到多方面的作用，可以存贮或延迟输入—输出信息，也可以用来把串行的二进制数转换为并行的二进制数（串并转换）或者相反（并串转换）。在计算机电路中，还应用移位寄存器来实现二进制的乘 2 和除 2 功能。

图 4.60 为 4 位串行输入、串并行输出的左移移位寄存器（由 4 个 *D* 触发器构成）。

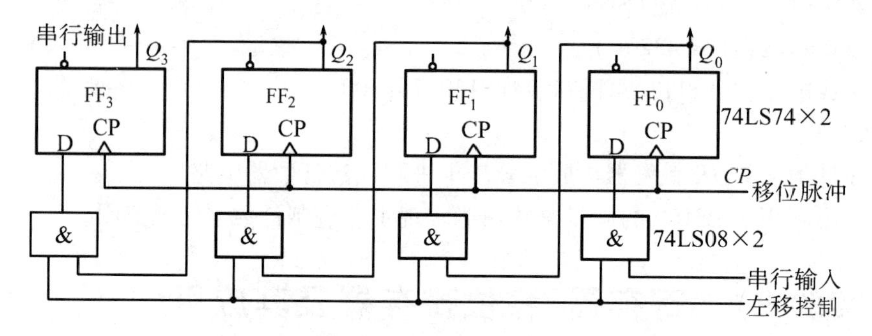

图 4.60　4 位串行输入、串并行输出的左移移位寄存器

由图 4.60 可知，*CP* 脉冲的输入（上升沿起作用）作为同步移位脉冲，数据（码）的移位操作由“左移控制”端控制，数码是从串行输入端输入，输出可以是串行输出或并行输出。

移位寄存器在应用中需要左移、右移、保持、并行输入/输出或串行输入/输出等多种功能。具有上述多种功能的移位寄存器称为多功能双向移位寄存器。如中规模集成电路 74LS194 就是具有左移、右移、清零、数据并入/并出（串出）等多种功能的移位寄存器。它的管脚排列见图 4.61，逻辑功能见表 4.26。

由表 4.26 可知，74LS194 具有如下功能：

① 清除：当 $\overline{CR}=0$ 时，不管其他输入为何种状态，输出全为 0 状态。

② 保持：$CP=0$，$\overline{CR}=1$ 时，其他输入为任意状态，输出状态保持。或者 $\overline{CR}=1$，M_1、M_0

均为 0，其他输入为任意状态，输出状态也保持。

③ 置数（送数）：$\overline{CR}=1, M_1=M_0=1$，在 CP 脉冲上升沿时，将输入端数据 D_0、D_1、D_2、D_3 置入 Q_0、Q_1、Q_2、Q_3 中，并寄存。

④ 右移：$\overline{CR}=1, M_1=0, M_0=1$，在 CP 脉冲上升沿时，实现右移操作，此时若 $D_{SR}=0$，则 0 向 Q_0 移位，若 $D_{SR}=1$，则 1 向 Q_0 移位。

⑤ 左移：$\overline{CR}=1, M_1=1, M_0=0$，在 CP 脉冲上升沿时，实现左移操作，此时若 $D_{SL}=0$，则 0 向 Q_3 移位，若 $D_{SL}=1$，则 1 向 Q_3 移位。

图 4.61　74LS194 管脚排列图

表 4.26　74LS194 逻辑功能表

功能	输入										输出			
	$\overline{CR}$	M_1	M_0	CP	D_{SL}	D_{SR}	D_0	D_1	D_2	D_3	Q_0^{n+1}	Q_1^{n+1}	Q_2^{n+1}	Q_3^{n+1}
清除	0	×	×	×	×	×	×	×	×	×	0	0	0	0
保持	1	×	×	0	×	×	×	×	×	×	保持			
	1	0	0	×										
送数	1	1	1	↑	×	×	d_0	d_1	d_2	d_3	d_0	d_1	d_2	d_3
右移	1	0	1	↑	×	1	×	×	×	×	1	Q_0^n	Q_1^n	Q_2^n
	1	0	1	↑	×	0					0	Q_0^n	Q_1^n	Q_2^n
左移	1	1	0	↑	1	×	×	×	×	×	Q_1^n	Q_2^n	Q_3^n	1
	1	1	0	↑	0	×					Q_1^n	Q_2^n	Q_3^n	0

（3）移位寄存器的应用

移位寄存器用来构成计数器，这是在实际工程中经常用到的。比如用移位寄存器构成环形计数器、扭环形计数器和自启动扭环形计数器等。它还可用作数据寄存器，比如，两个数相加、相减其结果的存放等。

用 74LS194 构成的环形计数器、扭环形计数器和自启动的扭环形计数器如图 4.62 所示。

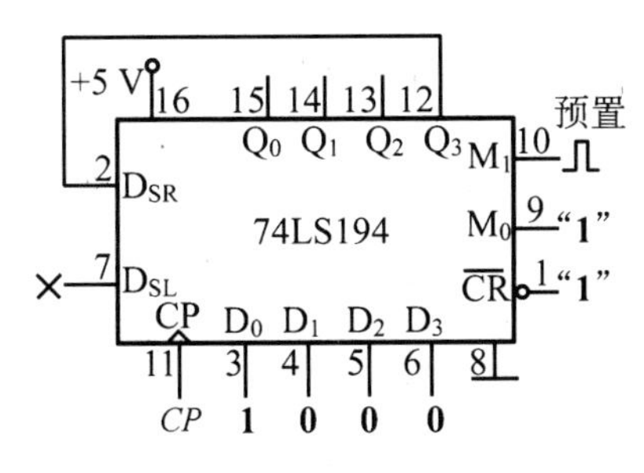

（a）环形计数器（$n=4, M=4$）

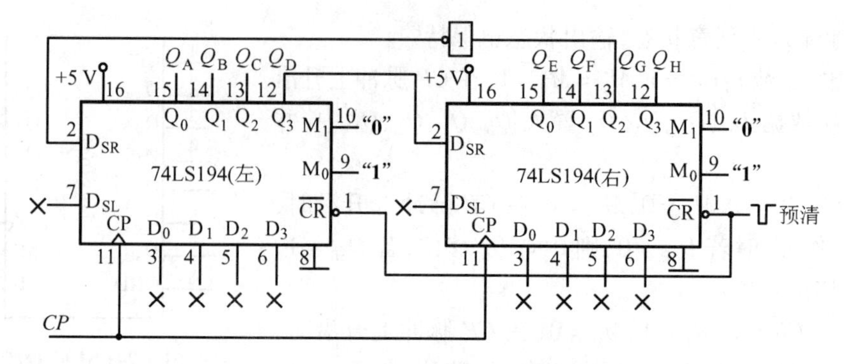

(b)扭环形计数器($M=14$)

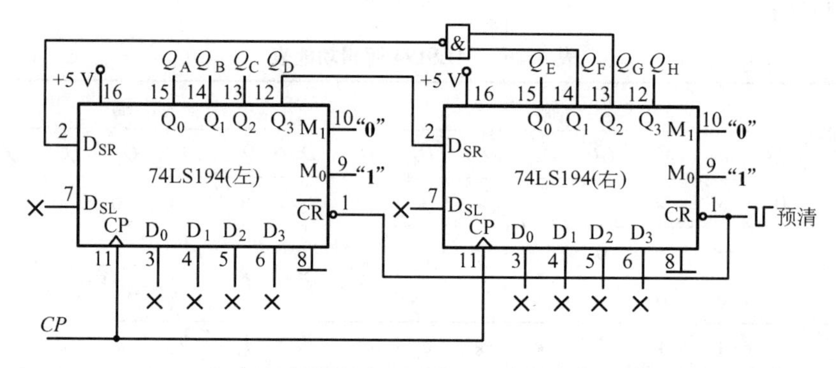

(c)自启动扭环形计数器($n=7, M=2n-1=13$)

图 4.62　74LS194 双向移位寄存器的应用

在图 4.62(a)中,输入 4 个移位脉冲,完成一次移位循环,即它是模 $M=4$ 的环形计数器,如果需要模 $M=8$ 的环形计数器,则需两片 74LS194,这种环形计数器无自启动能力,必须在启动计数操作前,先置某个数在移位寄存器内(如 0001 或 0011)然后再进行循环计数。

图 4.62(b)为两片 74LS194 组成的扭环形计数器,它比图 4.62(a)中的计数范围要大,最大模 $M=16$。而环形计数器两片 74LS194 最大模 $M=8$。所以,同样的计数范围,图4.62(b)连接方法比图 4.62(a)要节省一半电路。扭环形计数器实际上就是把某一位取反后接到数据输入端,进行向左或向右移位。图 4.62(b)就是把右边一片 74LS194 的 Q_2 取反后接到左边一片 74LS194 的 D_{SR} 右移输入端,构成模 $M=14$ 的扭环形计数器。该计数器清零后即可启动,实现扭环形计数。图 4.62(c)为两片 74LS194 构成的 $M=13$ 的自启动扭环形计数器,其状态表如图 4.63 所示。

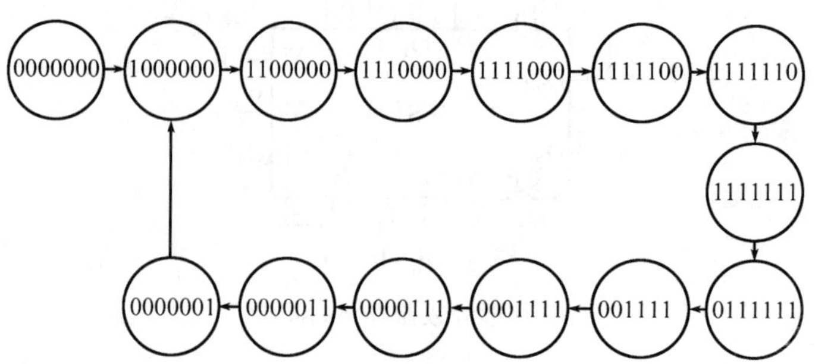

图 4.63　74LS194 构成的自启动环形计数器,模 $M=13$ 的状态图

移位寄存器在数字运算电路中，常用作数据的存放、寄存等。

图4.64就是74LS194移位寄存器的具体应用。两个寄存器（J_A、J_B）分别存放数据A和B，两者通过相加后，再送到寄存器J_A中。设J_A寄存器存放的数据为1010，J_B寄存器存放的数据为0101，即$J_A=10$，$J_B=5$，相加后（$J_A+J_B=15$），结果为1111，再送至J_A中。

图4.64中，全加器用74LS183，进位触发器用D触发器74LS74。

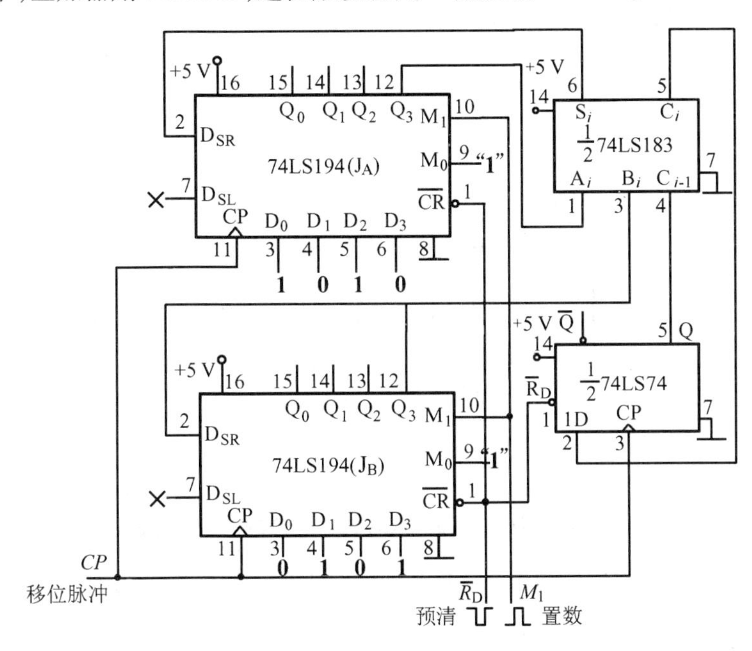

图4.64　用74LS194双向移位寄存器组成的加法电路$J_A+J_B \to J_A$

3）实验内容

（1）数据寄存器

① 在实验系统中，选4只JK触发器（把74LS112双JK触发器芯片自行插入实验系统中），按图4.59直接接线。d_3、d_2、d_1、d_0接数据开关或逻辑开关，与门输出接4只LED发光二极管，4只触发器的清零端$\overline{R}_D$连接到实验系统中复位按钮，写入脉冲接单次脉冲，读出脉冲接逻辑开关。

② 接线完毕，则可通电实验。置$d_3d_2d_1d_0=1010$，清“0”（⊔）后，按动单次脉冲，这时Q_3、Q_2、Q_1、Q_0将被置为1010，再将读出开关（逻辑开关）置1，就可观察到4只发光二极管为亮、灭、亮、灭，即输出数据为1010。

③ 改变d_3、d_2、d_1、d_0的数值，重复步骤②，验证其数据寄存的功能，并记录结果。

用D触发器代替JK触发器，也能很方便地实现，可自行连接实验线路，进行验证。

（2）移位寄存器

① 用4只D触发器（74LS74）连成左移、右移移位寄存器，按图4.65（a）连线。D触发器用实验系统中的D触发器（也可自行插入）。

② 接线完毕后，先置数据为0001，然后输入移位脉冲。置数，即把Q_3、Q_2、Q_1、Q_0置成0001。按动单次脉冲，移位寄存器可实现左移功能。

③ 按图4.65（b）连线，方法同步骤②，则可完成右移移位功能。

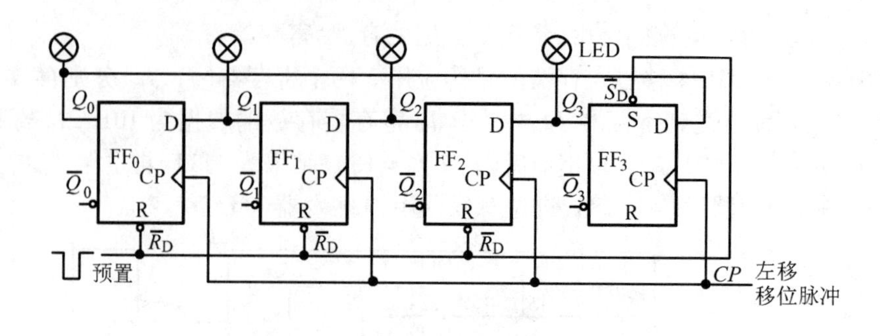

(a)

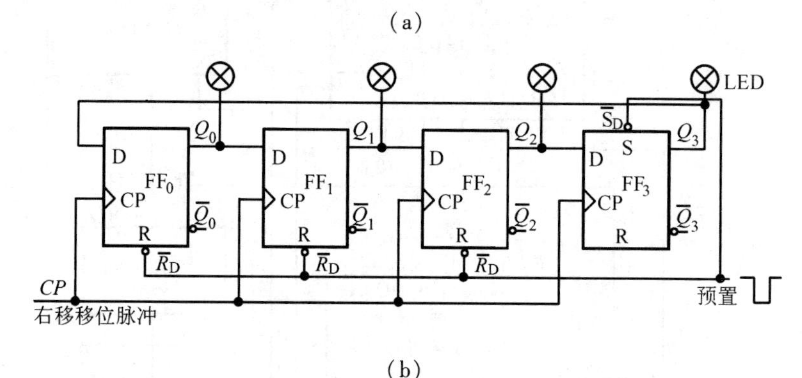

(b)

图 4.65 *D* 触发器构成移位寄存器的实验线路图

④ 图 4.60 为带移位控制的串入、串出、并出的 4 位左移移位寄存器,可自行连线进行实验论证。

(3) 集成移位寄存器

① 基本功能验证

将 74LS194 插入实验系统中,按图 4.66 接线,16 脚接电源正极,8 脚接地,输出端 Q_3、Q_2、Q_1、Q_0 接 4 只 LED 发光二极管,工作方式控制端 M_1、M_0 及清零端分别接逻辑开关 K_1、K_2 和复位按钮 K_3("⊔⊓"),CP 端接单次脉冲,数据输入端 D_0、D_1、D_2、D_3 分别接 4 只数据开关或逻辑开关。

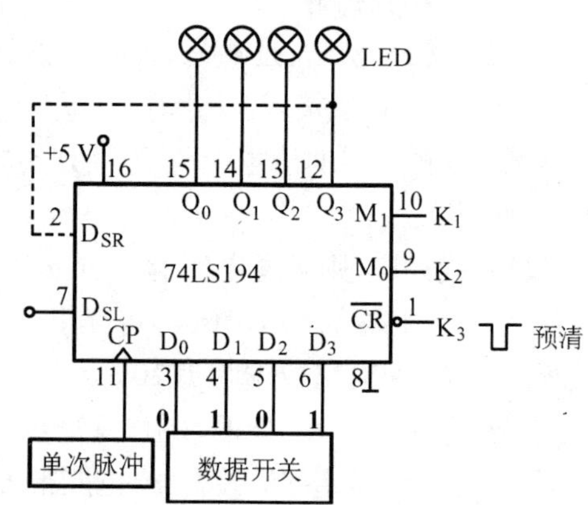

图 4.66 74LS194 双向移位寄存器实验接线图

接线完毕后,接通电源,即可进行 74LS194 双向移位寄存器的功能验证(对照表 4.26 输入各有关参数)。

清除(零):按复位按钮 K_3("⊔⊓"),使 $\overline{CR}=0$,这时 Q_0、Q_1、Q_2、Q_3 接的 4 只 LED 发光二极管全灭,即 $Q_0Q_1Q_2Q_3=0000$。

保持:使 $\overline{CR}=1$,$CP=0$ 状态,拨动逻辑开关 $K_1(M_1)$ 和 $K_2(M_0)$,输出状态不变,或者使 $\overline{CR}=1$,$M_1=M_0=0$,按动单次脉冲,这时输出状态仍不变。

置数:使 $\overline{CR}=1$,$M_1=M_0=1$(即 $K_1=K_2=1$),置数据开关为 0101($D_0\sim D_3$),按动单次脉冲,这时数据 0101($D_0\sim D_3$)已存入 $Q_0\sim Q_3$ 中。LED 发光二极管此时为灭、亮、灭、亮(即 0101)。变换数据 $D_0\sim D_3=1011$,输入单次脉冲,则数据 1011 在 CP 上升沿时存入$Q_0\sim Q_3$中。

右移：把 Q_3 接到 D_{SR}，见图 4.66 中虚线，按上述方法先置入数据 0001（这时使$\overline{CR}=1$，$M_1=M_0=1$，$D_0\sim D_3=0001$）。再置 $M_1=0$，$M_0=1$ 为右移方式，输入单次脉冲，移位寄存器这时在 CP 上升沿时实现右移操作。按动 4 次单次脉冲，一次移位循环结束。即如图 4.67(a)状态图所示。

左移：将 Q_3 连到 D_{SR}的线断开，而把 Q_0 接到左移输入 D_{SL}端，其余方法同上述右移。即 $\overline{CR}=1$，$M_0=0$，$M_1=1$（寄存器起始状态仍为 0001），则输入 4 个移位脉冲后，数据左移，最后结果仍为 0001。其左移状态图见图4.67(b)。

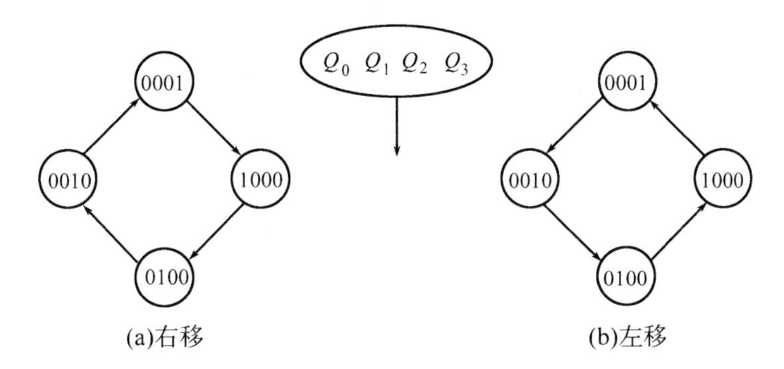

图 4.67 74LS194 右移、左移状态图

再把 Q_3 接到 D_{SL}（Q_0 与 D_{SL}连线断开），输入单次脉冲，观察移位情况，记录并分析。

② 应用

用 74LS194 移位寄存器可构成各种计数器。

a. 按图 4.62(a)接线，$Q_0\sim Q_3$ 接 4 只 LED 发光二极管，D_{SR}与 Q_3 相连，$D_0\sim D_3$ 接数据开关（或逻辑开关），M_1、M_0、$\overline{CR}$分别接逻辑开关和复位开关，CP 接单次脉冲，电源 +、- 分别接芯片 16、8 脚。接线完毕，预置寄存器为 1000 状态，并使 $M_0=1$，$M_1=0$，$\overline{CR}=1$，寄存器处于移位（右移）状态，即环形计数状态。输入单次计数脉冲，观察 LED 发光二极管 $Q_0\sim Q_3$ 的状态，不难发现 $Q_0\sim Q_3$ 按右移方式出现，且一次循环为 4 个脉冲，即计数器的模 $M=4$。

b. 按图 4.62(b)接线，并按步骤 a. 进行实验，发现 $Q_A\sim Q_C$ 输出按右移方式出现，且一次循环为 14 个脉冲，即计数器的模为 14（$M=14$）。这种计数器称为扭环形计数器。

c. 按图 4.62(c)接线，进行实验论证。计数器的状态应和图 4.63 所示的 $M=13$ 的状态图一致。

d. 按图 4.64 接线，进行 $J_A+J_B\rightarrow J_A$。

这里 CP 接单次脉冲，$\overline{CR}$接复位开关，M_1、M_0 接逻辑开关，J_A 的 $D_0\sim D_3$ 和 J_B 的 $D_0\sim D_3$ 分别接数据开关。寄存器 J_A 送全加器(74LS183)的 A_i 端，J_B 送全加器(74LS183)的 B_i 端，全加器的进位 C_i 由 D 触发器(74LS74)寄存，D 触发器的输出作为上次进位的输出接到全加器的 C_{i-1}端，全加器的和 S_i接到寄存器 J_A 的输入端，这里选用右移方式，则把和 S_i 接到右移输入端 D_{SR}，J_B 寄存器数据仍送回 J_B 中。

接线完毕，先预清：$J_A=0$，$J_B=0$，进位触发器 D 为零；然后置数：$J_A=1010$，$J_B=0101$（置数方法参考 74LS194 基本功能验证方法）。输入移位脉冲，进行 $J_A+J_B\rightarrow J_A$ 的运算。输入 4 个脉冲，一次运算完成，此时 J_A 应该为 1111，J_B 应该为 0101，若结果不是此数，则出错，应找到出错原因；若运算结果正确，再更换 J_A 和 J_B 另一组数据，进行 $J_A+J_B\rightarrow J_A$ 的操作。

4）预习要求

（1）复习数据寄存器、移位寄存器的工作原理和逻辑电路。

（2）预习中规模集成电路74LS194双向移位寄存器的逻辑功能、管脚排列及其各种应用方法。

5）实验报告

（1）画出各实验电路和时序状态图。

（2）设计由74LS194构成8位、16位移位寄存器的方法，并实现$M=25$的自启动扭环形计数器。

6）实验设备

（1）数字电路实验系统（SDS－Ⅵ） 一台

（2）集成电路：74LS74、74LS112、74LS08、74LS194、74LS04、74LS00、74LS183 各一片

4.10（实验10） D/A和A/D转换

1）实验目的

（1）验证DAC和ADC的功能。

（2）掌握D/A和A/D转换的基本原理。

（3）掌握DAC和ADC的基本应用电路。

2）实验原理

模拟量是随时间连续变化的量，例如温度、压力、速度、位移等非电量绝大多数都是连续变化的模拟量，它们可以通过相应的传感器变换为连续变化的模拟量——电压或电流。而数字量不是连续变化的。

在电子技术中，模拟量和数字量的互相转换是很重要的。例如，用电子计算机对生产过程进行控制时，首先要将被控制的模拟量转换为数字量，才能送到数字计算机中去进行运算和处理；然后又要将处理得出的数字量转换为模拟量，才能实现对被控制的模拟量进行控制。再如，在数字仪表中，也必须将被测的模拟量转换为数字量，才能实现数字显示。

能将数字量转换为模拟量的装置称为数-模转换器，简称D/A转换器或DAC；能将模拟量转换为数字量的装置称为模-数转换器，简称A/D转换器或ADC。因此，DAC和ADC是联系数字系统和模拟系统的“桥梁”，也可称为两者之间的接口。图4.68是数-模和模-数转换的原理框图。

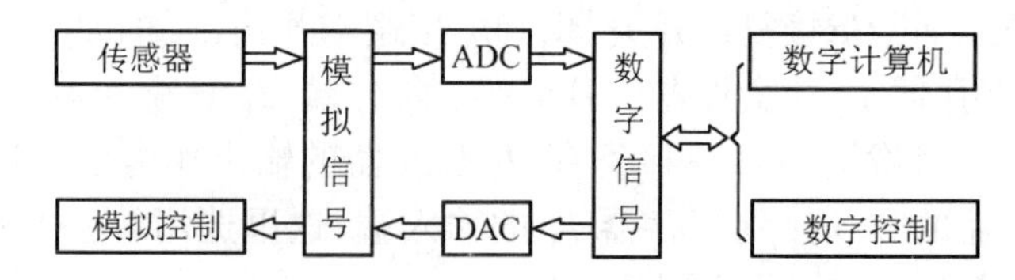

图4.68 数-模和模-数转换的原理框图

3）实验内容

（1）D/A转换

实验选用D/A转换芯片DAC0832，图4.69为其管脚排列图。

管脚具体功能定义如下：

$\overline{CS}$——片选信号，它和允许输入锁存信号 ILE 合起来决定$\overline{WR_1}$是否起作用。

ILE——允许锁存信号（高电平有效）。

$\overline{WR_1}$——写信号 1（低电平有效），它作为第一级锁存信号将输入数据锁存到输入寄存器中，$\overline{WR_1}$必须和$\overline{CS}$、ILE 同时有效。

$\overline{WR_2}$——写信号 2（低电平有效），它将锁存在输入寄存器中的数据送到 8 位 DAC 寄存器中进行锁存，此时，传送控制信号$\overline{XFER}$必须有效。

$\overline{XFER}$——传送控制信号（低电平有效），用来控制$\overline{WR_2}$。

$D_7 \sim D_0$——8 位数据输入端，D_7 为最高位。

I_{OUT1}——模拟电流输出端，当 DAC 寄存器中全为 1 时，输出电流最大，当 DAC 寄存器中全为 0 时，输出电流为 0。

I_{OUT2}——模拟电流输出端，I_{OUT2} 为一个常数和 I_{OUT1} 的差，也就是说，$I_{OUT1} + I_{OUT2} =$ 常数。

R_{FB}——反馈电阻引出端，DAC0832 内部已经有反馈电阻，所以，R_{FB} 端可以直接接到外部运算放大器的输出端，这样，相当于将一个反馈电阻接在运算放大器的输入端和输出端之间。

V_{REF}——参考电压输入端，此端可接正电压，也可接负电压，范围为 -10 V ~ $+10$ V。

V_{CC}——芯片供电电压，范围为 $+5$ V ~ $+15$ V，最佳工作状态是 $+15$ V。

AGND——模拟量地，即模拟电路接地端。

DGND——数字量地，即数字电路接地端。

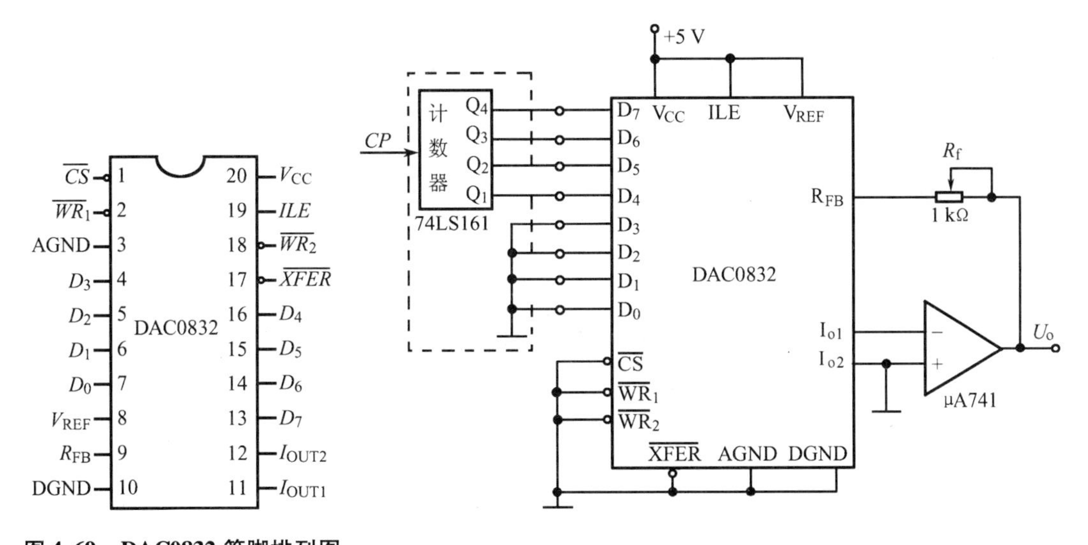

图 4.69　DAC0832 管脚排列图

图 4.70　DAC0832 实验测试电路图

把 DAC0832、μA741 等插入实验系统，按图 4.70 接线，不包括虚线框内。即 $D_7 \sim D_0$ 接实验系统的数据开关，$\overline{CS}$、$\overline{XFER}$、$\overline{WR_1}$、$\overline{WR_2}$均接 0，AGND 和 DGND 相连接地，ILE 接 $+5$ V，参考电压接 $+5$ V，运放电源为 ± 15 V，调零电位器为 10 kΩ。

① 检查接线无误后，置数据开关 $D_7 \sim D_0$ 全为“0”，接通电源，调节运放的调零电位器，使输出电压 $U_o = 0$。

② 再置数据开关全为“1”，调整 R_f，改变运放的放大倍数，使运放输出满量程。

③ 将数据开关从最低位逐位置"1"，并逐次测量输出模拟电压 U_o，填入表 4.27 中。

表 4.27　DAC0832 测试结果

输入数字量								输出模拟电压(V)	
D_7	D_6	D_5	D_4	D_3	D_2	D_1	D_0	实测值	理论值
0	0	0	0	0	0	0	0		
0	0	0	0	0	0	0	1		
0	0	0	0	0	0	1	1		
0	0	0	0	0	1	1	1		
0	0	0	0	1	1	1	1		
0	0	0	1	1	1	1	1		
0	0	1	1	1	1	1	1		
0	1	1	1	1	1	1	1		
1	1	1	1	1	1	1	1		

④ 再将 74LS161 或用实验系统中的（D 或 JK）触发器构成二进制计数器，对应的 4 位输出 Q_4、Q_3、Q_2、Q_1 分别接 DAC0832 的 D_7、D_6、D_5、D_4，低 4 位接地（这时和数据开关相连的线全部断开）。

⑤ 输入 CP 脉冲，用示波器观测并记录输出电压的波形。

⑥ 如计数器输出改接到 DAC 的低 4 位，高 4 位接地，重复上述实验步骤，结果如何？

⑦ 采用 8 位二进制计数器，再进行上述实验。

⑧ 若输出要获得双极性电压，则按图 4.71 接法就可实现，读者只要适当选择电阻，就可获得正、负电压输出。

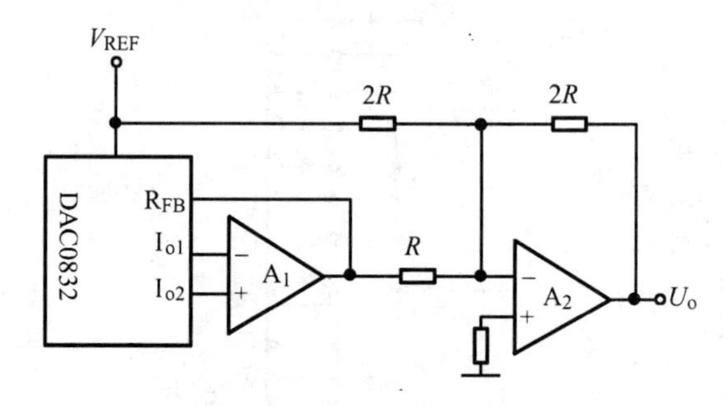

图 4.71　DAC0832 双极性接法

（2）A/D 转换

① 按图 4.72 接线，在实验系统中插入 ADC0809 芯片，其中 $D_7 \sim D_0$ 分别接 8 只发光二极管 LED，CLOCK 接实验系统中的连续脉冲，地址码 A、B、C 接数据开关或计数器输出。

② 接线完毕，检查无误后，接通电源。调 CP 脉冲至最高频（频率大于 1 kHz 以上），再置数据开关为 000，调节 R_W，并用万用表测量 U_i 为 4 V，再按一次单次脉冲（注意单脉冲接 START 信号，平时处于"0"电平，开始转换为"1"），观察输出 $D_7 \sim D_0$ 发光二极管（LED 显示）的值。

③ 再调节 R_W，使 U_i 为 +3 V，按一下单次脉冲，观察输出 $D_7 \sim D_0$ 的值，并记录下来。

④ 按上述实验方法，分别调 U_i 为 2 V、1 V、0.5 V、0.2 V、0.1 V、0 V 进行实验，观察并记录每次输出 D_7 ~ D_0 的状态。

⑤ 调节 R_W，改变输入 U_i，使 D_7 ~ D_0 全为“1”时，测量这时的输入转换电压的值。

⑥ 改变数据开关值为 001，这时将 U_i 从 IN_0 改接到 IN_1 输入，再进行②～⑤的实验操作。

⑦ 按⑥办法，可分别对其余的 6 路模拟量输入进行测试。

⑧ 将 C、B、A 三位地址码接至计数器（计数器可用 JK、D 触发器构成或用 74LS161）的 3 个输出端，再分别置 IN_0 ~ IN_7 电压为 0 V、0.1 V、0.2 V、0.5 V、1 V、2 V、3 V、4 V，单次脉冲接 START，改接为平时“高电平”（即一直转换）信号，再把单次脉冲接计数器的 CP 端。

⑨ 按动单次脉冲计数，观察输出 D_7 ~ D_0 的输出状态，并记录下来。

如果我们要进行 16 路的 A/D 转换，则可以用两只 ADC0809 组成，地址码 C、B、A 都连起来，而用片选 OE 端分别选中高、低两片。如图 4.73 所示，这样在 0 ~ 7 时，选中 IN_0 ~ IN_7；8 ~ 15时，选中 IN_8 ~ IN_{15}。

4）实验报告

（1）整理实验数据，画出实验电路。

（2）根据实验结果估算 DAC0832 的转换精度。

（3）根据实验结果估算 ADC0809 的误差。

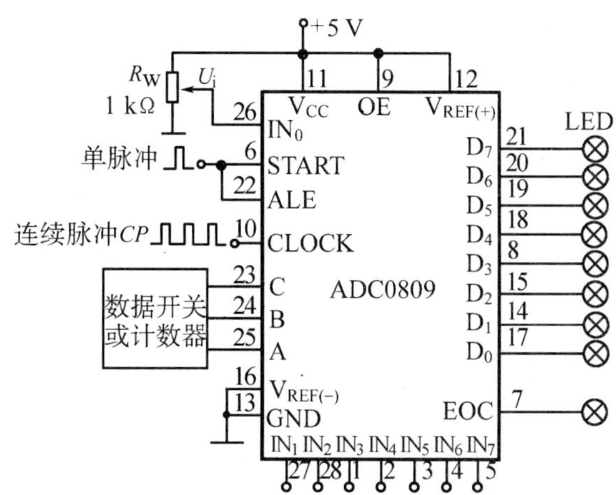

图 4.72 ADC0809 实验原理接线图

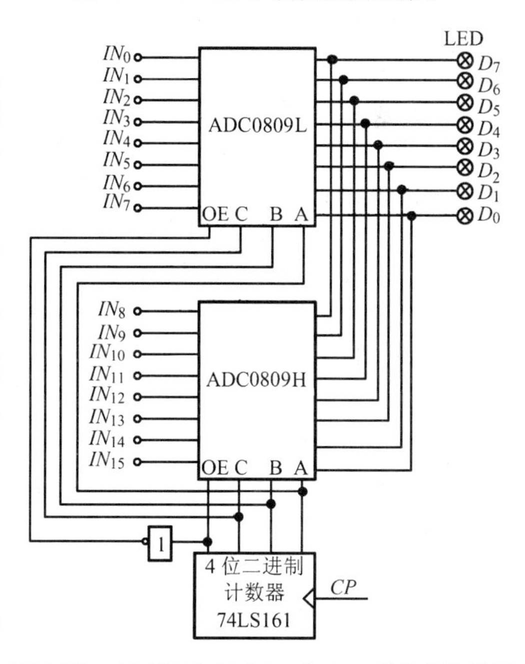

图 4.73 ADC0809 组成 16 路 A/D 转换器接线图

5 电子电路仿真及设计

5.1 Multisim 12 基本操作指南

5.1.1 Multisim 12 简介、特点

Multisim 12 仿真软件的前身是 Electronics Workbench(简称 EWB),EWB 是加拿大 Interactive Image Technologies 公司(缩写:IIT 公司)推出的电子电路仿真分析、设计软件。IIT 公司在 2001 年前后对 EWB 软件系列进行了较大规模的改动,其仿真设计分析模块更名为 Multisim。2005 年 IIT 公司被美国国家仪器公司(National Instruments,简称 NI 公司)收购,实现了强强联合。Multisim 12 提供了全面集成化的设计环境、方便简洁的操作界面、数量丰富的元器件库、种类齐全的仪器仪表、功能多样的分析工具,将功能强大的 SPICE 仿真和原理图捕获集成在高度直观的 PC 电子实验室中,可以实现虚拟仪器测试、射频分析、单片机仿真等高级应用。与该软件以前版本相比,Multisim 12 不仅在电子系统仿真设计方面有诸多功能的完善和改进,其在虚拟仪器、单片机仿真等技术方面亦有更多的创新和提高。在 Multisim 12环境下,电路的修改调试非常方便,创建电路、调用元器件和测试仪器等均可直接从窗口图形中调出,不仅测试仪器的操作面板与实物相似,而且测试结果与实际调试基本相同,并可直接打印输出实验数据、实验曲线、电路原理图和元件清单等。Multisim 12 直观的电路图和仿真分析结果的显示形式非常适合于电子类课程课堂和实验教学环节,可以弥补实验仪器、元器件少的不足及避免仪器、元器件的损坏,可以帮助学生更好地掌握课堂教学内容,加深对概念、原理的理解,培养学生的综合分析、开发设计和创新能力。

5.1.2 Multisim 12 的基本界面

启动 Multisim 12 软件图标后,可见到如图 5.1 所示的 Multisim 12 基本界面。

1) 菜单栏

Multisim 12 菜单栏中共有 12 个主菜单,如图 5.2 所示,每个主菜单的下拉菜单中都包含了若干条命令。

(1) File(文件)菜单

主要用于管理所创建的电路文件,File 菜单中的命令及其功能如图 5.3 所示。

(2) Edit(编辑)菜单

主要用于在电路绘制过程中,对电路和元件进行各种技术性处理,Edit 菜单中的命令及其功能如图 5.4 所示。

(3) View(视图)菜单

用于控制仿真界面上显示的内容以及电路图的缩放,View 菜单中的命令及其功能如图 5.5所示。

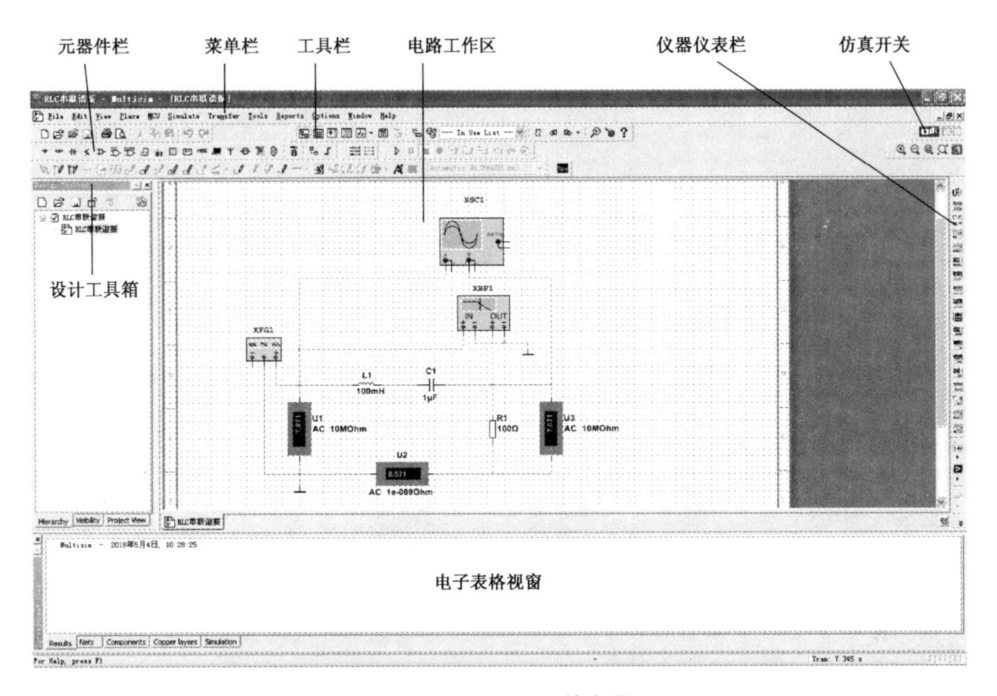

图 5.1 Multisim 12 基本界面

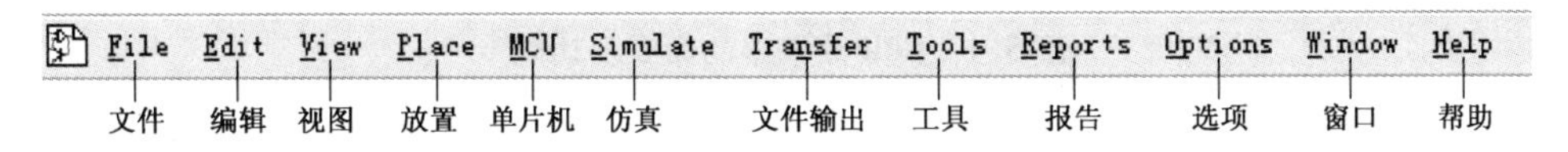

图 5.2 菜单栏

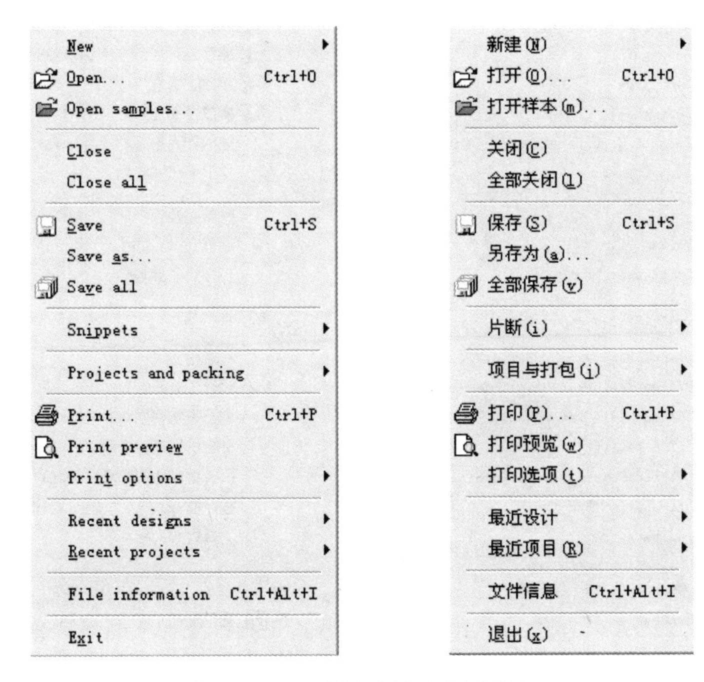

图 5.3 File 菜单中的命令及功能

图 5.4　Edit 菜单中的命令及功能

图 5.5　View 菜单中的命令及功能

(4) Place(放置)菜单

提供在电路窗口内放置元件、连接点、总线和文字等操作命令,Place 菜单中的命令及其功能如图 5.6 所示。

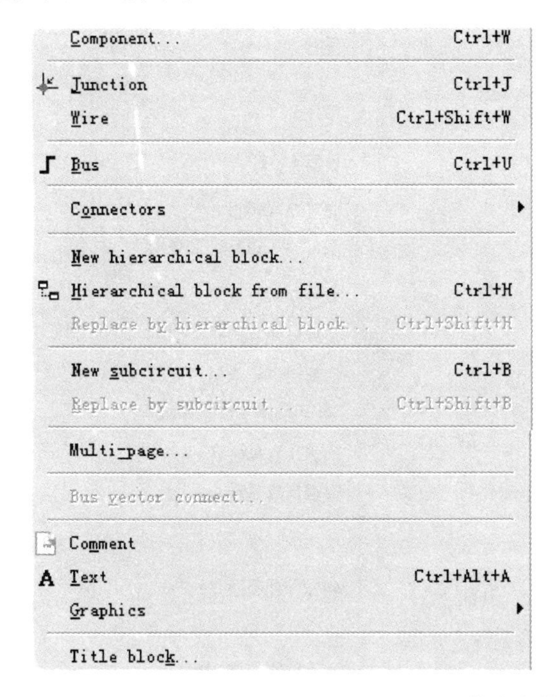

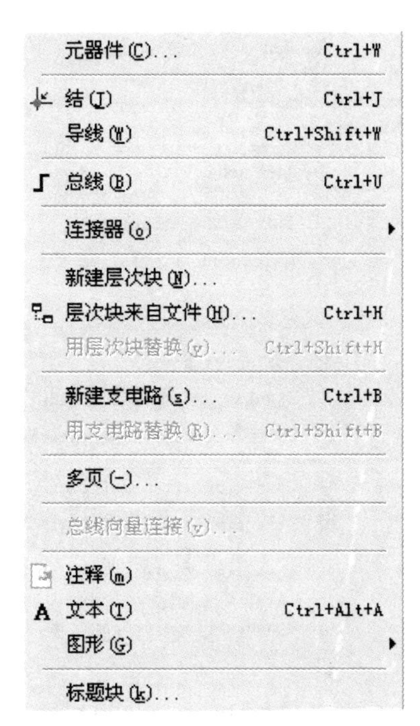

图 5.6　Place 菜单中的命令及功能

(5) MCU(单片机)菜单

提供 MCU 的调试操作命令,MCU 菜单中的命令及其功能如图 5.7 所示。

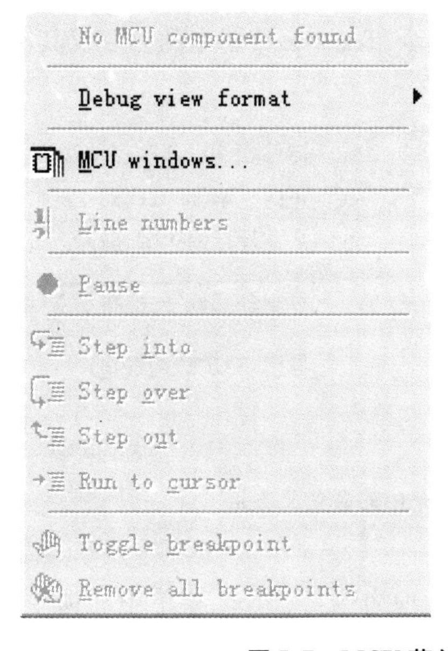

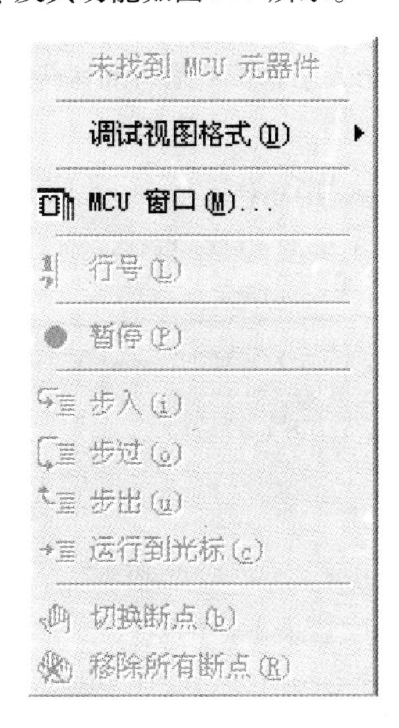

图 5.7　MCU 菜单中的命令及功能

(6) Simulate(仿真)菜单

提供常用的仿真设置命令和仿真操作命令,Simulate 菜单中的命令及其功能如图 5.8 所示。

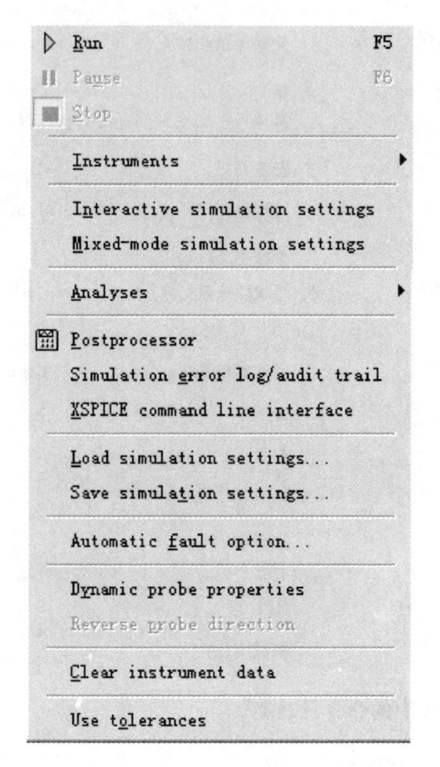

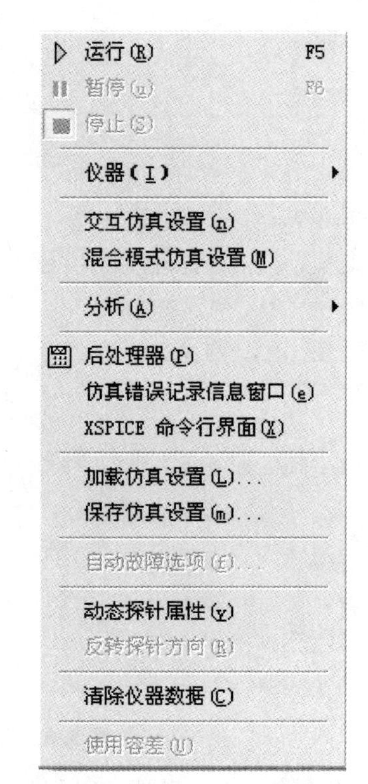

图 5.8 Simulate 菜单中的命令及功能

(7) Transfer(文件输出)菜单

提供将仿真结果传输给其他软件处理的命令,Transfer 菜单中的命令及其功能如图 5.9 所示。

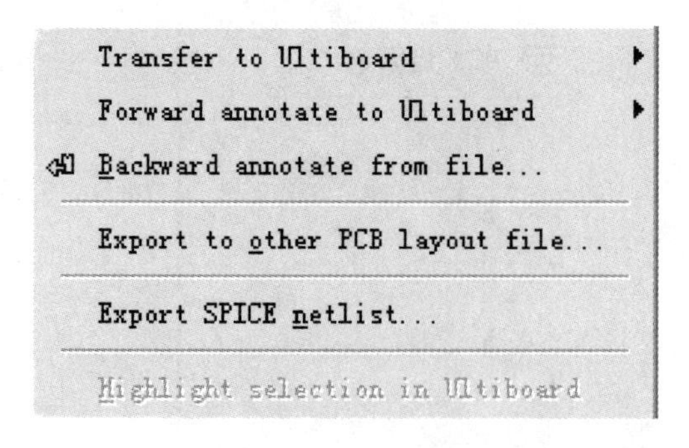

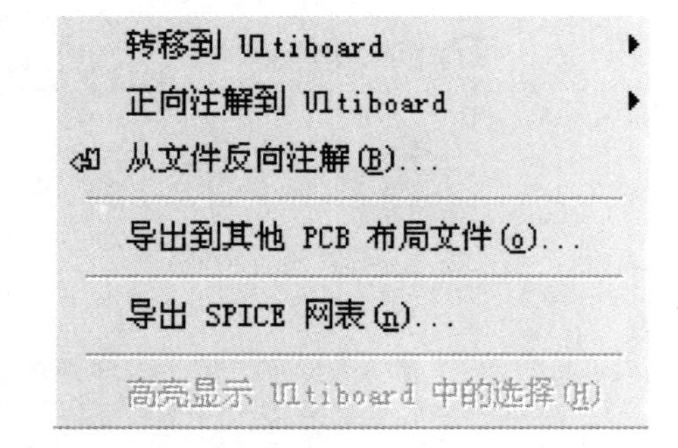

图 5.9 Transfer 菜单中的命令及功能

(8) Tools(工具)菜单

提供常用电路向导、元件和电路编辑或管理命令等,Tools 菜单中的命令及其功能如图 5.10所示。

图 5.10 Tools 菜单中的命令及功能

(9) Reports(报告)菜单

提供电路各个方面的报告清单,Reports 菜单中的命令及其功能如图 5.11 所示。

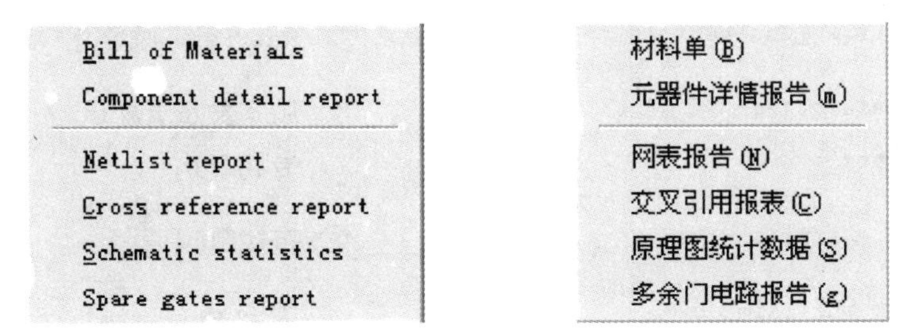

图 5.11 Reports 菜单中的命令及功能

(10) Options(选项)菜单

提供电路界面的定制和电路某些功能的设定,Options 菜单中的命令及其功能如图 5.12 所示。

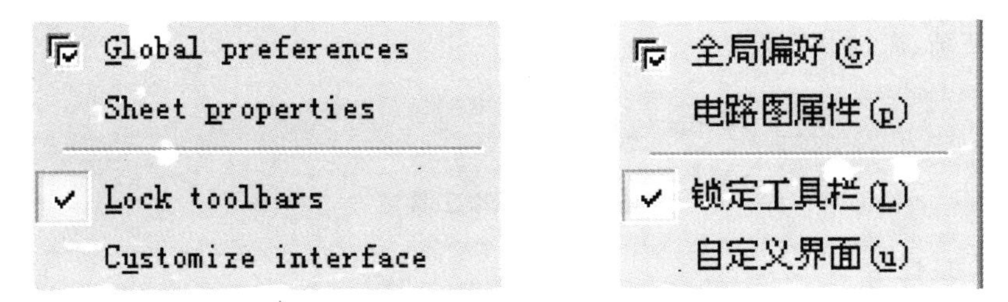

图 5.12 Options 菜单中的命令及功能

(11) Window(窗口)菜单

提供各种不同显示窗口的操作命令,Window 菜单中的命令及其功能如图 5.13 所示。

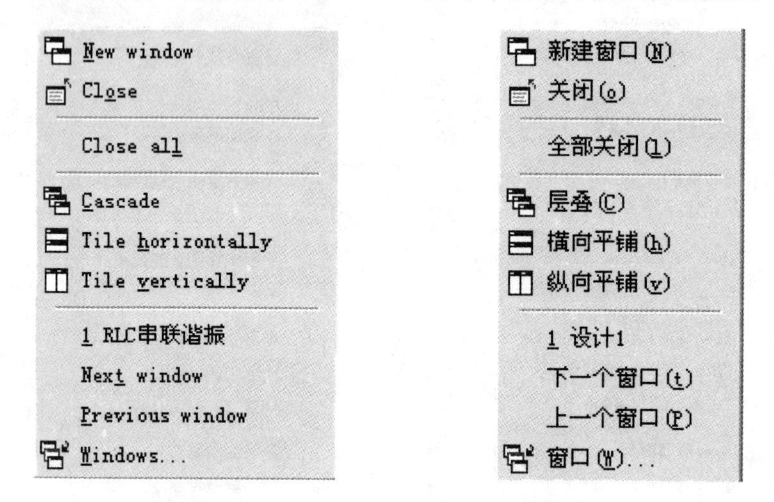

图 5.13　Window 菜单中的命令及功能

(12) Help(帮助)菜单

提供在线技术帮助和指导,Help 菜单中的命令及其功能如图 5.14 所示。

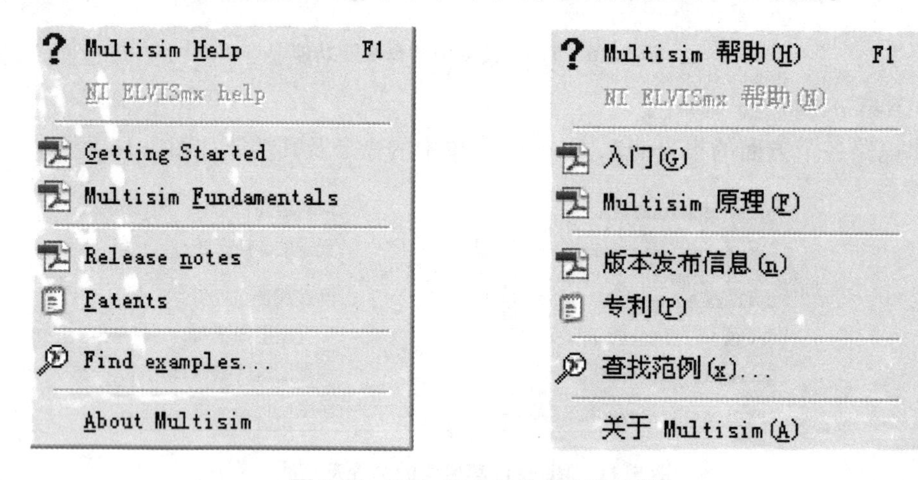

图 5.14　Help 菜单中的命令及功能

2) 工具栏

(1) 标准工具栏

Multisim 12 标准工具栏如图 5.15 所示,从左到右的功能分别为新建、打开、保存、打印、剪切、复制、粘贴、撤销和恢复。

图 5.15　标准工具栏

(2) 主工具栏

Multisim 12 主工具栏如图 5.16 所示,主工具栏集中了 Multisim 12 的核心操作,使得电路设计更加方便。主工具栏从左到右的功能分别为设计工具箱、电子表格视图、SPICE 网表查看器、面包板视图、图示仪、后处理器、母电路图、元器件向导、数据库管理器、使用中元件列表、电气规则检查、将 Ultiboard 电路的改变反标到 Multisim 电路文件中、将 Multisim 电路的改变反标到 Ultiboard 文件中、查找范例、教学网站、帮助。

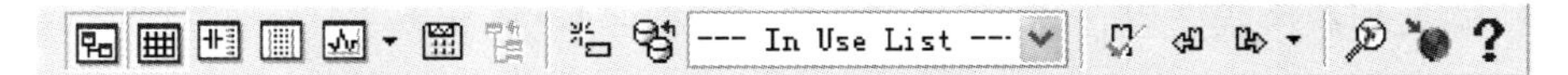

图 5.16 主工具栏

3）元器件栏

Multisim 12 元器件栏如图 5.17 所示，包括实际元件库和虚拟元件库，界面默认显示的是实际元器件栏，按照属性分置在 20 个元件分类库中，每个元件库中包含丰富的同种类型元件，用鼠标左键单击元器件库栏目下的图标即可打开该元器件库。

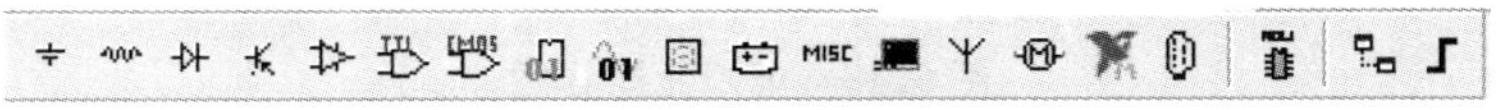

图 5.17 元器件栏

：电源库。包含为电路提供电能的功率电源、作为输入信号的信号源、受控源等各式各样的电源。

：基本元器件库。包含基本虚拟元件、定值虚拟元件、虚拟 3D 元件、上拉电阻、开关、变压器、继电器、插座、电阻、电容、电感、电解电容、电位器等基本元件。

：二极管库。包含虚拟二极管、齐纳二极管、开关二极管、发光二极管、稳压二极管、整流桥、晶闸管等各种二极管。

：晶体管库。包含虚拟晶体管、NPN 和 PNP 型等各种类型的晶体管。

：模拟集成电路库。包含虚拟运放、运算放大器、诺顿运放、比较器、宽带运放等。

：TTL 数字集成电路库。包含 74STD 普通型集成电路、74LS 系列低功耗肖特基等各种 TTL 芯片。

：CMOS 数字集成电路库。包含 74 系列和 4 × × × 系列的各种 CMOS 数字集成电路。

：其他数字元器件库。放置杂项数字电路，包含数字逻辑元件、可编程逻辑器件等。

：混合元器件库。包含虚拟混合元器件、模拟开关、定时器、A/D 和 D/A 转换器、多谐振荡器等。

：指示元器件库。包含电压表、电流表、探针、蜂鸣器、灯泡、数码管等。

：功率元器件库。包含保险丝、集成稳压器等。

：其他元器件库。包含晶振、光耦合器、滤波器等。

：外围元器件库。包含键盘、液晶显示器等。

：RF 射频元器件库。包含射频电容、射频电感、射频晶体管等。

:机电类元器件库。包含线圈与继电器、保护装置等一些电工类器件。

:NI 元器件库。包含 NI 公司制造的元器件。

:连接元器件库。

:微处理器模块。包含 8051、8052、PIC 单片机、RAM 和 ROM。

:层次化模块。

:总线模块。

为了仿真时选取元器件方便,Multisim 12 提供了一个常用的虚拟元器件栏,该栏只包括一些常用的虚拟元器件,不包括现实元件,虚拟元器件栏如图 5.18 所示。

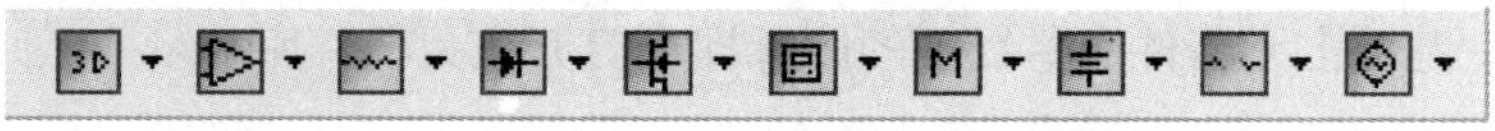

图 5.18　虚拟元器件栏

4）仪器仪表栏

Multisim 12 提供了 22 种常用仪器仪表,通常放置于电路工作区的右侧,仪器仪表栏如图 5.19 所示。

图 5.19　仪器仪表栏

用户可自定义 Multisim 12 中各工具栏的位置,通过单击菜单栏中的"Options"选项,单击下拉菜单中的 ✓ Lock toolbars 可解除工具栏锁定,即可拖动各工具栏进行位置调整操作。

仪器仪表栏从左到右分别为数字万用表、函数信号发生器、功率表、双通道示波器、四通道示波器、波特图仪、频率计、字信号发生器、逻辑转换仪、逻辑分析仪、伏安特性分析仪、失真分析仪、频谱分析仪、网络分析仪、安捷伦函数发生器、安捷伦万用表、安捷伦示波器、泰克示波器、测量探针、LabVIEW 虚拟仪器、NI ELVIS 仪器、电流探针。

用鼠标左键单击仪器仪表图标,将图标拖到电路工作区,将仪器仪表图标上的连接端与电路连接端相连,方可使用。

用鼠标双击电路工作区中的仪器仪表图标,打开仪器仪表面板,可通过鼠标操作来修改仪器仪表的参数设置。

电压表和电流表不在仪器仪表栏目下,而是放在元器件栏中的指示器件库。

5）其他工具栏

（1）  :视图工具栏,实现电路窗口视图的放大、缩小等操作,也可通过鼠标滚轮进行视图的放大、缩小等操作。

（2）  :单片机仿真工具栏,主要用于单片机程序的调试。

（3） 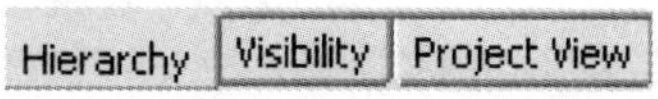 Hierarchy Visibility Project View :设计工具箱,主要用来管理原理图的不同组成元素

和层次电路的显示。

① Hierarchy（层次化）选项卡：用于对不同电路进行分层显示，上方 按钮的功能依次为新建原理图、打开原理图、保存、关闭当前电路、重命名、近期设计的视图。

② Visibility(可视化)选项卡：设定当前页面显示图层以及是否显示电路的各种参数信息。

③ Project View(工程视图)选项卡：显示所建立的工程，包括原理图文件、PCB 文件、仿真文件等。

(4) Results | Nets | Components | Copper layers | Simulation ：电子表格视窗，位于 Multisim 12 基本界面的最下方。当电路存在错误时，电子表格视窗用于显示检验结果，也是当前电路中所有元件属性的统计窗口，可以通过该窗口改变元件的部分或全部属性。

① Results ：显示电路中元件的查找结果和电气规则检查结果。

② Nets ：显示当前电路中所有网点的相关信息。

③ Components ：显示当前电路中所有元件的相关信息。

④ Copper layers ：显示 PCB 层的相关信息。

⑤ Simulation ：显示运行仿真时的相关信息。

5.1.3 Multisim 12 电路的创建

1）元器件

(1) 选用元器件

在元器件栏中单击要选择的元器件库图标(或者执行菜单 Place 下的 Component 命令)，在出现的元器件库对话框中选择所需的元器件，如图 5.20 所示。图中所示为在晶体管库中选择一只 NPN 型三极管，单击 OK 按钮，所选择的三极管则跟随鼠标移动，再将该元器件放到电路工作区即可。

如图 5.20 所示的元器件选择对话框中各项说明如下。

① Database 下拉列表：选择元器件所属的数据库，图 5.20 中选择的是 Master Database (主元器件库)。

② Group 下拉列表：选择元器件库的分类，包括 19 个元器件库，图 5.20 中选择的是晶体管库。

③ Family 栏：选择在每种库中包含的不同元器件箱，图 5.20 中选择的是 NPN 型晶体管。

④ Component 栏：显示 Family 栏中元器件箱所包含的所有元器件，图 5.20 中选择的是 2N2222A 三极管。

⑤ Symbol(DIN)栏：显示所选择的元器件符号，图 5.20 中采用的是 DIN 标准(欧洲标准元件符号)。

⑥ Function 栏：显示所选择元器件的功能描述。

⑦ Model manufacture：显示所选择元器件的模型提供商。

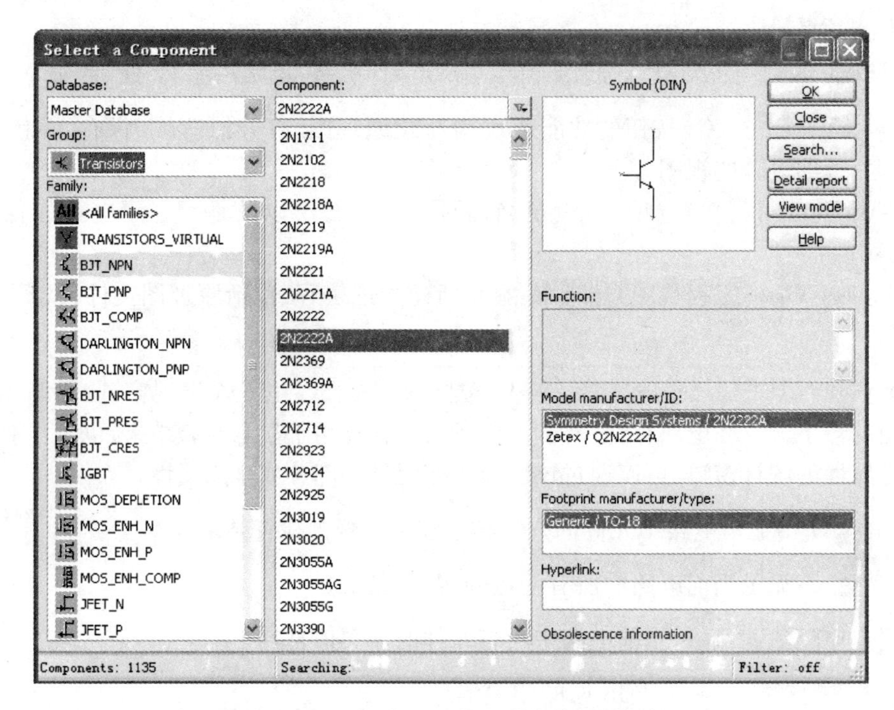

图 5.20　Multisim 12 的元器件选择对话框

⑧ Search 按钮:单击该按钮将出现元器件搜索对话框,可以根据元器件所属的数据库类型、分类、元器件名称等信息搜索需要的元器件。

⑨ View model 按钮:单击该按钮将显示元器件的模型报告。

⑩ Help 按钮:单击该按钮将获得帮助信息。

另外,OK 按钮和 Close 按钮分别为选择元器件及关闭当前对话框。

(2) 选中元器件

用鼠标单击电路工作区中需要选中的元器件,该元器件四周将出现蓝色虚线框,表示选中了该元器件,可以对其进行移动、复制、删除、旋转等操作。单击电路工作区的空白处,即可取消该元器件的选中状态。

若需同时选中多个元器件,可以用鼠标左键在电路工作区的适当位置画出一个矩形区,包含在该矩形区内的一组元器件即被同时选中。

(3) 元器件基本操作

元器件被选中后,在出现的蓝色虚线框区域内,按住鼠标左键可以拖动该元器件至电路工作区中指定位置,同时与其连接的导线会自动重新排列。选中元器件后,通过键盘上的箭头键可以对元器件的位置进行微调。

元器件被选中后,在出现的蓝色虚线框区域内单击鼠标右键,将出现与元器件操作相关的菜单选项,如剪切、复制、删除、颜色设置等,并可对该元器件进行 4 种方式的旋转操作:Flip Horizontally(水平翻转)、Flip Vertically(垂直翻转)、Rotate 90° Clockwise(顺时针旋转 90°)、Rotate 90° Counter Clockwise(逆时针旋转 90°)。

(4) 元器件的参数设置

双击电路工作区中被选中的元器件(或者选择菜单 Edit 下的 Properties 命令),在弹出的元器件属性对话框中,可以设置或者编辑元器件的各种特性参数。

Multisim 12 提供了两种元器件模型:现实元件模型和虚拟元件模型。现实元件根据实际存在的元器件参数而设计,是有封装的真实元件,仿真结果准确可靠。虚拟元件是指元件的大部分模型参数是该类元件的典型值,部分模型参数可根据需要自行确定。元器件的属性对话框如图 5.21 所示,包括 Label(标识)、Display(显示)、Value(数值)、Fault(故障)、Pins(引脚)、Variant(变量)等内容。

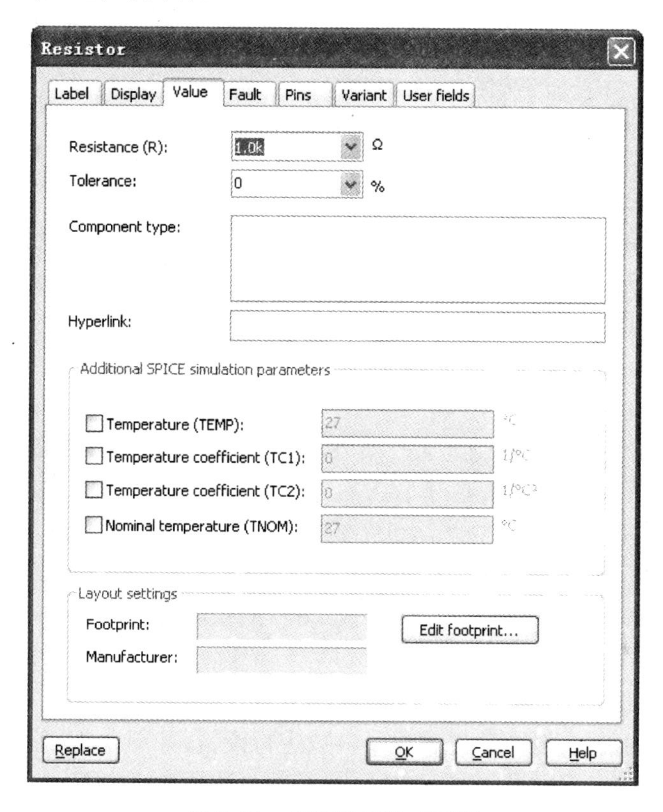

图 5.21 元器件属性对话框

① Label(标识):用于设置元器件的 RefDes(编号)、Label(标识)和 Attributes(属性)。其中 RefDes 由系统自动分配,也可以自行修改,修改时应保证编号的唯一性;Label 可以由用户自己设置,可输入中文。

② Display(显示):用于设置 Label(标识)、Value(数值)、RefDes(编号)、Attributes(属性)等显示方式。

③ Value(数值):用于编辑元器件的特性、模型参数等。对于某些现实元件(如晶体管等),其 Value(数值)选项参数不可改变,若需更改其参数可单击 Edit model 按钮修改其模型。

④ Fault(故障):可人为设置元器件的隐含故障,包括 None(无故障)、Open(开路)、Short(短路)、Leakage(漏电)设置。对于三极管还可将隐含故障设置到发射极、基极、集电极的引脚处,为电路的故障分析提供方便。

2) 导线

主要包括:导线的连接、导线的删除、导线颜色的改变、弯曲导线的调整。

(1) 导线的连接

将鼠标指向一个元件的端点,出现一个小黑圆点后,单击鼠标左键并拖曳出一根导线,拖向另一个元件的端点并单击鼠标左键(拖曳时在需要倒角的地方单击鼠标左键可控制导线的走向),即完成了两个元件之间的导线连接。导线自动选择合适的走向,不会与其他元器件出现交叉。

(2) 导线的删除

右击要删除的导线,在弹出菜单中单击 Delete 选项(或者选定导线后按键盘上的 Delete 键)即可删除导线。

(3) 导线颜色的改变

将鼠标指向导线,单击鼠标右键,在弹出的菜单中选择 Color,再选择合适的颜色。

(4) 弯曲导线的调整

元器件位置与导线不在同一条直线上时可先选中该元器件,然后用键盘上的 4 个箭头键微调该元器件的位置。

另外,向导线中插入元器件时,可将元器件直接拖曳放置在导线上,然后释放即可插入到电路中。

3) 节点

执行 Place/Junction 命令,并在电路工作区中适当位置单击鼠标左键即可完成节点的放置。一个节点最多可以连接来自上、下、左、右 4 个方向的导线,而且节点可以进行标识、编号与颜色的设置。

4) 电路图

选择菜单 Options 下的 Sheet Properties 或 Edit 下的 Properties 命令,屏幕上会弹出如图 5.22 所示的 Properties 对话框。

(1) Sheet visibility 选项

主要对工作区内的电路图形、电路显示参数进行设置,如图 5.22 所示。

① Component 栏目:设置是否显示电路参数,部分选项含义如下:

- Labels:显示元器件的标识文字。
- Initial conditions:显示初始化条件。
- Tolerance:显示公差。
- Attributes:显示元器件的属性。
- Symbol pin names:显示元器件的符号引脚名称。
- Footprint pin names:显示元器件的封装引脚名称。

② Net names:设置是否显示网络名称参数。

- Show all:全部显示。显示包括节点编号等电路原理图的所有参数。
- Use net-specific setting:使用特殊设置。
- Hide all:全部隐藏。

③ Connectors:是否显示连接器。

- On-page names:在页名称。
- Global names:全局名称。
- Off-page names:离页名称。

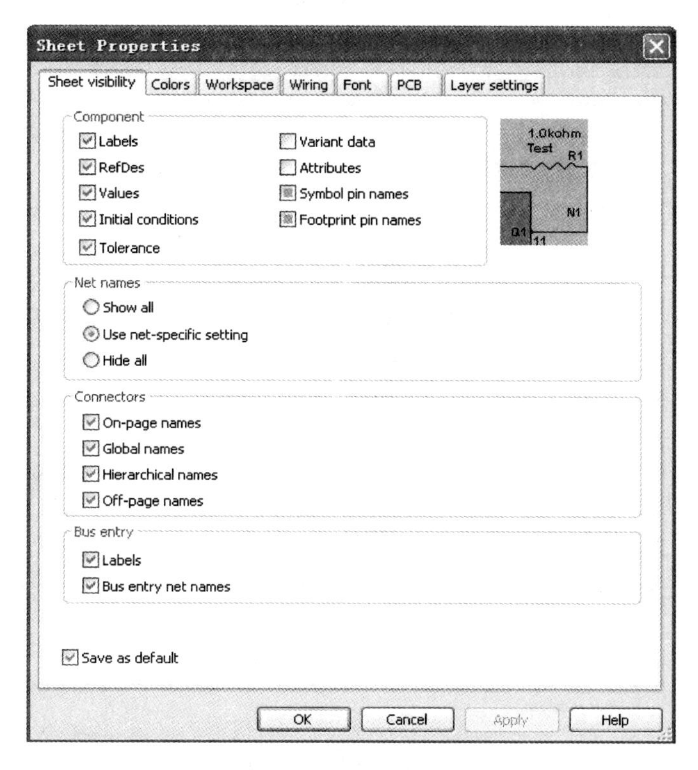

图 5.22 Properties 对话框

④ Bus entry:设置总线的相关参数。

- Labels:显示总线的标识文字。
- Bus entry net names:显示总线入口网络名称。

Save as default:将用户设置作为默认设置。

(2) Colors 选项

决定电路显示的颜色,如图 5.23 所示。

在 Color scheme 下拉列表框中可以选择预置的 5 种配色方案,其中的 Custom 为自行设置配色方案。

- Background:选择电路工作区的背景。
- Selection:选中元器件的颜色。
- Text:文本颜色。
- Component with model:选择有模型元器件的颜色。
- Component without model:选择无模型元器件的颜色。
- Component without footprint:选择无封装元器件的颜色。
- Wire:选择导线的颜色。
- Connector:选择连接器的颜色。
- Bus:选择总线的颜色。
- Hierarchical block/Subcircuit:选择层次块/支电路的颜色。

(3) Workspace 选项

对电路工作区图纸进行设置,如图 5.24 所示。

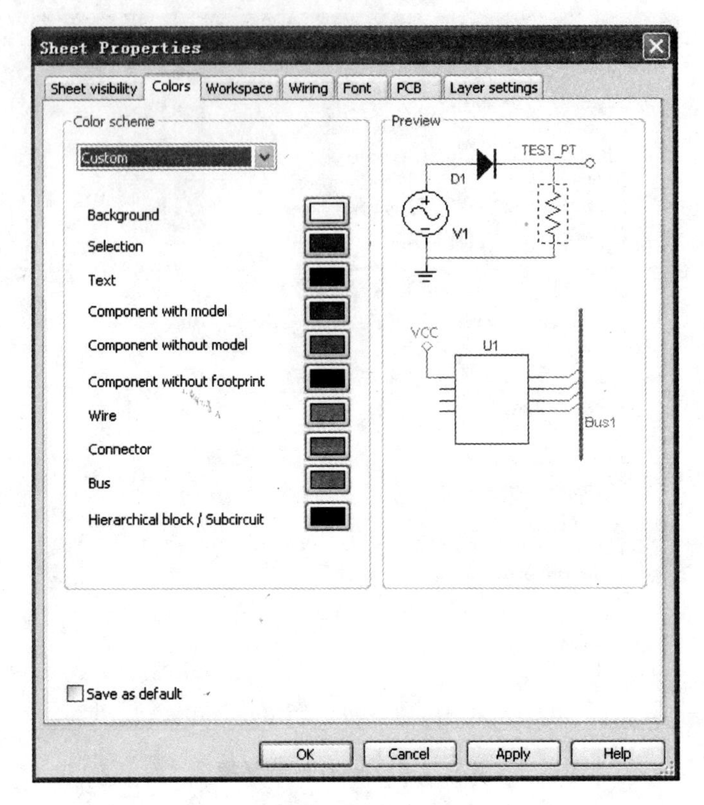

图 5.23　Colors 对话框

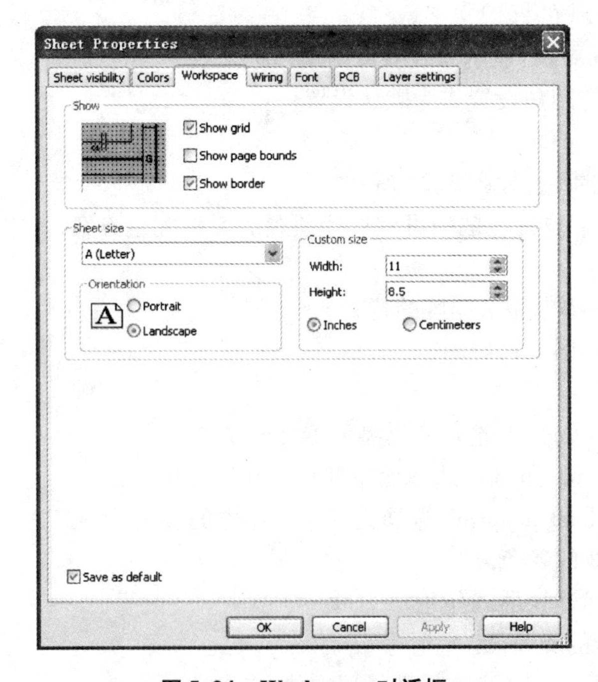

图 5.24　Workspace 对话框

① Show 栏目:实现电路工作区显示方式的控制,其左半部是预览窗口,右半部是选项

栏,包含有 Show grid(显示栅格)、Show page bounds(显示页面边界)、Show border(显示边界)3 个选项。

② Sheet size 栏目:实现图纸大小和方向的设置,其右半部 Custom size 项下的 Width(宽度)和 Height(高度)栏可以自定义图纸尺寸。单位可选择 Inches(英寸)或 Centimeters(厘米)。

③ Orientation 栏目:设置图纸方向,Portrait 为纵向,Landscape 为横向。

(4) Wiring 选项

对导线的宽度与自动连线的方式进行设置,如图 5.25 所示。

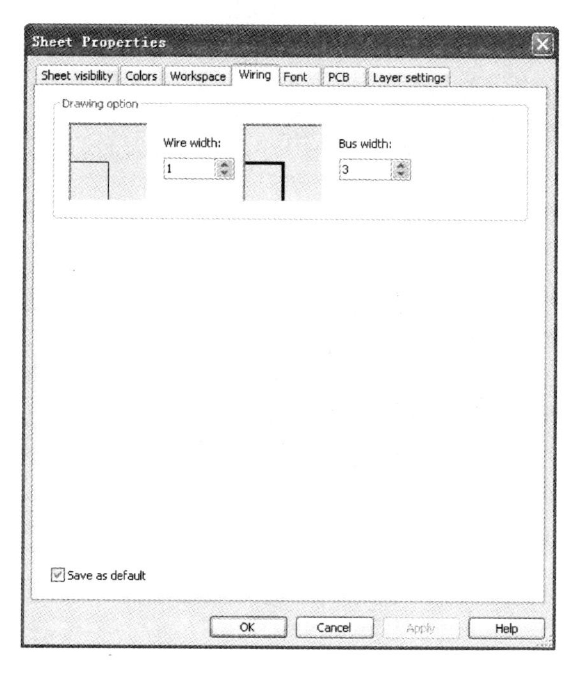

图 5.25 Wiring 对话框

① Wire width 栏目:设置导线的宽度,左边是预览窗口,右边栏内可输入 1 ~ 15 之间的整数,数值越大导线越宽。

② Bus width 栏目:设置总线的宽度。

(5) Font 选项

对字体进行设置,如图 5.26 所示。

① Font 栏目:选择字体。

② Font Style 栏目:选择字形。

③ Size 栏目:选择字号。

④ Alignment:选择对齐方式。

⑤ Preview:预览显示设定的字体。

⑥ Apply to 栏目:选择字体的应用范围,有以下两种选择。

- Selection:应用于选取的项目。
- Entire sheet:应用于整个电路。

⑦ Change all 栏目:选择字体应用的项目,项目选择如下。

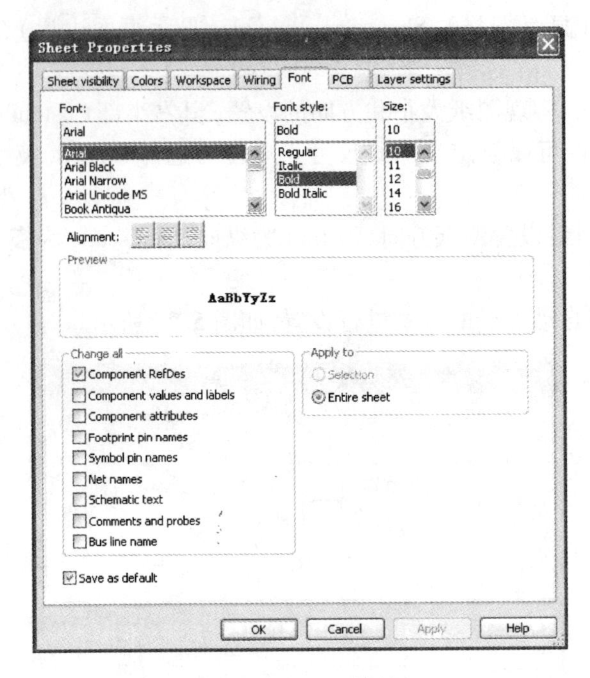

图 5.26　Font 对话框

- Component RefDes:选择的字体应用于元器件编号。
- Component values and labels:选择的字体应用于元器件数值和标识。
- Component attributes:选择的字体应用于元器件属性。
- Footprint pin names:选择的字体应用于引脚名称。
- Symbol pin names:选择的字体应用于符号引脚名。
- Net names:选择的字体应用于网络表名称。
- Schematic text:选择的字体应用于原理图文本。
- Comments and probes:选择的字体应用于注释与探针。
- Bus line name:选择的字体应用于总线线路名称。

(6) PCB 选项

进行与 PCB 文件相关的设置,如图 5.27 所示。

① Ground option 栏目:接地选择。若选中 Connect digital ground to analog ground 表明在 PCB 电路中将数字地与模拟地相连。

② Unit settings:设置输出 PCB 文件的尺寸大小的单位。

③ Copper layers:设置印制板的层数。

④ PCB settings:PCB 设置,分别表示引脚替换、门替换。

(7) Layer settings(图层设置)

① Fixed layers:固定层属性。

② Custom layers:添加定制层。

(8) Components 选项

对元器件的符号标准及选择元器件的操作模式等进行设置,选择菜单 Options 下的 Global Preferences 命令,单击 Components 选项,出现如图 5.28 所示的 Components 对话框。

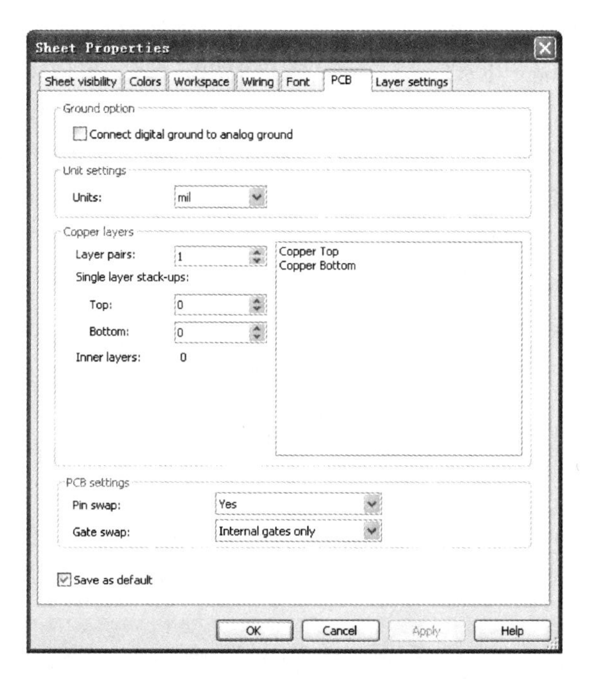

图 5.27 PCB 对话框

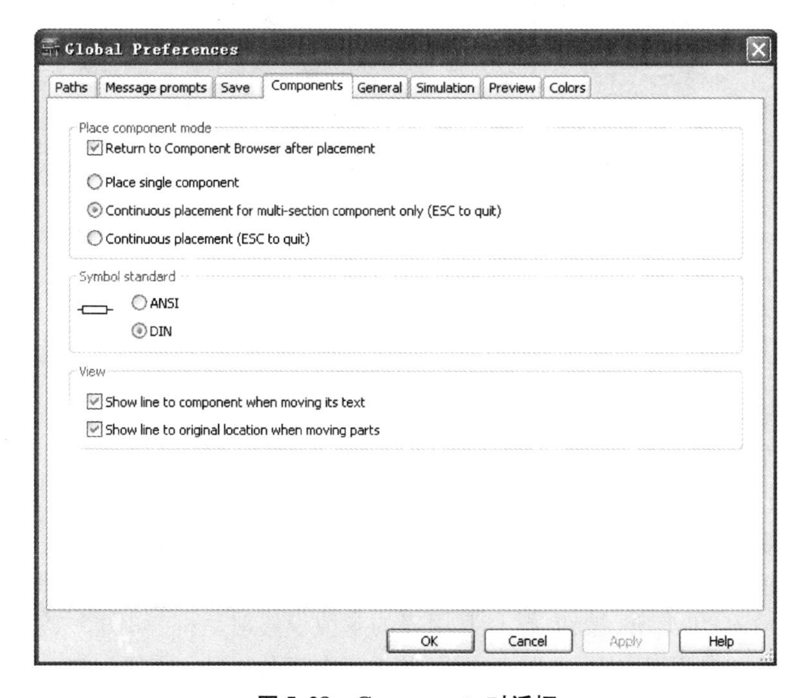

图 5.28 Components 对话框

① Place component mode 栏目:选择放置元器件的方式。

- Return to Component Browser after placement:布局完成返回元器件库。
- Place single component:从库里取出元器件,只能放置一次。
- Continuous placement for multi-section component only(ESC to quit):表明一个封装里

有多个元器件(如一个74LS86包含4个异或门),可以连续放置元器件,按Esc键结束放置。

- Continuous placement(ESC to quit):从库里取出元器件,可以连续放置,按Esc键结束放置。

② Symbol standard 栏目:选择元器件的符号标准,有以下两种符号标准可以选择。

- ANSI:采用美国标准元件符号。
- DIN:采用欧洲标准元件符号。

③ View 栏目:制图视图设置。

- Show line to component when moving its text:移动文本时显示通往元器件的线路。
- Show line to original location when moving parts:移动零件时显示通往原位置的线路。

5.1.4 Multisim 12 常用仪器仪表的使用

1) 数字万用表

数字万用表(Multimeter)可以测量交(直)流电压、电流、电阻以及电路中两测试点之间的分贝损失。图5.29表示数字万用表的图标、面板和参数设置对话框。

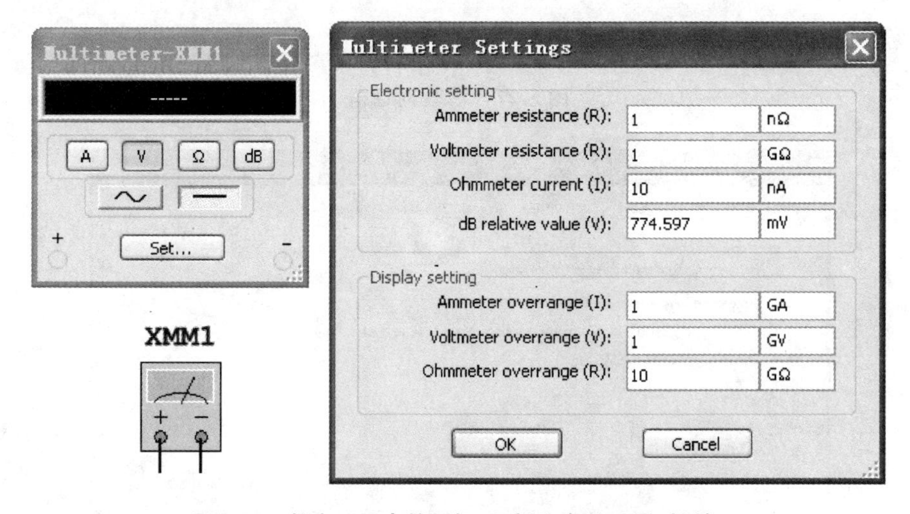

图5.29 数字万用表的图标、面板和参数设置对话框

如图5.29所示的万用表面板从上到下各部分功能如下。

(1) 显示栏:显示测量数值。

(2) 挡位选择:依次对应为电流挡、电压挡、电阻挡、分贝挡。

(3) 交直流选择:依次对应为交流、直流。

(4) 参数设置:单击Set按钮,打开万用表的参数设置对话框,如图5.29所示,可设置数字万用表内部的电流表内阻、电压表内阻、欧姆表电流及测量范围等参数。

2) 函数信号发生器

函数信号发生器(Function Generator)可以提供正弦波、三角波、方波三种电压信号,可调节的参数有频率、占空比、幅值、直流电平偏置等。函数信号发生器图标和面板分别如图5.30所示。

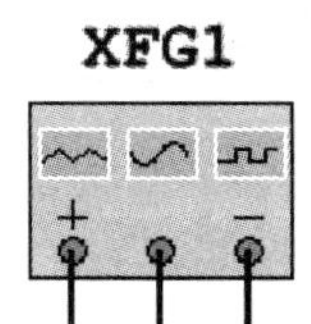

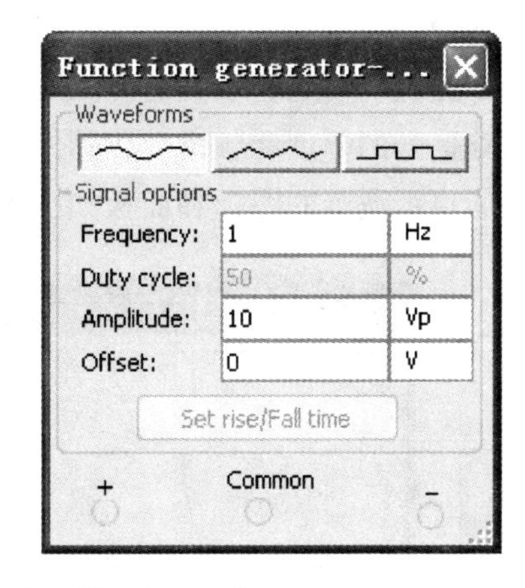

图 5.30　函数信号发生器图标和面板

函数信号发生器图标上有正端、负端和公共端 3 个接线端子，其中正端表示输出信号对公共端向外输出正向信号，负端表示输出信号对公共端向外输出负向信号，公共端提供了输出信号的参考电平，使用中一般应接地。

函数信号发生器面板上各测试选择功能如下。

(1) Waveforms(信号选择)：依次为正弦波、三角波、方波。

(2) Frequency(信号频率)：调节范围为(1 fHz ~ 1 000 THz)。

(3) Duty Cycle(信号占空比)：调节范围为(1% ~ 99%)，仅对三角波和方波有效。

(4) Amplitude(信号幅度)：调节范围为(1 fVp ~ 1 000 TVp)。

(5) Offset(电压偏置)：表示在输出的信号上叠加一个直流分量，调节范围为(−1 000 TV ~ +1 000 TV)。

(6) Set rise/Fall time 按钮：设置方波的上升和下降时间，仅对方波有效。

3) 瓦特表

瓦特表(Wattmeter)用来测量电路的交流或者直流功率，瓦特表的图标和面板如图 5.31 所示。

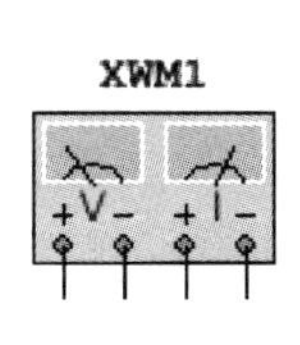

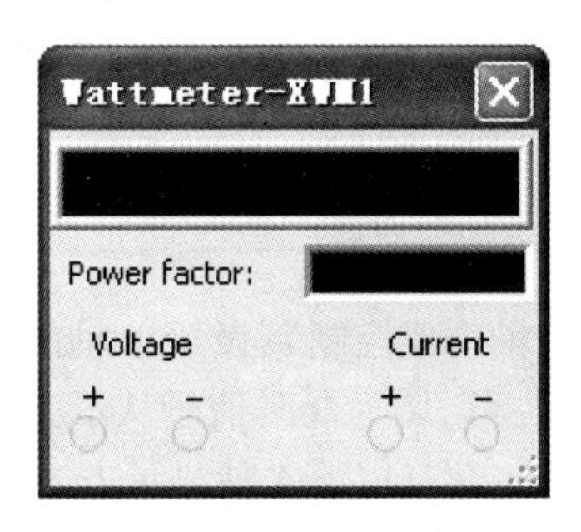

图 5.31　瓦特表图标和面板

瓦特表有 4 个接线端子：电压输入端正极、电压输入端负极、电流输入端正极、电流输入端负极，其中电压输入端与测量电路并联，电流输入端与测量电路串联。

瓦特表面板上分别显示被测电路的功率和功率因数(Power Factor)。

4）双通道示波器

Multisim 12 提供的双通道示波器（Oscilloscope）外观及操作与实际的示波器基本相同，可同时显示两路信号的幅度和频率变化，并可以分析周期信号大小、频率值以及比较两个信号的波形。双通道示波器的图标和面板如图 5.32 所示。

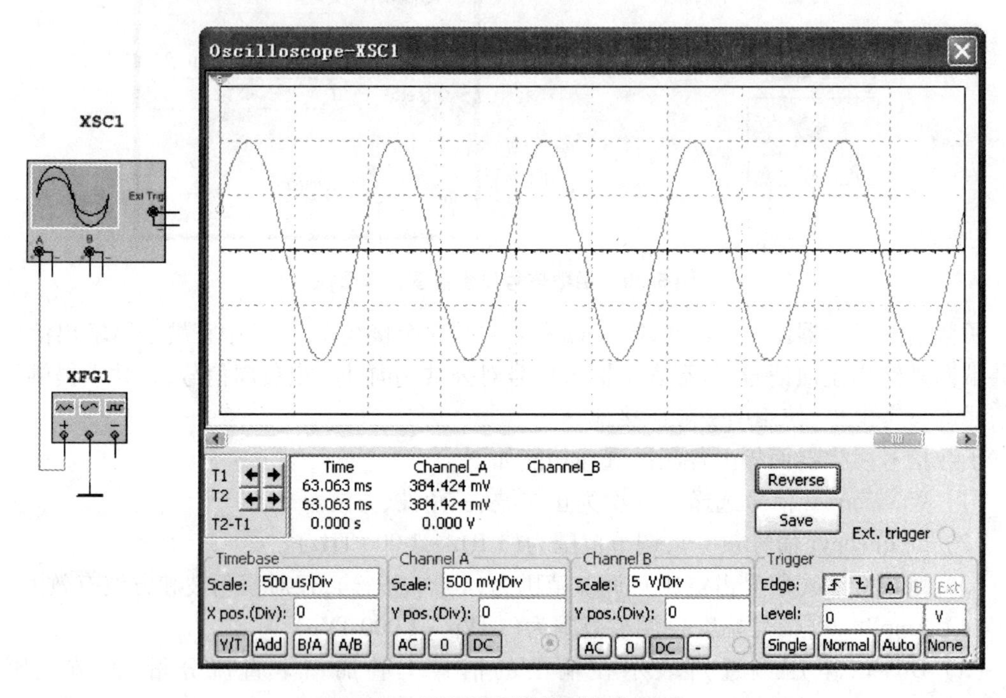

图 5.32　双通道示波器图标和面板

双通道示波器的图标有 6 个接线端子，分别是 A 输入通道的正负端、B 输入通道的正负端、外触发信号的正负端。如测量电路中某节点与地之间的波形，只需将 A 或 B 通道的正端与该节点相连接；如测量电路中某个元件两端的波形，只需将 A 或 B 通道的正负端与该元件两端相连接。

示波器面板各个按键的作用及参数的设置方法说明如下：

（1）Timebase（时基控制）

① Scale（时间标尺）：设置 *X* 轴刻度显示波形时的时间基准，调节范围为 1 fs/Div ~ 1 000 Ts/Div）。

② X position（*X* 轴位置控制）：设置 *X* 轴的起始点，调节范围为 -5 ~ +5，正值使起始点右移，负值使起始点左移，调为 0 时信号从示波器屏幕的左边缘开始显示。

③ 显示方式选择：共有以下 4 种显示方式。

- Y/T（幅度/时间）方式：表示 *X* 轴显示时间，*Y* 轴显示电压值（此方式为默认方式）。
- Add（叠加）方式：表示 *X* 轴显示时间，*Y* 轴显示 *A* 通道和 *B* 通道的输入信号之和。
- B/A（B 通道/A 通道）方式：表示 *X* 轴显示 *A* 通道信号，*Y* 轴显示 *B* 通道信号。*X* 轴与 *Y* 轴都显示电压值。
- A/B 方式与 B/A 方式相反。

（2）Channel A（输入通道 A）/Channel B（输入通道 B）

① Scale(*Y*轴刻度):设置*Y*轴电压刻度,调节范围为 1 fV/Div ~ 1 000 TV/Div。

② Y position(*Y*轴位置控制):设置*Y*轴的起始点,调节范围为 -99 ~ +99,起始点为正值表示*Y*轴原点位置向上移,否则向下移,起始点为 0 表示*Y*轴的起始点在示波器屏幕中线。

③ 耦合方式:选择信号输入的耦合方式,有以下 3 种耦合方式。

- AC 耦合:仅显示信号的交流分量。
- 0 耦合:输入端接地,在*Y*轴设置的原点位置显示一条水平直线。
- DC 耦合:信号中的交流和直流分量全部显示。

(3) Trigger(触发控制)

① 触发方式选择:触发方式主要用来设置*X*轴的触发信号、触发电平及触发边沿等,有以下几种触发方式。

- Single(单脉冲触发):单次触发方式。
- Normal(一般脉冲触发):普通触发方式。
- Auto(自动):自动触发,示波器通常采用该方式。
- None:无触发脉冲。

② 触发源选择:包括 A、B 和 Ext(外触发)3 个按钮。

- A 按钮:A 通道信号为触发信号。
- B 按钮:B 通道信号为触发信号。
- Ext 按钮:外接触发端的输入信号为触发信号。

③ Edge(触发沿):可以选择输入信号或外触发信号的上升沿或下降沿触发采样。

④ Level(触发电平):用来预先设置触发电平的大小,默认值为 0 V。

(4) 示波器其他设置

① 波形参数测量:可以通过拖动示波器屏幕上红色指针 1 和蓝色指针 2 的位置来精确读取波形数值。在示波器屏幕下方的方框内,将显示指针 1 和指针 2 所对应波形的时间和电压,以及指针 1 和指针 2 之间的时间、电压的差值。

② 背景颜色控制和波形存储:单击示波器屏幕右侧的 Reverse 按钮可改变波形显示区的背景颜色,单击示波器屏幕右侧的 Save 按钮可按 ASCII 码格式存储波形数据。

5) 四通道示波器

四通道示波器(Four Channel Oscilloscope)可同时测量 4 路通道的信号,其使用方法和参数调整方式与双通道示波器几乎完全一样,只是多了一个通道控制器旋钮,只有当该旋钮拨到某个通道位置时,才能对该通道的*Y*轴参数进行调整和设置。四通道示波器的图标和面板如图 5.33 所示。

6) 波特图仪

波特图仪(Bode Plotter)类似于实验室的扫频仪,用于分析电路的幅度频率特性和相位频率特性,可测量输入与输出的幅度比、相位差。波特图仪的图标和面板如图 5.34 所示。

波特图仪的图标上有 IN 和 OUT 两对端口,其中 IN 端口的"+"端和"-"端分别接电路输入端的正端和负端,OUT 端口的"+"端和"-"端分别接电路输出端的正端和负端。此外在使用波特图仪时,必须在电路的输入端接入 AC(交流)信号源,但对其信号参数的设定并无特殊要求,频率测量的范围由波特图仪的参数设置决定。

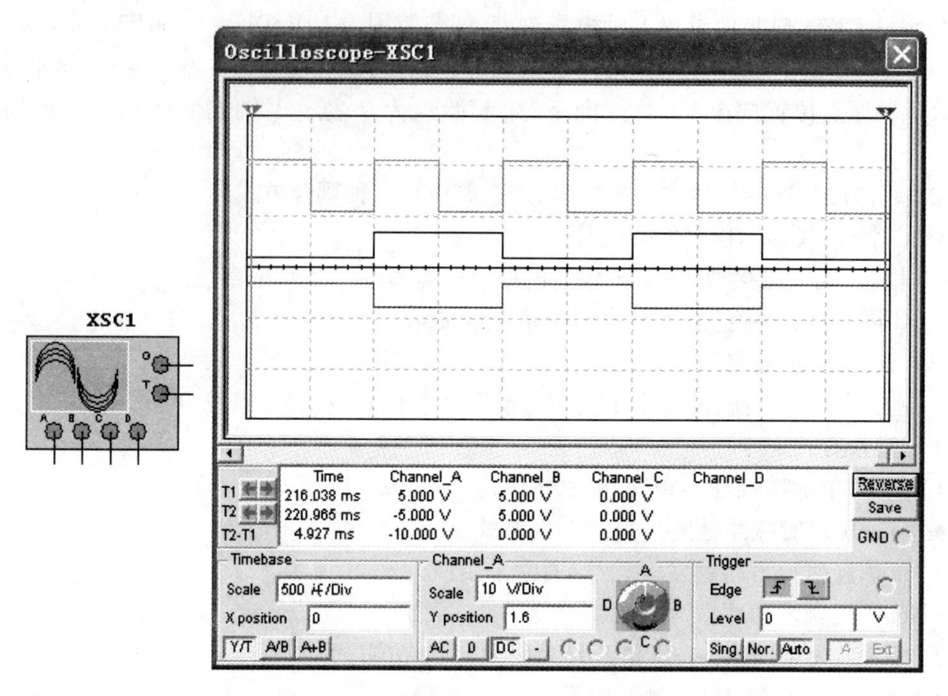

图 5.33　四通道示波器图标和面板

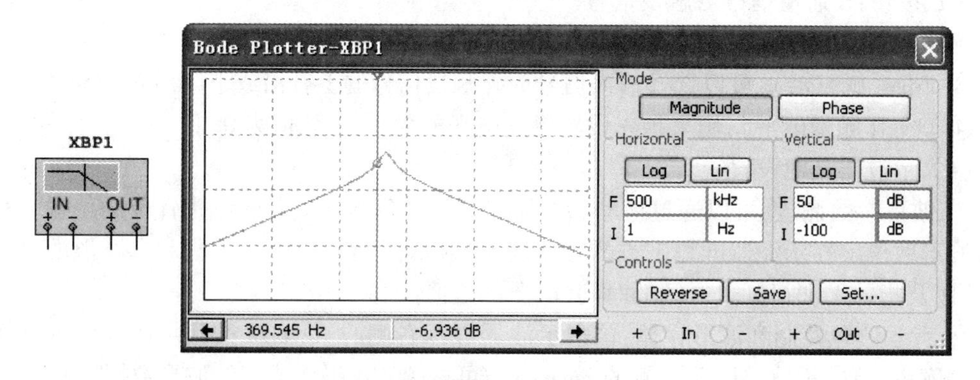

图 5.34　波特图仪图标和面板

波特图仪面板各个按键的作用及参数的设置方法说明如下。

(1) Mode(方式选择):Magnitude(幅值)按钮显示幅频特性,Phase(相位)按钮显示相频特性。

(2) Horizontal(横轴)/Vertical(纵轴):Log(对数)按钮为分贝刻度,Lin(线性)按钮为线性刻度;F 表示最终值,I 表示初始值。

(3) Controls(控制):Reverse 按钮和 Save 按钮的功能与示波器的两个按钮的功能相同。单击 Set 按钮,在打开的参数设置对话框中可以设置扫描点数(分辨率)。

(4) 数值读取:可使用鼠标拖动波特图仪屏幕上的读数指针,或者单击左右箭头按钮来移动读数指针,则读数指针处的横轴数据和纵轴数据会显示在波特图仪下部的读数框中。

7) 频率计

频率计(Frequency Counter)主要用来测量信号的频率、周期、相位等参数,频率计的图标和面板如图 5.35 所示。

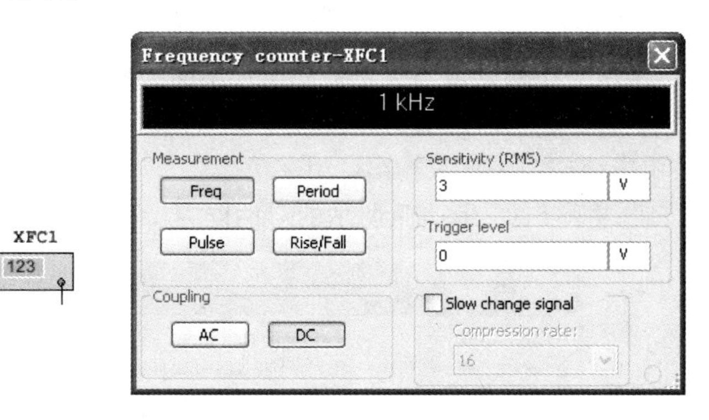

图 5.35　频率计图标和面板

频率计的图标上只有一个接线端子,用来连接电路的输出信号。

频率计面板各个按键的作用及参数的设置方法说明如下。

(1) Measurement(测量):选择测量参数,有以下 4 个按钮。

① Freq:测量频率。

② Period:测量周期。

③ Pulse(脉冲):测量正脉冲和负脉冲的持续时间。

④ Rise/Fall(上升/下降):测量脉冲的上升和下降时间。

(2) Sensitivity(灵敏度):设置灵敏度值。

(3) Trigger level(触发电平):设置触发电平值,输入信号必须大于触发电平。

8) 字信号发生器

字信号发生器(Word Generator)是一个通用的数字激励源编辑器,可产生 32 路同步逻辑信号,可用于数字电路的测试。字信号发生器的图标和面板如图 5.36 所示。

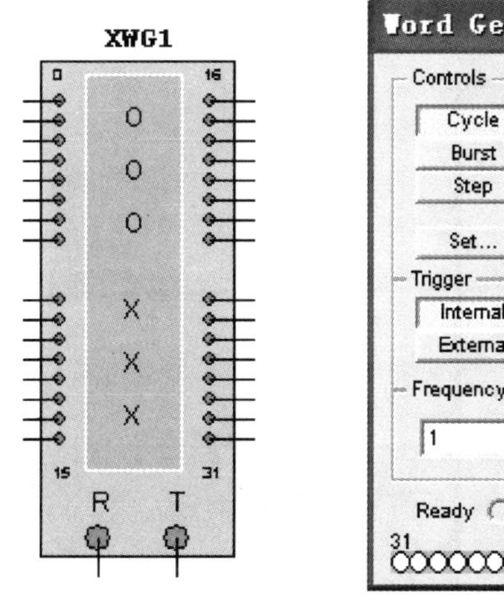

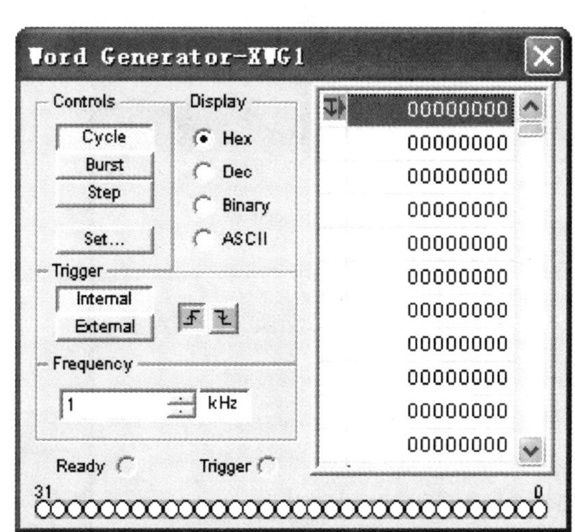

图 5.36　字信号发生器图标和面板

字信号发生器图标左侧和右侧各有 16 个端子,表示 32 路信号输出,每一个端子均可连入数字电路的一个输入端,R 端为数据准备端,T 端为外触发信号端。

字信号发生器面板各个按键的作用及参数的设置方法说明如下。

(1) Controls(控制方式)

① Cycle(循环):字信号在初始值与终止值间循环不断地输出。

② Burst(单帧):字信号从地址初值到终值只完成一个周期的字符输出。

③ Step(单步):单击该按钮一次只输出一组字信号。

④ Set:单击该按钮,将弹出如图 5.37 所示的对话框。

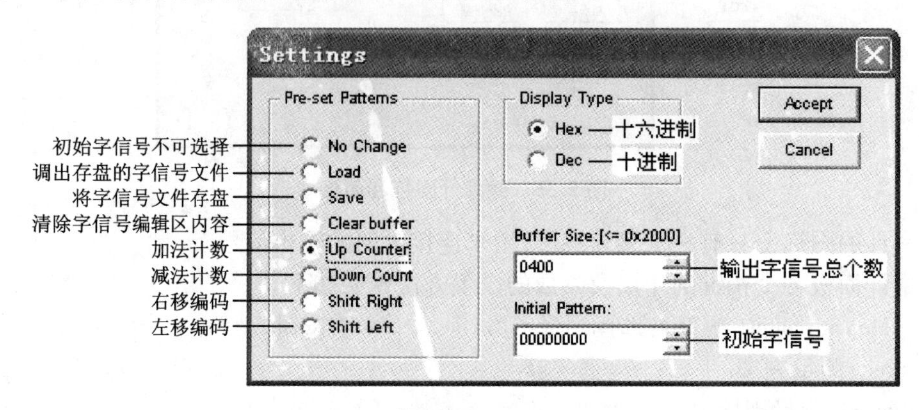

图 5.37　字信号参数设置对话框

(2) Display(显示形式):包括 Hex(十六进制)、Dec(十进制)、Binary(二进制)和ASCII 码 4 种显示形式。

(3) Trigger(触发):字信号发生器的触发信号可以选择 Internal(内部触发)或 External(外部触发),触发方式可以选择上升沿触发或下降沿触发。

(4) Frequency(频率):设置字信号发生器的频率。

按图 5.38 所示连接电路,打开字信号发生器面板,在字信号编辑区设置首地址和终地址分别为 8 位 16 进制的 0 到 9,编码方式选择"Up counter",打开仿真开关,数码管将循环显示数字 0 到 9。

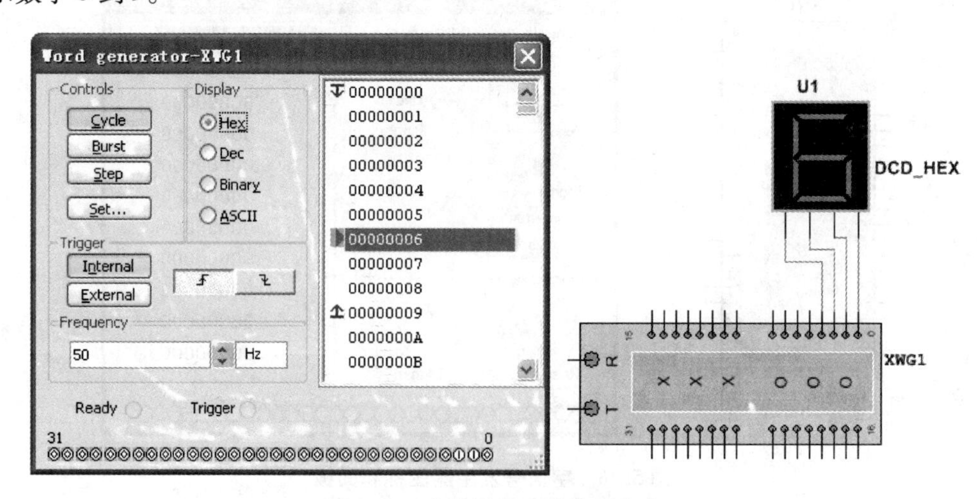

图 5.38　字信号发生器仿真电路

9）逻辑分析仪

逻辑分析仪(Logic Analyzer)主要用于数字信号的高速采集和时序分析,可同步记录和显示16路逻辑信号,分析输出波形。逻辑分析仪图标和面板如图5.39所示。

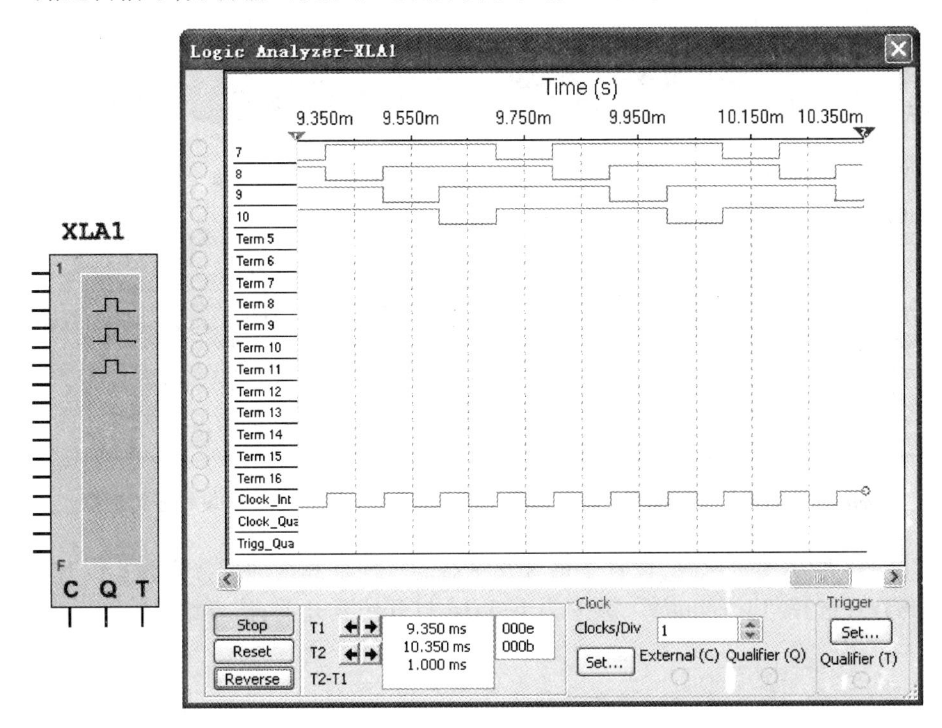

图5.39 逻辑分析仪图标和面板

逻辑分析仪图标左侧为16路信号输入端,*C*端为外接时钟端,*Q*端为时钟控制输入端,*T*端为触发控制输入端。

逻辑分析仪面板分为上下两个部分。上半部分为波形显示区,其顶部是时间坐标,如果某路输入端有被测信号,面板左侧该路小圆圈内会出现一个黑圆点。Clock-Int表示标准的参考时钟信号;下半部分是控制窗口,包括Stop(停止)、Reset(复位)、Reverse(背景反色)、Clock(时钟设置)和Trigger(触发设置)。逻辑分析仪面板下方有一个小窗口,显示指针1(T1)和指针2(T2)处的时间值及逻辑读数(4位16进制数)以及两个指针之间(T2-T1)的时间差。

(1) Clock(时钟设置):该区域内的Clocks/Div栏用来设置每个水平刻度显示的时钟脉冲个数。单击Set按钮,将弹出如图5.40所示对话框。

① Clock Source(时钟源):External为外部时钟,Internal为内部时钟。

② Clock Rate(时钟频率):设置时钟脉冲的频率。

③ Sampling Setting(采样点设置):Pre-trigger Samples栏设置触发前采样点数,Post-trigger Samples栏设置触发后采样点数,Threshold Voltage(V)栏设置门限电压。

(2) Trigger(触发设置):单击该区域内的Set按钮,将弹出如图5.41所示对话框。

① Trigger Clock Edge(触发边沿):包括Positive(上升沿触发)、Negative(下降沿触发)和Both(升降沿皆可触发)3个选项。

② Trigger Patterns(触发模式):可以用3个触发字A、B、C来定义触发限制和触发模式,在Trigger Combinations(触发组合)栏内有21种触发组合可供选择。

③ Trigger Qualifier(触发限定字):对触发限定字的设定,包括0、1、X(只要有信号,分析仪就采样)三个选项。

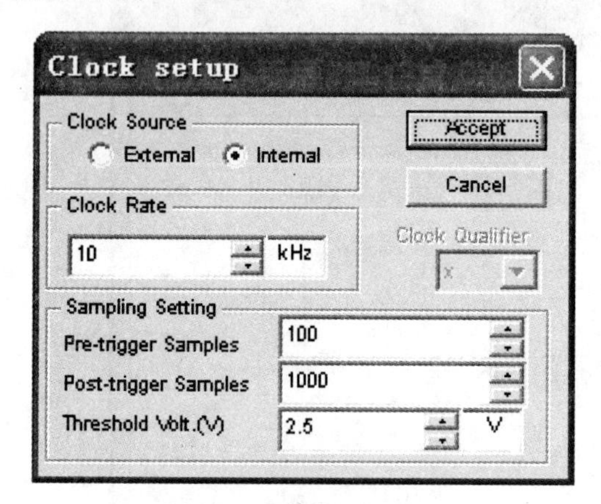

图5.40 时钟设置对话框

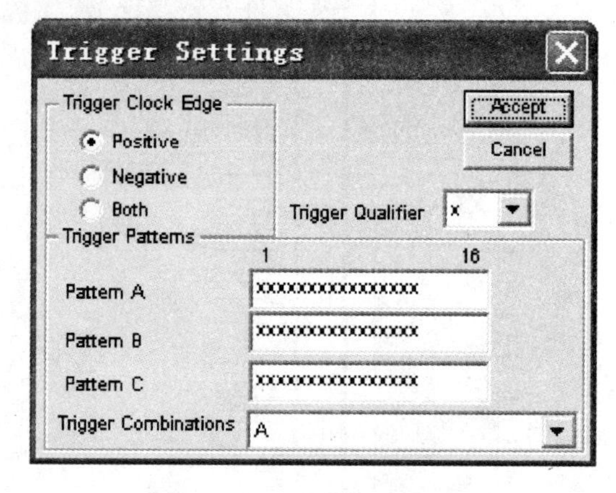

图5.41 触发设置对话框

按图5.42所示连接电路,设置字信号发生器的首地址和终地址分别为8位16进制的0到3,编码方式选择"Up counter",频率为10 kHz,打开仿真开关,仿真结果如图5.39所示。

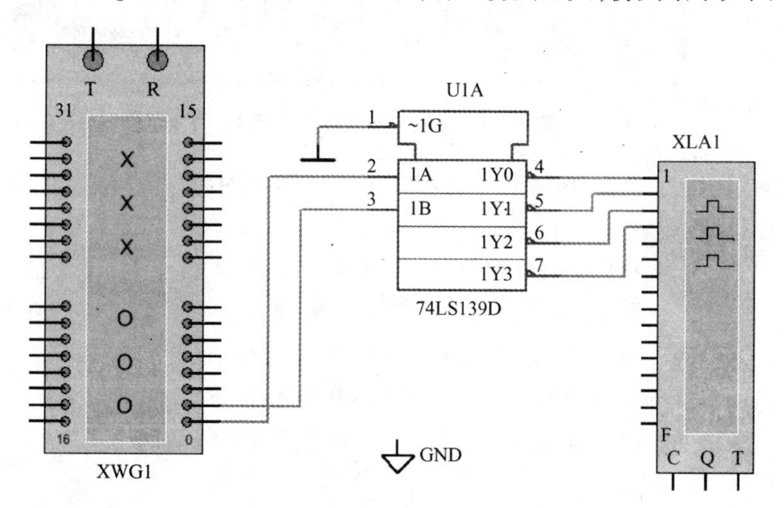

图5.42 逻辑分析仪仿真电路

10) 逻辑转换仪

逻辑转换仪(Logic Converter)是Multisim软件提供的特有的虚拟仪器,现实中并不存在与之对应的仪器,是数字电路中一个非常实用的测试仪器。它可用来完成真值表、逻辑表示式和逻辑电路三者之间的相互转换。逻辑转换仪的图标和面板如图5.43所示。

逻辑转换仪图标中有9个端子。其中左边8个端子是输入端子,连接待分析逻辑电路的输入信号,最右边的一个端子为输出端子,连接待分析逻辑电路的输出信号。

逻辑转换仪面板左侧是真值表显示窗口,面板底部是逻辑表达式显示栏,面板右侧的Conversions(转换方式选择)提供了以下6种转换功能。

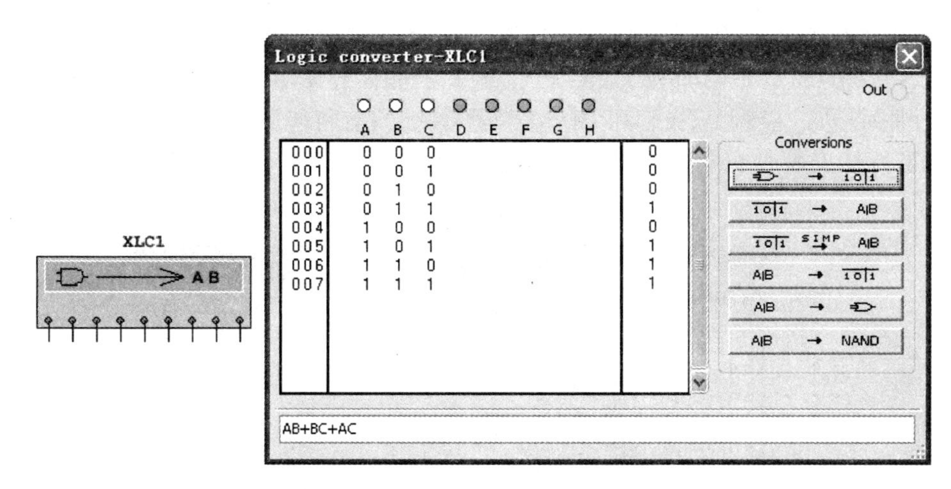

图 5.43 逻辑转换仪的图标和面板

（1）[→ 10|1] 按钮：将逻辑电路转换为真值表。首先画出逻辑电路图，然后将电路输入端和输出端分别连接至逻辑转换仪的输入端和输出端，单击该按钮，在真值表显示窗口即可看到该电路的真值表。

（2）[10|1 → AIB] 按钮：将真值表转换为逻辑表达式。首先根据输入信号的个数用鼠标单击逻辑转换仪面板顶部代表输入端的小圆圈，选定输入信号（由 A ~ H），此时真值表显示窗口自动出现输入信号的所有组合，再根据实际的逻辑关系修改真值表的输出值，然后单击该按钮，在面板底部的逻辑表达式显示栏内即出现相应的逻辑表达式。

（3）[10|1 SIMP→ AIB] 按钮：将真值表转换为最简逻辑表达式。

（4）[AIB → 10|1] 按钮：将逻辑表达式转换为真值表。

（5）[AIB →] 按钮：将逻辑表达式转换为逻辑电路。

（6）[AIB → NAND] 按钮：将逻辑表达式转换为由与非门构成的逻辑电路。

建立如图 5.44 所示电路，打开逻辑转换仪面板，选择 [→ 10|1] 按钮，可得到如图 5.45 所示的真值表。

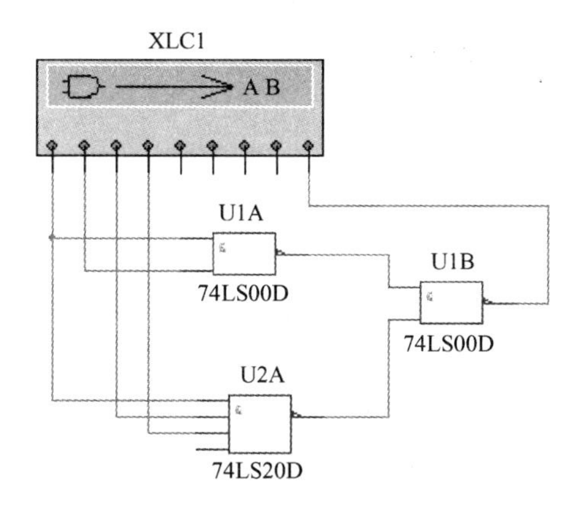

图 5.44 逻辑转换仪仿真电路

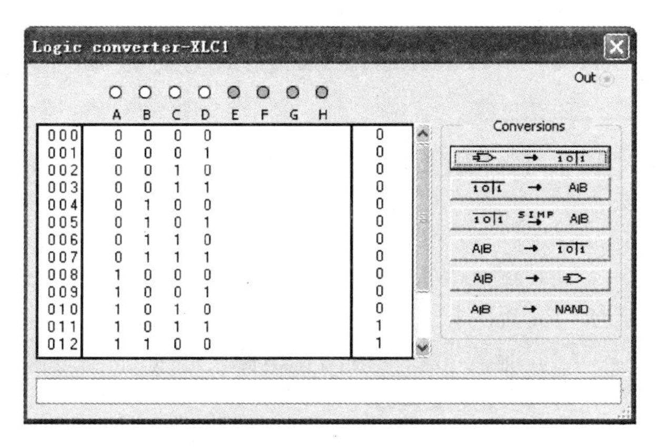

图 5.45 真值表

11）伏安特性分析仪

伏安特性分析仪（IV Analyzer）相当于实验室的晶体管图示仪，专门用来分析晶体管的伏安特性曲线，如二极管、三极管和 MOS 管等器件。只有将待测晶体管与连接电路完全断开，才能进行伏安特性分析仪的连接和测试。伏安特性分析仪的图标和面板如图 5.46 所示。

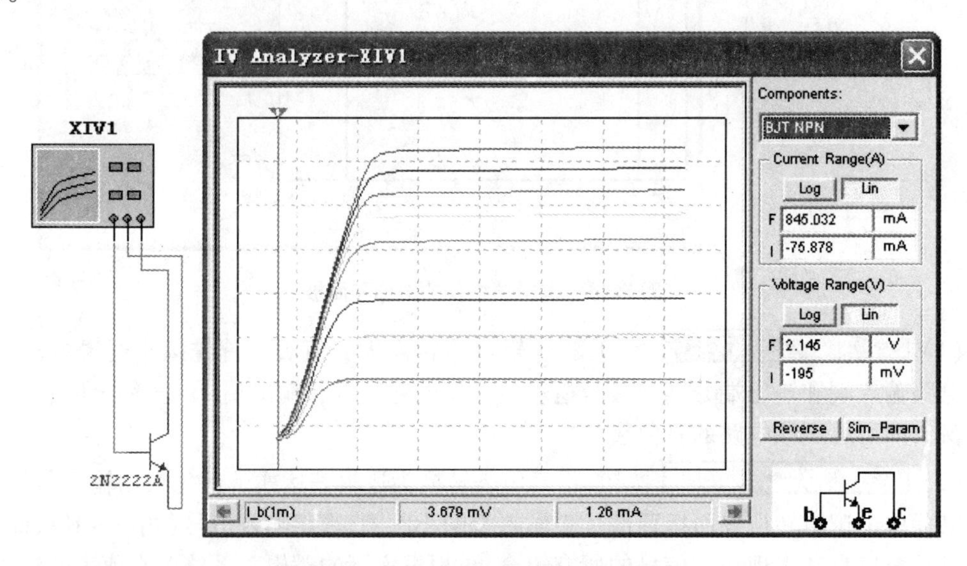

图 5.46　伏安特性分析仪的图标和面板

伏安特性分析仪图标有 3 个接线端子实现与晶体管的连接。其面板左侧是伏安特性曲线显示窗口，右侧是测试功能选择。

（1）Components（元器件）：选择所测量的元器件类型，包括二极管、PNP 型三极管、NPN 型三极管、P 沟道 MOS 管、N 沟道 MOS 管，选定一种元器件后，在面板右下方会出现对应的接线方法。

（2）Current Range（A）/Voltage Range（V）：分别实现电流范围和电压范围的设置，F 栏、I 栏分别表示终止值与初始值，坐标有 Log（对数）和 Lin（线性）两种显示方式。

5.2　Multisim 12 仿真及设计实验实例

5.2.1　*RLC* 串联谐振

1）实验要求

（1）建立 *RLC* 串联电路，并测量该电路的谐振频率及谐振阻抗，观察谐振时电路的总电压与电流的相位关系。

（2）测量 *RLC* 串联谐振电路的带宽、品质因数，分析电阻对品质因数的影响。

2）电路基本原理

（1）*RLC* 串联电路（图 5.47）的阻抗为：

$$Z = R + \mathrm{j}\omega L + \frac{1}{\mathrm{j}\omega C} = R + \mathrm{j}X$$

当 $X = 0$ 时，电路处于谐振状态，此时：

$$\omega L = \frac{1}{\omega C}$$

可得 $f_0 = \frac{1}{2\pi\sqrt{LC}}$，若已知 $R = 100\ \Omega, C = 1\ \mu F, L = 100\ mH$，则 $f_0 \approx 503\ Hz$，谐振时电路阻抗 $Z = R = 100\ \Omega$。

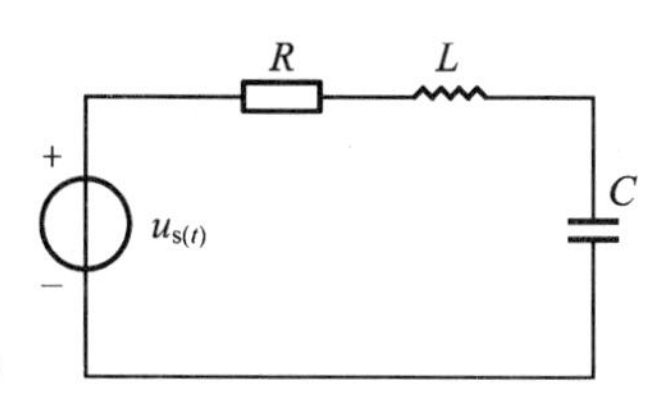

图 5.47　*RLC* 串联谐振电路

（2）串联谐振电路的品质因数 $Q = \frac{\omega_0 L}{R} = 3.16$。

3）Multisim 12 仿真分析

（1）建立如图 5.48 所示的 *RLC* 串联谐振测试电路，函数信号发生器的输出为正弦波，幅值为 10 V。分别按表 5.1 中的频率值设定函数信号发生器的频率，并激活电路进行测试，将所测函数信号发生器的电压 U_1、电阻两端的电压 U_2、电路中的电流 I 填入表 5.1，并计算电路阻抗的模。

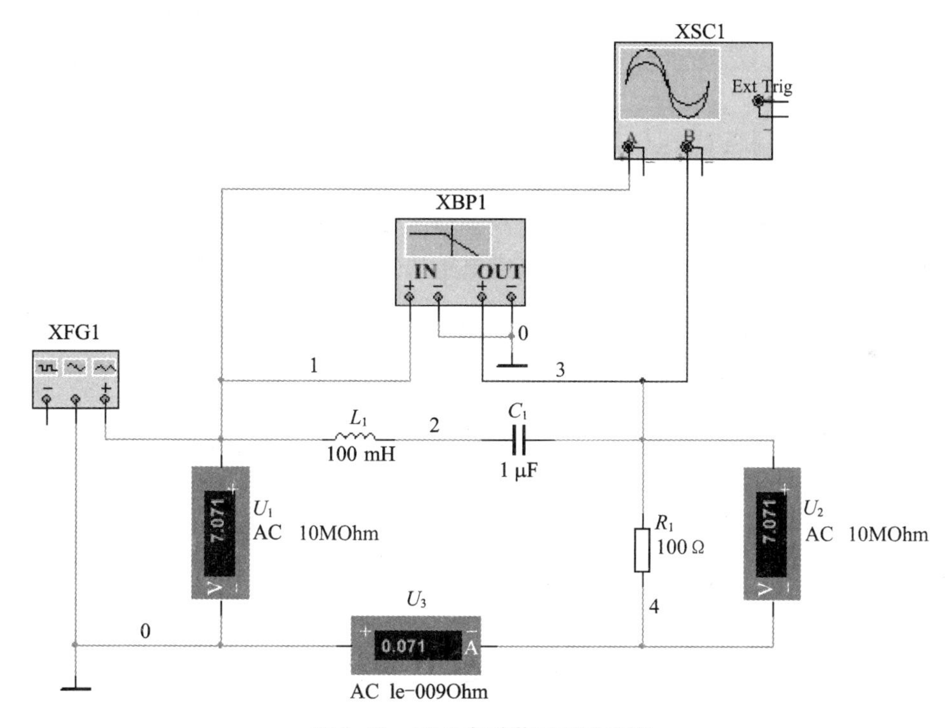

图 5.48　*RLC* 串联谐振测试电路

表 5.1　串联谐振电路实验数据

函数信号发生器		U_1(V)	U_2(V)	I(mA)	Z(Ω)
幅值(V)	频率(Hz)				
10	100	7.071	0.462	4.616	1 531.8
10	200	7.071	1.044	10	707.1
10	300	7.071	1.984	20	353.6

续表 5.1

函数信号发生器		U_1(V)	U_2(V)	I(mA)	Z(Ω)
幅值(V)	频率(Hz)				
10	400	7.071	3.986	40	176.8
10	430	7.071	5.002	50	141.4
10	503	7.071	7.071	71	99.6
10	589	7.071	5.001	50	141.4
10	600	7.071	4.714	47	150.4
10	700	7.071	3.01	30	235.7
10	800	7.071	2.21	22	321.4
10	900	7.071	1.761	18	392.8
10	1 000	7.071	1.473	15	471.4

(2) 由表5.1中的数据以及从示波器面板所得 U_1、U_2电压波形可以看出,当$f = f_0 = 503$ Hz时,电路处于谐振状态,U_2达到最大值并与 U_1相等,此时电路中的电流 I 和总电压 U_1同相。

在f_0两侧可以找到当 $U_2 = 0.707U_{2\max}$ 点的频率$f_1 = 430$ Hz、$f_2 = 589$ Hz,则可计算电路带宽 $BW = f_2 - f_1 = 589 - 430 = 159$(Hz),$Q = 503/159 = 3.16$。所测参数与理论值一致。

(3) 双击电路中波特图仪的面板,可得到被分析节点(节点3)的幅频响应如图5.49所示。从图5.49中的幅频响应曲线同样可求出电路的带宽 $BW = 159$ Hz。

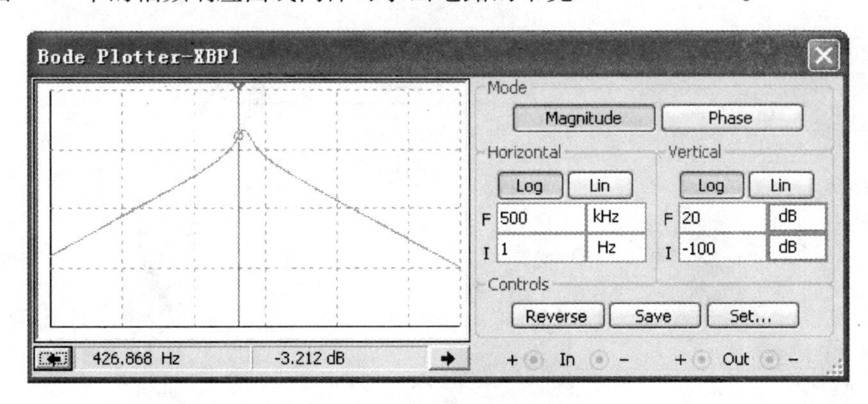

图 5.49 *RLC* 串联谐振电路的幅频响应

(4) 电阻 R 对品质因数 Q 的影响

参数扫描分析用来研究电路中某个元件的参数发生变化时对电路性能的影响。选择图5.48中电阻 R_1为参数扫描分析元件,分析其阻值变化对电路品质因数 Q 的影响。

在菜单栏中依次执行 Simulate/Analyses/Parameter Sweep(参数扫描)命令,在参数扫描分析对话框中,设置扫描方式为 Linear(线性扫描),设置分析种类为 AC Analysis(交流分析),设置 R_1扫描时的两个不同电阻值为100 Ω、400 Ω,设置输出节点为3,可得到如图5.50所示的参数扫描分析结果。

从分析结果可以看出,当电阻 R_1的阻值减小时,电路的品质因数变大,电路的选频作用更加明显。

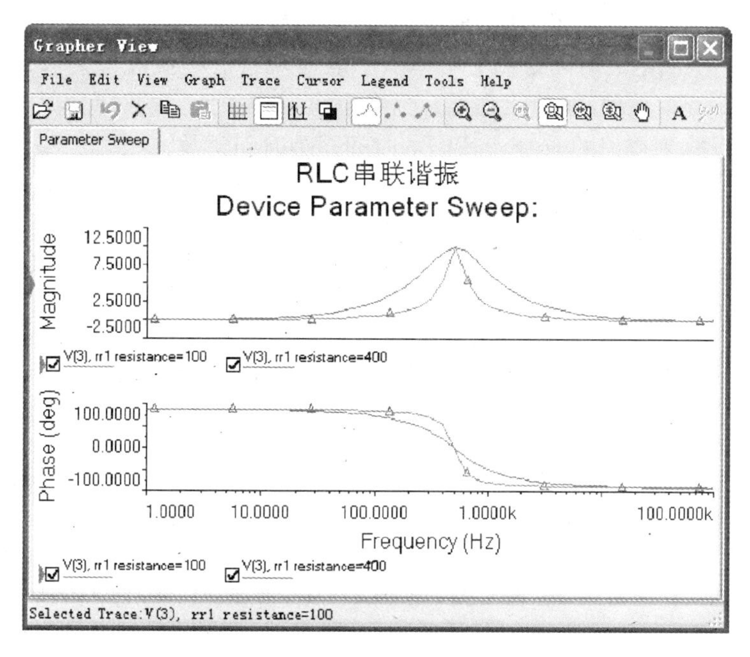

图 5.50 电阻 *R* 对品质因数 *Q* 的影响

5.2.2 一阶、二阶电路的暂态响应

1）实验要求

（1）建立一阶 *RC* 电路，观察一阶 *RC* 电路的零输入响应、零状态响应和全响应的变化规律和特点。

（2）掌握一阶 *RC* 电路近似构成微分电路或积分电路的条件，并观察微分电路、积分电路的输入、输出波形。

（3）建立二阶 *RLC* 串联电路，观测二阶电路在不同类型下的状态轨迹，分析电路参数对响应波形的影响。

2）电路基本原理

通常称包含 L、C 的电路为动态电路。描述动态电路的方程用微分方程，电路的阶数决定微分方程的阶数。

（1）一阶 *RC* 电路

含有一个储能元件和电阻的电路称为一阶电路，有 *RC*、*RL* 两种电路。下面以一阶 *RC* 电路为例进行分析。

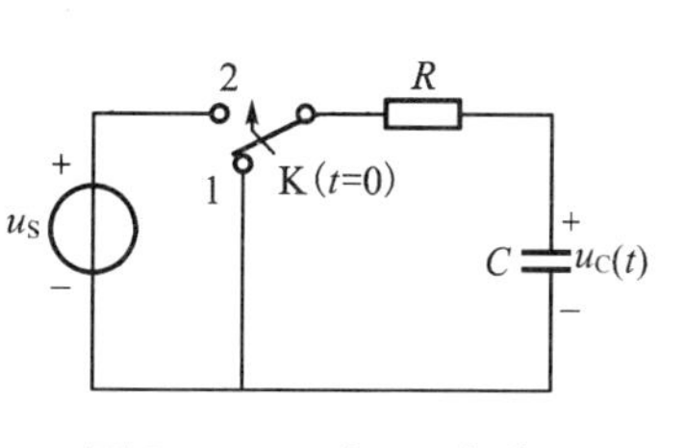

图 5.51 一阶 *RC* 电路

① 图 5.51 中，首先将开关 K 置于 1 位置，使电路处于零状态，在 $t=0$ 时刻由 1 扳向 2，电路对激励 u_S 的响应为零状态响应：$u_C(t) = U_S(1-e^{-t/RC})$，这一暂态过程为电容充电的过程；若开关 K 首先置于 2 位置使电路处于稳定状态，在 $t=0$ 时刻由 2 扳向 1，电路为零输入响应：$u_C(t) = U_S e^{-t/RC}$，这一

暂态过程为电容放电的过程。

动态电路的零状态响应和零输入响应之和称为全响应。

② RC 电路充、放电的时间常数 τ 可以从示波器观察的响应波形计算得出。设时间坐标单位确定,对于充电曲线,幅值由零上升到终值的63.2%所需的时间为时间常数 τ。对于放电曲线,幅值下降到初值的36.8%所需的时间同为时间常数 τ。

③ 一阶 RC 动态电路在方波激励下,可以近似构成微分电路或积分电路。当时间常数 $\tau(\tau = RC)$ 远远小于激励方波周期 T 时,如图5.52(a)所示为微分电路,输出电压 $u_o(t)$ 与方波激励 u_S 的微分近似成比例。当时间常数 $\tau(\tau = RC)$ 远远大于激励方波周期 T 时,如图5.52(b)所示为积分电路,输出电压 $u_o(t)$ 与方波激励 u_S 的积分近似成比例。

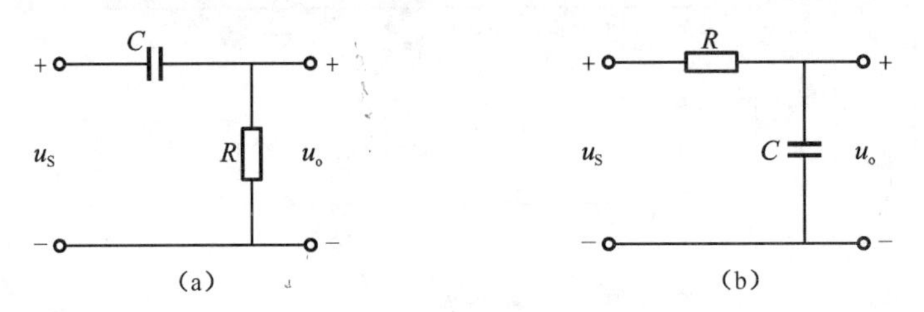

图5.52 微分电路、积分电路

(2) RLC 二阶电路

用二阶微分方程描述的动态电路称为二阶电路,二阶电路的组合形式较多,以 RLC 串联电路为例进行分析,如图5.53所示。研究二阶电路在方波激励时,电路的响应动态过程。

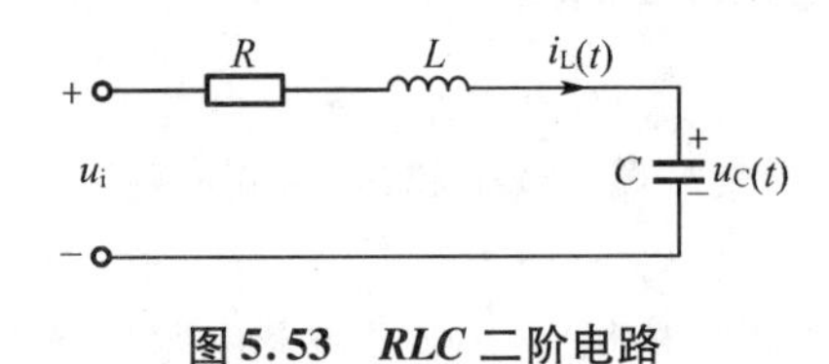

图5.53 *RLC* 二阶电路

RLC 串联电路构成的二阶电路,无论是零状态响应,还是零输入响应,电路瞬态过程的性质,完全由特征方程的特征根来决定。

① 当 $R > 2\sqrt{L/C}$ 时,称为过阻尼,响应为非振荡型。

② 当 $R = 2\sqrt{L/C}$ 时,称为临界阻尼,响应处于振荡与非振荡之间,响应为临界振荡型。

③ 当 $R < 2\sqrt{L/C}$ 时,称为欠阻尼,响应将出现减幅振荡,为振荡型。

④ 当 $R=0$ 时,电路动态过程性质为等幅振荡,即无阻尼情况。

⑤ 当 $R<0$,电路动态过程性质为发散振荡,即负阻尼情况。

在一般电路中,总存在一定的电阻,只有接入特殊器件(负电阻),方可实现无阻尼和负阻尼情况。

3) Multisim 12 仿真分析

(1) 建立如图5.54(a)所示的一阶 RC 测试电路。设定延时开关参数:Time On 为0.2 ms,Time Off 为0.6 ms。

① 打开仿真开关,通过示波器观察到电容两端电压的波形如图5.54(b)所示。

由理论计算得:当 $t=\tau$ 时,$U_C=5\times0.632=3.16$(V),从图5.54(b)中的曲线找到其对

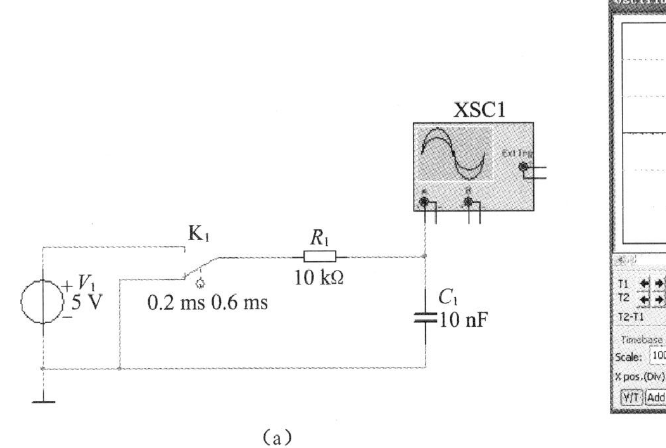

(a)

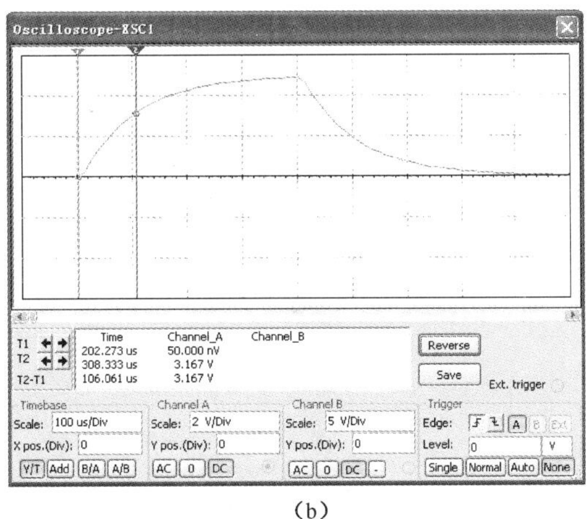

(b)

图 5.54 一阶 *RC* 电路及电容两端电压波形

应的时间为 106 μs，所以 $\tau=0.106$ ms。理论计算值 $\tau=RC=0.1$ ms。

② 建立如图 5.55(a)所示电路，函数信号发生器输出设置为方波，频率为 100 Hz，幅值为 5 V。因 $\tau=0.01T$，远远小于激励方波周期 T，所以此时一阶 *RC* 电路构成微分电路。

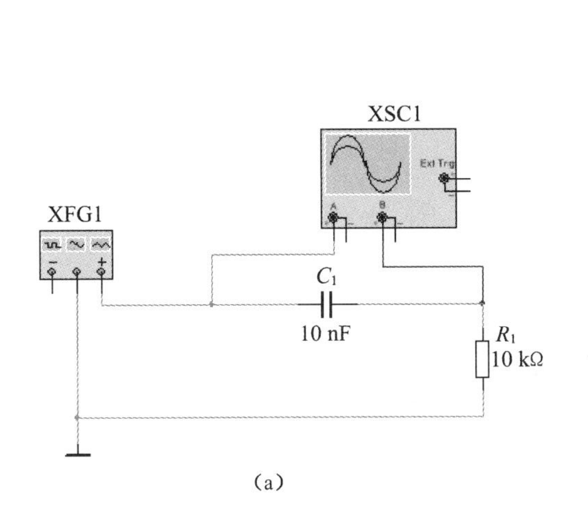

(a)

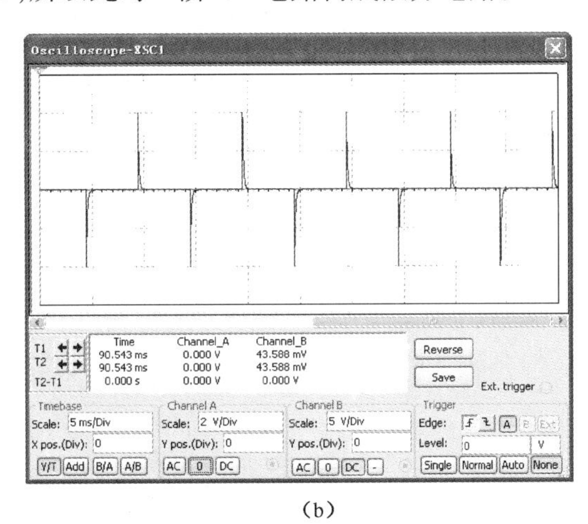

(b)

图 5.55 微分电路及输出电压波形

打开仿真开关，通过示波器观察电路的输出电压波形如图 5.55(b)所示。从图 5.55(b)可看出，利用微分电路可以实现从方波到尖脉冲波形的转变。

③ 建立如图 5.56(a)所示电路，函数信号发生器输出设置为方波，频率为 50 kHz，幅值为 5 V。因 $\tau=5T$，所以此时一阶 *RC* 电路构成积分电路。

打开仿真开关，通过示波器观察电路的输入、输出电压波形如图 5.56(b)所示。从图 5.56(b) 可看出，利用积分电路可以实现从方波到三角波的转变。

(2) 建立如图 5.57 所示的 *RLC* 二阶电路。因为示波器只能显示电压波形，为观测 $i_L(t)$ 的响应波形，需要将电流分量转换成电压分量，为此在电路中串联一个很小的电阻 R_0（电流取样电阻），示波器接到电阻端，此时显示的即是 i_L 的波形。

① 观察二阶电路的响应波形 $u_C(t)$、$i_L(t)$

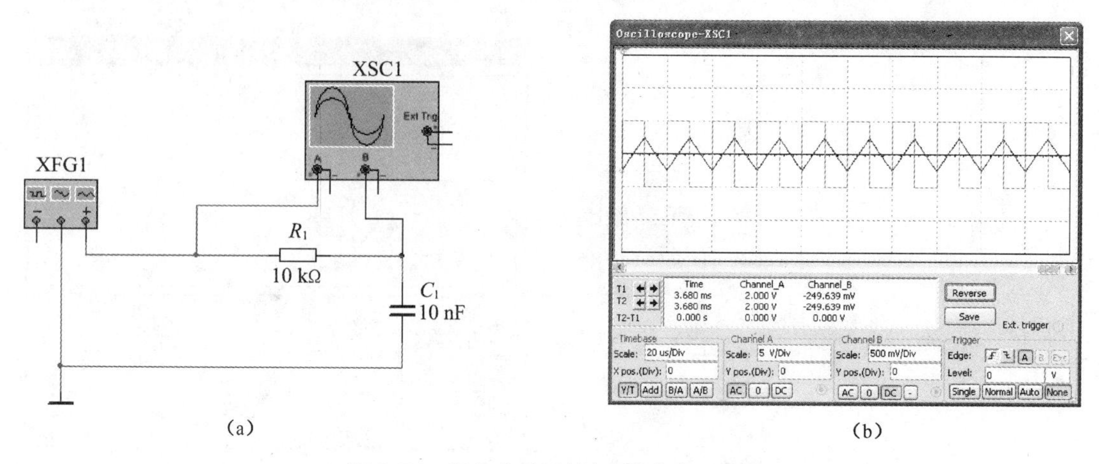

图 5.56 积分电路及输入、输出电压波形

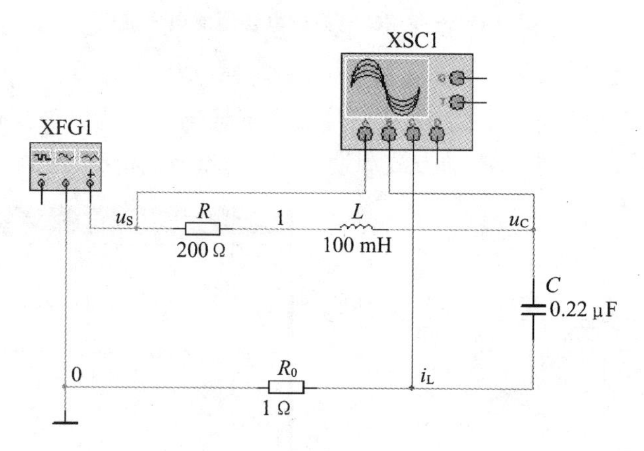

图 5.57 *RLC* 二阶电路

设置函数信号发生器的输出频率为 125 Hz、占空比为 50%、幅值为 4 V 的方波信号。电路的输入波形 $u_S(t)$ 和响应波形 $u_C(t)$、$i_L(t)$ 如图 5.58 所示。

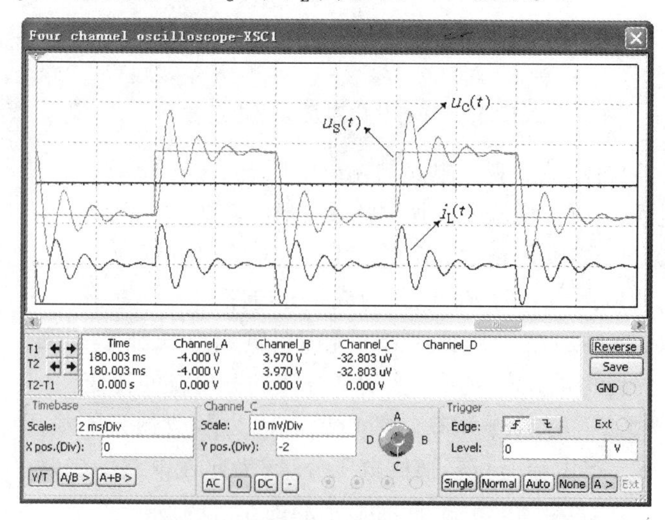

图 5.58 $u_S(t)$、$u_C(t)$、$i_L(t)$ 波形

② 分析电阻 R 对电路响应波形的影响

在菜单栏中依次执行 Simulate/Analyses/Parameter Sweep(参数扫描)命令,设置扫描方式为 List(取列表值扫描),设置 R 扫描时的不同电阻值为 0、200 Ω、1.2 kΩ、3 kΩ,设置分析种类为 Transient Analysis(瞬态分析),终止分析时间设置为 8 ms,时间步长设为 1 000,设置输出节点为 u_S、u_C,可得到不同阻值时二阶电路的响应波形 $u_C(t)$,如图 5.59 所示。

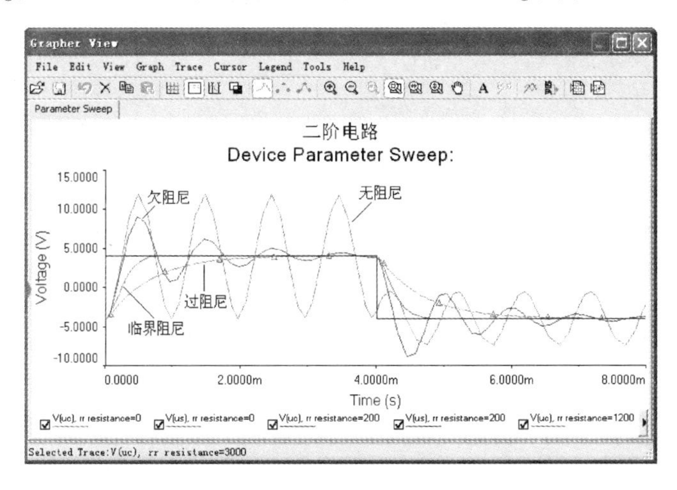

图 5.59　不同阻值时二阶电路的响应波形 $u_C(t)$

从图 5.59 的分析结果可以看出,在如图 5.57 所示二阶电路中,当 $R=0$ 时为无阻尼状态,响应将出现等幅振荡;当 $R=200$ Ω 时为欠阻尼状态,响应为振幅按指数衰减的正弦振荡;当 $R=1.2$ kΩ 时为临界阻尼状态;当 $R=3$ kΩ 时为过阻尼状态。二阶电路各种状态的响应曲线如图 5.59 所示。

5.2.3　二阶网络函数的模拟

1) 实验要求

(1) 建立二阶网络函数的电路模型并观察比较电路的输入电压、输出电压波形。

(2) 观察二阶高通、带通、低通网络函数模拟电路的频率特性曲线。

2) Multisim 12 仿真分析

(1) 建立如图 5.60 所示二阶网络函数的电路模型,函数信号发生器输出设置为正弦波,频率为 1 kHz,幅值为 50 mV。

(2) 打开仿真开关,通过示波器分别观察 V_h、V_b、V_o 3 点的电压波形及其与输入电压的相位关系,并通过波特图仪观察这 3 点的幅频响应。

① V_h点的幅频响应曲线如图 5.61 所示,由图可测出 V_h(高通函数)的 $f_L=2.0$ kHz。

② V_b点的幅频响应曲线如图 5.62 所示,由图可测出 V_b(带通函数)的 $f_L=2.0$ kHz,$f_H=4.0$ kHz。

③ V_o点的幅频响应曲线如图 5.63 所示,由图测出 V_o(低通函数)的 $f_H=4$ kHz。

(3) 保持输入信号不变,改变 R_3、R_4的数值,用示波器分别观察 V_h、V_b、V_o 3 点的电压波形及其与输入电压的相位关系。

(4) 输入信号大小保持不变,改变输入信号的频率为 2.5 kHz,同时保持 R_3、R_4不变,通

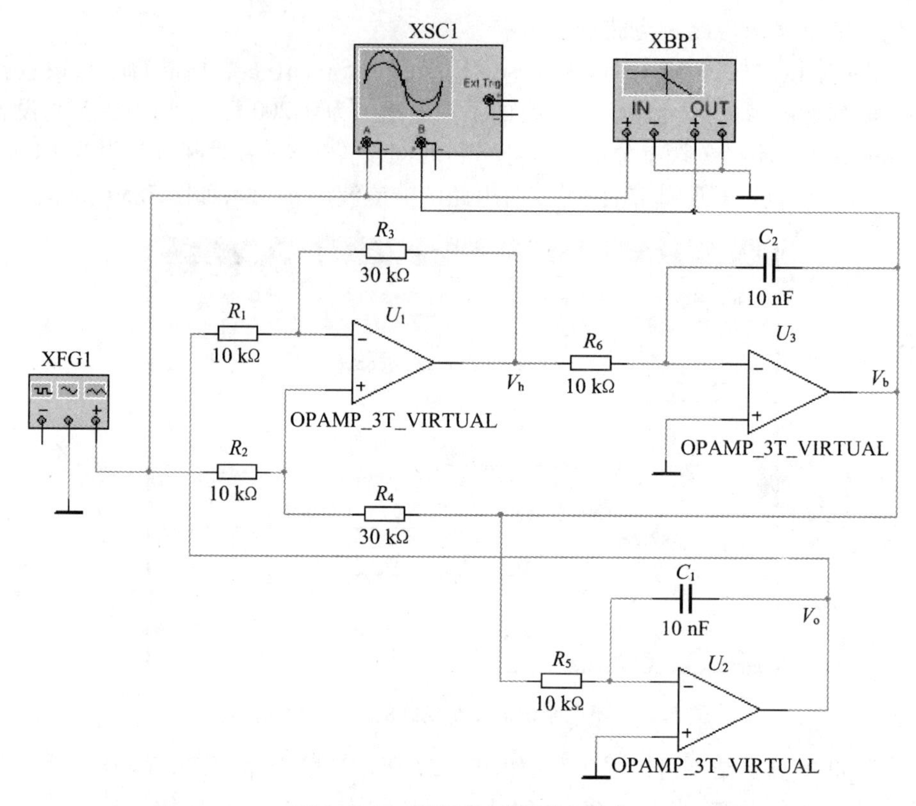

图 5.60　二阶网络函数测试电路

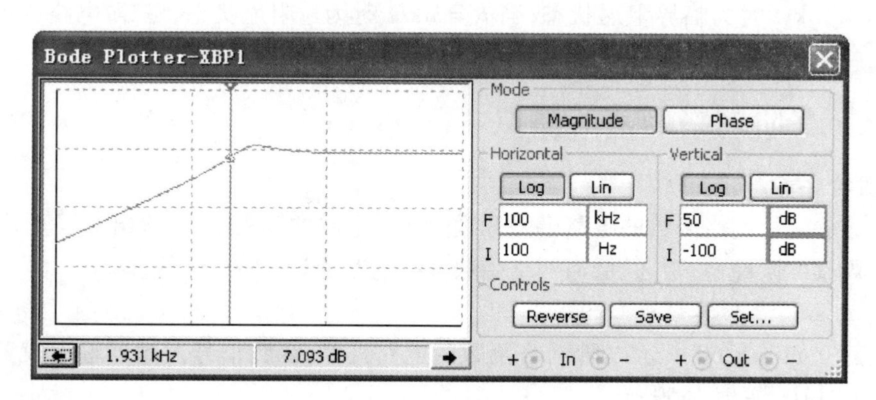

图 5.61　V_h点的幅频响应

过示波器分别观察 V_h、V_b、V_o 3 点的电压波形及其与输入电压的相位关系，并同步骤(2)所测波形相比较。

步骤(2)中观察到的 U_i(输入电压)、V_b的电压波形及相位关系如图 5. 64 所示。从图 5. 64 中的示波器面板测得 V_b的幅值为 35 mV。

步骤(4)中观察到的 U_i(输入电压)、V_b的电压波形及相位关系如图 5. 65 所示。从图 5. 65 中的示波器面板测得 V_b的幅值为 142 mV。

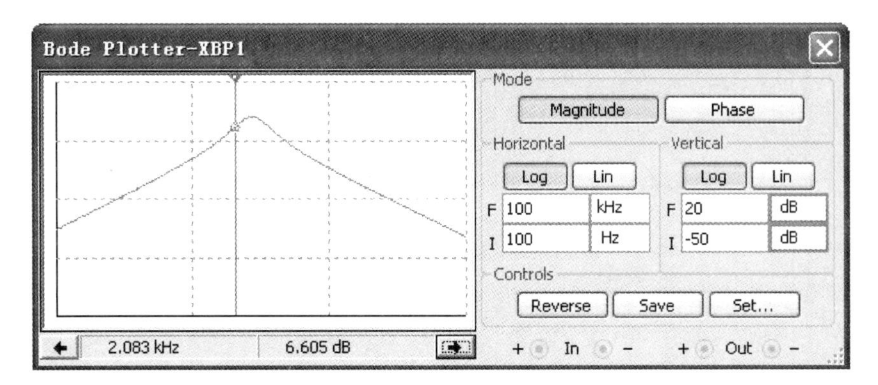

图 5.62 V_b点的幅频响应

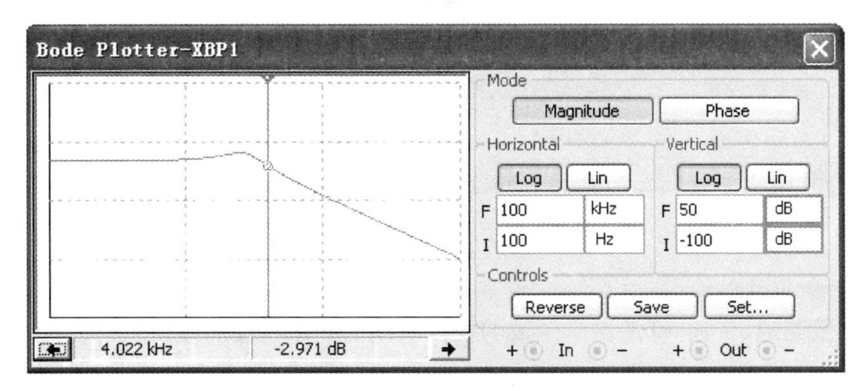

图 5.63 V_o点的幅频响应

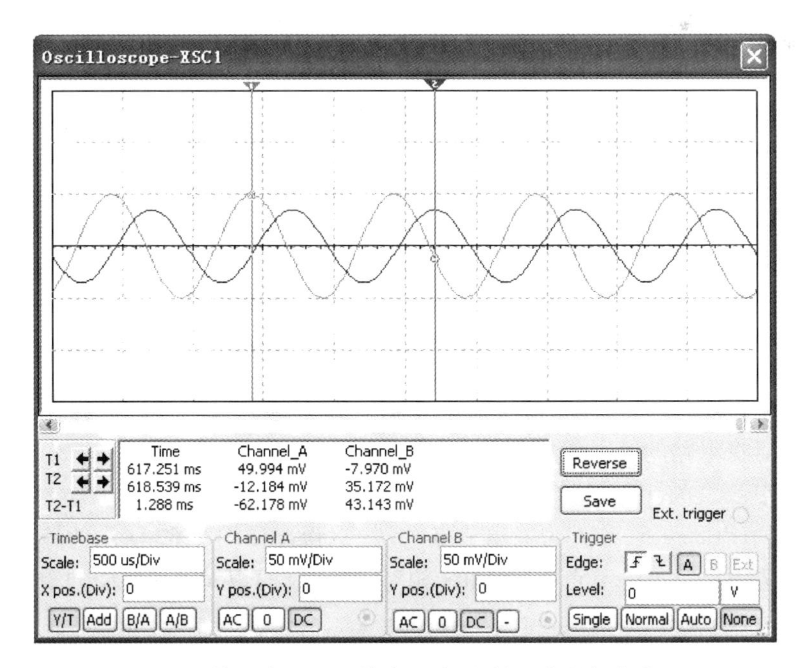

图 5.64 U_i(输入电压)、V_b的电压波形(输入信号频率为 1 kHz)

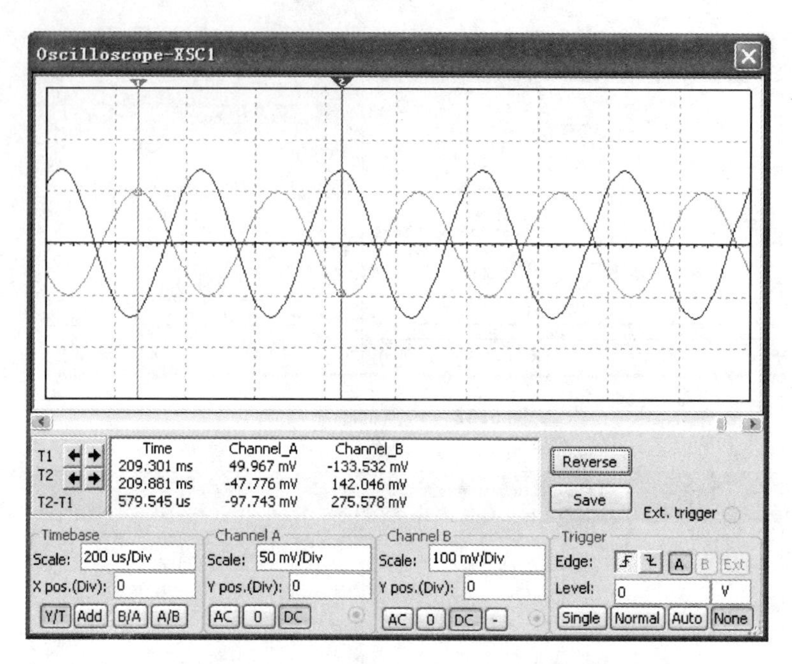

图 5.65　U_i(输入电压)、V_b 的电压波形(输入信号频率为 2.5 kHz)

3）实验数据及结论

分析二阶高通、带通、低通网络函数的模拟电路的频率特性曲线。

5.2.4　共发射极放大电路

1）实验要求

(1）掌握 Multisim 12 常用分析方法的使用。

(2）分析工作点稳定的共发射极放大电路性能指标。

2）Multisim 12 仿真分析

(1）建立工作点稳定的共发射极放大电路(图 5.66)。

将 NPN 型晶体管(2N2222A)的电流放大系数设置为 80,正弦波输入信号频率为 1 kHz、幅值为 10 mV,输入端电流表设置为交流模式。

(2）静态工作点分析

直流工作点分析(又称静态工作点分析)是对电路进行进一步分析的基础,主要用来计算电路的静态工作点,此时电路中的交流电源将被置为零,电感短路,电容开路。进行静态工作点分析时需将电路的节点编号显示在电路图上,并需要选择待分析的节点(变量)。

在菜单栏中依次执行 Simulate/Analyses/DC Operating Point(直流工作点分析)命令,设置图 5.66 中的节点 3、4、5、I_B、I_C 为输出节点(变量),得出如图 5.67 所示的静态工作点分析结果,从图 5.67 中可读出各节点的电压值(相对于零电位)以及基极、集电极电流:

U_B = 3.89 V,U_E = 3.25 V,U_C = 8.79 V,I_{BQ} = 17.2 μA,I_{CQ} = 1.3 mA,并和理论计算值相比较。

(3）直流扫描分析

直流扫描分析(DC Sweep Analysis)是利用直流电源来分析电路中某一节点上的直流工

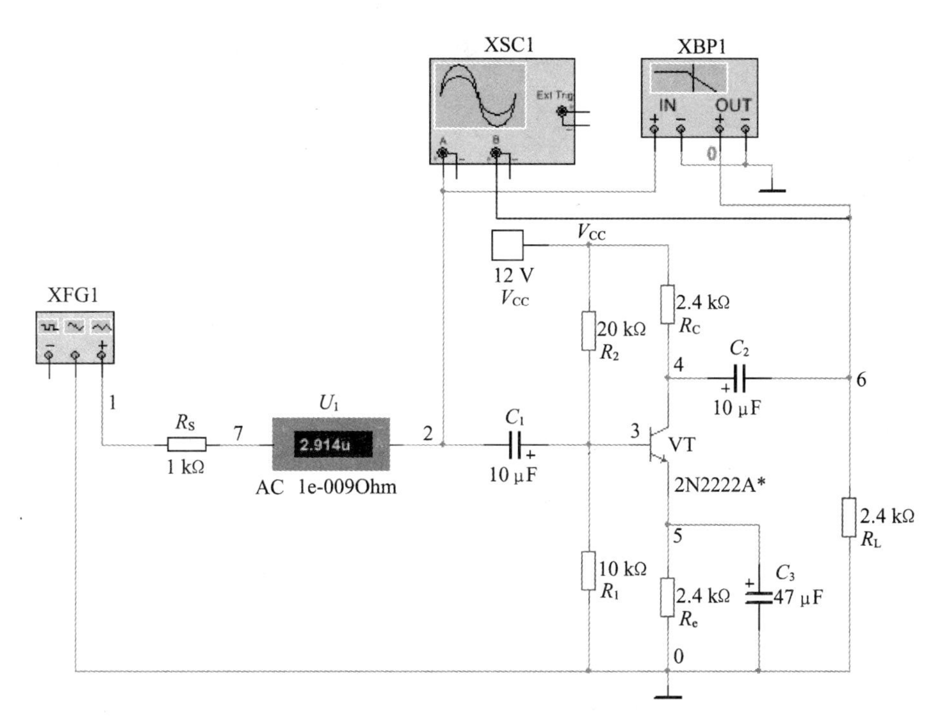

图 5.66 工作点稳定的共发射极放大电路

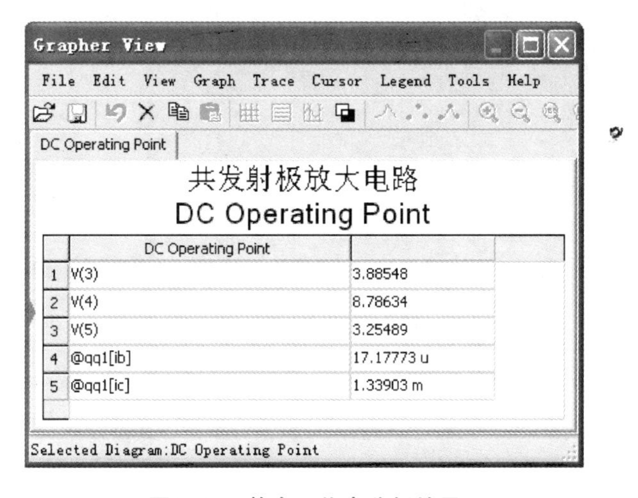

Grapher View

File Edit View Graph Trace Cursor Legend Tools Help

DC Operating Point

共发射极放大电路
DC Operating Point

	DC Operating Point	
1	V(3)	3.88548
2	V(4)	8.78634
3	V(5)	3.25489
4	@qq1[ib]	17.17773 u
5	@qq1[ic]	1.33903 m

Selected Diagram:DC Operating Point

图 5.67 静态工作点分析结果

作点的数值变化情况。直流扫描分析能够快速根据直流电源的变化范围确定电路的直流工作点，相当于每变动一次直流电源的数值，则对电路进行多次不同的仿真。

在菜单栏中依次执行 Simulate/Analyses/ DC Sweep Analysis(直流扫描分析)命令，选择 V_{CC} 为扫描的直流电源，设置开始扫描的电压值为 0 V，结束扫描的电压值为 20 V，选择图 5.66 中的节点 4 为输出节点(变量)，得到图 5.68 所示的集电极电位随电源电压变化的直流扫描分析结果。

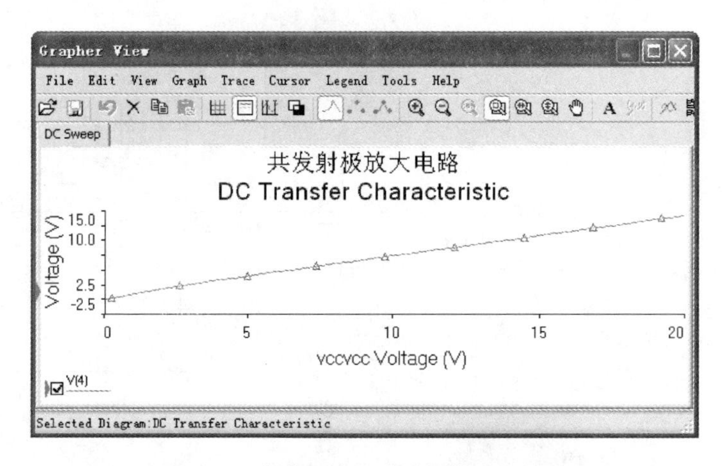

图 5.68　集电极电位直流扫描分析结果

(4) 交流分析

交流分析即分析电路的频率特性,是一种线性分析方法。交流频率分析是在分析电路直流工作点的基础上,对各个非线性元件作线性化处理,得到线性化的交流小信号等效电路,最后得到电路的幅频特性和相频特性。在进行交流分析时,无论电路的输入端为何种信号输入,都将自动设置为正弦波信号。

在菜单栏中依次执行 Simulate/Analyses/AC Analysis(交流分析)命令,可得到被分析节点(节点 6)的频率特性(幅频特性和相频特性)曲线,如图 5.69 所示。

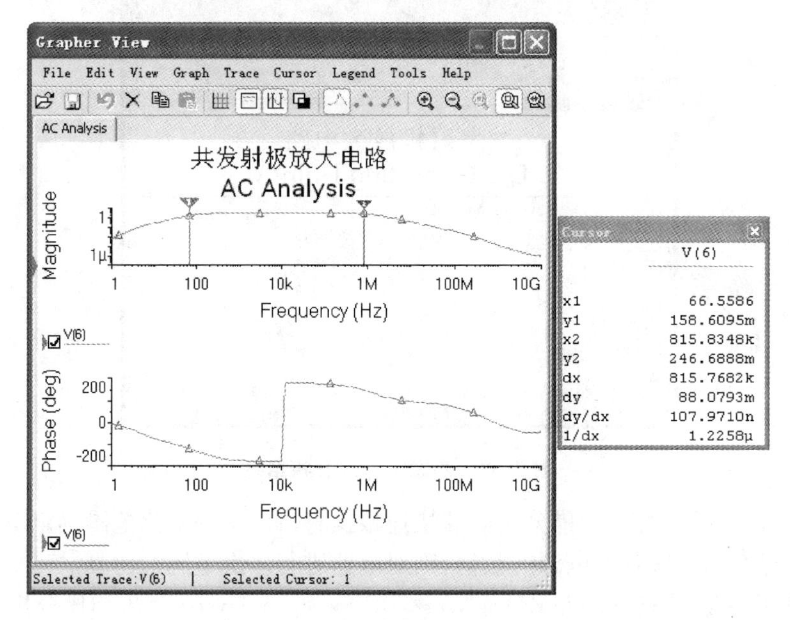

图 5.69　交流分析结果

(5) 参数扫描分析

在菜单栏中依次执行 Simulate/Analyses/Parameter Sweep(参数扫描)命令,在参数扫描分析对话框中,设置扫描方式为 List(取列表值扫描),设置 R_2 扫描时的 3 个不同电阻值为 10 kΩ、20 kΩ、28 kΩ,可得到被分析节点(节点 6)的参数扫描分析结果,如图 5.70 所示。从分析结果可以看出,当电阻 R_2 的阻值变化时,静态工作点发生变化,导致输出电压波形不同。

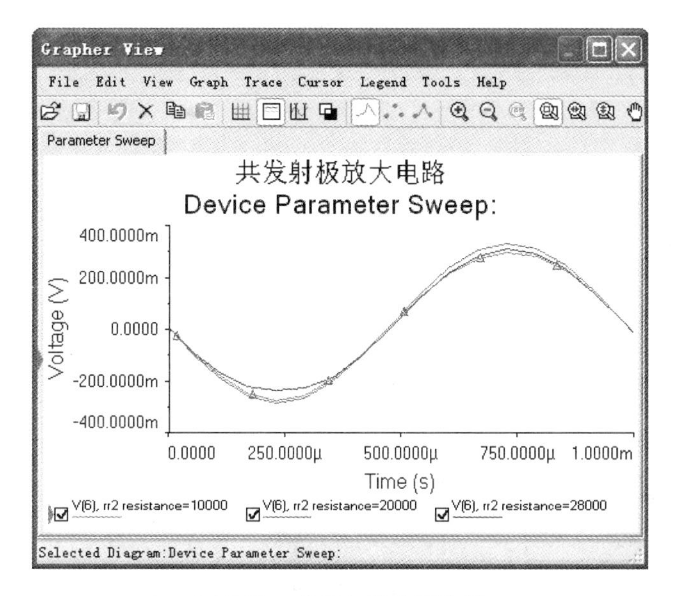

图 5.70 参数扫描分析结果

(6) 温度扫描分析

温度扫描分析用来研究温度变化对电路性能的影响,相当于在不同的工作温度下进行多次仿真。

在菜单栏中依次执行 Simulate/Analyses/Temperature Sweep(温度扫描)命令,将弹出温度扫描分析对话框,设置扫描方式为 List(取列表值扫描),选择扫描温度为 0 ℃、27 ℃、120 ℃,可得到被分析节点(节点 6)的温度扫描分析结果,如图 5.71 所示。从分析结果可以看出,随着温度升高,输出电压幅值减小,温度变化影响电路的静态工作点。

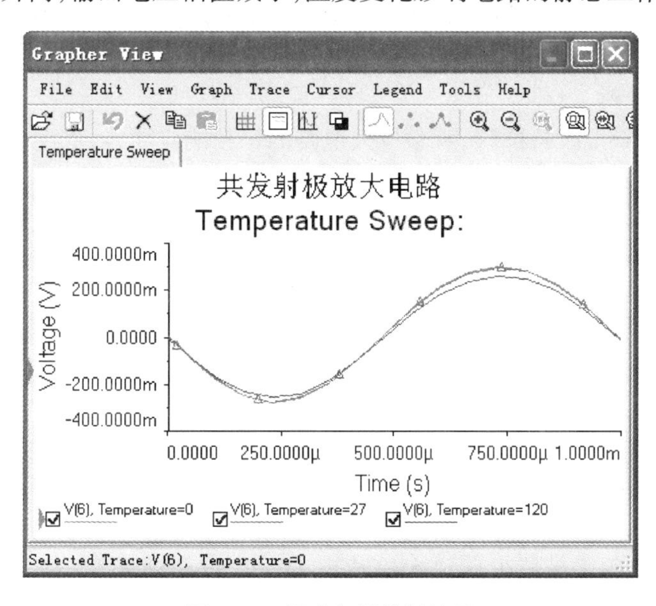

图 5.71 温度扫描分析结果

(7) 放大倍数分析

打开仿真开关,通过示波器观察电路的输入波形和输出波形,如图 5. 72 所示。

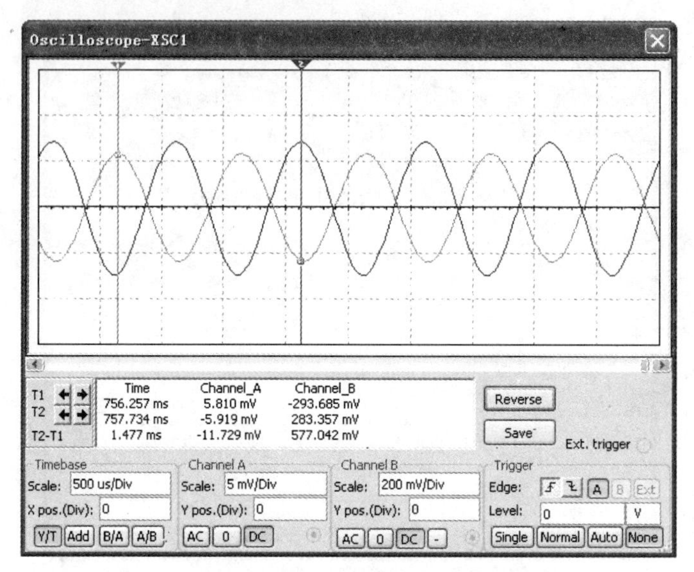

图 5. 72　共发射极放大电路输入波形和输出波形

从示波器面板上通过读数指针测得输出信号的幅值为 283 mV,输入信号的幅值为 5. 8 mV,电压放大倍数 A_u为 48. 8。

将负载电阻 R_L设为开路,适当调整示波器 B 通道参数,从示波器面板上测得空载时电路输出信号的幅值为 521 mV,空载电压放大倍数 $A_u{}'$为 89. 8。

(8) 输入电阻、输出电阻分析

输入端电流表的读数为 2. 9 μA,而输入电压有效值为 4. 1 mV,所以输入电阻 $R_i = U_i/I_i =$ 1. 4 kΩ。

输出电阻 $R_o = (U_o{}' - U_o)R_L/U_o$,其中 $U_o{}'$是负载电阻开路时的输出电压。计算输出电阻 $R_o = 2$ kΩ。

(9) 频带宽度分析

打开仿真开关,双击波特图仪,观察放大电路的幅频响应曲线,如图 5. 73 所示。

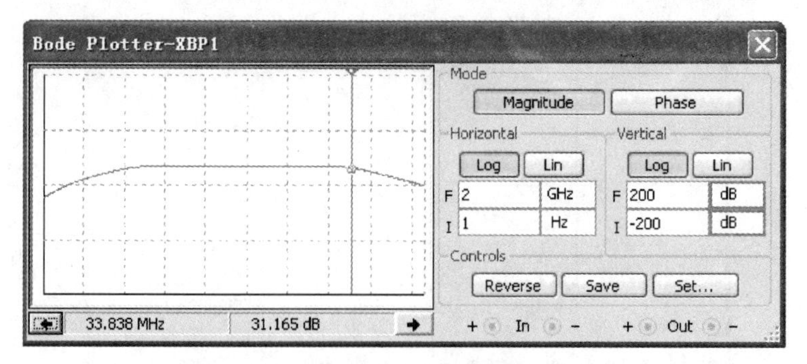

图 5. 73　共发射极放大电路的幅频响应

通过读数指针测得中频段电压放大倍数为 34 dB,再移动读数指针找出电压放大倍数下降 3 dB 时对应的两处频率,即可测得下限截止频率 f_L和上限截止频率 f_H分别约为150 Hz

和 35 MHz,电路频带宽度约为 35 MHz。

(10) 旁路电容开路分析

连接上负载电阻 R_L,设置发射极旁路电容 C_3 为开路,适当调整示波器 *B* 通道参数,再测量、计算电压放大倍数,并说明旁路电容的作用。

用步骤(7)中同样的方法可测出此时电路的电压放大倍数为 0.49(如图 5.74),可见发射极电阻在稳定静态工作点的同时也使电路电压放大倍数急剧下降(R_e越大电压放大倍数下降越多),并联旁路电容的作用是使发射极电阻交流短路,使电压放大倍数不致下降。

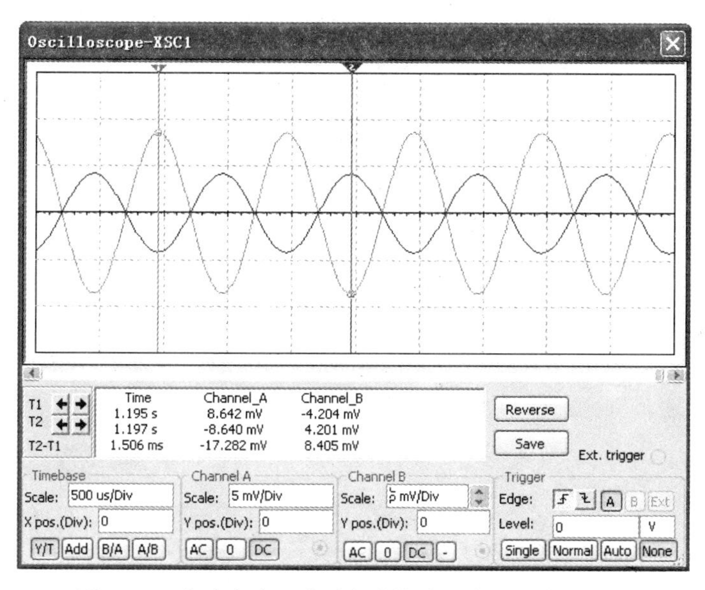

图 5.74　旁路电容开路时电路的输入波形和输出波形

(11) 将图 5.66 中 R_2设为 100 kΩ,这时因静态工作点过低使得电路的动态范围减小,在输入较大信号时电路将出现截止失真,如图 5.75 所示。

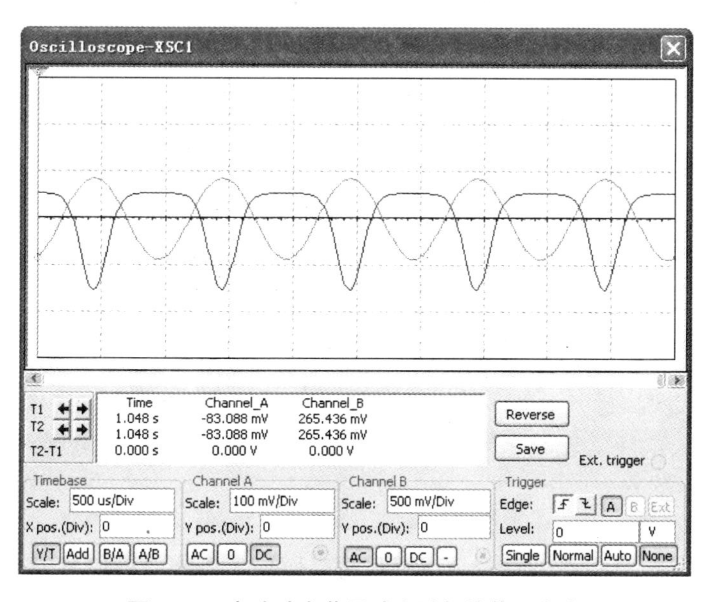

图 5.75　电路动态范围减小引起的截止失真

5.2.5 差动放大电路

1）实验要求

（1）建立差动放大电路，分析差动放大电路性能。

（2）掌握 Multisim 12 瞬态分析方法以及后处理器的使用方法。

2）电路基本原理

基本差动放大电路可以看成由两个电路参数完全一致的单管共发射极电路所组成。差动放大电路对差模信号有放大能力，而对共模信号具有抑制作用。差模信号指电路的两个输入端输入大小相等、方向相反的信号；共模信号指电路的两个输入端输入大小相等、方向相同的信号。

3）Multisim 12 仿真分析

建立如图 5.76 所示差动放大电路。VT_1、VT_2 均为 NPN 晶体管（2N2222A），电流放大系数设置为 80。通过拨动开关 K_1、K_2，可选择在差动放大电路的输入端加入直流信号或交流信号。数字万用表用来测量差动放大电路的直流输出电压，示波器用来测量差动放大电路的交流输入、输出电压。

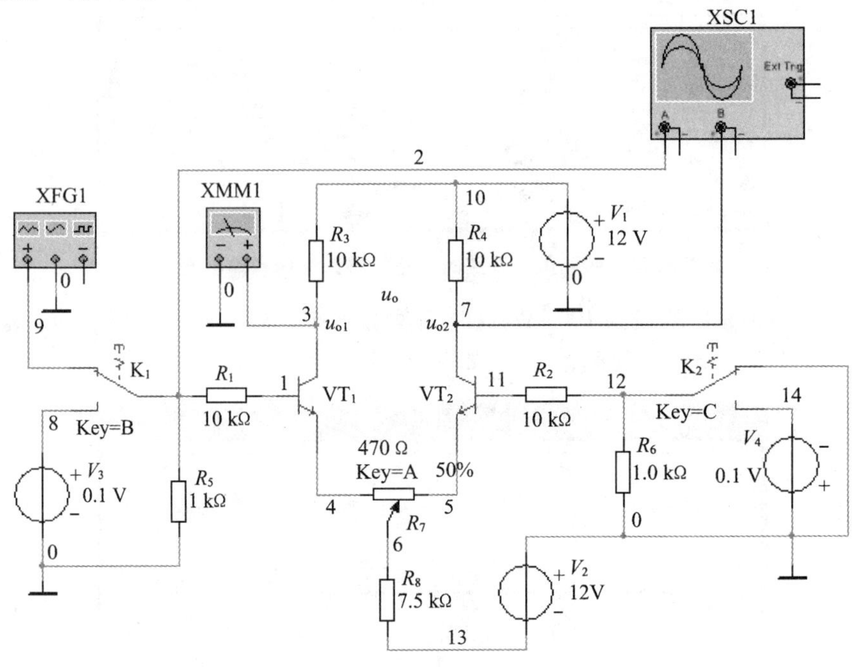

图 5.76 差动放大电路

（1）静态工作点分析

在菜单栏中依次执行 Simulate/Analyses/DC Operating Point（直流工作点分析）命令，设置节点 1、3、4、5、6、7、11 为输出节点，得出如图 5.77 所示的静态工作点分析结果。

（2）直流信号输入

① 直流差模信号分析

分别拨动开关 K_1、K_2，在差动放大电路的输入端加入直流差模信号，U_i = 0.2 V（U_{i1} = 0.1 V、U_{i2} = −0.1 V），通过数字万用表测得 U_{o1} = 2.664 V，U_{o2} = 6.728 V。差模电压放大倍

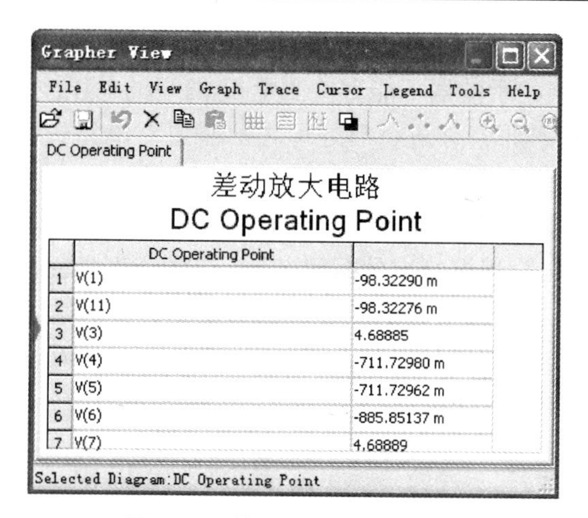

	DC Operating Point	
1	V(1)	-98.32290 m
2	V(11)	-98.32276 m
3	V(3)	4.68885
4	V(4)	-711.72980 m
5	V(5)	-711.72962 m
6	V(6)	-885.85137 m
7	V(7)	4.68889

图 5.77 静态工作点分析结果

数 $A_{ud} = (2.664 - 6.728)/0.2 = -20.32$。

② 直流共模信号分析

在图 5.76 所示电路中加入直流共模信号，$U_i = 0.1$ V（$U_{i1} = U_{i2} = 0.1$ V），通过数字万用表测得 $U_{o1} = U_{o2} = 4.627$ V。共模电压放大倍数 A_{uc} 为零。

(3) 交流信号输入（单端输入方式）

分别拨动开关 K_1、K_2，在差动放大电路的输入端加入交流信号，设置函数信号发生器输出频率为 1 kHz、幅值为 10 mV 的正弦波信号。

① 单端输出差模信号分析

打开仿真开关，通过示波器观察差动放大电路差模信号输入波形和单端输出波形，如图 5.78 所示。可见输入波形和输出波形同相（如果从晶体管 VT_1 的集电极输出，则输入波形和输出波形反相）。由图 5.78 测得单端输出电压的幅值约为 100 mV，而差模输入电压幅值为 10 mV，因此电路单端输出差模电压放大倍数为 10。

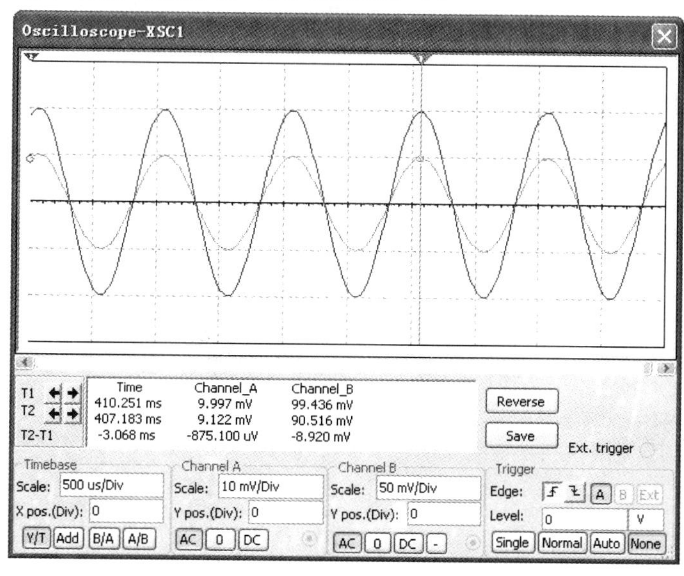

图 5.78 差动放大电路的输入波形和单端输出波形

② 双端输出差模信号分析

由于 Multisim 12 提供的示波器不能直接测量 U_o 两端的电压波形，因此需通过使用后处理器来观察双端输出电压波形。在进行后处理之前需要对电路进行瞬态分析，然后将瞬态分析结果进行后处理。

瞬态分析是一种非线性电路分析方法，可用来分析电路中某一节点的时域响应。在进行瞬态分析时，Multisim 12 会根据给定的时间范围，选择合理的时间步长，计算所选节点在每个时间点的输出电压。通常以节点电压波形作为瞬态分析的结果。

在菜单栏中依次执行 Simulate/Analyses/Transient Analysis（瞬态分析）命令，选择图5.76中节点 U_{o1}、U_{o2} 的电压作为输出变量，得到如图 5.79 所示的瞬态分析结果。

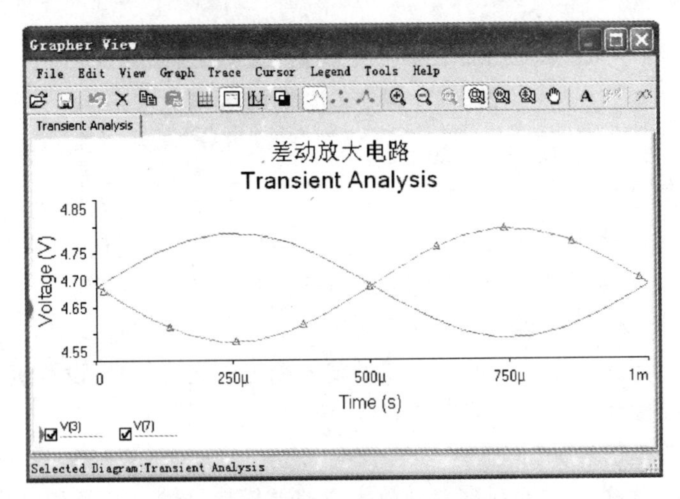

图 5.79　差动放大电路瞬态分析结果

后处理器（Postprocessor）是专门对仿真结果进行进一步计算处理的工具，不仅能对仿真得到的数据进行加法、减法等运算，还能对多个曲线或数据之间进行数学运算处理。

在菜单栏中依次执行 Simulate/Postprocessor（后处理器）命令，在弹出的后处理器对话框中，选择对两个节点（U_{o1}、U_{o2}）输出电压进行减法运算，得到 U_o 两端的电压波形，如图 5.80 所示。

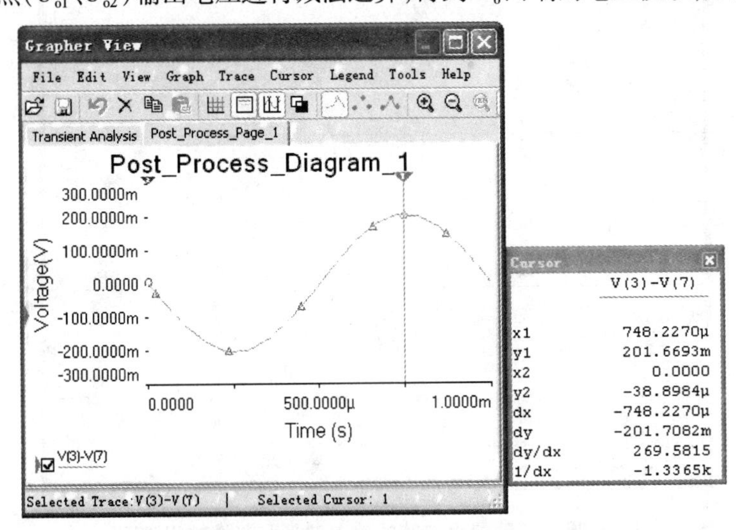

图 5.80　后处理器处理后的 U_o 两端电压波形

从图5.80右侧可测得双端输出电压U_o的幅值约为201.7 mV。因此，电路双端输出差模电压放大倍数为-20.2，这与步骤(2)进行的直流差模信号分析结果基本相同。结合单端输出测量数据(单端输出电压的幅值约为100 mV)，可知单端输出时电压放大倍数只有双端输出时电压放大倍数的一半。

③ 共模信号分析

在差动放大电路两个输入端同时加入同样的交流信号，采用与上述分析差模信号相同的操作方法，通过示波器观察差动放大电路共模信号输入波形和单端、双端输出波形，可测得双端输出电压U_o的幅值仅为0.045 mV，双端输出共模电压放大倍数$A_{uc} \ll 1$，因此，差动放大电路对共模信号具有很好的抑制作用。

5.2.6 函数信号发生器的设计

1）实验要求

（1）设计由集成运算放大器组成的正弦波-方波-三角波函数信号发生器电路。

（2）用Multisim 12创建所设计的函数信号发生器电路，并观测各输出波形。

2）电路设计

产生正弦波、方波、三角波的方法有多种，如可先由RC正弦波振荡器产生正弦波，然后通过整形电路将正弦波变换成方波，再由积分电路将方波变成三角波。

（1）正弦波产生电路

采用RC串并联网络和运算放大器构成的RC桥式正弦波振荡器如图5.81所示。电路中的RC串并联网络既作选频网络又作正反馈网络，电阻R_1、R_2和运算放大器构成放大电路(同相比例电路)，其放大倍数为：

$$A_u = 1 + \frac{R_2}{R_1}。$$

该电路的振荡频率由RC串并联网络确定，即：

$$f = \frac{1}{2\pi RC}。$$

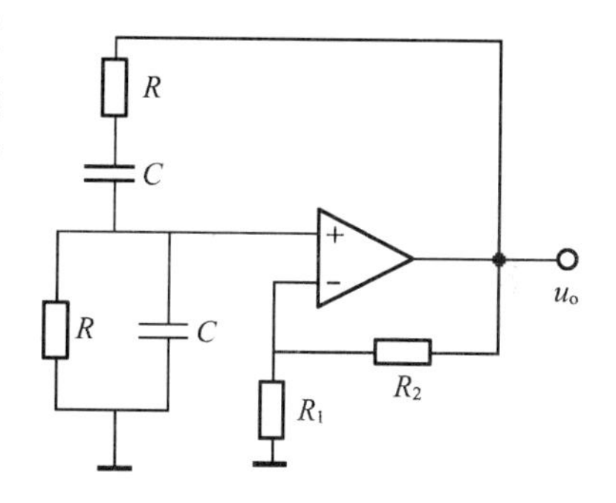

图5.81 RC桥式正弦波振荡器

RC串并联网络在发生振荡时有这样的特性：输入/输出同相位，电压传输比为$F=1/3$。因此要能实现振荡，在相位上首先要满足同相位的关系，这点用同相输入即可(接入正反馈)，而幅值上要满足$|AF| = 1$，这就要求放大电路的放大倍数应该大于或等于3。改变选频网络的参数R或C，即可调节振荡频率。一般采用改变电容C作频率量程切换，而调节R作量程内的频率细调。

（2）正弦波变成方波

通过如图5.82所示的电压比较器电路(反相输入过零比较器)将正弦波变换成方波。电压比较器(简称比较器)的功能是比较两个电压的大小。电压比较器的输出是两个不同的电平，即高电平和低电平。

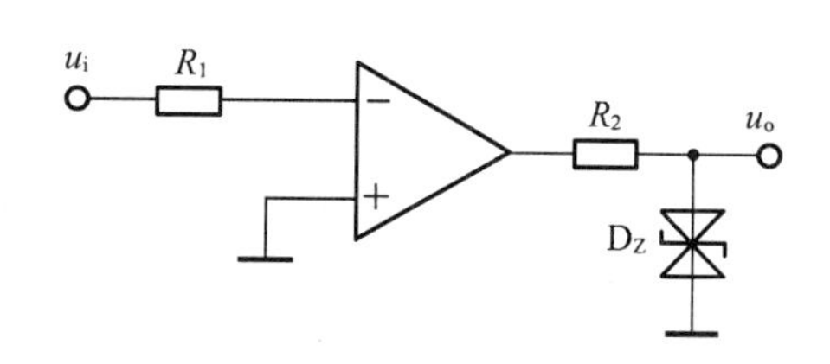

图5.82 反相输入过零比较器

图5.82中的电阻R_1可避免因u_i过大而损坏运

算放大器，D_Z为限幅稳压管。显然，在理想情况下，它的阀值为零，即当 u_i变化经过零时输出电压从一个电平跳变到另一个电平。

(3) 方波变成三角波

通过如图 5.83 所示的反相积分电路将方波变换成三角波。反相积分电路由集成运算放大器、电阻和反馈电容构成，其输出电压和输入电压的关系为 $u_o = -\frac{1}{R_1C}\int u_i \mathrm{d}t$，即输出电压 u_o为输入电压 u_i对时间的积分，负号表示它们在相位上是相反的。当 u_i为固定值时，$u_o = -\frac{u_i}{R_1C}t$，即输出电压 u_o随时间增长而线性下降，R_1C 的数值越大，达到给定的 u_o值所需的时间就越长，积分输出电压所能达到的最大值受集成运放最大输出范围的限制。当积分电路输入是方波时，输出是三角波，此时积分电路起着波形变换的作用。

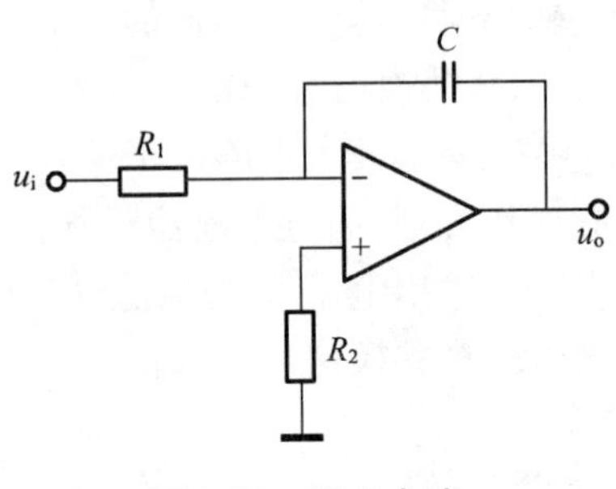

图 5.83　积分电路

通常，为限制低频电压增益，在积分电容 C 两端并联一个阻值较大的分流电阻。

3) Multisim 12 仿真分析

(1) 建立如图 5.84 所示的正弦波-方波-三角波函数信号发生器电路。

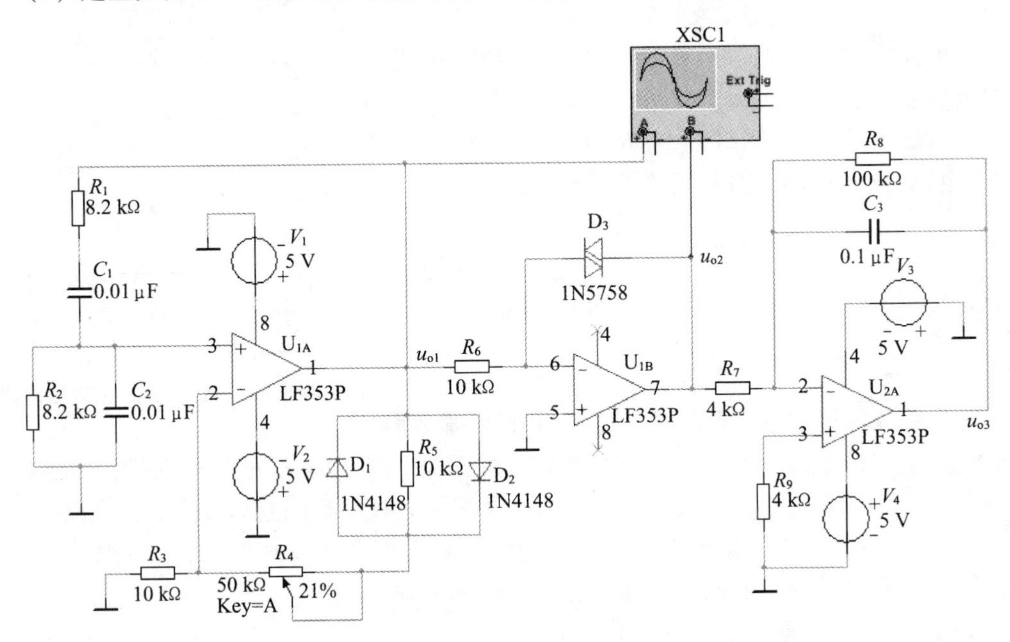

图 5.84　正弦波-方波-三角波函数信号发生器电路

如图 5.81 所示，在 RC 正弦波振荡器电路中，为了稳定振荡幅度，通常在放大电路的负反馈回路中采用非线性元件来自动调整负反馈放大电路的增益，以维持输出电压幅度的稳定。图 5.84 中 RC 正弦波振荡器电路的二极管 D_1、D_2即是稳幅元件，其作用是输出限幅，改善输出波形，利用二极管的动态电阻特性，抵消由于元件误差、温度引起的振荡幅度变化所造成的影响。当输出电压幅度较小时，电阻 R_5两端的电压较小，二极管 D_1、D_2截止，反馈系

数由 R_3、R_4及 R_5决定。当输出电压的幅度增加到一定值时，二极管 D_1、D_2导通，其动态电阻与 R_5并联后使反馈系数增大，电压增益下降。输出电压的幅度越大，二极管的动态电阻越小，从而维持输出电压的幅度基本稳定。D_1、D_2采用硅管（温度稳定性好），且要求特性匹配，才能保证输出波形正、负半周对称。

选用 LF353 双集成运放，电源电压采用 ±5 V，选用 1N4148 开关二极管。D_3为双向稳压管，用于限定方波输出电压幅度。图 5.84 中正弦波发生器的振荡频率为：

$$f_0 = \frac{1}{2\pi R_1 C_1} = \frac{1}{2 \times 3.14 \times 8.2 \times 10^3 \times 0.01 \times 10^{-6}} \approx 1.94\ \text{kHz}。$$

（2）打开仿真开关，调节 R_4为 21% 时电路起振，从示波器上可以观察到，正弦波振荡电路输出波形（u_{o1}）由小到大，经过相当长一段时间后，才逐渐建立起稳定的振荡波形，稳态后的正弦波输出波形如图 5.85 所示。如不能起振，则说明负反馈太强，应适当加大 R_4；如波形失真严重，则应适当减小 R_4。

由图 5.85 中示波器测得输出电压幅值最大且不失真时的正弦波信号的周期约为 519 μs，频率为 1.93 kHz，与理论值基本相同。同时用万用表分别测量输出电压 u_o、反馈电压 u_-，分析研究振荡的幅值条件。

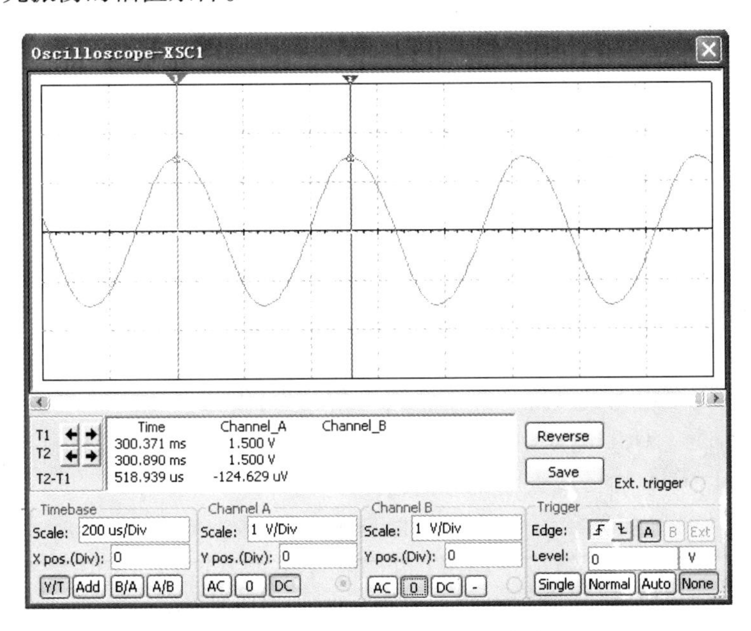

图 5.85　正弦波振荡电路的输出波形

（3）断开二极管 D_1、D_2，重复（2）的内容，将测试结果与（2）进行比较，分析 D_1、D_2的稳幅作用。

（4）用示波器观察电路的方波（u_{o2}）和三角波（u_{o3}）输出波形，如图 5.86 所示，分别测量方波和三角波的相关参数。

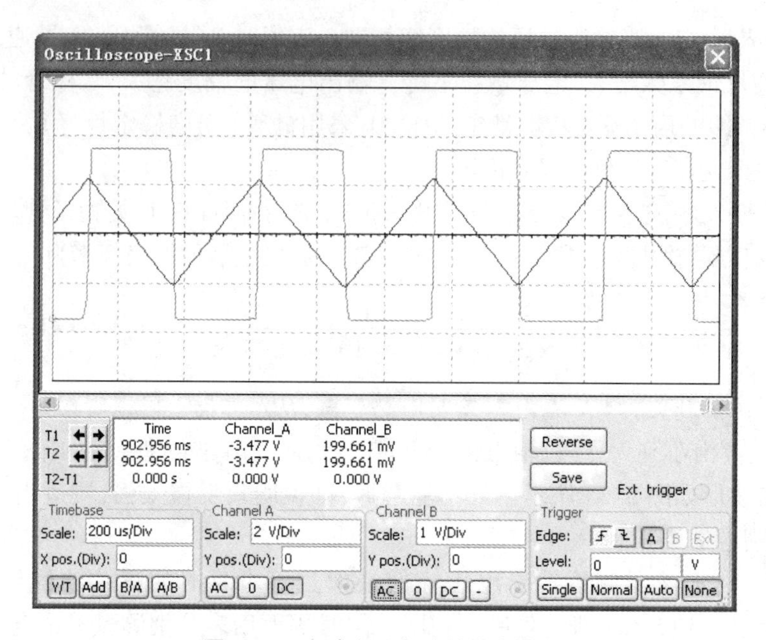

图 5.86　方波和三角波的输出波形

5.2.7　OTL 功率放大器

1）实验要求

（1）理解 OTL 功率放大器的工作原理。

（2）掌握 OTL 功率放大器电路的调试和主要性能指标的测试方法。

2）电路基本原理

功率放大电路是提供负载足够大的功率信号的一种电路，如提供扬声器做机械振动，提供电动机做旋转运动，提供继电器开关做吸合分离动作等。功率放大电路按耦合方式分为有变压器耦合和无变压器耦合两种，无变压器耦合功率放大电路又分为 OTL 电路和 OCL 电路。OTL 电路和 OCL 电路的共同特点是电路结构对称，由特性相同的两管轮流导通（互补工作）放大交流信号。OCL 电路由正、负电源供电，OTL 电路由一大容量电容代替对称的负电源供电。实验以 OTL 功率放大电路为例进行分析。

低频功率放大器能将低频信号不失真地进行功率放大，如图 5.87 所示为 OTL 低频功率放大器电路。三极管 VT_1 组成推动级（也称前置放大级），VT_2、VT_3 是一对参数对称的 NPN 和 PNP 型晶体三极管，它们组成互补推挽 OTL 功放电路。由于每一个三极管都接成射极输出器形式，因此具有输出电阻低、负载能力强等优点，适合作功率输出级。VT_1 工作于甲类状态，它的集电极电流 I_{c1} 由电位器 R_{P1} 进行调节。I_{c1} 的一部分电流经电位器 R_{P2} 及二极管 D_1，给 VT_2、VT_3 提供偏压。调节 R_{P2}，可以使 VT_2、VT_3 得到合适的静态电流而工作于甲、乙类状态，以克服交越失真。静态时要求输出端中点 A 的电位 $U_A = V_{CC}/2$，可以通过调节 R_{P1} 来实现，又由于 VT_1 的直流偏置电阻 R_{P1} 的一端接在 A 点，因此在电路中引入交、直流电压并联负反馈，一方面稳定了放大器的静态工作点，同时也改善了非线性失真。

当输入正弦交流信号 u_i 时，经 VT_1 放大、倒相后同时作用于 VT_2、VT_3 的基极，u_i 的负半周使 VT_2 管导通（VT_3 截止），有电流通过负载 R_L，同时向电容 C_3 充电；在 u_i 的正半周，VT_3

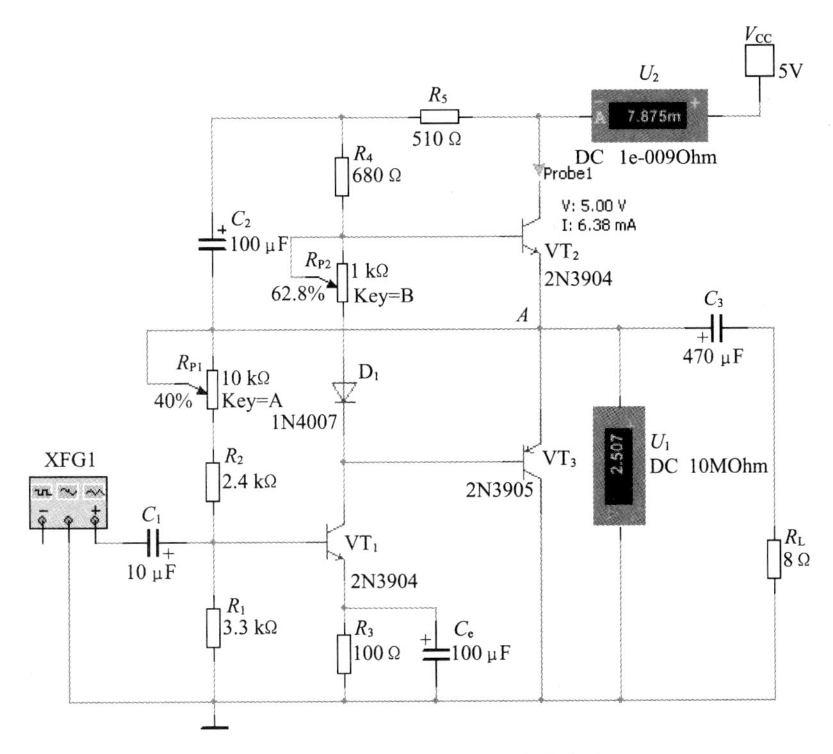

图 5.87 OTL 低频功率放大器电路

管导通（VT_2 截止），则已充好电的电容 C_3 起着电源的作用，通过负载 R_L 放电，这样在 R_L 上就得到完整的正弦波。

C_2、R_5 构成自举电路，用以提高输出电压正半周的幅度，以得到大的动态范围。

OTL 低频功率放大器的主要性能指标有：最大不失真输出功率 P_{OM}、电源供给功率 P_E、效率 η、输入灵敏度等。

3）Multisim 12 仿真分析

建立如图 5.87 所示的 OTL 低频功率放大器电路。

（1）静态工作点的调试

设置函数信号发生器的输出信号为 0（u_i 接地），打开仿真开关，调节电位器 R_{P1}，当 R_{P1} 调节为 40% 时，测量 A 点电位为 $U_A = 2.5 = V_{CC}/2$。

（2）调整输出级静态电流及测试各级静态工作点

使 $R_{P2}=0$，设置函数信号发生器的输出信号为 $f = 1$ kHz 的正弦信号。通过示波器观察输入、输出波形，逐渐加大输入信号 u_i 的幅值，此时输出波形应出现较严重的交越失真（注意：没有饱和、截止失真），然后缓慢增大 R_{P2}，当 R_{P2} 调节为 62.8% 时，交越失真刚好消失，停止调节 R_{P2}，恢复 $u_i = 0$，利用直流工作点分析（DC Operating Point）测量各级的静态工作点。

（3）最大输出功率 P_{OM} 和效率 η 的测试

设置函数信号发生器的输出信号为 $f = 1$ kHz 的正弦信号，逐渐加大输入信号 u_i 的幅值，通过示波器观测电路的输入、输出电压波形，当 u_i 增加到 18 mV_P 时，输出电压达到最大不失真输出，如图 5.88 所示，测量负载 R_L 上的输出电压 U_{OM} 约为 530 mV，计算 P_{OM}。同时通过电流表测出电源供给的平均电流，计算出直流电源供给的平均功率 P_E 及效率 η。

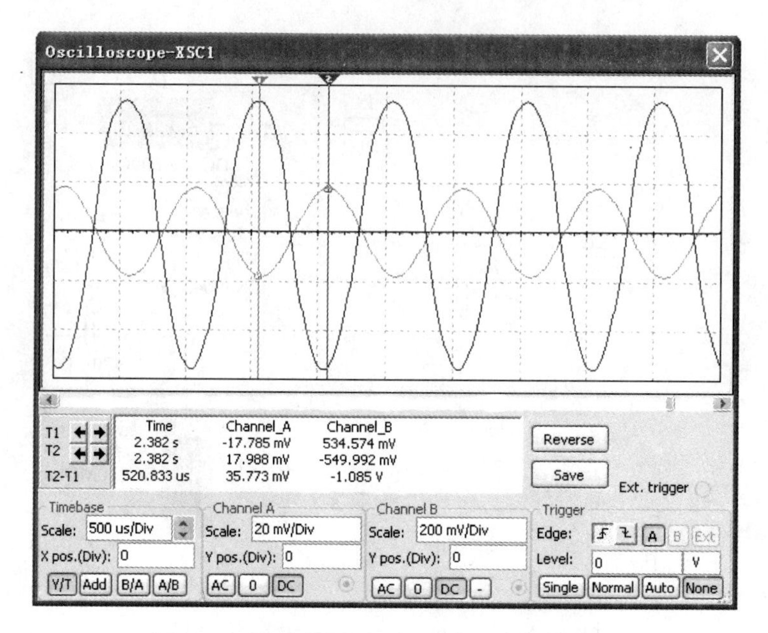

图 5.88　最大不失真输出时的输入、输出信号

（4）分析自举电路的作用

将电容 C_2 设置为开路故障，再测量 U_{OM}，计算 A_u，并与步骤(3)的相应数据进行比较，分析并理解自举电路的作用。

（5）R_{P2} 对电路的影响

保持步骤(3)的输入信号电压不变，逐渐减小 R_{P2}，输出波形将出现交越失真，当 R_{P2} 调节为 0 时，电路的输入、输出波形如图 5.89 所示，分析电路发射级有、无正偏置电压两种情况(即 R_{P2})对交越失真的影响。图 5.89 中示波器面板上、下两个波形分别对应为输入和输出信号。

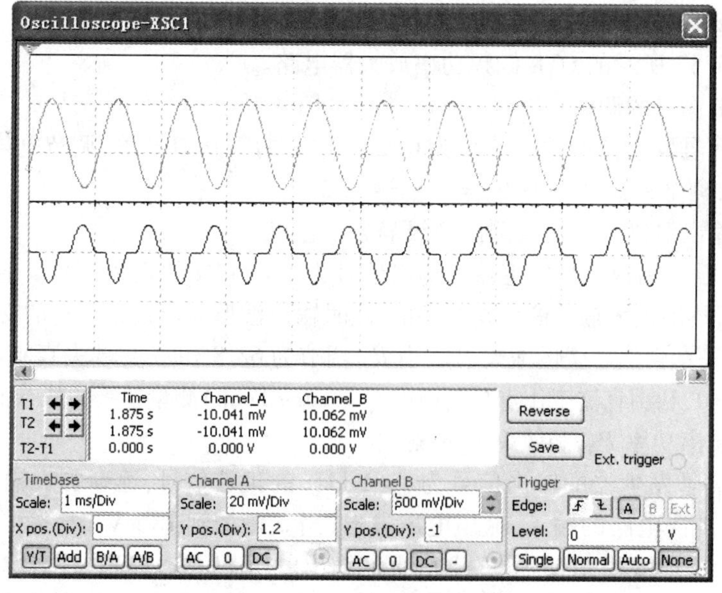

图 5.89　R_{P2} 为 0 时的输入、输出信号

5.2.8 译码器及其应用

1）实验要求

（1）创建译码器测试电路，分析 3－8 线译码器 74LS138 的逻辑功能。

（2）用 3－8 线译码器 74LS138 构成数据分配器，并观察仿真结果。

（3）创建显示译码器的实验电路，分析七段显示译码器 74LS47 的逻辑功能。

（4）用 74LS138 译码器、D 触发器设计一个双向广告流水灯，并观察仿真结果。

2）电路基本原理

译码器的逻辑功能是将输入的二进制代码按其编码时的原意译成对应的信号或十进制数码。3－8 线译码器 74LS138 除了 3 个代码输入端和 8 个信号输出端外，还有 3 个控制（使能）端 G_1、G'_{2A}、G'_{2B}，只有当 $G_1 = 1$、$G'_{2A} = G'_{2B} = 0$ 时，译码器才处于工作状态，否则译码器被禁止，所有输出端被封锁为高电平。

数据分配器的逻辑功能是将一路输入数据，根据其不同的地址分配到不同的输出通道上去。如果将 3－8 线译码器 74LS138 的二进制代码输入作为地址输入，控制端之一作为数据输入端，即可构成一个数据分配器。

BCD 七段显示译码器 74LS47 中的 D、C、B、A 为输入的 BCD 代码，输出的 7 位二进制代码（$OA \sim OG$）作为信号，驱动七段显示器显示相应的十进制数字。

3）Multisim 12 仿真分析

（1）创建 3－8 线译码器 74LS138 实验电路，如图 5.90 所示。

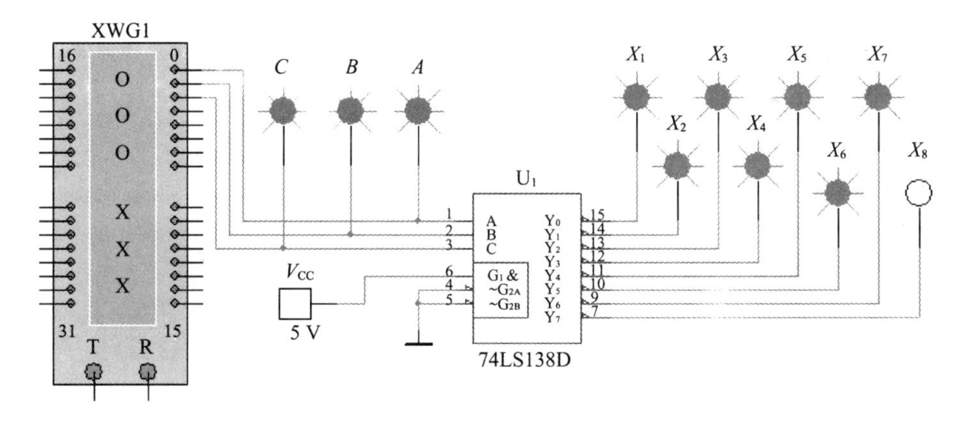

图 5.90　3－8 线译码器 74LS138 电路

调用字信号发生器输入三位二进制代码，双击字信号发生器，打开字信号发生器面板，并单击 Set 按钮，在弹出的对话框中选择 Up Counter（递增编码）方式输出，初始值选择 0000，终值选择 0007，用蓝色逻辑探针显示输入信号 C、B、A 的状态，用红色逻辑探针显示输出状态。

打开仿真开关后，不断单击字信号发生器面板上的 Step（单步输出）按钮，观察输出信号与输入代码的对应关系，并记录（表格自拟）。

（2）用 3－8 线译码器 74LS138 构成数据分配器，实验电路如图 5.91 所示。将译码器的控制端 G'_{2A} 作为数据输入端，将译码器的译码输出充当数据分配器输出。将 G'_{2B} 接地，G_1 接电源。用频率为 1 kHz 的时钟信号源作为数据输入至 G'_{2A}。用键盘上的 A、B、C 3 个字母按键分别控制3个开关,提供3位地址码输入。各输入、输出端的状态变化均用逻辑探针观察。

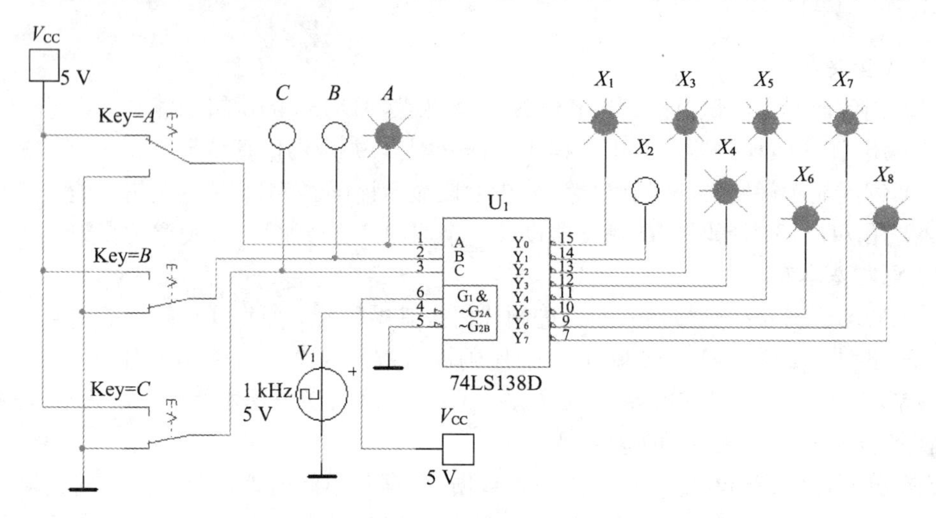

图 5.91　74LS138 构成数据分配器电路

打开仿真开关,用 C、B、A 按键依次输入不同的3位地址信号,观察输出信号的变化,记录结果(表格自拟)。

(3) 创建 BCD 七段显示译码器 74LS47 实验电路,如图 5.92 所示。调用字信号发生器输入四位二进制代码,选择 Up Counter(递增编码)方式输出,初始值选择 0000,终值选择 0009,BCD 七段显示译码器 74LS47 输出端接七段共阳极显示器。应当注意的是,电路中需要放置数字地符号。

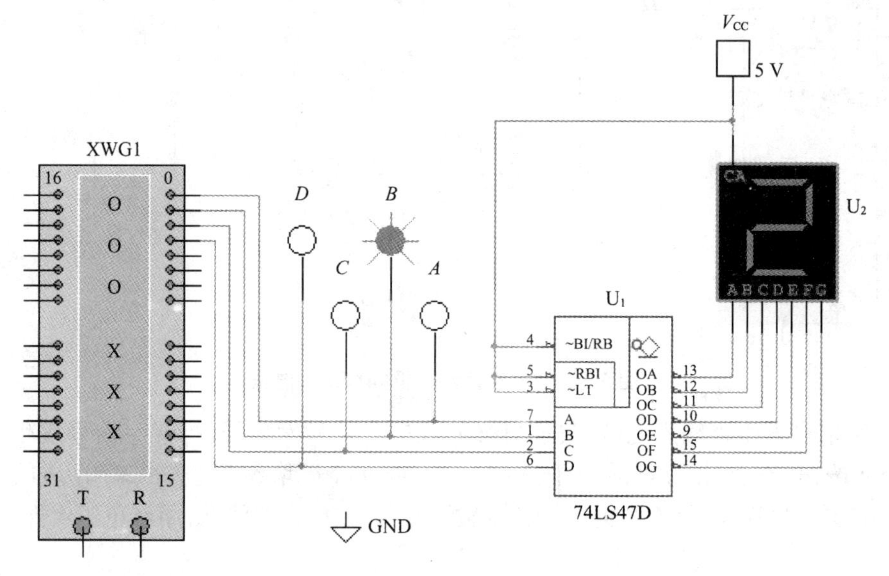

图 5.92　七段显示译码器 74LS47 电路

打开仿真开关后,不断单击字信号发生器面板上的 Step(单步输出)按钮,观察七段显示译码器的输出变化,观察七段显示器显示的十进制数字。记录下输入 BCD 码时对应的七位输出代码(表格自拟)。

(4) 用 74LS138 译码器、*D* 触发器设计一个双向广告流水灯。设计要求:共有 8 个灯,始终使其中 1 暗 7 亮，而且这 1 个暗灯可循环右移或左移。

创建双向广告流水灯电路如图 5.93 所示。*D* 触发器 U_{1A}、U_{1B}、U_{2A} 构成 8 进制计数器，计数器的输出接至译码器的地址输入端，异或门 U_{4A}、U_{4B} 作为可控反相器。开关 K_1 接低电平时，U_{1A}、U_{1B}、U_{2A} 构成加法计数器，根据译码器的逻辑功能，8 个灯中的 1 个暗灯按照计数器输出信号的频率循环右移；开关 K_1 接高电平时，U_{1A}、U_{1B}、U_{2A} 构成减法计数器，8 个灯中的 1 个暗灯按照计数器输出信号的频率循环左移。为便于在仿真环境中观察流水灯显示状态，设置函数信号发生器输出频率为 200 Hz、幅值为 5 V 的方波。

打开仿真开关，拨动开关 K_1，观察双向广告流水灯的工作状态。

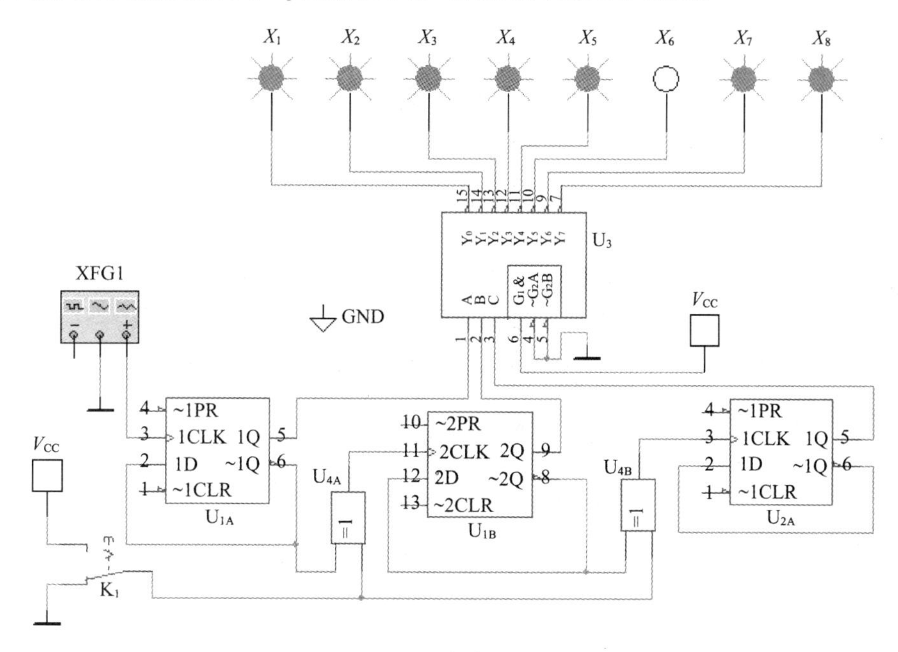

图 5.93 双向广告流水灯电路

5.2.9 555 定时器的应用

1）实验要求

（1）创建由 555 定时器组成的单稳态触发器、施密特触发器。

（2）改变电路的工作条件，观察并分析单稳态触发器电路的输出波形的变化。掌握由示波器观测施密特触发器的电压传输特性的方法。

2）电路基本原理

（1）555 定时器

555 定时器是一种模拟电路和数字电路相结合的中规模集成电路，555 定时器成本低，性能可靠，只需要外接几个电阻、电容，就可以实现多谐振荡器、单稳态触发器及施密特触发器等脉冲产生与变换电路。它也常作为定时器广泛应用于仪器仪表、家用电器、电子测量及自动控制等方面。其引脚排列图如图 5.94 所示。

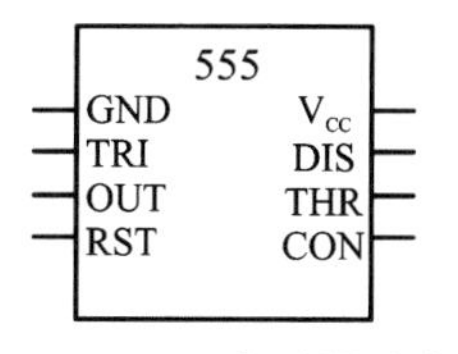

图 5.94 555 定时器引脚图

TRI（2 脚）：低电平触发端，由此输入触发脉冲。当 2 脚的输入

电压低于 $\frac{V_{CC}}{3}$ 时,输出(3 脚)为"1"。

THR(6 脚):高电平触发端,由此输入触发脉冲。当输入电压高于 $\frac{2}{3}V_{CC}$ 时,输出(3 脚)为"0"。

RST(4 脚):复位端,由此输入负脉冲(或使其电位低于 0.7 V)而使输出端(3 脚)置"0"。

CON(5 脚):电压控制端,在此端可外加一电压以改变比较器的参考电压。不用时,经 0.01 μF 的电容接"地",以防止干扰的引入。

DIS(7 脚):放电端。

OUT(3 脚):输出端,输出电流可达 200 mA,因此可直接驱动继电器、发光二极管、扬声器、指示灯等。输出高电压约低于电源电压(V_{CC})1 ~3 V。

V_{CC}(8 脚):电源端,可在 5 ~18 V 范围内使用。

GND(1 脚):接地端。

(2) 单稳态触发器

单稳态触发器具有稳态和暂稳态两个不同的工作状态。在外界触发脉冲作用下,它能从稳态翻转到暂稳态,在暂稳态维持一段时间以后,再自动返回稳态;暂稳态维持时间的长短取决于电路本身的参数,与触发脉冲的宽度和幅度无关。单稳态触发器常用来产生具有固定宽度的脉冲信号。

用 555 定时器构成的单稳态触发器是负脉冲触发的单稳态触发器,输出的矩形脉冲宽度(暂稳态维持时间)为:$T_P = RC\ln3 = 1.1RC$,仅与电路本身的参数 R、C 有关。

(3) 施密特触发器

施密特触发器能对正弦波、三角波等信号进行整形,并输出矩形波。

如图 5.95 所示为由 555 定时器及外接阻容元件构成的施密特触发器。设被整形变换

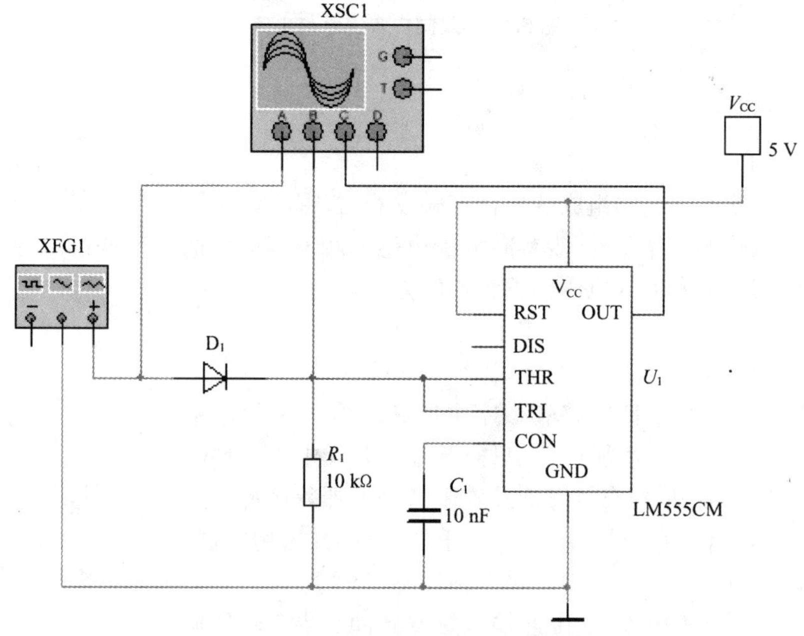

图 5.95　施密特触发器

的电压为正弦波 u_S，其正半周通过二极管 D 同时加到 555 定时器的 2 脚和 6 脚，得 u_i 为半波整流波形。当 u_i 上升到 $\frac{2V_{CC}}{3}$ 时，u_o 从高电平翻转为低电平；当 u_i 下降到 $\frac{V_{CC}}{3}$ 时，u_o 又从低电平翻转为高电平。施密特触发器的上限阈值电平 U_{T+} 为 $\frac{2V_{CC}}{3}$，下限阈值电平 U_{T-} 为 $\frac{V_{CC}}{3}$，回差电压为：$\Delta U = U_{T+} - U_{T-} = \frac{V_{CC}}{3}$。电路的波形变换图及电压传输特性如图 5.96 所示。

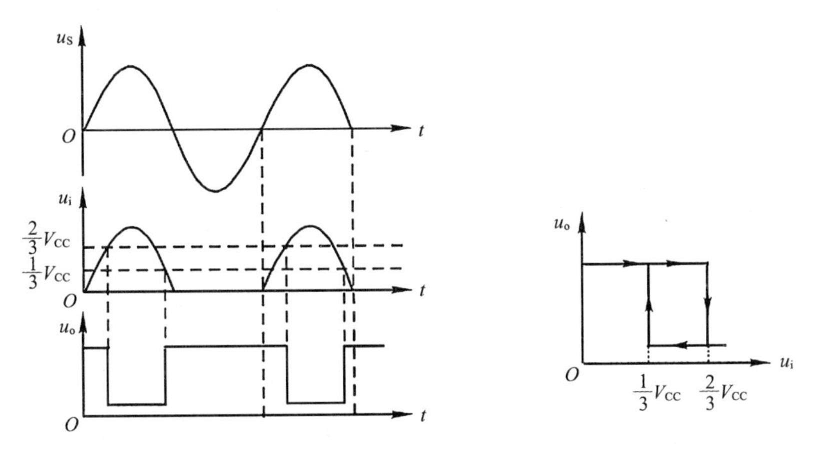

图 5.96　波形变换图及电压传输特性图

3）Multisim 12 仿真分析

（1）555 定时器构成的单稳态触发器如图 5.97 所示。

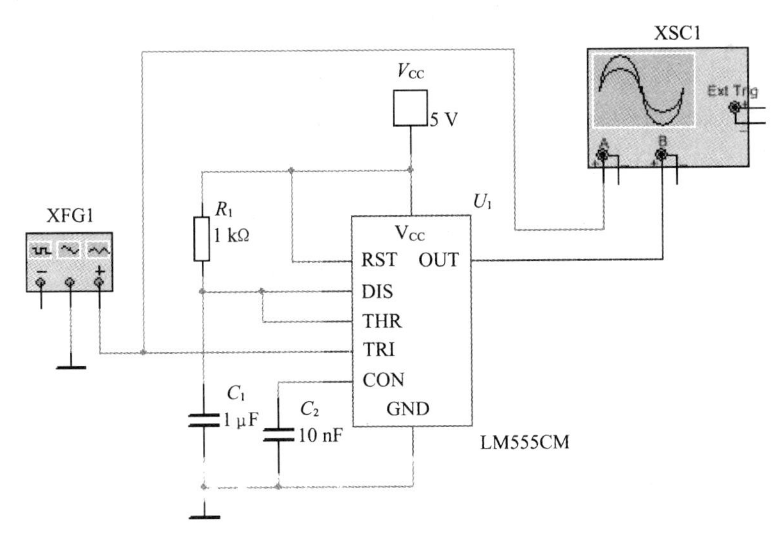

图 5.97　单稳态触发器实验电路

将 555 定时器的高电平触发端 *THR* 与 7 脚 *DIS* 相连，并对地接入 1 μF 的电容 *C*，对电源接入 1 kΩ 电阻 *R*，复位端 *RST* 接高电平，5 脚 *CON* 通过 0.01 μF 的滤波电容接地。

① 用函数信号发生器产生幅度为 5 V、频率为 500 Hz（占空比为 70%）的方波信号，作为触发脉冲送至触发器的输入端 *TRI*，并将输入信号接至示波器 *A* 通道，输出端 *OUT* 接示波

器 B 通道,为了更好地区分输入、输出信号,将输出信号设置为蓝色显示。

② 打开仿真开关,在方波脉冲的作用下,观察电路输入、输出波形,如图 5.98 所示。

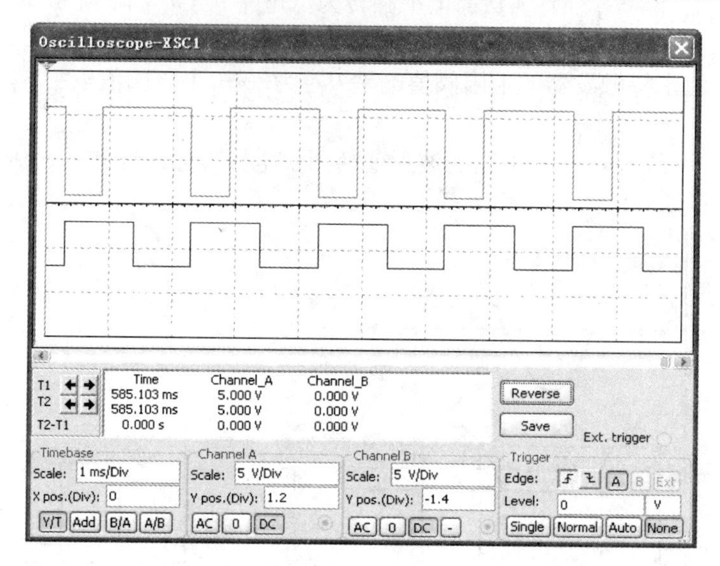

图 5.98　单稳态触发器的输入、输出波形

在图 5.98 中,移动示波器的两个读数指针测量暂稳态的维持时间,得到 T_P(暂稳态维持时间)为 1.08 ms。理论计算值:

$T_P = RC\ln 3 = 1.1RC = 1.1 \times 1 \times 10^3 \times 1 \times 10^{-6} = 1.1$ ms。

两者基本一致。

③ 改变电容(或电阻)值,观察输出端的仿真波形。

④ 改变输入触发脉冲的幅值和占空比,观察输出端的仿真波形。

(2) 555 定时器构成的施密特触发器如图 5.95 所示。

① 调节函数信号发生器,使输出信号 u_S 频率为 1 kHz,打开仿真开关,逐渐加大 u_S 的幅度至 5 V,由示波器观测 u_S、u_i、u_o 波形,如图 5.99 所示,测得回差电压为 1.669 V,与理论值基本相同。

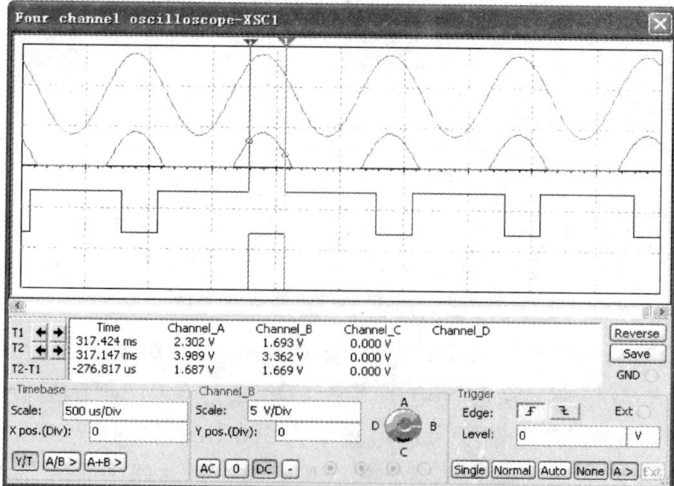

图 5.99　施密特触发器的输入、输出波形

② 将双踪示波器的 A 通道接至图 5.95 施密特触发器的 u_i端,B 通道接至输出端 u_o,示波器的显示方式设置为 B/A 方式,打开仿真开关,由示波器观测施密特触发器的电压传输特性如图 5.100 所示。

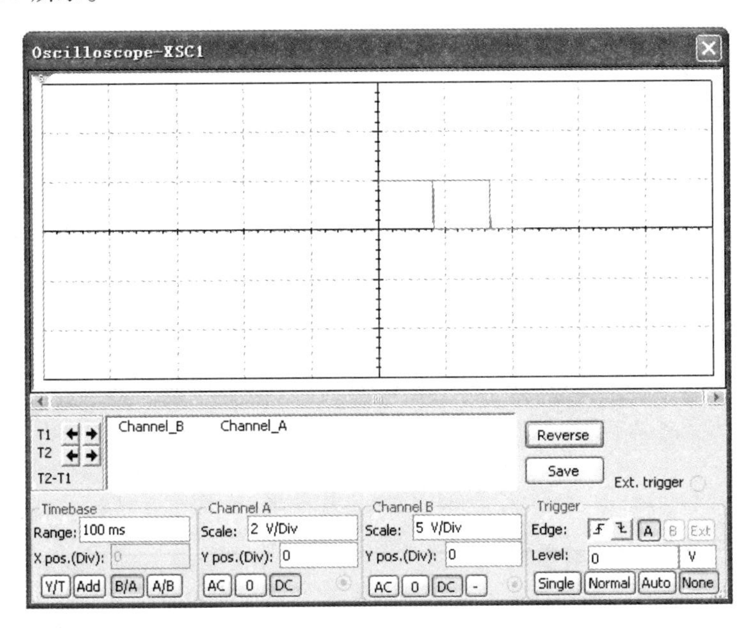

图 5.100 施密特触发器的电压传输特性

5.2.10 集成计数器的应用

1) 实验要求

(1) 掌握集成计数器的使用方法。

(2) 掌握利用集成计数器构成任意进制计数器的原理和方法。

2) 电路基本原理

集成计数器是中规模集成电路,其种类很多。74LS90 是由一个二进制计数器和一个五进制计数器构成的十进制异步计数器。

74LS90 的管脚排列如图 5.101 所示。它有两个时钟输入端 $A(CP_1)$ 和 $B(CP_2)$。若用 A 作为输入端,Q_A为输出端,可组成一个二进制计数器;若用 B 作为输入端,Q_D、Q_C、Q_B为输出端,可组成一个五进制计数器;将 Q_A与 B 输入端相连,A 作为输入端,Q_D、Q_C、Q_B、Q_A为输出端,可组成一个十进制计数器。因此 74LS90 也称二/五/十进制加计数器,所有端子配合使用,可以实现任意进制计数器功能。

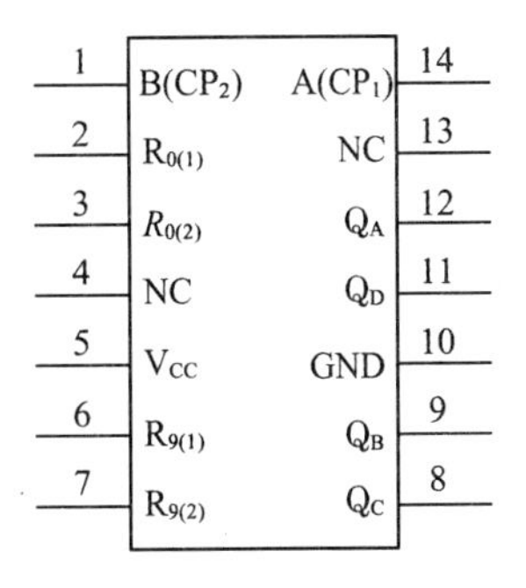

图 5.101 74LS90 管脚排列

74LS90 还有两个直接清“0”端和两个直接置“9”端,它们均是同时为“1”时有效。

74LS90 的逻辑功能如表 5.2 所示。

表 5.2　74LS90 的逻辑功能

输入						输出	功能
清 0		置 9		时钟			
$R_{0(1)}$	$R_{0(2)}$	$R_{9(1)}$	$R_{9(2)}$	CP_1	CP_2	$Q_D\ Q_C\ Q_B\ Q_A$	
1	1	0 ×	× 0	×	×	0　0　0　0	清 0
0 ×	× 0	1	1	×	×	1　0　0　1	置 9
				↓	1	Q_A输出	二进制计数
				1	↓	$Q_DQ_CQ_B$输出	五进制计数
0 ×	× 0	0 ×	× 0	↓	Q_A	$Q_DQ_CQ_BQ_A$输出 8421BCD 码	十进制计数
				Q_D	↓	$Q_AQ_DQ_CQ_B$输出 5421BCD 码	十进制计数
				1	1	不变	保持

3）Multisim 12 仿真分析

（1）创建由 74LS90 构成的六十进制计数器电路，如图 5.102 所示。

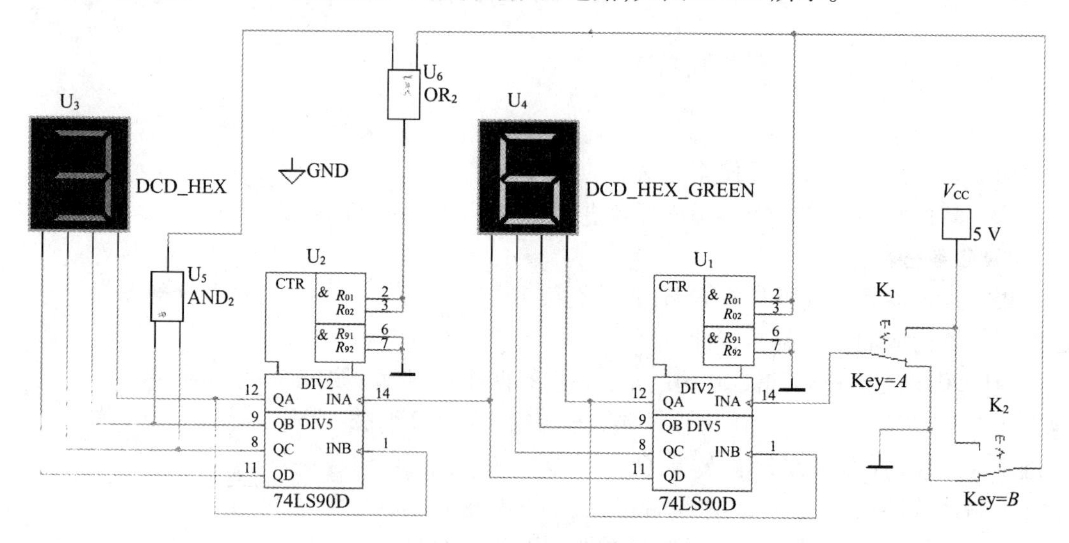

图 5.102　六十进制计数器电路

个位计数器为十进制（U_1），十位计数器为六进制（U_2）。开关 K_1 作为计数脉冲输入，开关 K_2 为系统清“0”端。打开仿真开关，测试并验证电路的功能。

（2）创建电子秒表电路，如图 5.103 所示。

电子秒表电路由基本 *RS* 触发器、单稳态触发器、时钟发生器、计数及译码显示 4 个单元电路组成。

① 与非门 U_{4A}、U_{4B} 构成基本 *RS* 触发器，是低电平直接触发的触发器，有直接置位、复位的

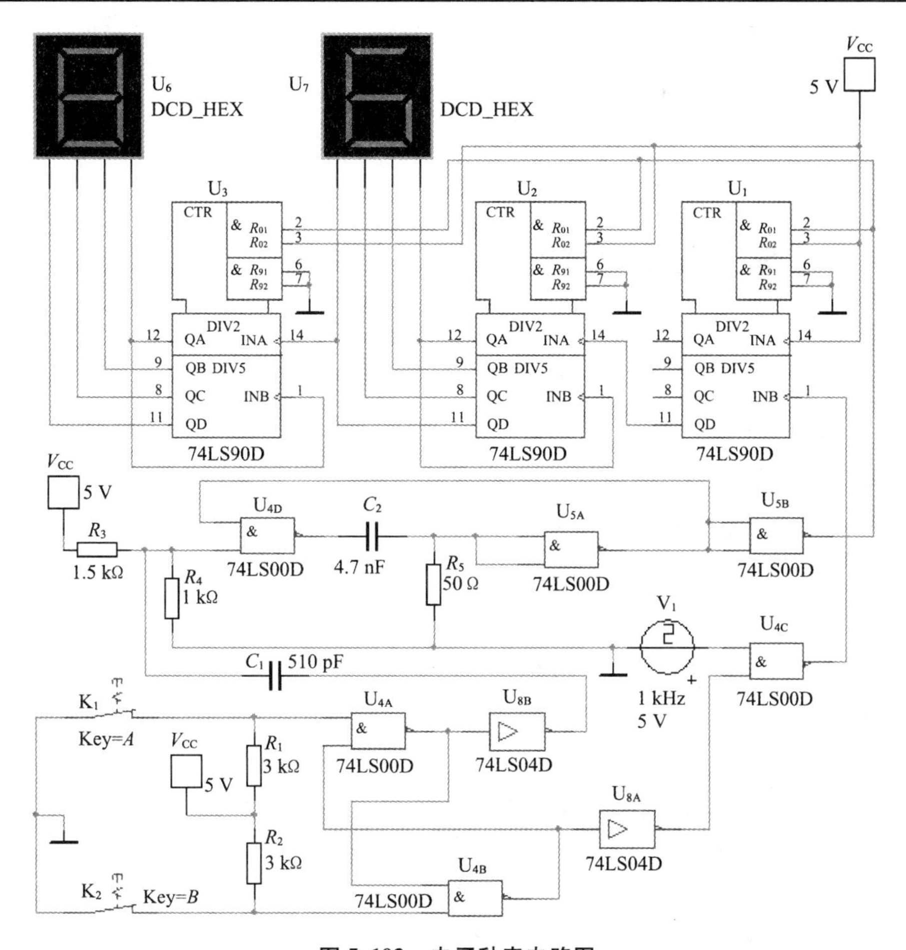

图 5.103 电子秒表电路图

功能。它的一路输出作为单稳态触发器的输入，另一路输出作为与非门 U_{4C}的输入控制信号。

② U_{4D}、U_{5A}构成微分型单稳态触发器，它在电子秒表中的功能是为计数器提供清零信号。

③ 图中 V_1所代表的是由 555 定时器构成的多谐振荡器，作为计数器的时钟源。调节多谐振荡器电路的相关元件参数，使其输出频率为 50 Hz 的矩形波信号。50 Hz 脉冲信号通过 U_{4C}作为计数脉冲加于计数器 U_1的计数输入端 CP_2。

④ 图中 U_1、U_2、U_3为 74LS90 构成的电子秒表的计数单元，其中 U_1接成五进制计数器，对频率为 50 Hz 的时钟脉冲进行五分频，在输出端 Q_D取得周期为 0.1 s 的矩形脉冲，作为计数器 U_2的时钟输入。计数器 U_2、U_3接成 8421 码十进制加法计数器，其输出端与译码显示单元的相应输入端相连，可显示 0.1 ~0.9 s、1 ~9.9 s 计时。

先按一下按钮开关 K_1，此时电子秒表不工作，再按一下按钮开关 K_2，则计数器清零后便开始计时，观察数码管显示计数状态，如不需要计时或暂停计时，按一下开关 K_2，计时立即停止，但数码管保留所计时的数据。闭合 K_2，打开 K_1，则电子秒表清零。

⑤ 打开仿真开关，测试电子秒表电路的功能。为便于在仿真环境中观察电子秒表的工作状态，时钟信号 V_1输出信号频率设置为 1 kHz。

6 综合设计性实验

6.1 基本单元电路设计

6.1.1 模拟信号处理单元

1）集成运放基本知识

（1）集成运放的分类

① 通用型运放

常用于对速度和精度要求不太高的场合，如 μA741（通用单运放）、CF124/CF224/CF324（四运放）。μA741 要求双电源供电（±5 V ~ ±18 V），典型值为 ±15 V。

② 高输入阻抗运放

其特点是输入阻抗很高，约 10^{12} Ω，工作速度较快，输入偏流约 10 μA，常用于积分电路及保持电路。

③ 低失调低漂移运放

此类运放如 OP－07，输入失调电压及其温漂、输入失调电流及其温漂都很小，因而其精度较高，故又称为高精度运放，但其工作速度较低，常用于积分、精密加法、比较、检波和弱信号精密放大等。OP－07 要求双电源供电，使用温度范围为 0 ~ 70 ℃。

④ 斩波稳零集成运放

以 ICL7650 为代表的斩波稳零集成运放，其特点是超低失调、超低漂移、高增益、高输入阻抗，性能极为稳定，广泛用于电桥信号放大、测量放大及物理量的检测等。

常用的集成运算放大器的主要型号和生产公司如表 6.1 和表 6.2 所示。

表 6.1 常用集成运放

公司	型号	片内运放数	增益带宽 *GBW*（MHz）	转换速率（V/μs）	低噪声电流（μA）	开环增益（dB）	输入电阻（Ω）
NEC	LF347	4	4	13	0.01	100	10^{12}
	LF353	2	4	13	0.01	100	10^{12}
	LF356	1	5	12	0.01	100	10^{12}
	LF357	1	20	50	0.01	100	10^{12}
PM	OP－16	1	19	25	0.01	120	6×10^{6}
	OP－37	1	40	17	0.01	120	6×10^{6}
sig	NE5532	1	10	9	2.7	80	3×10^{5}
	NE5534	2	10	13	2.5	84	1×10^{5}

表 6.2　集成低频功率放大器

公司	型号	V_{CC}(V)	R_i(Ω)	R_L(Ω)	G_u(dB) 闭环增益	P_{OR}不失真 输出功率	BW	失真系数 γ(%)
NEC	μPC1188H	±22	200	8	40	18	20～20 k	≤1
日立	HA1397	±18	600	8	38	15	5～120 k	≤0.7
	HA1936	13.2	10 k	8	40	15	20～20 k	≤0.03

（2）集成运算放大器的主要参数

① 增益带宽 GBW

$$GBW = A_{ud}f_H$$

式中：A_{ud}——中频开环差模增益；

f_H——上限截止频率。

以 F007 为例，见图 6.1，图中 $f_H = 10$ Hz，$A_{ud} = 100$ dB，即 10^5 倍，$GBW = 1$ MHz，所以该运放的单位增益频率 $f_T = 1$ MHz。

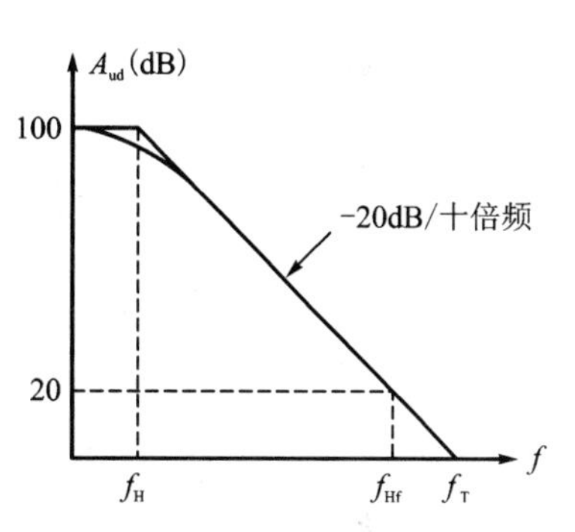

图 6.1　F007 的增益带宽特性

若该运放在应用中接成闭环增益为 20 dB 的电路，由图 6.1 可见，这时上限截止频率 $f_H = 100$ kHz。因为对于一个单极点放大器的频率特性而言，其 GBW 是一个常数。在实际使用时，集成运放几乎总是在闭环下工作，所以我们从 GBW 等于常数可推出该运放在实际工作条件下所具有的带宽。

② 摆率（转换速率）S_R

摆率（转换速率）S_R 是表示运放所在地允许的输出电压 u_o对时间变化的最大值。即：

$$S_R = \left|\frac{du_o}{dt}\right|_{max}$$

若输入为一正弦波，则：

$$S_R = \left|\frac{du_o}{dt}\right|_{max} = 2\pi f U_{om}$$

若已知 U_{om}，则在不失真工作条件下的最高工作频率 $f_{max} = \dfrac{S_R}{2\pi U_{om}}$。

③ 共模抑制比 K_{CMR}

此指标的大小，表示了集成运放对共模信号的抑制能力。定义为开环差模增益和开环共模增益之比，工程上常用分贝来表示：

$$K_{CMR}(dB) = 20\lg\left|\frac{A_{ud}}{A_{uc}}\right|$$

式中：A_{ud}——开环差模增益；

A_{uc}——开环共模增益。

共模抑制比这一指标在微弱信号放大中非常重要，因为在许多场合，存在着共模干扰信号，例如，信号源是有源的电桥电路的输出，或者信号源通过较长的电缆连到放大器的输入端，它们可能引起放大器的输入端与信号源接地端的电位不相同的情况，因而产生共模干扰，通常共模干扰电压值可达几伏甚至几十伏，从而对集成运放的共模抑制比指标提出了苛刻的要求。

④ 最大差模输入电压 U_{idM} 和最大共模输入电压 U_{icM}

在实际工作中，集成运放最大差模输入电压 U_{idM} 受输入级的发射结反向击穿电压限制，在任何情况下不能超过此值，否则就会损坏器件，而输入端的最大共模电压超过 U_{icM} 时，放大器就不能正常工作。运放工作在同相输入跟随器时，其输入电压 U_i 的最大值就是最大共模输入电压。

（3）选用运放的注意事项

① 若无特殊要求，应尽量选用通用型运放。当系统中有多个运放时，建议选用双运放（如 CF358）或四运放（如 CF324 等）。这样有助于简化电路，减小板面，降低成本，特别是在要求多路对称的场合，多运放更显优越性。

② 对于手册中给出的运放性能指标应有全面的认识。首先，不要盲目片面追求指标的先进，例如场效应管输入级的运放，其输入阻抗虽然高，但失调电压也较大，低功耗运放的转换速率也较低；其次，手册中给出的指标是在一定的条件下测出的，如果使用条件和测试条件不一致，则指标的数值也将会有差异。

③ 当用运放作弱信号放大时，应特别注意选用失调以及噪声系数均很小的运放，如 ICL7650。同时应保持运放同相端与反相端对地的等效直流电阻相等。此外，在高输入阻抗及低失调、低漂移的高精度运放的印刷底板布线方案中，其输入端应加保护环。

④ 当运放用于直流放大时，必须进行调零。

⑤ 为了消除运放的调频自激，应参照推荐参数在规定的消振引脚之间接入适当电容消振。同时应尽量避免两级以上放大器级连，以减小消振困难。为了消除电源内阻引起的寄生振荡，可在运放电源端对地就近接去耦电容。考虑去耦电解电容器的电感效应，常常在其两端再并联一个容量为 0.01 ~0.1 μF 的瓷片电容。

2）典型模拟运算电路

集成运算放大器的基本应用电路，从功能上分，有信号的运算、处理和产生电路等。运算电路包括加法、减法、积分、微分、对数、指数、乘法和除法电路等；处理电路包括有源滤波、精密二极管整流电路、电压比较器和取样-保持电路等；产生电路有正弦波振荡电路、方波振荡电路等。

（1）反相比例运算电路

反相比例运算电路是最基本的运算电路。所谓反相比例电路是将输入信号 u_i 从运算放大器的反相输入端引入，而同相输入端接地，该电路的输出信号与输入信号成反相比例关系。电路如图 6.2 所示。

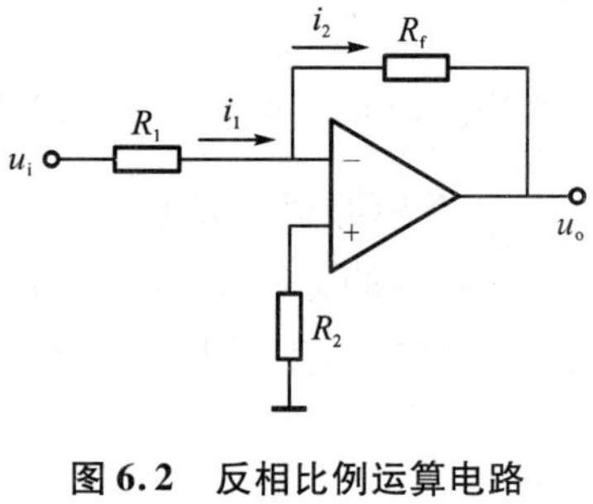

图 6.2　反相比例运算电路

图 6.2 中同相输入端经电阻 R_2 接地，亦称为平衡等效电阻，其值为 R_1 和 R_f 相并联的结果，这是因为集成运放输

入级是由差动放大电路组成，它要求两边的输入回路参数对称，即从集成运放反相输入端和地两点向外看的等效电阻 R_n 应当等于从集成运放同相端和地两点向外看的等效电阻 R_p。R_f 为反馈电阻。其放大倍数为：

$$A_u = -\frac{R_f}{R_1}$$

应用本电路时还应注意以下几点：

① 本电路的电压放大倍数不宜过大。通常 R_f 宜小于 1 MΩ，因为 R_f 过大会影响阻值的精度；R_1 不宜过小，否则整个电路的输入电阻就小，导致电路将从信号源吸取较大的电流。如果要用反相电路实现大的放大倍数，可用 T 型网络代替 R_f。

② 作为闭环负反馈工作的放大器，其小信号上限工作频率 f_H 受到运放增益带宽 $GBW = A_{ud}f_H$ 的限制。

③ 如果运放工作于大信号输入状态，则此时电路的最大不失真输入幅度 U_{im} 及信号频率将受到运放的转换速率 S_R 的制约。

（2）同相比例运算电路

同相比例电路的构成如图 6.3 所示。输入信号 u_i 经电阻 R_2 送到同相输入端，而反相输入端经电阻 R_1 接地。为了实现负反馈，反馈电阻 R_f 仍应接在输出与反相端之间，构成电压串联负反馈。信号由同相端输入，所以输出与输入同相。

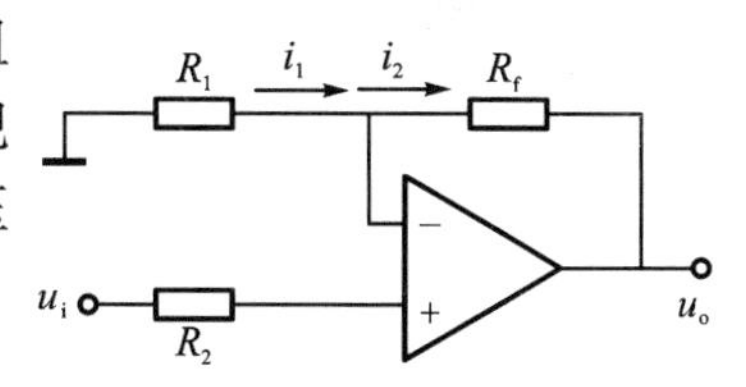

图 6.3 同相比例运算电路

电路的电压放大倍数为：

$$A_u = \frac{u_o}{u_i} = \frac{R_1 + R_f}{R_1} = 1 + \frac{R_f}{R_1}$$

如果将同相比例电路中的电阻 R_1 开路，即接成电压跟随器形式。电路如图 6.4 所示，图中的 R_2 和 R_f 起限流作用，防止因意外造成过大的电流。由上式可得 $u_o = u_i$，即：输出电压与输入电压大小相等，相位相同。它具有输入电阻高、输出电阻低的特点，因此获得广泛的应用。

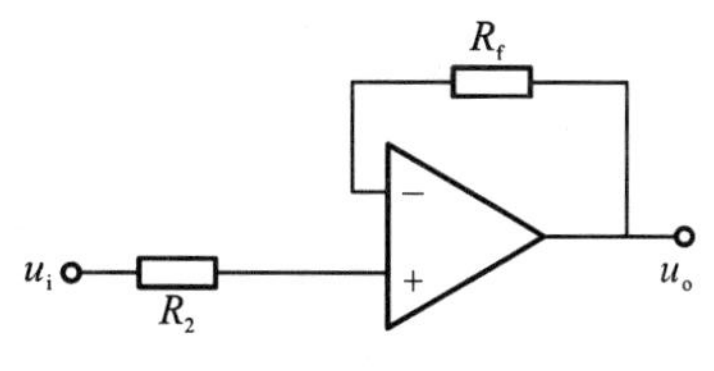

图 6.4 电压跟随器

当运放的差模信号 u_{id} 较小，而共模干扰输入 u_{ic} 较大时，为确保运算的精度，要求运放输出中的差模信号分量明显大于输出中的共模干扰分量。这里对运放的共模抑制比 K_{CMR} 将有严格的要求。

（3）积分电路

积分电路如图 6.5 所示，利用虚地的概念：$u_+ = u_- = 0$，$i_i = 0$，因此有 $i_1 = i_2 = i$，电容 C 就以电流 $i = u_i/R_1$ 进行充电。假设电容器 C 初始电压为零，则

$$u_- - u_o = \frac{1}{C}\int i_1 \mathrm{d}t = \frac{1}{C}\int \frac{u_i}{R_1}\mathrm{d}t$$

因 $u_- = 0$，所以有

$$u_o = -\frac{1}{R_1 C}\int u_i \mathrm{d}t$$

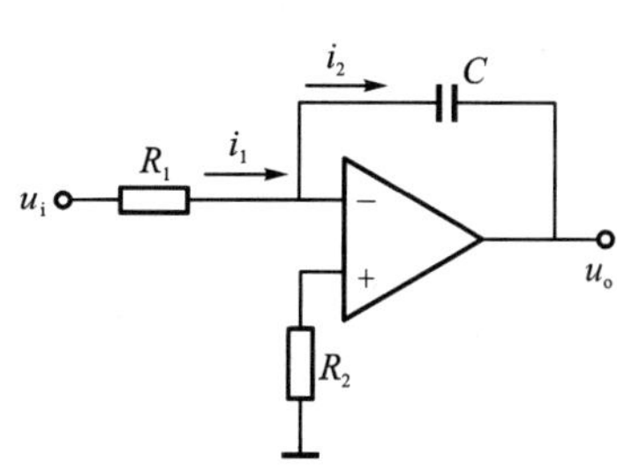

图 6.5 积分电路

上式表明，输出电压 u_o 为输入电压 u_i 对时间的积分，负号表示它们在相位上是相反的。

通常，为限制低频电压增益，在积分电容 C 两端并联一个阻值较大的电阻。当输入信号的频率 $f_i > \frac{1}{2\pi R_f C}$ 时，电路为积分器；若 $f_i \ll \frac{1}{2\pi R_f C}$，则电路近似于反相比例运算电路，其低频电压放大倍数 $A_u = -\frac{R_f}{R_1}$。

积分电路的用途广泛，如可用于延迟、方波变换为三角波、移相 90°和将电压量转换为时间量等等。

（4）微分电路

将积分电路中的电阻和电容元件对换位置，并选取比较小的时间常数 RC，便可得到如图 6.6 所示的微分电路。在这个电路中，同样存在虚地、虚短和虚断的概念。

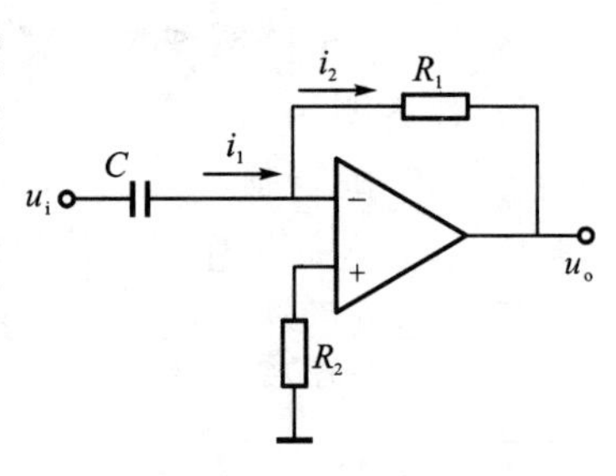

图 6.6　微分电路

设 $t=0$ 时，电容器 C 的初始电压 $u_C=0$，当信号电压 u_i 接入后，便有：

$$u_- - u_o = iR_1 = R_1 C \frac{\mathrm{d}u_i}{\mathrm{d}t}$$

则有

$$u_o = -R_1 C \frac{\mathrm{d}u_i}{\mathrm{d}t}$$

上式表明，输出电压正比于输入电压对时间的微商。

微分电路的应用是很广泛的，在线性系统中，除了可作微分运算外，在脉冲数字电路中，常用来做波形变换，例如，在单稳态触发器的输入电路中，用微分电路把宽脉冲变换为窄脉冲。

（5）峰值检波电路

如图 6.7 所示为峰值检波电路。A_1 和 A_2 两个比较器构成两个电压跟随器，利用二极管的单向导电性，根据输入信号和输出信号不同的值，电容将进行充电或处于保持状态，直到电容上的电压和输入信号的最大值相同。

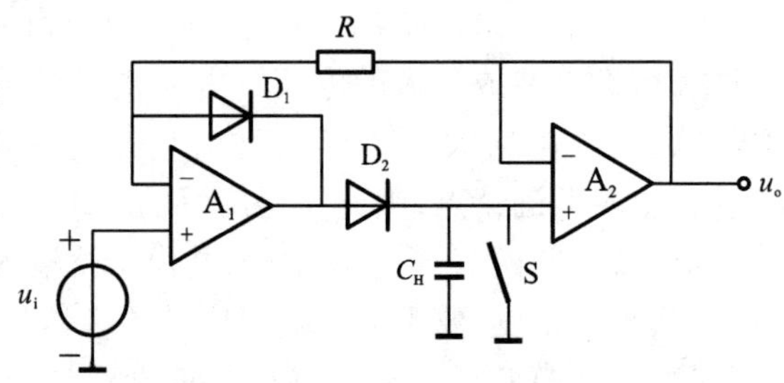

图 6.7　峰值检波电路

① $u_i > u_o$，A_1 输出高电平，$u_{o1} > u_i$，二极管 D_1 关断、D_2 导通，保持电容 C_H 充电，A_1、A_2（虚断使 R 上电流为 0 A，电压为 0 V）构成跟随器，电容电压 u_{C_H} 和输出电压 u_o 同步跟踪 u_i 增大。因二极管 D_1 关断，A_1 开环，一旦 $u_o < u_i$，则立即会有很大的 u_{o1} 向 C_H 充电，稳定后有 $u_{o1} = u_i + U_{D2(on)}$，保证闭环满足 $u_o = u_i = u_{C_H}$，抵消了二极管导通电压 $U_{D2(on)}$ 的影响。

② $u_i < u_o$ 时，D_1 导通，$u_{o1} = u_i - U_{D1(on)} < u_i$，$D_2$ 关断，由于 C_H 无放电回路，则 $u_o = u_i = u_{I(peak)}$，处于保持状态，实现了峰值检测。采样完一个周期后应由 S 控制 C_H 放电，继续进行下一次检测。

3）测量放大器

测量放大器又称数据放大器、仪表放大器。其主要特点是：输入阻抗高、输出电阻低、失调及零漂很小,放大倍数精确可调,具有差动输入、单端输出,共模抑制比很高的特点。适用于大的共模电压背景下对变化微弱的差模信号进行放大,常用于对热电偶、应变电桥、生物信号等的放大。

(1) 三运放测量放大器

电路如图 6.8 所示,运放 A_1 和 A_2 构成第一级,为具有电压负反馈之双端同相输入、双端输出的形式,其输入阻抗高,放大倍数调节方便;第二级 A_3 为差动放大电路,它将双端输入转换为单端输出,在电阻精确配对的条件下,可获得很高的共模抑制比。电路中所用到的运放必须以高精度集成运放作为基础,如 FC72、OP-07 为双电源供电、低漂移高精度单运放,否则达不到上述效果。

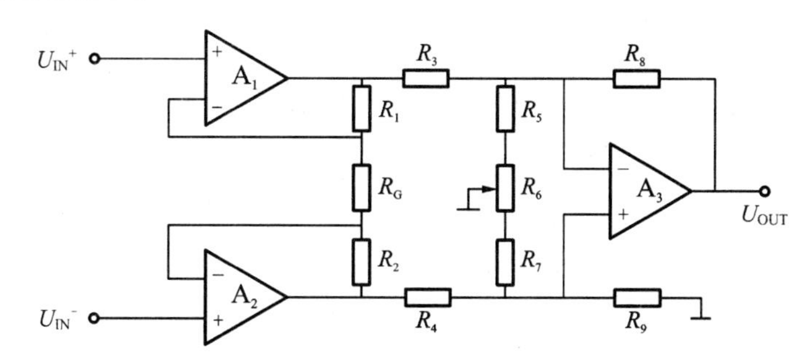

图 6.8 三运放测量放大器

该电路的差模电压增益为:

$$A_{ud} = 1 + 2\frac{R_1}{R_G}$$

测量放大器的共模抑制比为:

$$K_{CMR} = \left(1 + 2\frac{R_1}{R_G}\right) \times K_{CMR3}$$

上式中 K_{CMR3} 为第二级 A_3 的共模抑制比。改变 R_G 的值,可调节放大器的放大倍数。该放大器第一级是具有深度电压串联负反馈的电路,所以它的输入电阻很高。

这种高精度数据放大器在许多要求处理低电平微弱信号的高精度电子设备中极其有用,并广泛用于数据采集系统中。

(2) 单片集成测量放大器(LH0036)

三运放测量放大器有很强的共模抑制能力、较小的输出漂移电压和较高的差模电压增益,但为进一步提高电路的性能,应严格挑选几个外接电阻,因此目前已经把这种电路集成到一个集成电路上,LH0036 即是其中的一种,它只需外接电阻 R_G[一般取 50 kΩ/(A_u - 1)]。A_u = 1 ~ 1 000,R_i = 300 MΩ,K_{CMR} = 100 dB,U_{IO} = 0.5 mV,I_{IO} = 10 nA,$\frac{\Delta U_{IO}}{\Delta T}$ = 10 μV/℃,S_R = 0.3 V/μs。其内部电路如图 6.9 所示。

图 6.9 中 5 和 6 脚分别为输入信号的正端和负端,4 和 7 脚接电阻 R_G,用于改变测量放大器的放大倍数,12 和 10 脚分别接电源的正和负,11 脚为放大器的输出,8 和 9 脚分别为放大器共模抑制比的预调的调整端,1 脚为带宽控制,3 脚为输入偏流控制。

这类放大器种类繁多,在工程实践中应用很广泛。按性能分类有通用型(如 INA110、INA114/115、INA131 等)、高精度型(如 AD522、AD524、AD624 等)、低噪声功耗型(如

INA102、INA103 等)。

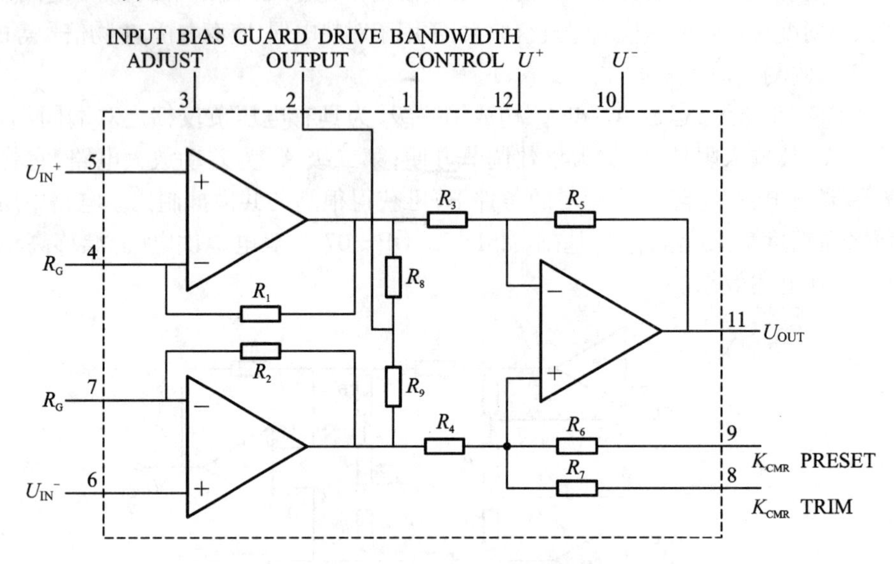

图 6.9 LH0036 内部电路图

(3)可编程放大器

由于各种传感器的输出信号幅度相差很大,可从微伏数量级到伏特数量级。即使同一个传感器,在使用中其输出信号的变化范围也可能很大,它取决于被测对象的参数变化范围。如果放大器的放大倍数是一个固定值,则将很难适应实际情况的需要。因此一个放大倍数可以调节的放大器应运而生。

根据输入信号大小来改变放大器放大倍数的方法,可以用人工来实现,也可以自动实现。如果能用5组数码来控制放大器的放大倍数,则就不难根据输入信号的大小来实现放大倍数的自动调节,这样的数据放大器一般称为程控数据放大器,即可编程放大器。

可编程增益放大器有两种,一种是专门设计的电路,即集成 PGA;另一种是由其他放大器外加一些控制电路组成,称为组合型 PGA。

集成 PGA 电路种类很多,美国 B－B 公司生产的 PGA102 是一种高速、数控增益可编程放大器。它由1脚和2脚的电平来选择增益为1、10或100。每种增益均有独立的输入端,通过一个多路开关进行选择。PGA102 的增益选择见表6.3。

表 6.3 PGA102 增益控制表

输 入	增 益	①脚	②脚
		×10	×100
U_{IN1}	$G=1$	0	0
U_{IN2}	$G=10$	1	0
U_{IN3}	$G=100$	0	1
无效	无效	1	1

表中,逻辑 0:$0 \leqslant U \leqslant 0.8$ V;逻辑 1:$2 \leqslant U \leqslant V_{CC}$,逻辑电压是相对③脚的。

PGA102 的内部结构如图 6.10 所示。

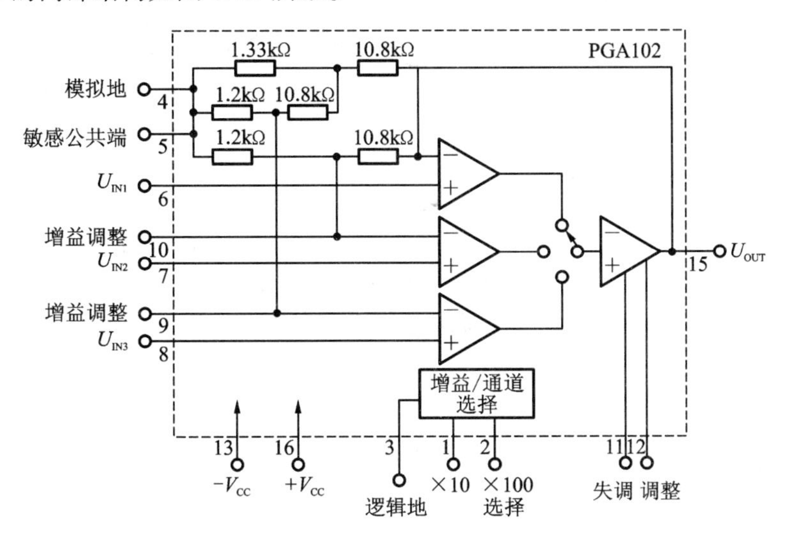

图 6.10 PGA 内部结构图

由图 6.10 和表 6.3 可看出,这种可编程放大器实际上是一种可控制放大器反馈回路电阻的运算放大器。在 PGA102 中,改变"×10""×100"两管脚的电平,即可选择 U_{IN1}、U_{IN2} 和 U_{IN3}。3 种输入电路的反馈电阻不同,因而可得到不同的增益。由于各输入级失调电压经激光修正,所以一般不用调整。其增益精度也很高,一般也不用调整,只有在必要时才外接电阻电路进行修正。量程自动转换可采用可编程增益放大器和微机实现量程自动转换。

BB3606 是在原来三运放数据放大器的基础上实现的程控数据放大器。它的放大倍数变化范围从 1 到 1 024 倍,以 2 的幂次从 2^0 到 2^{10} 分成 11 挡。增益精度为 ±0.02%,非线性失真小于 0.005%,温度漂移为每度百万分之五,最大输出电压为 ±12 V,最大输出电流为 ±10 mA,输出电阻为 0.05 Ω,电源电压为 ±15 V,共模与差模电压范围为 ±10.5 V,失调电压为 ±0.02 μV,偏置电流为 ±15 nA,输入噪声电压峰-峰值小于 1.4 mV,共模抑制比大于 90 dB,单位增益下的频度响应(下降 3 dB 时)为 100 kHz。

4) 有源滤波器

滤波器在通信、测量自动控制系统中得到广泛的应用。经常遇到测量的信号都是很微弱的,且在其中还混有干扰信号,这对电路的正常工作是有害的,尤其是在微机控制电路中。为了消除这种影响,就需要用滤波器,使有用的信号能比较顺利地通过,而将无用的信号滤掉。

用运算放大器和 *RC* 网络组成的有源滤波器,具有许多独特的优点。因为不用电感元件,所以免除了电感所固有的非线性特性、磁场屏蔽、损耗、体积和重量过大等缺点。由于运算放大器的增益和输入电阻高、输出电阻低,所以能提供一定的信号增益和缓冲作用。这种滤波器的频率范围约为 $10^3 \sim 10^6$ Hz,频率稳定度可做到($10^{-3} \sim 10^{-5}$)/℃,频率精度为 ±(3~5)%,并可用简单的级联来得到高阶滤波器,且调谐也很方便。

滤波器的技术指标主要有通带和阻带及相应的带宽,通带指标有通带、边界频率(没有特殊说明时,一般为 3 dB 截止频率)、通带传输系数。阻带指标通常提出对带外传输系数的衰减速度。下面简要介绍设计中的考虑原则。

（1）关于滤波器类型的选择

一阶滤波器电路最简单，但带外传输系数衰减慢，一般是在对带外衰减特性要求不高的场合下选用。

当要求带通滤波器的通带较宽时，可用低通滤波器和高通滤波器合成，这比单纯用带通滤波器要好。

（2）级数选择

滤波器的级数主要根据对带外衰减特性的要求来确定。每一阶低通或高通 RC 可获得（±）20 dB/十倍频的衰减，每增加一级 RC 电路又可以获得（±）20 dB/十倍频的衰减。多级滤波器串接时，传输函数总特性的阶数等于各阶数之和。当要求的带外衰减特性为 $-m$ dB/十倍频时，则所取级数 n 应满足 $n \geqslant m/20$。

（3）有源滤波器对运放的要求

在无特殊要求的情况下，可选用通用型运算放大器。为了获得足够深的反馈，以保证所需滤波特性，运放的开环增益应在 80 dB 以上。对运放频率特性的要求，由其工作频率的上限确定。设工作频率的上限为 f_H，则运放的单位增益频率应满足：$BW_G \geqslant (3 \sim 5) A_F f_H$，式中 A_F 为滤波器通带的传输系数。

如果滤波器的输入信号较小，例如在 10 mV 以下，宜选用低漂移运放。如果滤波器工作于超低频，以致使 RC 网络中电阻元件的值超过 100 kΩ 时，则应选用低漂移、高输入阻抗的运放。

6.1.2　模拟信号变换单元

1）电压比较器

电压比较器（简称比较器）的功能是比较两个电压的大小。电压比较器的输出是两个不同的电平，即高电平和低电平。

（1）过零比较器

最简单的比较器是过零比较器。只需把运算放大器的一个输入端（同相端或反相端）接地，另一端接输入电压，如图 6.11 所示，图中的电阻是避免因 u_i 过大而损坏运算放大器。显然，在理想情况下，它的阈值为零，也就是说，当 u_i 变化经过零时输出电压从一个电平跳变到另一个电平。

过零比较器的信号电压接到集成运放的反相输入端，属于反相输入接法，如图 6.11(a) 所示。也可以采用同相输入接法，如图 6.11(b) 所示。各种比较器一般都有这两种接法，究竟采用哪种接法，看比较器前后所需要的电压极性关系而定。

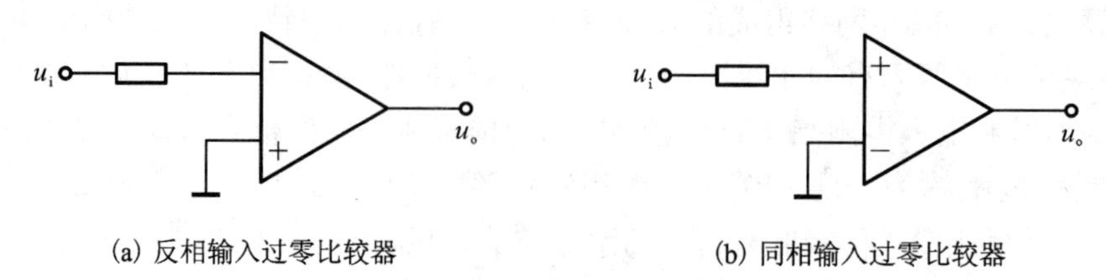

(a) 反相输入过零比较器　　(b) 同相输入过零比较器

图 6.11　过零比较器

（2）施密特触发器

为了防止比较器的输出因干扰而产生抖动，并提高其输出前后沿的陡度，通常可提供一定的正反馈，使其传输特性具有回差特性。一种同相输入过零滞回比较器（施密特触发器）的电路、传输特性如图 6.12 所示。

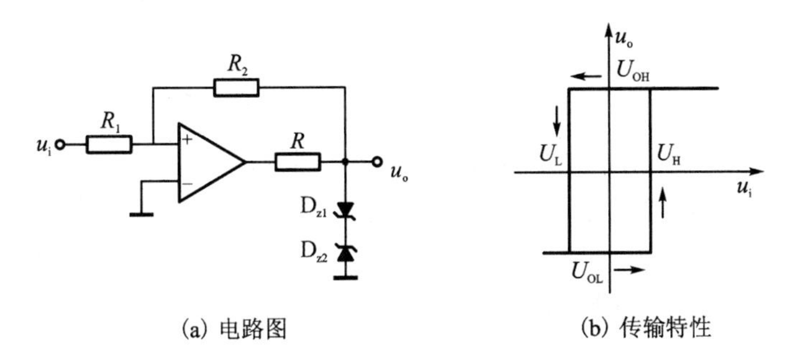

(a) 电路图　　(b) 传输特性

图 6.12　施密特触发器

2）电压-电流转换电路

在测控系统中，当需要远距离传送电压信号时，为避免信号源电阻和传输线路电阻带来的精度影响，通常可以先将电压信号变换为相应的电流信号再进行传送。完成这一转换功能的电路，就是电压-电流变换器。

（1）基本电压-电流变换电路

电路如图 6.13 所示，为电流串联负反馈放大电路。当运放工作在线性区时，输入端存在虚短及虚断，所以有：

$$I_L = \frac{U_i}{R_S}$$

式中：R_S——取样电阻。

此电路中负载 R_L 不能直接接地，即 R_L 处于浮地状态。

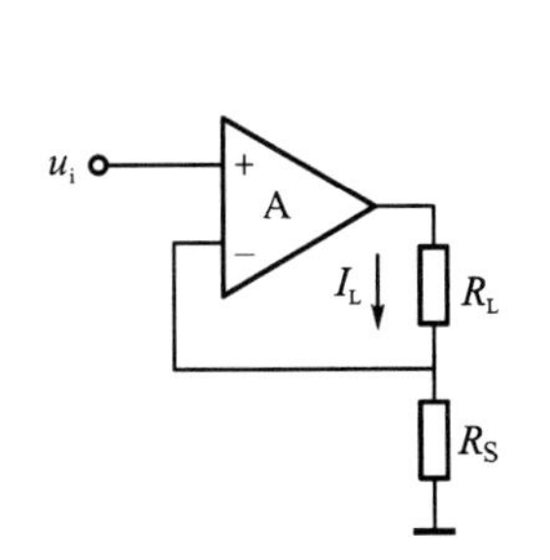

图 6.13　电压-电流变换电路

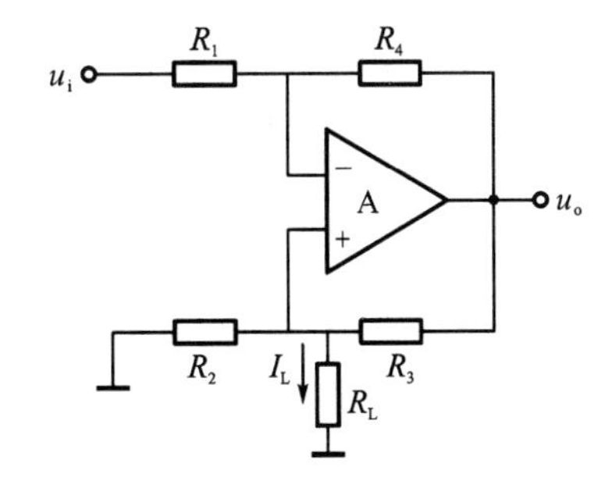

图 6.14　负载接地的电压-电流变换器

（2）允许负载接地的电压-电流变换电路

电路如图 6.14 所示，给出了一个允许负载接地的电流源电路。当 $R_1R_2 = R_3R_4$ 时，有：

$$I_L = -\frac{U_i}{R_2}$$

即流过负载 R_L 的电流与输入电压成正比，而与负载 R_L 无关。当运放为双电源供电时，随 U_i 的极性的正、负可提供双向电流源。

3）电压-频率转换器

完成模拟信号与脉冲频率之间的相互转换的电路称为电压-频率变换器。这一类V/F变换器IC品种较多，如同步型 V/F——VFC100、AD651；高频型 V/F——VFC110；精密单电源型V/F——VFC121；通用型V/F——VFC320、LMX31。LMX31系列（包括LM131A/LM131、LM231A/LM231、LM331A/LM331），其性价比较高，适于作A/D转换器、精密频率电压转换器、长时间积分器、线性频率调制或解调及其他功能电路。

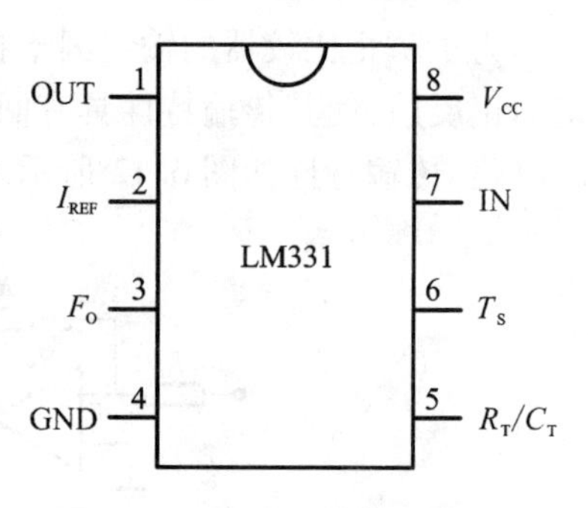

图 6.15　LM331 的管脚排列图

其基本参数是：

满量程频率范围：1 Hz ~ 100 kHz；

线性度：±0.01%；

电源电压：3.9 V ~ 40 V。

LMX31系列外形采用8脚DIP封装结构，如图6.15所示。

其内部结构与基本接法如图6.16所示，其基本工作原理为：若无信号时，6脚电平约为V_{CC}，7脚电平为$\frac{R_2}{R_1+R_2}V_{CC}$。当输入负脉冲信号使6脚电平低于7脚电平时，输入比较器翻转，使RS触发器置1。RS触发器控制电流开关，使精密电流源（电流值为$i=1.9/R_S$，该电流值为10 ~ 50 μA，变更R_S阻值可调整电压频率转换比）对1脚的负载电容C_L充电，同时RS触发器还使V_{CC}通过定时电阻R_t对5脚的定时电容C_t充电。当C_t充电电压值略超过$\frac{2}{3}V_{CC}$时，定时比较器翻转，RS触发器置0。由电容的充电过程$V_{CC}(1-e^{\frac{-T}{R_tC_t}})=\frac{2}{3}V_{CC}$，可求

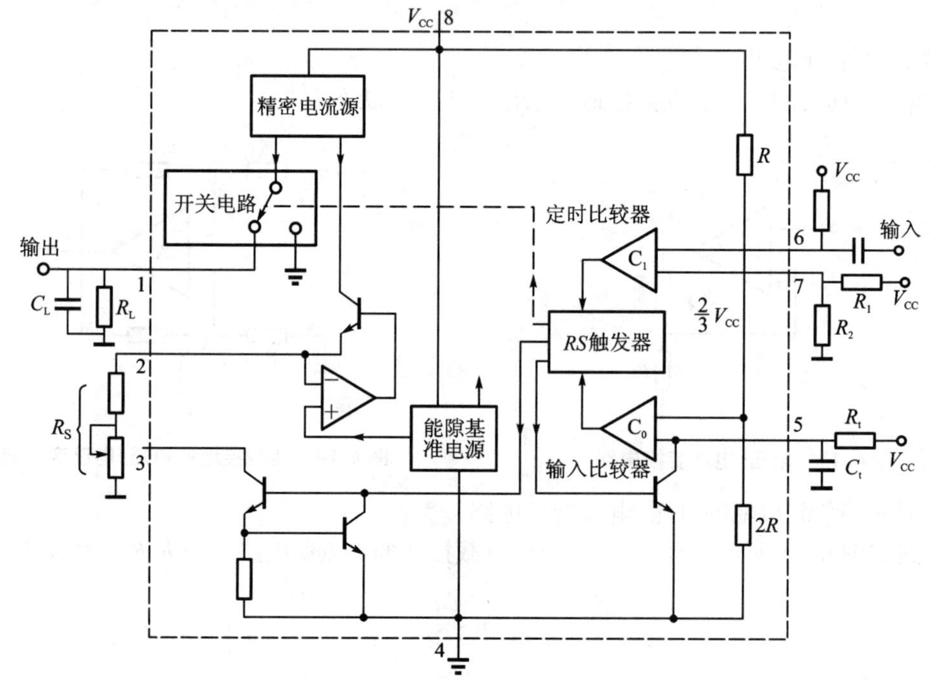

图 6.16　LM331 内部结构与基本接法

得对定时电容 C_t 的充电时间 $T\approx1.1C_tR_t$。则电流开关切断对负载电容 C_L 的充电,电容 C_L 通过负载电阻 R_L 缓慢放电。时间常数 C_LR_L 决定了输入信号频率变化时输出电压变化所需的建立时间的大小及输出电压纹波的大小。C_LR_L 越大,则建立时间越长,但输出电压的纹波越小。同时 RS 触发器也切断了对 C_t 的充电,C_t 通过饱和晶体管迅速放电。然后整个电路等待下一个输入负脉冲进行循环。

由 LM331 组成的 V/F 转换基本电路如图 6.17 所示。

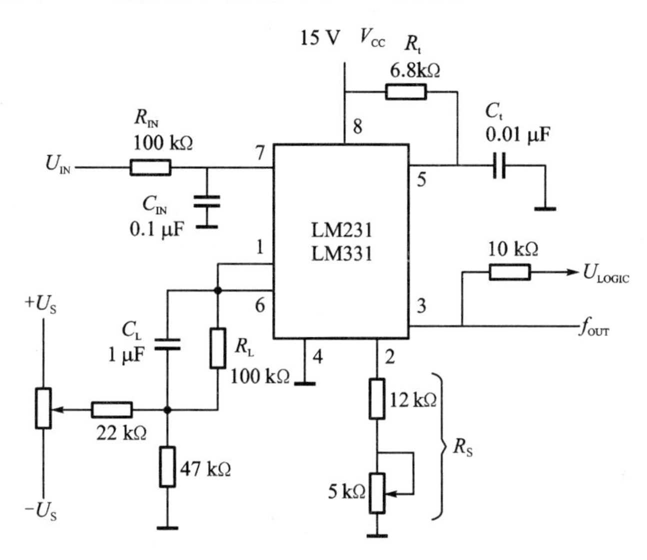

图 6.17 LM331 组成的 V/F 转换基本电路

6.1.3 信号产生单元

波形发生器(信号发生器)是科研单位和实验室经常用到的电子仪器设备,它可以用来产生各种信号及波形,通常有正弦波、三角波、脉冲波及调制波等,用途极为广泛。

1) 正弦波产生电路

(1) RC 正弦波振荡器

正弦波振荡电路是在没有外加输入信号的情况下,依靠电路自激振荡而产生正弦波电压输出的电路,一般由放大电路、正反馈网络、选频网络和稳幅环节 4 个部分组成。选频网络保证电路只在某个特定的频率上满足振荡的相位条件,常用的选频网络有 RC 选频网络、LC 选频网络和石英晶体等,RC 选频网络构成的 RC 正弦波振荡电路的振荡频率较低,一般在 1 MHz 以下,LC 选频网络构成 LC 正弦波振荡电路的振荡频率在 1 MHz 以上,石英晶体正弦波振荡频率和 LC 正弦波振荡电路相当,其特点是振荡频率非常稳定。在要求高频率稳定度的场合,往往采用高 Q 值的石英晶体振荡器代替 LC 回路。

常见的 RC 正弦波振荡电路有 RC 移相振荡电路、RC 串并联网络振荡电路和双 T 选频网络的振荡电路。

如图 6.18 为 RC 移相振荡电路。其振荡频率为:

$$f_0 = \frac{1}{2\pi RC\sqrt{2\left(\frac{2}{n}+3\right)}}$$

上式：$n=\dfrac{R}{r_{in}}$，r_{in}——电路的输入电阻。

特点：电路简单，经济方便，但失真大，频率稳定度低，适用于输出固定振荡频率且稳定度要求不高的设备中。

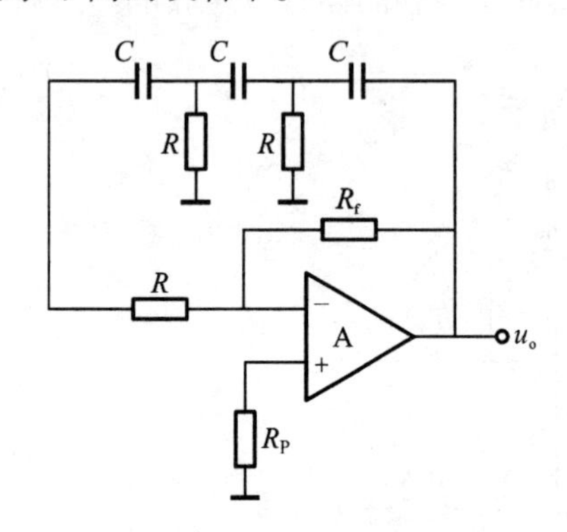

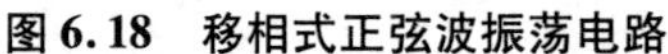

图 6.18　移相式正弦波振荡电路

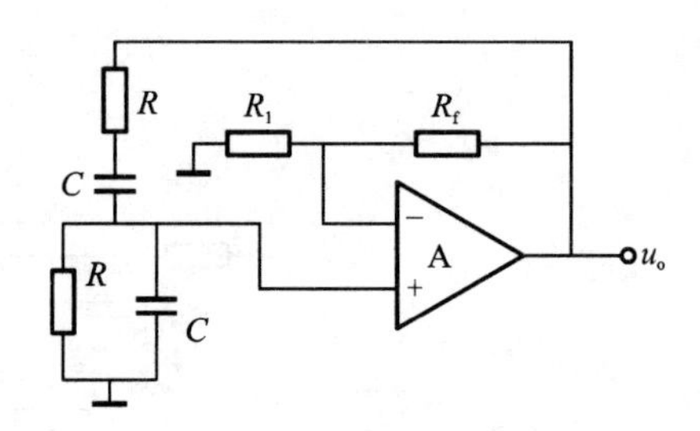

图 6.19　*RC* 串并联网络振荡电路

图 6.19 为 *RC* 串并联网络振荡电路（可称为文氏桥振荡电路）。$R_f=2R_1$ 才能保证电路振荡，电路的振荡频率为 $f_0=\dfrac{1}{2\pi RC}$。

（2）晶体振荡电路

晶体振荡电路就是用石英晶体构成的正弦波振荡电路，其频率稳定度可高达 10^{-9}，甚至达到 10^{-11} 量级，在高频率稳定度要求的设备中得到广泛应用。

① 并联型石英晶体正弦波振荡电路

并联型石英晶体正弦波振荡电路如图 6.20 所示。图中电容 C_1 和 C_2 并接在晶体的两端，称为晶体的负载电容。如果其电容值等于晶体厂家对晶体规定的标准负载电容值，则振荡电路的频率就是晶体外壳上所标注的标称频率值。实际上，由于老化及寄生参量的影响，实际振荡频率与标称频率会有偏差。因此，在对振荡频率准确度要求高的应用场合，一般可以在晶体旁串联一个调节范围很小的微调电容，作为微调振荡频率的辅助电路。

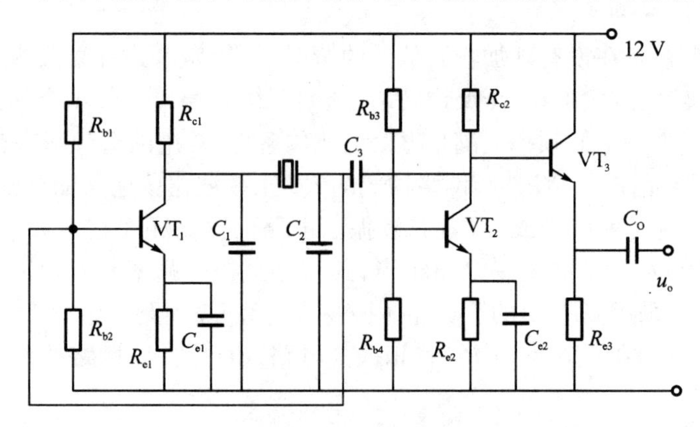

图 6.20　并联型石英晶体正弦波振荡电路

② 串联型石英晶体正弦波振荡电路

串联型石英晶体正弦波振荡电路如图 6.21 所示。电容 C_b 为旁路电容，对交流信号可视为短路。当晶体串联谐振时,反馈最强,振荡频率等于晶体串联谐振频率f_S。对于f_S以外的其他频率,晶体呈现较大的电抗,导致反馈减弱,电路难以满足起振条件。调整和晶体串联的电阻R_P的阻值,可使电路满足正弦波振荡的幅值平衡条件,获得较好的正弦波输出。

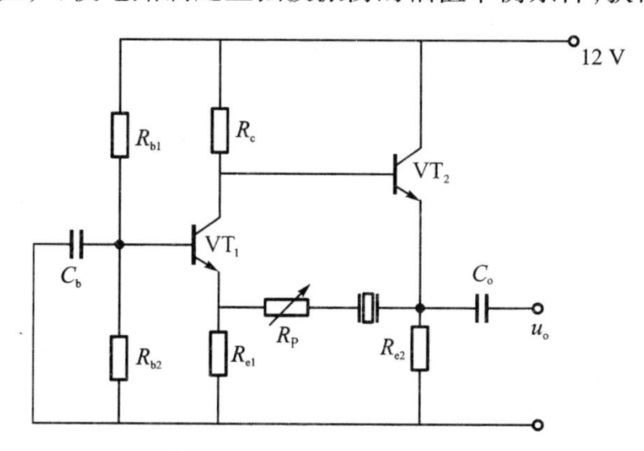

图 6.21 串联型石英晶体正弦波振荡电路

2) 脉冲波产生电路

脉冲波(又称为方波)在数字电路及计算机相关学科中应用十分广泛。其产生的方法和途径也较多,常用的有:逻辑门、555 定时器加上 R、C 或晶体振荡器等元件。由石英晶体构成的振荡器的频率稳定度较高,是目前其他类型的振荡器所不能替代的。555 定时器构成的振荡器容易起振,成本低,有一定的带负载能力,在要求不是太高的情况下,可以选用这种振荡器。

下面列出几种由门电路和 555 定时器构成的常用电路。

(1) 由门电路构成的振荡器

电路如图 6.22 所示。R_S 是反相器输入端保护电阻,不影响振荡频率,该电路的振荡频率为$f_0=\dfrac{1}{2.2R_tC_t}$。

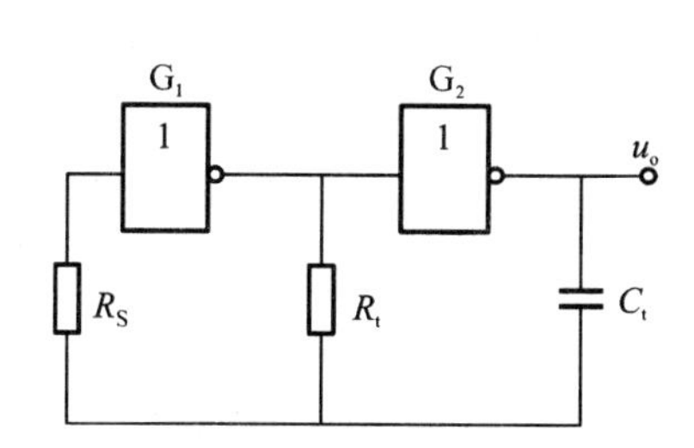

图 6.22 门电路构成的振荡器

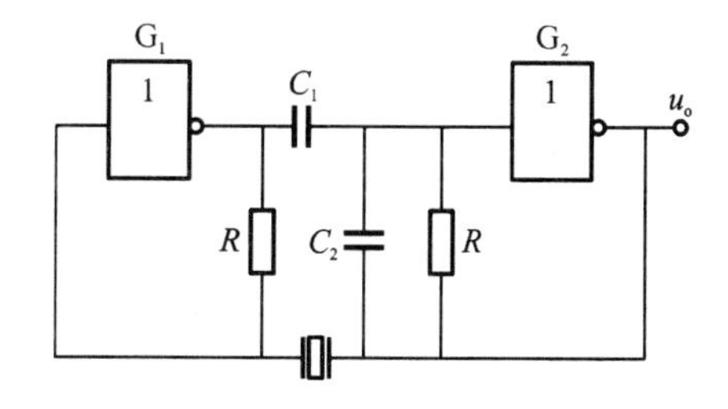

图 6.23 石英晶体振荡器电路

(2) 由门电路和石英晶体构成的振荡器

石英晶体振荡器电路如图 6.23 所示。图中,并联在两个反相器输入、输出间的电阻 R 的作用是使反相器工作在线性放大区。R 的阻值,对于 TTL 门电路通常在 0.7 ~2 kΩ 之间;对于 CMOS 门电路则常在 10 ~ 100 MΩ 之间。电路中,电容 C_1 用于两个反相器间的耦合,而 C_2 的作用,则是抑制高次谐波,以保证稳定的频率输出。电容 C_2 的选择应使 $2\pi RC_2f_S\approx 1$,从而使 RC_2 并联网络在 f_S 处产生极点,以减少谐振信号的损失。C_1 的选择应使 C_1 在频

率为 f_S 时的容抗可以忽略不计。电路的振荡频率仅取决于石英晶体的串联谐振频率 f_S，而与电路中的 R、C 的数值无关。

(3) 由555定时器构成的振荡器

电路如图6.24所示。该电路是由555定时器构成的多谐振荡器的基本电路形式，振荡频率为 $f_0=\dfrac{1.43}{(R_1+2R_2)C}$。$C_1$ 为滤波电容，防止5端的干扰信号的影响。

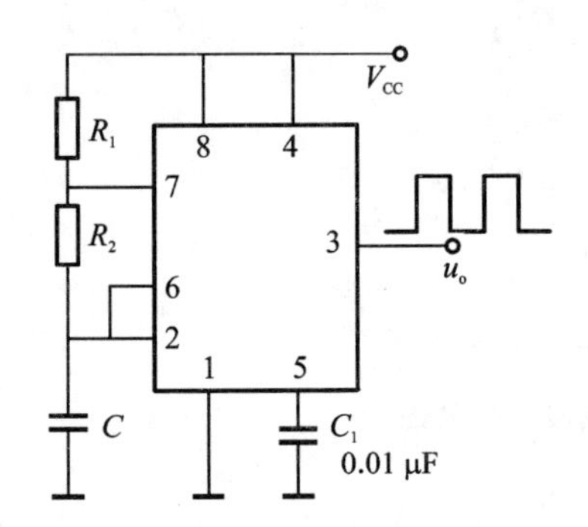

图6.24 555定时器构成的多谐振荡器基本电路

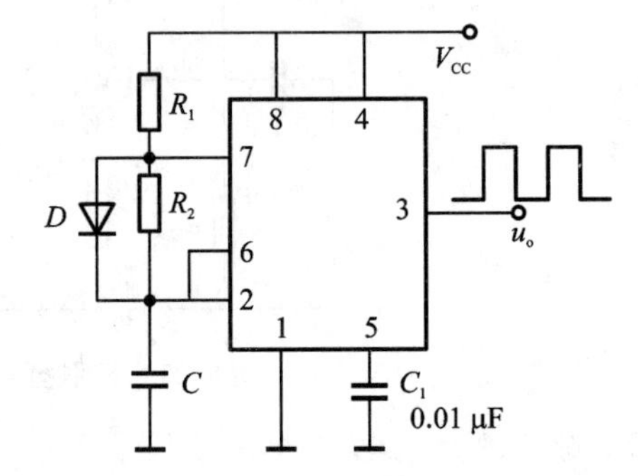

图6.25 555定时器构成的多谐振荡器

如图6.25所示为由555定时器构成的另一种多谐振荡器的形式。其振荡频率为 $f_0=\dfrac{1.43}{(R_1+R_2)C}$。充、放电时间常数可单独调节，若 $R_1=R_2$，则输出波形占空比为50%。

6.1.4 多路选择开关

数据选择器用于对多路数字信号进行选择，随选择地址信号的不同，每次选择多路信号中的一路进行传输，和CPU一起使用，很容易实现数字信号的自动传输。它只要求所传送的信息逻辑状态不变，允许电压幅度有一定变化。用它来进行模拟信号的传输则会带来很大的误差，因此对于模拟信号的传输宜选用多路模拟开关来实现。

多路模拟开关实际上起一个波段开关的作用。多路模拟开关所要求的指标比数据选择器高得多。要求有很小的导通电阻、很大的断开电阻，所能传输的信号幅度大、线性好、精度高，而且还要求功耗低等。多路模拟开关常用于测控系统中信号通道的选择及可编程放大器等方面。

常用的CMOS多路模拟开关有以下几种。

国产的模拟开关型号主要有：四1对1双向开关CC4066；三2对1双向开关CC4053；双4对1双向开关CC4052；单8对1双向开关CC4051；单16对1双向开关CC4067。

美国AD公司（美国模拟器件公司）的CMOS模拟开关型号有：AD7501（双向8对1）、AD7502（双4对1）、AD7503（双向8对1）、AD7506（双向16对1）和AD7507（双向8对1）。它们的输入电流和泄漏电流及导通电阻比国产的CC4051要小一些。

模拟开关的总功耗随工作频率和供电电压的增高而增大。

电路图6.26为多路模拟开关的应用实例——功率因数测量电路。采用多路模拟开关CC4052，分时将每相测量用的信号（如：I_A 和 U_{BC} 的方波信号）接入单片机，CC4052为双四选一多路传输开关，INH为禁止端，该端由单片机的P1.0控制，当P1.0=0时，该端被禁止，多路模拟开关均为不接通。将电流信号(I_a、I_b、I_c)依次接入 X 通道,电压信号和电流信号成对依次(U_{bc}、U_{ca}、U_{ab})接入 Y 通道,这样可测量出三相电压、电流信号的相位差,即可测出每相电路的功率因数。

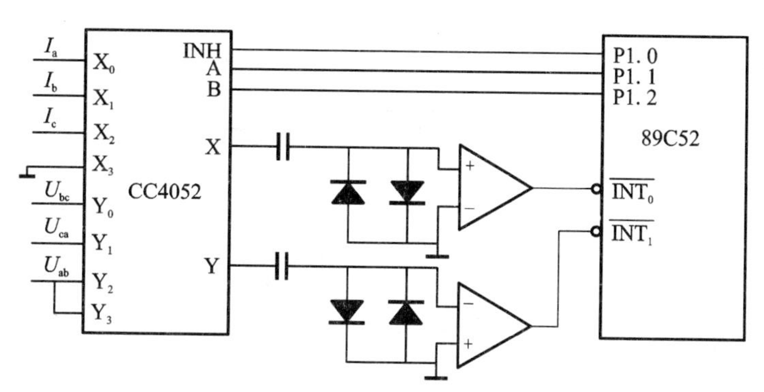

图 6.26 CC4052 和单片机构成的测量电路

选用多路模拟开关应考虑的因素有:所传输模拟量的路数,是单端还是差动信号,模拟信号幅度有多大,传输的速率要求多高以及允许多大串扰误差。串扰误差是由于通道之间的串扰干扰引起的。由于通道之间有寄生电容,一个通道的信号会通过寄生电容耦合到其他通道,这就是所谓串扰。一个多路模拟开关的路数越多,各路之间的寄生电容越大,串扰误差就越大。

6.2 直流稳压电源的设计

6.2.1 简述

本设计旨在培养学生根据已学过的知识和已掌握的实验研究的方法,通过对整流滤波电路的设计和三端集成稳压器的使用,掌握直流稳压电源的工作原理、技术指标及其测试方法,对中小型直流稳压电源进行工程设计,设计实验方案,组织实施实验,分析总结实验结果。

6.2.2 设计任务与要求

(1) 设计一组多路直流稳压电源,要求输出 +12 V、-12 V 和 +5 V 三组直流电压,输出电流范围为 0 ~ 500 mA,稳压系数 <0.05,纹波电压峰值 <5 mV。

(2) 设计一可调直流稳压电源,要求输出电压在 +3 ~ +9 V 之间连续可调,I_{omax} = 800 mA,纹波电压峰值 <5 mV,稳压系数≤3×10^{-3}。

6.2.3 设计思路

直流稳压电源一般由电源变压器、整流滤波电路及稳压电路组成。

集成稳压电源设计的主要内容是根据性能指标,选择合适的电源变压器、集成稳压器、整流二极管及滤波电容。

常见的集成稳压器有固定式三端稳压器与可调式三端稳压器,下面分别介绍其典型的应用及选择原则。

1）固定输出集成稳压电源的设计

如图 6.27 所示为单相桥式整流、电容滤波和集成三端稳压器组成的集成直流稳压电源，各部分元器件的选择方法如下。

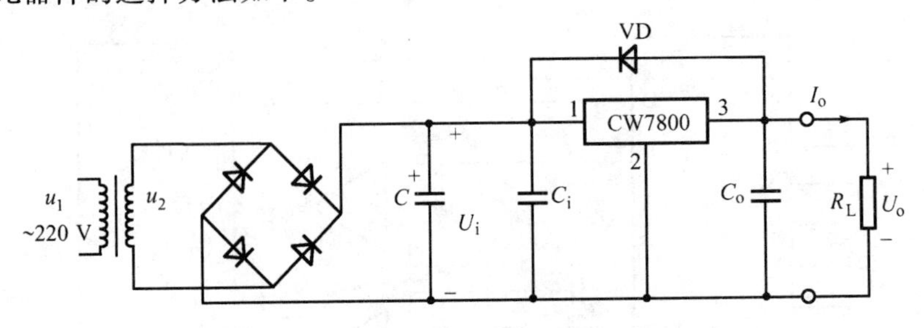

图 6.27　固定输出集成直流稳压电源电路

（1）电源变压器

电源变压器的作用是将电网 220 V 的交流电压 u_1 变换成整流滤波电路所需要的交流电压 u_2。变压器副边与原边的功率比 $P_2/P_1=\eta$，η 为变压器的效率。一般小型变压器的效率如表 6.4 所示。

表 6.4　小型变压器的效率

副边功率 P_2(VA)	<10	10～30	30～80	80～200
效率 η	0.6	0.7	0.8	0.85

通常根据变压器副边输出的功率 P_2 来选择变压器。变压器副边输出电压 U_2 按 $U_2 \geq U_{imin}/1.1$，$I_2 \geq I_{omax}$ 选取。

（2）整流滤波电路

4 个整流二极管组成的单相桥式整流电路将交流电压 u_2 变成脉动的直流电压，再经滤波电容 C 滤除纹波，输出直流电压 U_i。U_i 与交流电压 u_2 的有效值 U_2 的关系为：

$$U_i = (1.1 \sim 1.2)\ U_2$$

每只整流二极管承受的最大反向电压为 $U_{RM}=\sqrt{2}U_2$，通过每只二极管的平均电流是：

$$I_D = I_o/2 = (0.45U_2)/R$$

式中，R 为整流滤波电路的负载电阻。它为电容 C 提供放电回路，RC 放电时间常数应满足 $RC \geq (3\sim5)T/2$，T 为 50 Hz 交流电压的周期，即 $T=1/50=0.02$ s。

整流二极管的额定工作电流应满足 $I_F > I_{omax}$，滤波电容 C 的耐压值应大于$\sqrt{2}U_2$。

（3）集成稳压器

三端固定输出集成稳压器的通用产品有 CW7800 系列（输出正电压）和 CW7900 系列（输出负电压），输出电压有 5 V、6 V、8 V、9 V、12 V、15 V、18 V、24 V 等几个档次，输出电流有 0.1 A、0.5 A、1.5 A等几种，以型号 78（或 79）后面所加字母来区分，如 L 为 0.1 A，M 为 0.5 A，无字母为 1.5 A。例如，CW78M12 表示输出电压为 +12 V，输出电流为 0.5 A。如要求直流输出电压为 +15 V，电流小于 500 mA，则应选择 CW78M15 三端稳压器；如要求直流输出电压为 -12 V，电流小于 100 mA，则可选用 CW79L12 三端稳压器。

集成稳压器输入电压的确定：

稳压器的输入电压 U_i 太低则稳压器性能将受影响，甚至不能正常工作；U_i 太高则稳压器功耗增大，会导致电源效率下降。所以 U_i 的选择原则是：在满足稳压器正常工作的前提下，U_i 越小越好，但 U_i 最低必须保证输入、输出电压差大于 2 ~ 3 V。

（4）补偿电容的选择

图 6.27 中的电容 C_i、C_o 起补偿作用，其中 C_i 用来抵消由于输入端接线较长时所产生的引线电感效应，以防止自激振荡，并可抑制电源的高频脉冲干扰，一般为 0.33 μF，其安装位置应靠近集成稳压器；C_o 的作用是为了抑制高频噪声、防振、改善输出瞬态响应，一般可取 0.1 ~ 1 μF 的电容器。C_i、C_o 最好采用漏电流小的钽电容。图 6.27 中的二极管 VD 用来防止在输入短路时，C_o 上所存储的电荷通过稳压器放电而损坏组件。

2）可调输出集成直流稳压电源的设计

CW117、CW217 和 CW317 是输出正电压的三端可调集成稳压块，其输出电压可在 1.2 ~ 37 V范围内连续可调。CW117 系列的 3 个品种 CW117、CW117M 和 CW117L 的最大输出电流分别是 1.5 A、0.5 A 和 0.1 A。另外，CW137、CW237 和 CW337 是可调负电压输出的集成稳压块。

三端可调集成稳压器的典型应用电路如图 6.28 所示。

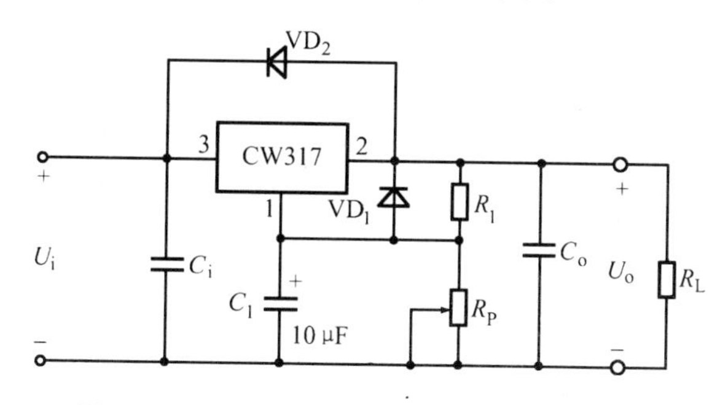

图 6.28　三端可调集成稳压器的典型应用电路

图 6.28 中，R_1 与 R_P 组成电压输出调节电路，输出电压 U_o 为

$$U_o \approx 1.25\left(1 + \frac{R_P}{R_1}\right)$$

R_1 的值为 120 ~ 240 Ω，流经 R_1 的泄放电流为 5 ~ 10 mA，R_P 为精密可调电位器。

由此可见，调节 R_P 就可实现输出电压的调节。若 $R_P = 0$，则 $U_o = 1.25$ V 为最小输出电压。随着 R_P 的增大，U_o 随之增加，当 R_P 为最大值时，U_o 也为最大值。所以，R_P 应按最大输出电压值来选择。

如图 6.28 所示电路中的 C_1 与 R_P 并联组成滤波电路，可滤除输出电压的纹波电压。二极管 VD_1 用于防止输出短路时，因 C_1 通过调整端放电而损坏稳压器。VD_2 用于防止输入短路时，因 C_o 通过稳压器放电而损坏稳压器。在输出电压小于 7 V 时，VD_1、VD_2 也可不接。C_i、C_o 的作用与 CW7800 电路中相对应的电容作用相同。

集成稳压器输入电压 U_i 的范围为：

$$U_{omax} + (U_i - U_o)_{min} \leqslant U_i \leqslant U_{omin} + (U_i - U_o)_{max}$$

式中：U_{omax}——最大输出电压；

U_{omin}——最小输出电压；

$(U_i - U_o)_{min}$——稳压器的最小输入、输出电压差；

$(U_i - U_o)_{max}$——稳压器的最大输入、输出电压差。

滤波电容 C 可由下式估算：

$$C = \frac{I_C t}{\Delta U_{ip-p}}$$

式中：ΔU_{ip-p}——稳压器输入端纹波电压的峰-峰值；

t——电容 C 的放电时间，$t = T/2 = 0.01$ s；

I_C——电容 C 的放电电流，可取 $I_C = I_{omax}$。

6.2.4 电路设计

(1) 设计任务(1)的参考设计电路请读者自行完成。

(2) 设计任务(2) 的参考设计电路。

选择可调式三端稳压器 CW317，其特性参数 $U_o = 1.2 \sim 37$ V，$I_{omax} = 1.5$ A，最小输入、输出电压差$(U_i - U_o)_{min} = 3$ V，最大输入、输出电压差$(U_i - U_o)_{max} = 40$ V。组成的稳压电源电路如图 6.29 所示。

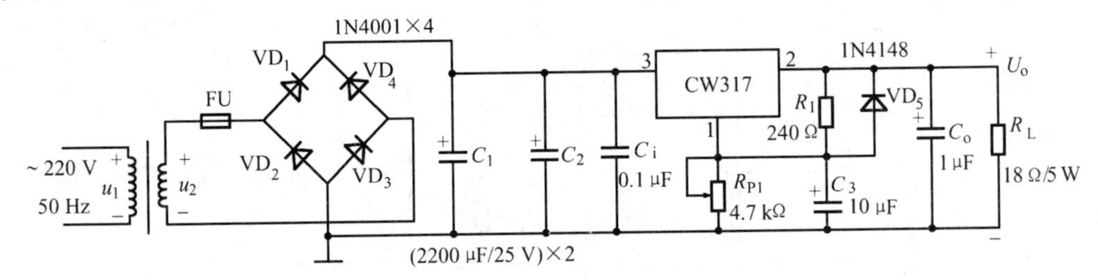

图 6.29 直流稳压电源参考电路图

6.3 模拟三相交流信号源的设计

6.3.1 简述

在自动控制系统和测速仪表检测中，需要三相低频正弦信号源，目前自动控制系统所用的信号发生器都是用三相同步发电机来产生，用三相发电机就需要用直流电动机带动，而且直流电机需要直流电源供电。因此一个信号发生器就有几十千克重，而且产生的信号稳定性不好，也不便于控制。

可提供三相正弦电压与三相正弦电流信号的三相精密功率信号源的应用很广泛，如在电能表或功率表的检定装置中，它就是重要组成部分。在信号源中，波形的失真度要极低，精度和稳定度要很高，因此合成高指标的三相正弦波是研制三相精密功率信号源首先要解决的问题，现在虽然已经可以用 DDS 等方法产生高性能的信号源，但对于刚学完一些基本课程的在校大学生来说有相当的难度。本设计只要求学生用所学的电子技术方面的知识，模拟产生工频三相交流信号源。

6.3.2　设计任务与要求

三相工频标准信号源根据按键设置，产生三相标准工频电压和工频电流，电压、电流分别产生。三相工频标准源可用来检定、标定交流测量设备，如电力自动化中的运动装置、保护装置等等。基本要求：

(1) 产生三相工频电压 ±1 V(峰值)，负载为 1 000 Ω，无明显正弦波形失真。

(2) 产生三相工频电流 ±5 mA(峰值)，负载 0 ~ 200 Ω，无明显正弦波形失真。

(3) 电流幅值可调，步进 1 mA，误差 5%。

(4) 电压幅值可调，步进 0.2 V，误差 5%。

6.3.3　设计思路

工频三相交流信号源是由 3 个频率相同而相位不同的电压源作为电源的供电体系，三相电源一般是由 3 个同频率、等幅值和初相依次相差 120°的正弦电压源按一定方式连接而成。这组电压源称为对称三相电源，依次称为 *A* 相、*B* 相和 *C* 相。

该三相交流信号源电路由三部分组成：正弦波发生器、移相网络、输出电路。正弦波发生器构成的方法较多，如 *RC* 振荡电路、集成函数发生器、直接合成技术等，其中 *RC* 振荡电路的原理已经在教材中学习过，所用的元件也是常用的，且价格较低，因而正弦波发生器可以用 *RC* 振荡电路完成。移相网络也可用 *RC* 移相网络，一级 *RC* 电路最大可移相 90°，三相电路图的每相之间相差 120°，因此，每相之间的移相网络要用两级 *RC* 电路才能实现。*RC* 移相网络的输出虽然已经是相差 120°的三相交流信号源，但其带负载的能力极差，因而在电路的最后要加上输出电路。这部分电路可以用集成运算放大器构成相应的电路来实现，如比例电路。输出电路还要完成将电压信号转换为电流信号的任务，该电路可用运放构成一个电流串联负反馈电路来实现。

6.3.4　电路设计

1) 正弦波产生电路

正弦波产生电路采用 *RC* 串并联网络和运算放大器构成文氏桥式振荡电路，如图 6.30 所示。该电路的振荡频率由 *RC* 串并联网络确定，即：

$$f=\frac{1}{2\pi RC}$$

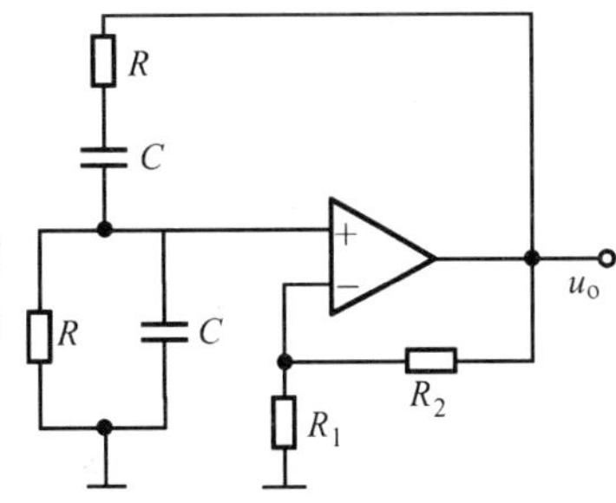

图 6.30　*RC* 构成的正弦波振荡电路

本设计产生的是工频三相交流信号源，因此频率是可以确定的，即为 50 Hz，这样可以反过来确定 *R* 和 *C* 的值。

电阻 R_1、R_2 和运算放大器构成放大电路，其放大倍数是由两个电阻值决定的，即：

$$A_u=1+\frac{R_2}{R_1}$$

RC 串并联网络在发生振荡时有这样的特性：输入、输出同相位，电压传输比为 $F=1/3$，因此要能实现振荡，在相位上首先要满足同相位的关系，这点用同相输入即可，而幅值上要

满足$|\dot{A}\dot{F}|=1$,这就要求放大电路的放大倍数应该大于或等于3,在选电阻阻值时,很容易满足这项要求,选$R_2=2R_1$,电阻阻值不宜选得太小,一般在千欧数量级。运算放大器选用普通的即可,在参数选择上没有特殊要求。运算放大器的输出作为正弦信号的输出。

2)移相电路

移相电路最简单的是RC移相,一级RC电路的最大移相为90°,但此时的幅值等于零,因此这里选用二级RC电路构成移相网络,如图6.31所示。把由振荡电路产生的信号作为A相,则经过移相电路移相-120°成为B相,移相+120°成为C相。

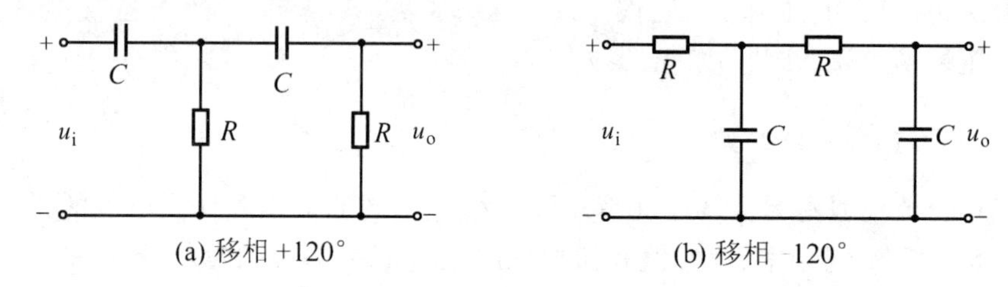

图6.31 移相网络

3)输出电路

虽然三相信号已经产生,但其带负载的能力还是有限的,且各相的功率之间存在差异,因此在作为输出信号前需要把各相的信号处理一下,即加一个输出电路。输出电压信号的幅值可以通过改变电阻R,如图6.32所示,使三相电压幅值相等。三相电压信号还要转换为电流信号,这里采用电流串联负反馈实现电压电流转换,如图6.33所示,当然也可以用专门的电压-电流转换器,如XTR110。

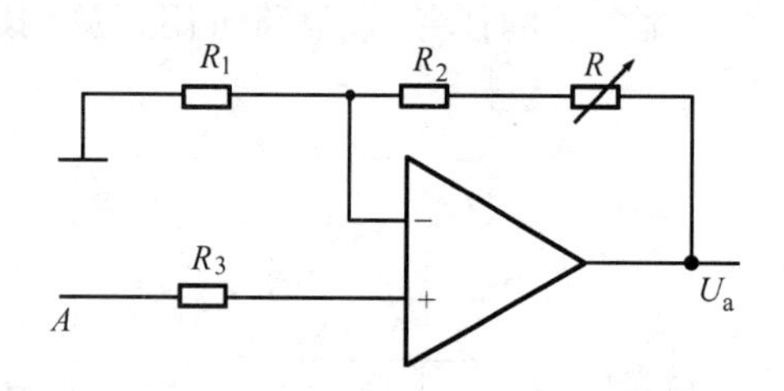

图6.32 电压信号幅值调整电路

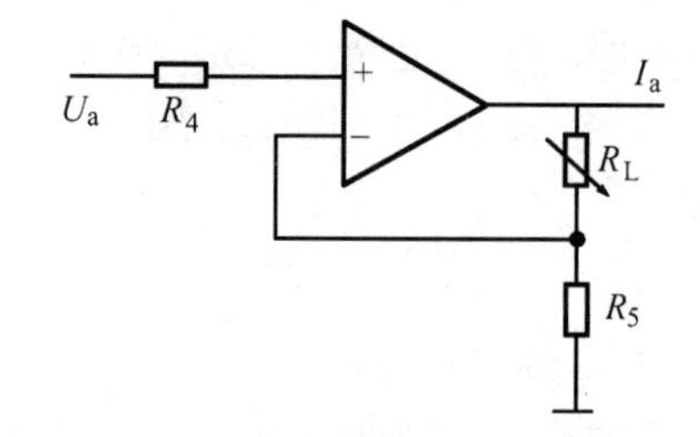

图6.33 电压-电流转换电路

6.4 函数信号发生器的设计

6.4.1 简述

函数信号发生器能自动产生正弦波、三角波、方波及锯齿波、阶梯波等电压波形。其电路中使用的器件可以是分立器件,也可以是集成电路(如单片集成电路函数发生器ICL8038)。本课题主要介绍单片集成函数发生器8038的工作原理与应用,并介绍由集成运算放大器组成的正弦波-方波-三角波函数发生器电路。

6.4.2 设计任务与要求

(1) 设计由函数信号发生器 ICL8038 构成的方波、三角波、正弦波信号产生电路。

(2) 设计由集成运算放大器组成的正弦波-方波-三角波函数信号发生器电路。

6.4.3 设计思路

产生正弦波、方波、三角波的方案有多种,如先由 *RC* 正弦波振荡器产生正弦波,然后通过整形电路将正弦波变换成方波,再由积分电路将方波变成三角波(本设计课题的设计任务(2)就采用这种方案);也可以先产生三角波或方波,再将三角波变成正弦波或将方波变成正弦波;还有的利用单片集成电路函数发生器 ICL8038,可以同时输出方波(或脉冲波)、三角波、正弦波。

6.4.4 电路设计

1) 单片集成电路函数信号发生器 ICL8038

ICL8038 的工作频率范围在几赫兹至几百千赫兹之间,其内部原理电路框图如图 6.34 所示,由恒流源 I_1、I_2,电压比较器 A_1、A_2 和触发器等组成。两个比较器 A_1、A_2 的基准电压 $2V_R/3$、$V_R/3$ ($V_R = V_{CC} + V_{EE}$)由内部电阻分压网络提供,比较输入电压由 FM - IN 端,即管脚 8 输入。

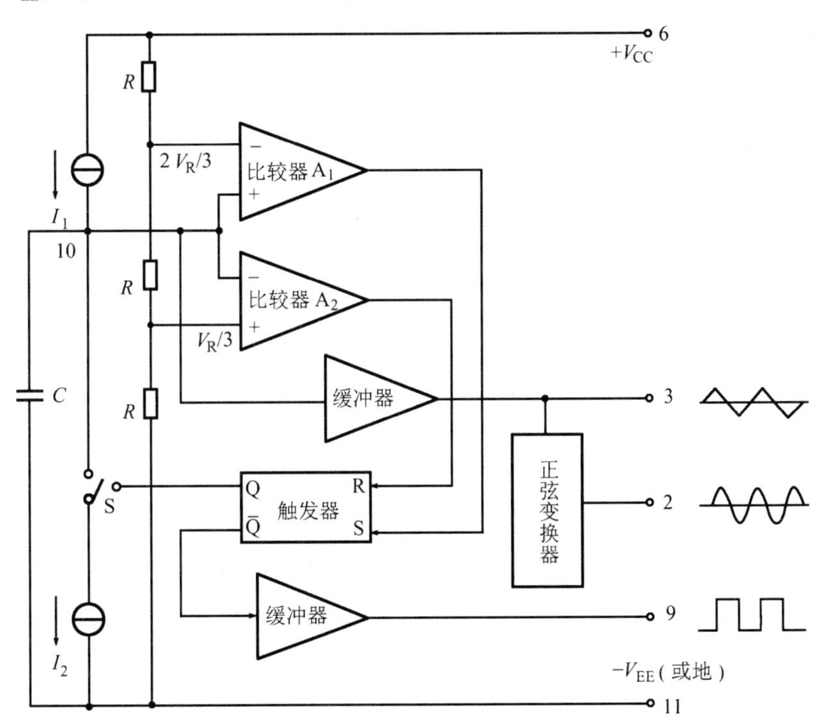

图 6.34 ICL8038 内部组成框图

电流源 I_1、I_2 的大小可通过外接电阻调节,且 I_2 必须大于 I_1。当触发器的 Q 端输出为低电平时,它控制开关 S 使电流源 I_2 断开。而电流源 I_1 则向外接电容 C 充电,使电容两端电压 U_C 随时间线性上升,当 U_C 上升到 $2V_R/3$ 时比较器 A_1 的输出发生跳变,使触发器的输

出 Q 端由 0 变为 1，控制开关 S 接通电流源 I_2。由于 $I_2>I_1$，因此电容 C 放电，U_C 随时间线性下降。当 U_C 下降到 $U_C \leqslant V_R/3$ 时，比较器 A_2 的输出发生跳变，使触发器的输出 Q 端又由 1 变为 0，I_2 再次断开，I_1 再次向 C 充电，U_C 又随时间线性上升，如此周而复始，产生振荡。若 $I_2=2I_1$，U_C 的上升和下降时间相等，在管脚 3 处得到三角波输出。而触发器输出的方波，经缓冲器输出到管脚 9。三角波经正弦波变换器变成正弦波后由管脚 2 输出。当 $I_1<I_2<2I_1$ 时，U_C 的上升和下降时间不等，管脚 3 输出锯齿波。在 1 脚与 6 脚之间接电位器可以改善正弦波的正向失真，在 12 脚与地之间接电位器可以改善正弦波的负向失真。ICL8038 可以采用单电源（+10 ~ +30 V）供电，也可以采用双电源（±5 ~ ±15 V）供电。

ICL8038 外部管脚排列如图 6.35 所示。

1 脚为正弦波线性调节端；2 脚为正弦波输出端；3 脚为三角波输出端；4 脚为恒流源调节端；5 脚为恒流源调节端；6 脚为正电源端；7 脚为调频偏置电压端；8 脚为调频控制输入端；9 脚为方波输出（集电极开路输出）端；10 脚为外接电容端；11 脚为负电源或接地端；12 脚为正弦波线性调节端；13、14 脚为空脚。

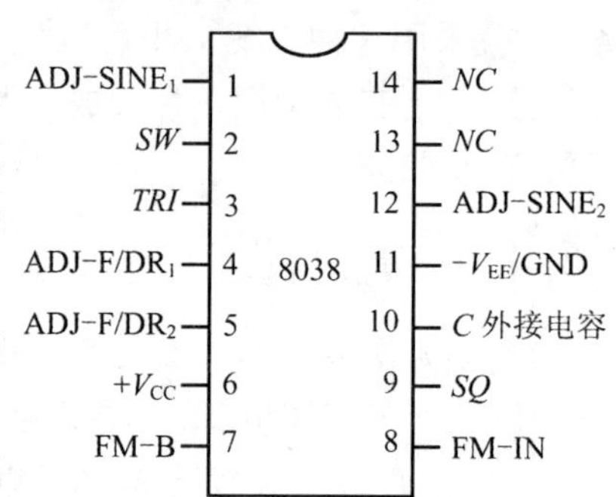

图 6.35　ICL8038 管脚图

用 ICL8038 加少量的外部 R、C 元件即能组成音频函数发生器，如图 6.36 所示。电阻 R_1 与电位器 R_{P1} 用来确定 8 脚的直流电位 V_8，通常取 $V_8 \geqslant \frac{2}{3}V_{CC}$。$V_8$ 的大小与电路的输出信号频率成比例，即 V_8 的电压大小可实现输出信号频率的调节。因此，ICL8038 又称为压控振荡器（VCO）或频率调制器（FM）。调节 R_{P1} 可使输出信号频率在 20 Hz ~ 20 kHz 之间变化。V_8 还可以由 7 脚提供固定电位，此时输出频率 f_o 仅由 R_A、R_B 及电容 C_t 决定。V_{CC} 采用双电源供电时，输出波形的直流电平为零。采用单电源供电时，输出波形的直流电平为 $V_{CC}/2$。

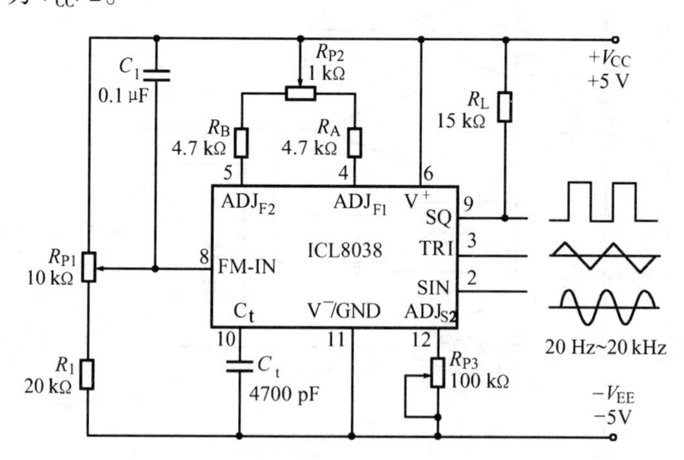

图 6.36　ICL8038 组成的音频函数发生器

2）由集成运算放大器组成的正弦波-方波-三角波函数发生器

如图 6.37 所示函数发生器电路的工作原理为：先由 RC 桥式振荡电路产生正弦波，然后通过电压比较器（过零比较器）电路将正弦波变换成方波，再由积分电路将方波变成三角波。电路中 A 点的输出波形为正弦波，B 点输出波形为方波，C 点输出波形为三角波，该电路的频率调节范围为 20 Hz ~ 20 kHz。该电路的工作原理请读者自己分析。

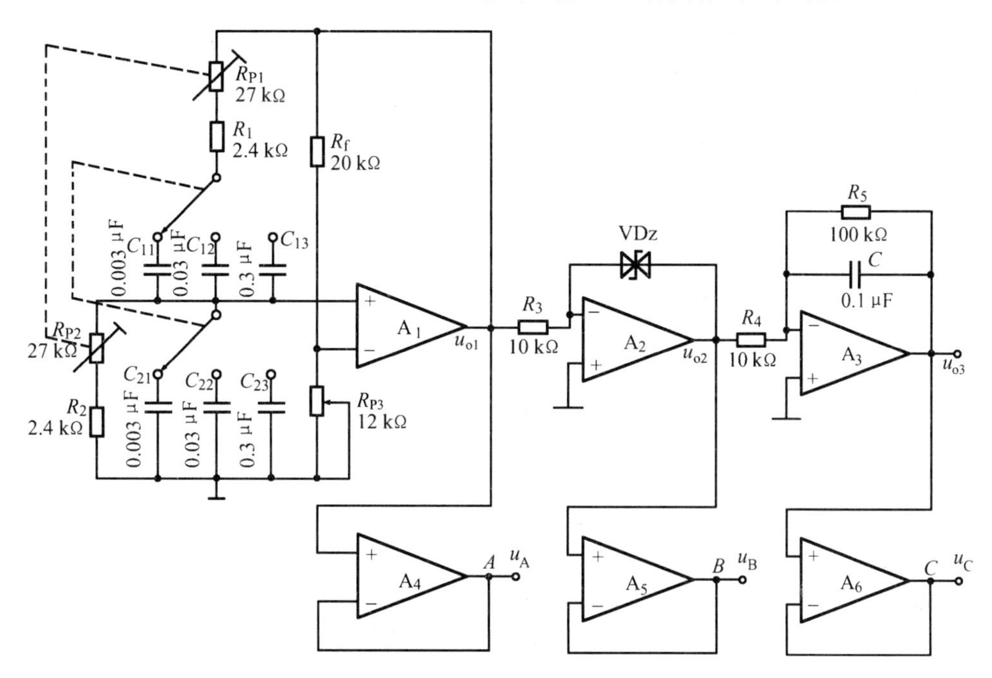

图 6.37　正弦波-方波-三角波函数发生器电路

6.5　数字钟设计

6.5.1　简述

数字钟是一个时、分、秒直观显示的计时装置，它的计时周期为 24 小时，显示满刻度为 23 时 59 分 59 秒，并应具有校时功能。一个基本的数字钟电路一般由振荡器、分频器、计数器、译码器、显示器等几部分组成，这些都是数字电路中应用最广的基本电路。本设计课题要求采用中规模 TTL 集成电路或 CMOS 集成电路设计制作一台数码管显示的数字钟。

6.5.2　设计任务与要求

(1) 掌握数字钟的基本工作原理，设计一个具有“时”“分”“秒”计时，6 位数字显示的时钟电路。

(2) 具有快速校准时、分的校时功能。

(3) 用中小规模 TTL 和 CMOS 集成电路实现。

6.5.3　设计思路

数字钟总体设计原理框图如图 6.38 所示，由振荡器、分频器、计数器、译码显示驱动器、显示器(LED 数码管)和校准电路等 6 部分组成。

该系统的工作原理是：振荡器产生的稳定的高频脉冲信号，作为数字钟的时间基准，再经分频器输出标准秒脉冲。秒计数器计满 60 后向分计数器进位,分计数器计满 60 后向时计数器进位,时计数器按照“24 翻 1”规律计数。计数器的输出经译码器送至显示器,计时出现误差时可以用校时电路进行校时、校分。

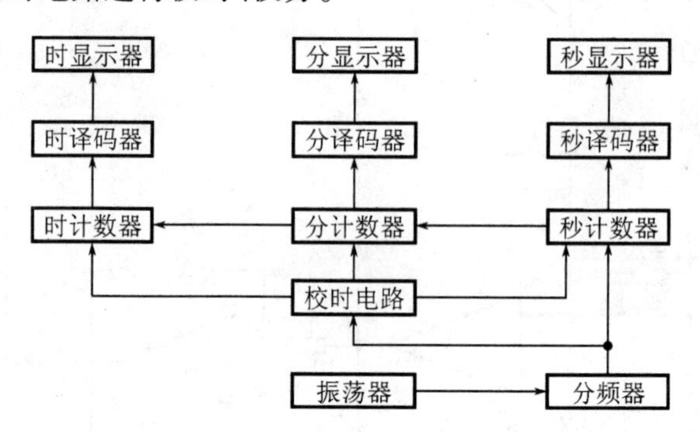

图 6.38　数字钟原理框图

6.5.4　电路设计

1）振荡器

振荡器是计数器的核心,它的作用是产生一个标准频率,然后再由分频器分成秒脉冲。振荡器振荡频率的精度与稳定度基本决定了计数器的质量,振荡频率精度与稳定度越高,计时精度也就越高。由 555 定时器组成的振荡电路如图 6.39 所示。其振荡频率$f=\dfrac{1.43}{(R_1+2R_2)C}$。

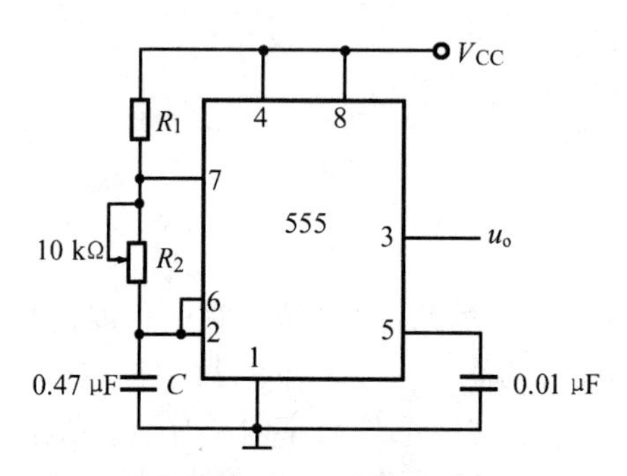

图 6.39　555 振荡电路

2）分频器

由于振荡器产生的信号频率较高,如果要得到秒脉冲必须运用分频电路。分频器采用计数器实现,例如,要将如图 6.39 所示的 555 振荡电路产生的 1 kHz 的信号变为秒脉冲,需经过 3 级 10 分频电路(如由双 BCD 码同步加法计数器 CC4518 组成十进制计数器的级联电路)。

CC4518 的管脚图如图 6.40 所示。

CC4518 的使用说明:

CC4518 有两个时钟输入端 *CP* 和 *EN*。如果用时钟的上升沿触发,则信号由 *CP* 端输入,并使 *EN* 端为“1”;如果用下降沿触发,则信号由 *EN* 端输入,并使 *CP* 端为“0”。*CR* 为清零端(高电平有效)。

CC4518 的功能表如表 6.5 所示。

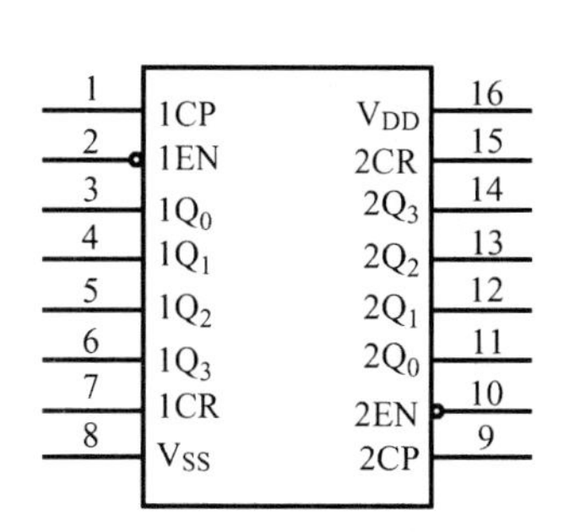

图 6.40 CC4518 的管脚排列图

表 6.5 CC4518 的功能表

CP	*EN*	*CR*	功能
↑	1	0	加计数
0	↓	0	加计数
↓	×	0	不变
×	↑	0	不变
↑	0	0	不变
1	↓	0	不变
×	×	1	$Q_0 \sim Q_3 = 0$

3）计数器

由如图 6.38 所示的数字钟原理框图可看出，数字钟共有 6 级计数器，其中“秒”位和“分”位为 60 进制计数器，“时”位为 24 进制计数器。60 进制计数器和 24 进制计数器都采用 CC4518（双 BCD 码同步加法计数器）实现，分别如图 6.41 和图 6.42 所示。

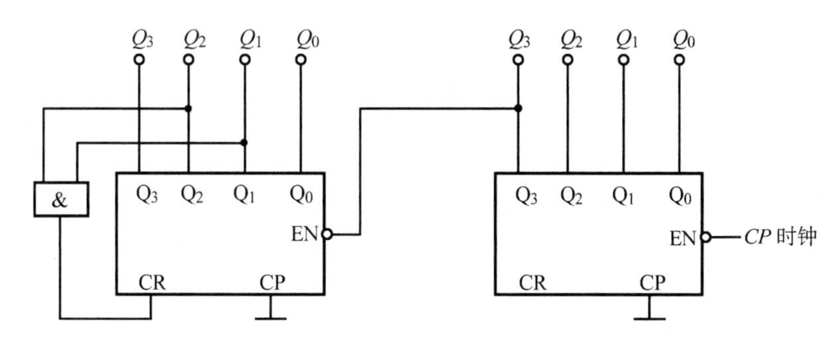

图 6.41 60 进制计数器

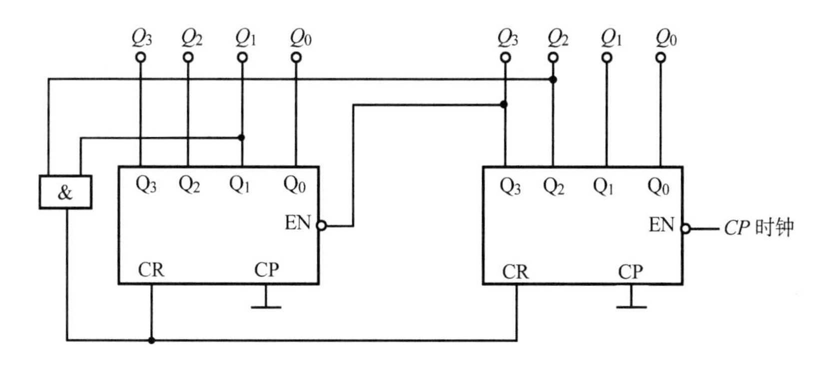

图 6.42 24 进制计数器

4）译码电路

译码器采用 BCD 码-七段显示译码驱动器（74LS48），将时、分、秒各计数器的计数译码，以分别驱动时、分、秒显示器的个位和十位。

74LS48 用来驱动共阴极的发光二极管显示器，同时 74LS48 的内部有升压电阻，因此无需外接电阻（可以直接与显示器相连接）。

74LS48 的管脚排列图如图 6.43 所示,图 6.43 中 $D \sim A$ 为 8421BCD 译码地址输入端,$a \sim g$ 为七段译码输出端。

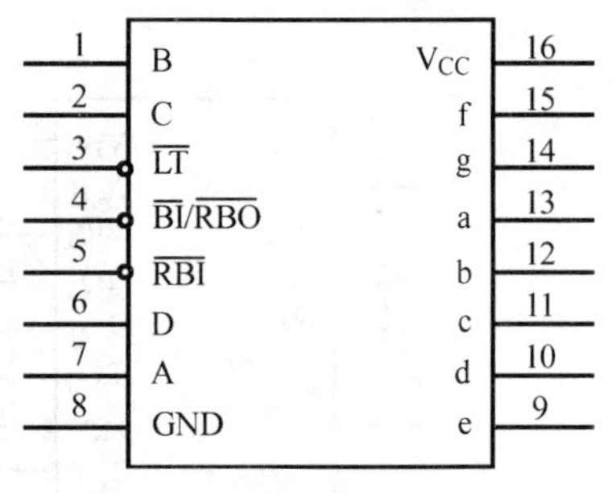

图 6.43　74LS48 的管脚排列图

各使能端功能简介如下:

$\overline{LT}$为灯测试输入使能端(低电平有效),当$\overline{LT}=0$ 时,译码器各段输出均为高电平,显示器各段全亮,因此,$\overline{LT}=0$ 可用来检查 74LS48 和显示器的好坏。

$\overline{RBI}$为动态灭零输入使能端(低电平有效),在$\overline{LT}=1$ 的前提下,当$\overline{RBI}=0$ 且输入 $D \sim A=0000$ 时,译码器各段输出全为低电平,显示器各段全灭,而当输入数据为非零数码时,译码器和显示器正常译码和显示。利用此功能可以实现对无意义位的零进行消隐。

$\overline{BI}/\overline{RBO}$为静态灭灯输入/动态灭零输出使能端,这是一个双功能的输入/输出端。$\overline{BI}/\overline{RBO}$作为输入端使用时,称灭灯输入控制器,只要$\overline{BI}=0$,不论输入 $D \sim A$ 为何种电平,译码器各段输出全为低电平,显示器灭灯(此时$\overline{BI}/\overline{RBO}$为输入使能端)。

$\overline{BI}/\overline{RBO}$作为输出端使用时,称灭零输出端,在不使用$\overline{BI}$功能时,$\overline{BI}/\overline{RBO}$为输出使能(其功能是只有在译码器实现动态灭零时$\overline{RBO}=0$,其他时候$\overline{RBO}=1$)。该端主要用于多个译码器级联时,实现对无意义的零进行消隐。实现整数位的零消隐是将高位的$\overline{RBO}$接到相邻低位的$\overline{RBI}$,实现小数位的零消隐是将低位的$\overline{RBO}$接到相邻高位的$\overline{RBI}$。

5) 显示电路

显示器可采用 LED 七段数码管。

数码显示器(简称数码管)的一种常用的显示方式是分段式,数码是由分布在同一平面上若干段发光的笔画组成。七段式数码管利用不同发光段组合,将十进制数码分成七段显示 0 ~ 9 等阿拉伯数字。

为了使数码管能将数码所代表的数字显示出来,必须将数码经译码器译出,然后经驱动器点亮对应的段,即对应于某一组数码,译码器应有确定的几个输出端有信号输出(指有效信号),这是分段式数码管电路的主要特点。

如果采用共阴极数码管(指所有发光二极管的阴极同一点),公共点 M 应接“0”电位,其输入为高电平有效。

6) 校准电路

在上电或计时出现误差时,必须将时钟和标准时间进行校准。校准电路的功能是将快速脉冲信号(本设计采用标准秒脉冲信号)引入“计分”和“计时”电路,以便快速校准“分”和“时”,从而使计时电路快速达到标准时间。采用与非门构成的校准电路的参考电路见图 6.44。

图 6.44 中开关 S_1、S_2 用作校准/计数切换,S_1 为校“分”,S_2 为校“时”。S_1 拨向右端时,与非门 G_1 的一个输入端为“1”,将它打开,使秒计数器输出的分计数脉冲加到 G_1 的另一输入端,并经 G_3 进入分计数器,而此时由于 G_2 的一个输入端为“0”,因此 G_2 被封闭,校准用的秒脉冲进不去,电路进行正常计时。当 S_1 拨向左端时,G_1 被封闭,G_2 被打开,标准秒脉冲通过与非门 G_2、G_3 直接进入分计数器,实现对“分”的快速校准。同理,S_2 拨向右端时,与非门 G_4 被打开,使分计数器输出的时计数脉冲加到 G_4 的另一输入端,并经 G_6 进入时计数器,而此时 G_5 由于一个输入端为“0”,因此 G_5 被封闭,校准用的秒脉冲进不去,电路进行正常

计时。当 S_2 拨向左端时,G_4 被封闭,G_5 被打开,标准秒脉冲通过与非门 G_5、G_6 直接进入时计数器,实现对“时”的快速校准。

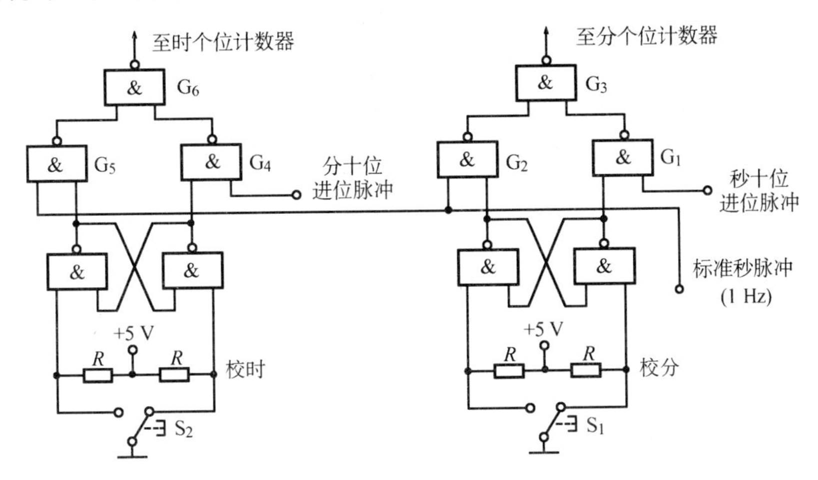

图 6.44 校准电路

6.6 交通信号灯

6.6.1 简述

为了确保十字路口的车辆安全地通过,往往都采用自动控制的交通信号灯来进行指挥。其中红灯(R)亮时表示该道路禁止通行;黄灯(Y)亮时表示慢行停车;绿灯(G)亮时表示允许通行。这三者之间的逻辑关系清楚,完全可以用数字电路或单片机等实现控制。

6.6.2 设计任务与要求

(1) 用红、绿、黄三色发光二极管作信号灯,用逻辑开关作车辆是否到来的模拟信号,设计制作一个交通信号灯控制器。

(2) 由于主干道车辆较多而支干道车辆较少,所以主干道常处于允许通行的状态,而支干道有车来才允许通行。当主干道亮绿灯时,支干道亮红灯;而支干道绿灯亮时,主干道红灯亮。

(3) 当主、次干道均有车时,两者交替允许通行,主干道每次放行 45 s,支干道每次放行 25 s。设置 25 s 和 45 s 的计时显示电路。

(4) 在每次由绿灯变为红灯的转换过程中,要亮 5 s 的黄灯作为过渡,以便行驶中的车辆有时间停到禁止线以外。因此要设置 5 s 计时显示电路。

6.6.3 设计思路

系统中要求有 45 s、25 s、5 s 三种定时信号,需要设计三种相应的计时显示电路。计时方法采用倒计时,定时的起始信号由主控电路提供,定时时间结束的信号也输入到主控电路,并通过主控电路去开启、关闭三色交通灯或启动另一种计时电路。

主控制电路自然是本设计的核心,它的输入一方面来自车辆检测信号(主干道用 A,支干道用 B 表示),另一方面来自 3 个定时器的信号(45 s、25 s、5 s 分别用 C、D、E 表示)。主控电路的输出一方面经译码后分别控制主干道和支干道的 3 个信号灯,另一方面控制定时电路的启动。主控电路用时序逻辑电路可以实现,应该按照时序逻辑电路的设计方法进行设计,当然主控电路如用单片机来实现,则显得更简单。本设计采用数字电路来实现。分析设计要求,可以得到交通灯有 4 个状态,用两个 JK 触发器即可实现,即:

S_0(00):主道绿灯亮,允许通行;支道红灯亮,禁止通行;

S_1(01):主道黄灯亮,停车;支道红灯亮,禁止通行;

S_2(11):主道红灯亮,禁止通行;支道绿灯亮,允许通行;

S_3(10):主道红灯亮,禁止通行;支道黄灯亮,停车。

原始状态转换图如图 6.45 所示:

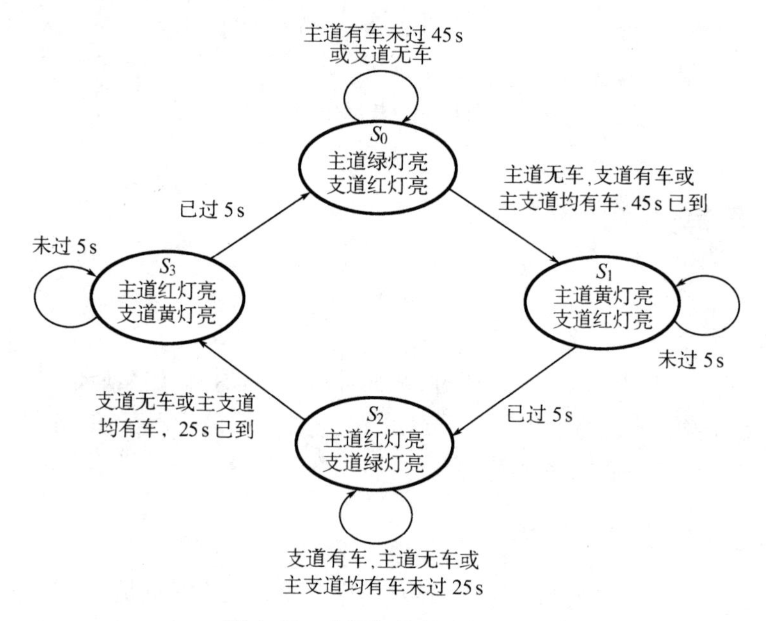

图 6.45　交通灯的状态转换图

6.6.4　电路设计

1)主控电路的设计

主控电路根据主、支道的车辆信号 A、B,以及 45 s、25 s、5 s 3 个定时信号 C、D、E 工作情况,该电路应按时序逻辑电路的设计方法进行设计。

(1) 主干道有无车辆的状态 A:$A=1$ 主道有车;$A=0$ 主道无车。

(2) 支干道有无车辆的状态 B:$B=1$ 支道有车;$B=0$ 支道无车。

(3) 45 s 定时状态 C:$C=1$ 主、支道有车,但 45 s 定时已过;$C=0$ 主、支道有车,但 45 s 定时未过。

(4) 25 s 定时状态 D:$D=1$ 主、支道有车,但 25 s 定时已过;$D=0$ 主、支道有车,但 25 s 定时未过。

(5) 5 s 定时状态 E:$E=1$ 黄灯亮,5 s 定时已过;$E=0$ 黄灯亮,5 s 定时未过。

列出状态转换表,如表 6.6 所示。

表 6.6　交通灯状态转换表

A	B	C	D	E	Q_2^n	Q_1^n	Q_2^{n+1}	Q_1^{n+1}	说　明
×	0	×	×	×	0	0	0	0	维持现态 S_0
1	1	0	×	×	0	0	0	0	维持现态 S_0
0	1	×	×	×	0	0	0	1	由 S_0 转入 S_1
1	1	1	×	×	0	0	0	1	由 S_0 转入 S_1
×	×	×	×	0	0	1	0	1	维持 S_1
×	×	×	×	1	0	1	1	1	由 S_1 转入 S_2
1	1	×	0	×	1	1	1	1	维持 S_2
0	1	×	×	×	1	1	1	1	维持 S_2
1	0	×	×	×	1	1	1	0	由 S_2 转入 S_3
1	1	×	1	×	1	1	1	0	由 S_2 转入 S_3
×	×	×	×	0	1	0	1	0	维持 S_3
×	×	×	×	1	1	0	0	0	由 S_3 转入 S_0

由状态转换表求出状态方程和驱动方程:

$$Q_2^{n+1}=EQ_1^n\,\overline{Q_2^n}+\overline{\overline{Q_1^n}E}Q_2^n$$

$$Q_1^{n+1}=\overline{\overline{A}\,\overline{C}B}\,\overline{Q_2^n}\,\overline{Q_1^n}+\overline{\overline{\overline{A}D}BQ_2^n}Q_1^n$$

$$J_2=EQ_1^n,K_2=E\,\overline{Q_1^n}$$

$$J_1=\overline{\overline{A}\,\overline{C}B}\,\overline{Q_2^n},K_1=\overline{\overline{\overline{A}D}BQ_2^n}$$

根据驱动方程可画出主控电路原理图,如图 6.46 所示。

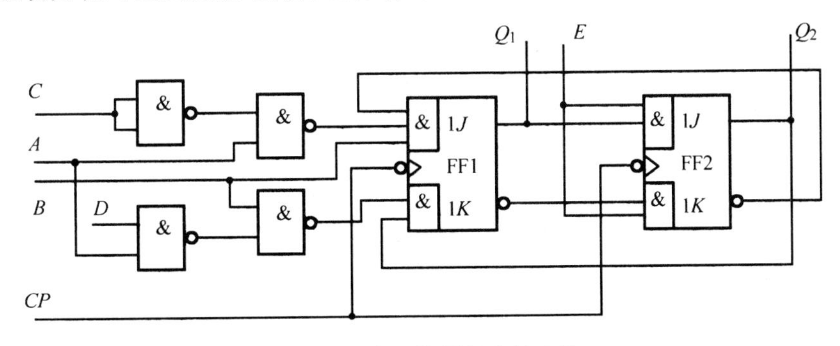

图 6.46　交通信号灯主控电路

2）各种计时电路的设计

45 s 定时电路开始计时是目前状态进入 S_0,即 Q_2Q_1 为 00,并且支道无车或主、支道均有车到来,因此 45 s 计数器的开启信号为 $OP_1=\overline{Q_2}\,\overline{Q_1}(A+\overline{B})$,电路由两个 BCD 码十进制计数器 74LS192 构成 45 进制计数器,待计满 45 个脉冲后,计数器回零,并向主控制器送出定时信号 $C=1$,如图 6.47 所示。

同理,可用 BCD 码十进制计数器构成 25 s 定时电路和 5 s 定时电路,向主控制器送出定

时信号 D 和 E。25 s 定时器的开启信号为:$OP_2 = Q_2Q_1B$,5 s 定时器的开启信号为:$OP_3 = Q_1 \oplus Q_2$。类似地,25 进制电路及 5 进制电路读者可以自己完成。

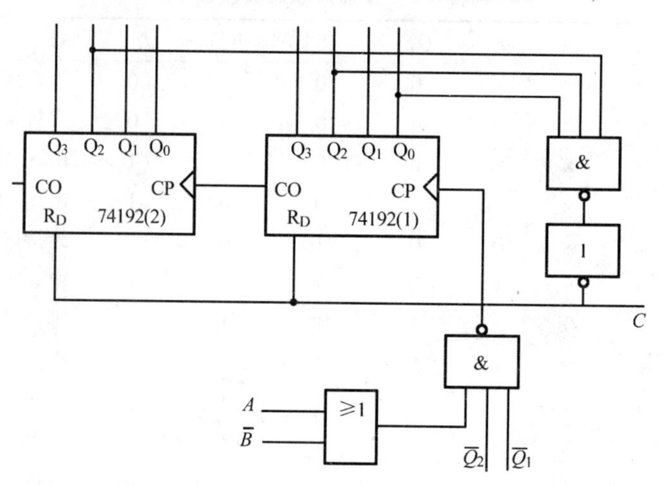

图 6.47　45 进制计数器电路图

3）显示电路

主控制器的 4 种输出状态分别控制主、支道路的红、绿、黄三色信号灯,设"亮"为 0 状态,"灭"为 1 状态,可得到译码真值表(表 6.7)和逻辑表达式,根据真值表写出表达式比较简单,读者可自己完成。

表 6.7　译码真值表

主控制器输出		主干道灯状态			支干道灯状态		
Q_2	Q_1	红(R)	黄(Y)	绿(G)	红(R)	黄(Y)	绿(G)
0	0	1	1	0	0	1	1
0	1	1	0	1	0	1	1
1	1	0	1	1	1	1	0
1	0	0	1	1	1	0	1

4）方波产生电路

方波产生电路可以用 555 定时器构成振荡器,具体电路可参见图 6.39,其振荡频率由外设的电阻、电容来确定,振荡频率一般设置在 1 kHz 左右比较容易起振,然后再用三级十进制计数器进行分频得到秒脉冲。

6.7　多组竞赛抢答器的设计

6.7.1　简述

在许多比赛活动中,为了准确、公正、直观地判断出第一抢答者,通常设置一台抢答器。通过抢答器的数显、音响等手段指示出第一抢答者。同时,还可以设置定时、犯规等多种扩展功能。本课题要求分别用优先编码器 74LS148 和集成 D 触发器 74LS273 两种电路组成可供 8 个组参赛的竞赛抢答器。

6.7.2 设计任务和要求

(1) 设计一个同时可供8个组参赛的抢答器,他们的编号分别是0、1、2、3、4、5、6、7,每组控制一个抢答开关,分别是S_0、S_1、S_2、S_3、S_4、S_5、S_6、S_7。

(2) 给主持人设置一个控制开关,用来控制整个系统的清零和抢答的开始。

(3) 抢答器具有数据锁存和显示的功能。抢答开始后,第一抢答者按动抢答按钮后,第一抢答者的编号立即锁存,并在LED数码管上显示出第一抢答者的组别编号,同时扬声器给出音响提示。此外,要封锁输入电路,禁止其他各组抢答。第一抢答者的编号一直保持到主持人将系统清零为止。

6.7.3 设计思路

抢答器的总体框图如图6.48所示,开始抢答后,当选手按动抢答键时,能显示选手的编号,同时能封锁输入电路,禁止其他选手抢答。

如图6.48所示的抢答器的工作过程是:接通电源时,节目主持人将开关置于"清除"位置,抢答器处于禁止工作状态,编号显示器灭灯,当主持人宣布抢答题目后,说一声"抢答开始",同时将控制开关拨到"开始"位置,抢答器处于工作状态。当有选手按动抢答键时,抢答器要完成以下三项工作:(1) 优先编码电路立即分辨出抢答者的编号,并由锁存器进行锁存,然后由译码显示电路显示抢答者编号;(2) 扬声器发出声响,提醒主持人注意;(3) 控制电路要对输入编码电路进行封锁,避免其他选手再次进行抢答。当选手将问题回答完毕,主持人操作控制开关,使系统回复到禁止工作状态,以便进行下一轮抢答。

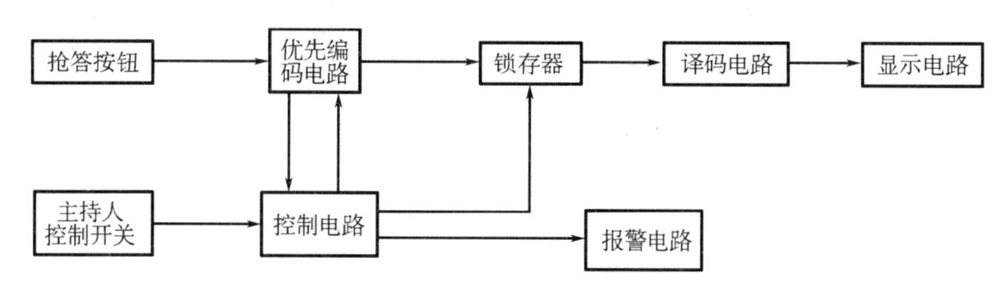

图6.48 抢答器总体框图

6.7.4 电路设计

1) 抢答电路设计

抢答电路的功能有两个:一是能分辨出选手按键的先后,并锁存优先抢答者的编号,供译码显示电路用;二是要使其他选手的按键操作无效。选用优先编码器74LS148和*RS*锁存器74LS279可以完成上述功能,其参考电路如图6.49所示。其工作原理是:当主持人控制开关处于"清除"位置时,*RS*触发器的$\overline{R}$端为低电平,输出端($4Q \sim 1Q$)全部为低电平,于是74LS48的$\overline{BI}=0$,显示器灭灯;74LS148的选通输入端$\overline{ST}=0$,74LS148处于工作状态,此时锁存电路不工作。当主持人开关拨到"开始"位置时,优先编码电路和锁存电路同时处于工作状态,即抢答器处于等待工作状态,等待输入端$\overline{I}_7 \sim \overline{I}_0$的输入信号,当有选手将键按下时(如按下$S_6$),74LS148的输出$\overline{Q}_C\ \overline{Q}_B\ \overline{Q}_A=001$,$\overline{Y}_{EX}=0$,经*RS*锁存器后,$CTR=1$,$\overline{BI}=1$,74LS279处于工作状态,$4Q3Q2Q=110$,经74LS48译码后,显示器显示出"6"。同时,在$\overline{Y}_{EX}$

由“1”翻转为“0”时，还驱动报警电路工作，发出音响。此外，$CTR=1$，使74LS148的$\overline{ST}$端为高电平，74LS148处于禁止工作状态，封锁了其他按键的输入。当按下的键松开后，74LS148的$\overline{Y}_{EX}$为高电平，但由于CTR维持高电平不变，所以74LS148仍处于禁止工作状态，其他按键的输入信号不会被接收。这就保证了抢答者的优先性以及抢答电路的准确性。当优先抢答者回答完问题后，由主持人操作控制开关S，使抢答电路复位，以便进行下一轮抢答。

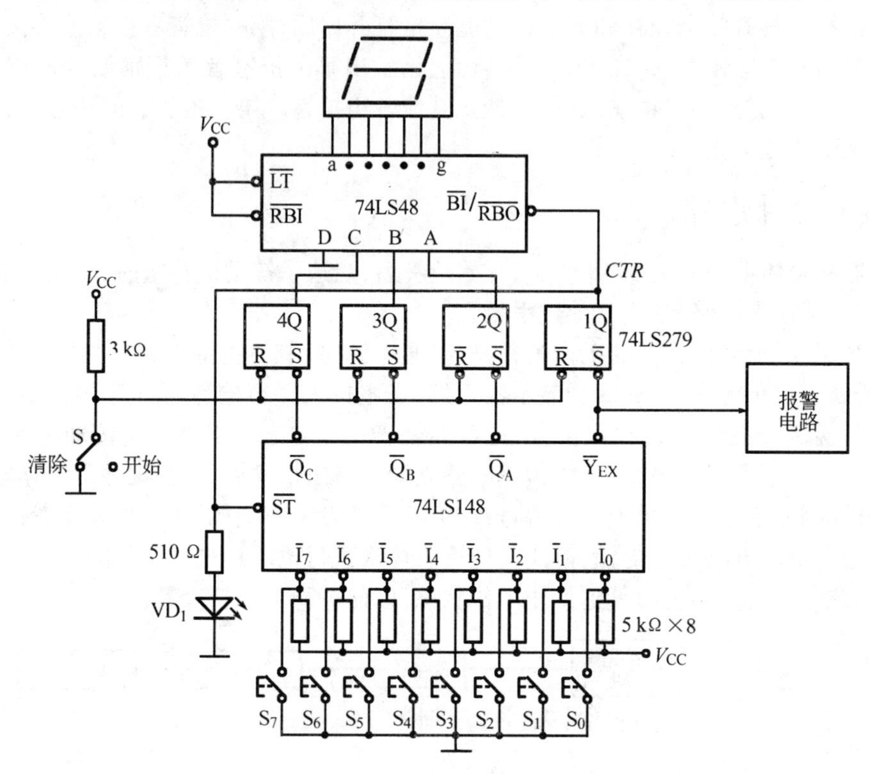

图6.49 抢答器参考电路

2）报警电路设计

报警电路如图6.50所示，在图6.49抢答器电路中，如有选手按下抢答按钮，优先编码器74LS148的优先扩展输出端$\overline{Y}_{EX}$由“1”翻转为“0”时，驱动报警电路工作，发出“叮咚”音响，提醒主持人注意。

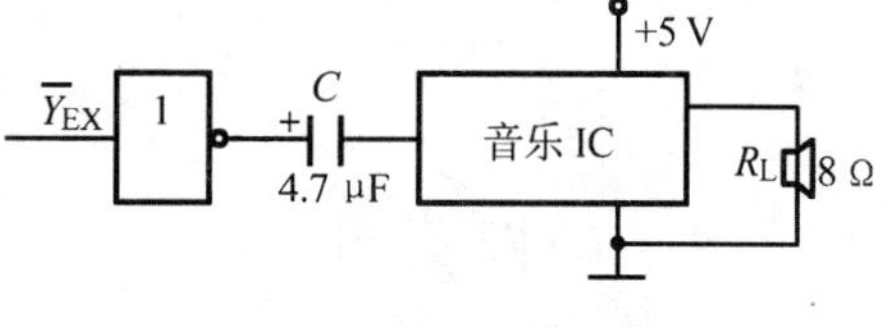

图6.50 报警电路示意图

3）8D触发器构成的八路抢答器电路

由8D触发器集成电路构成的八路抢答器电路如图6.51所示。

图6.51电路中IC_1为带公共时钟和复位端的8D触发器74LS273。利用IC_1的锁存特性，在单向晶闸管VS的控制下，可实现优先抢答、音响提示及数字显示等功能。

$S_1 \sim S_8$为自复式常开按钮开关，分别为8位抢答按键，与它相连的$R_1 \sim R_8$为下拉电阻，以保证未按下$S_1 \sim S_8$中的任一个键时，IC_1的输入端$D_1 \sim D_8$均为低电平。S_0为供主持人用于清除抢答信号的自复式常闭按钮开关。VD_9、R_{11}及C_1组成上电复位清除电路，只要按下S_0，再松手接通电源时，IC_1便被清零复位，$Q_1 \sim Q_8$ 8个输出端均输出低电平。IC_2为

CH233 LED 显示驱动集成电路,该集成电路输出电流大,可直接驱动数码管 LED。当 IC_2 的所有输入端为低电平时,数码管并不显示"0",而是处于全熄灭状态。IC_3 为 KD 型"叮咚"音乐集成电路。

当主持人发出抢答命令后,假定被第 8 人抢先按下按键 S_8,此时,IC_1 的输入端 D_8 变为高电平,同时,$VD_1 \sim VD_8$ 组成的或门电路输出高电平,触发晶闸管 VS 导通,IC_1 的 CK 端由低电平变为高电平,触发 IC_1 将数据输入端的数据送到数据输出端上,并被锁存,故 IC_1 的数据输出端 Q_8 一直为高电平输出,经 IC_2 译码后,数码管显示"8"。与此同时,VS 导通时产生的触发信号经 C_2 耦合,触发 IC_3 工作,使扬声器发出"叮咚"的音响。在这之后,无论谁再按动抢答键,都不能使 IC_1 输出的数据发生变化,因此,数码管的显示也不会发生变化,IC_3 也不会再产生音响信号,从而实现了优先抢答的功能。当主持人按一下开关 S_0 时,电路将断电自动复位一次,显示数码管熄灭,为下一次的抢答做好准备。

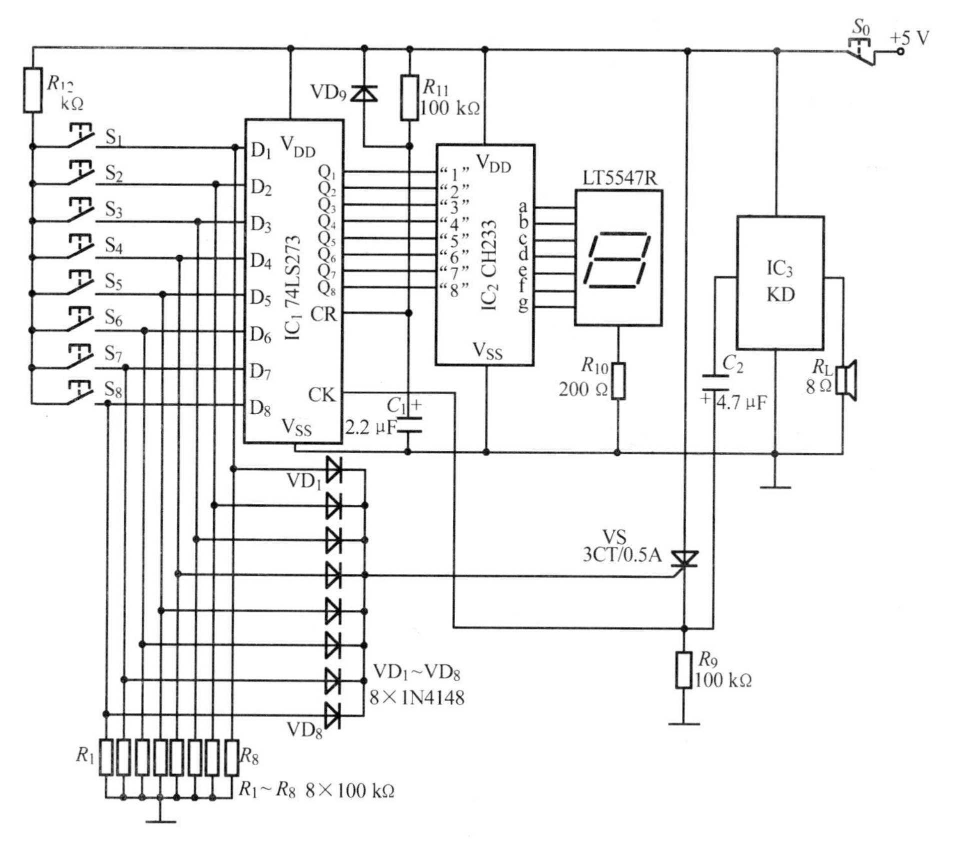

图 6.51 由 *D* 触发器组成的抢答器电路

6.8 节日彩灯控制器的设计

6.8.1 简述

节日的彩灯五彩缤纷,千姿百态,为节日增添了喜庆和欢乐的气氛。彩灯的控制电路种类很多,如可由十进制计数器/脉冲分配器CC4017组成各种彩灯控制器。本课题要求用移位寄存器74LS194为核心元件设计制作一个8路彩灯控制器。

6.8.2 设计任务和要求

(1) 彩灯控制电路要求控制8个以上的彩灯。

(2) 要求彩灯组成两种以上花型,每种花型连续循环两次,各种花型轮流交替。

6.8.3 设计思路

该彩灯控制器的总体原理框图如图6.52所示。

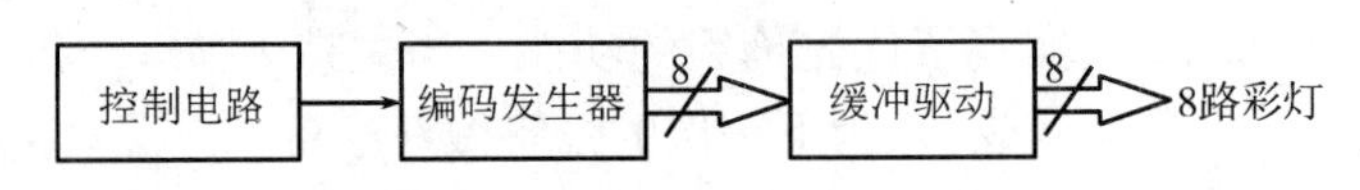

图6.52 彩灯控制器的总体原理框图

6.8.4 电路设计

1) 编码发生器

编码发生器要求根据花型按节拍送出8位状态编码信号,以控制彩灯按规律亮灭。因为彩灯路数少,花型要求不多,该设计课题宜选用移位寄存器输出8路数字信号控制彩灯发光。

编码发生器采用两片4位通用移位寄存器74LS194来实现。74LS194具有异步清除和同步预置、左移、右移、保持等多种功能,控制方便灵活。8路彩灯用两片74LS194组成8位移位寄存器进行控制。花型选择比较灵活。

需要注意的是,一般情况下左移是指由低位向高位移。但是由于74LS194中高低位的几何位置和一般的书写习惯相反,因此由低位向高位移时在74LS194中应该执行右移操作。

移位寄存器的8个输出信号送至LED发光二极管,编码器中数据输入端和控制端的接法由花型决定。这里选择下列两种花型:

花型Ⅰ——8路彩灯由中间到两边对称地依次亮,全亮后仍由中间向两边依次灭。

花型Ⅱ——8路彩灯分成两半,从左至右顺次亮,再顺次灭。

根据选定的花型可列出移存器(编码发生器)的输出状态编码,如表6.8所示。

表6.8 输出状态编码

节拍脉冲	编码 $Q_AQ_BQ_CQ_DQ_EQ_FQ_GQ_H$		节拍脉冲	编码 $Q_AQ_BQ_CQ_DQ_EQ_FQ_GQ_H$	
	花型Ⅰ	花型Ⅱ		花型Ⅰ	花型Ⅱ
1	00000000	00000000	6	11100111	01110111
2	00011000	10001000	7	11000011	00110011
3	00111100	11001100	8	10000001	00010001
4	01111110	11101110	9	00000000	00000000
5	11111111	11111111			

2) 控制电路

控制电路为编码器提供所需的节拍脉冲和驱动信号,控制整个系统工作。控制电路的功能有两个:一是按需要产生节拍脉冲;二是产生移存器所需要的各种驱动信号。控制电路设计通常按照下述步骤进行。

(1) 逐一分析单一花型运行时移位寄存器的工作方式和驱动要求

表6.8是74LS194移位寄存器工作的状态顺序表,它是分析移位寄存器工作方式和驱动要求的依据。

以花型Ⅱ为例:

花型Ⅱ是8拍为一次循环,第9拍自动清零。这样,74LS194的清零端就不需要特别控制,可以始终接"1"。74LS194-1和74LS194-2需要实现的都是Q_0向Q_3移位,对74LS194来讲都是右移。D_{SR1}和D_{SR2}都应接$\overline{Q}_H$,而D_{SL1}和D_{SL2}都可以接任意电平。两片74LS194的控制端M_0都应接"1",而M_1都应接"0"。具体接线如图6.53所示。

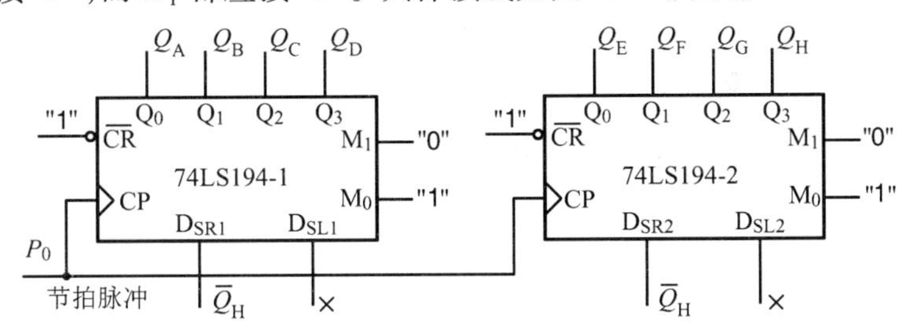

图6.53 花型Ⅱ接线图

同样,花型Ⅰ也是8拍为一次循环,自动清零,状态变化两半对称。将74LS194-1接成4位左移扭环形计数器,74LS194-2接成4位右移扭环形计数器就可实现。

控制端的接线如下:

74LS194-1:M_0="0"、M_1="1"、$D_{SL1}=\overline{Q}_A=\overline{Q}_H$、$D_{SR1}$ = ×

74LS194-2:M_0="1"、M_1="0"、$D_{SR2}=\overline{Q}_H$、D_{SL2} = ×

(2) 节拍控制脉冲的产生

按照上面分析可知,每种花型都是8拍为一次循环,一种花型循环两次需要16拍。实现一个大循环共需32拍。因此节拍控制脉冲需要基本节拍脉冲、16拍的节拍脉冲、32拍的节拍脉冲。节拍控制脉冲产生电路框图如图6.54所示。

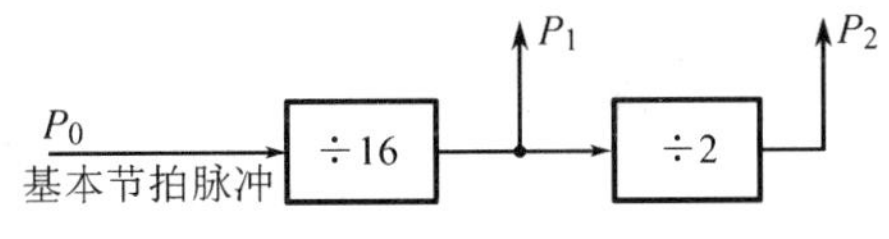

图6.54 节拍脉冲产生框图

74LS194移存器所需的控制信号和节拍控制信号的时序关系如图6.55所示。各控制端和信号的相应关系如表6.9所示。

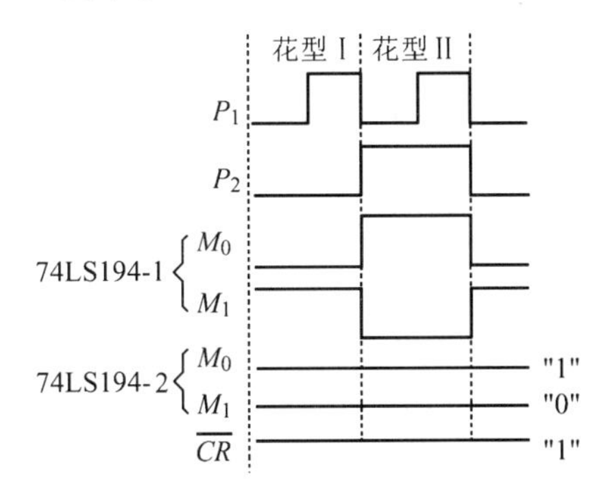

图6.55 节拍控制时序

表 6.9　控制端和信号关系

控制端		Ⅰ	Ⅱ	控制端		Ⅰ	Ⅱ
74LS194－1	M_0	P_2	P_2	74LS194－2	M_0	1	
	M_1	$\overline{P}_2$	$\overline{P}_2$		M_1	0	
	D_{SR1}	×	$\overline{Q}_H$		D_{SR2}	$\overline{Q}_H$	
	D_{SL1}	$\overline{Q}_H$	×		D_{SL2}	×	

有些时候，同样的花型需要不同的工作状态，可以采用数据选择器来协调它们的关系。比如上述实例中想要实现慢节拍 32 拍和快节拍 32 拍，一共 64 拍的大循环，就可以采用如图 6.56 所示电路来控制两片 74LS194 的时钟控制端。其中 74LS157 是 2 选 1 的数据选择器，当控制端为“0”时，输出端输出 A_1 路信号（快节拍），当控制端为“1”时，输出端输出 B_1 路信号（慢节拍）。

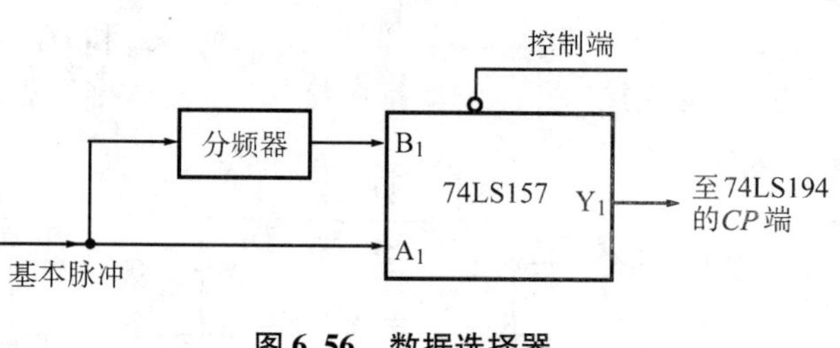

图 6.56　数据选择器

6.9　数据采集系统

6.9.1　简述

数据采集系统是智能仪表、自动控制系统中不可缺少的部分，数据采集精度的好坏直接影响到后续电路的运行质量，甚至会导致整个系统无法正常工作。数据采集系统主要是指将模拟量（例如温度、压力、位移、语音、图像等）变为数字量，并能送到控制器中进行数据的进一步的处理，或者送到存储器中进行保存。考虑到可操作性，本设计只把数据暂存在存储器中。

6.9.2　设计任务与要求

（1）用 ADC0809 或其他的 ADC 转换芯片实现对两路以上的模拟信号的采集，模拟信号以常用物理量温度为对象，可以经传感器、输入变换电路得到与现场温度成线性关系的 0～5 V电压，也可以直接用 0～5 V 的电压模拟现场温度。采集的数据一方面送入存储器保存（如 RAM6264），同时用数码管跟踪显示。

（2）从存储器中读出数据，经 D/A 芯片 DAC0832 或其他芯片作 D/A 转换，观察所得模拟量与输入模拟量的对应情况。

（3）分析转换误差，研究提高转换精度的措施。

6.9.3　设计思路

本课题的主要内容是实现 A/D 和 D/A 转换，在使用具体芯片进行设计之前，必须认真弄清这些芯片的基本原理、管脚功能和使用方法。

实现 A/D 转换的芯片种类很多，有逐次逼近型、积分型等，ADC0809 是最基本、最常用的一种。该芯片是采用逐次逼近型的方法实现转换的，它可以分时将8路模拟量转换成数字量。如果将该芯片的转换启动信号、地址锁存信号和转换结束信号端连接在一起，则电路被接成自动转换形式，实现自动连续转换，即输出数字量总是随输入模拟量的变化而变化。

采用D/A转换的DAC0832是一种基本的D/A转换器件，具体电路和用法可参见本书第4章的相关内容。该电路中包含有8位输入锁存器、数据寄存器和DAC电路，具有单级缓冲、双级缓冲和直接型接法三种，如果将芯片的$\overline{WR_1}$、$\overline{WR_2}$、$\overline{XFER}$接地则构成直通型，即输出模拟量随输入数字量的变化而变化。

若采用RAM6264作为存储器，其存储容量为8 K，字长8位，共有13根地址线，地址信号的获得可以由计数器产生。ADC0809的8条数据线可以通过数据缓冲器与RAM的数据线相连。

在安装调试时，必须注意存储器地址信号、读/写信号、数据缓冲器控制信号和A/D芯片地址通道选择信号的配合，才能保证电路正常工作。

6.9.4　电路设计

系统由A/D转换器ADC0809、锁存器74LS373、数据存储器RAM6264、D/A转换器DAC0832以及由74LS161组成的计数器等电路构成。系统总原理图如图6.57所示。

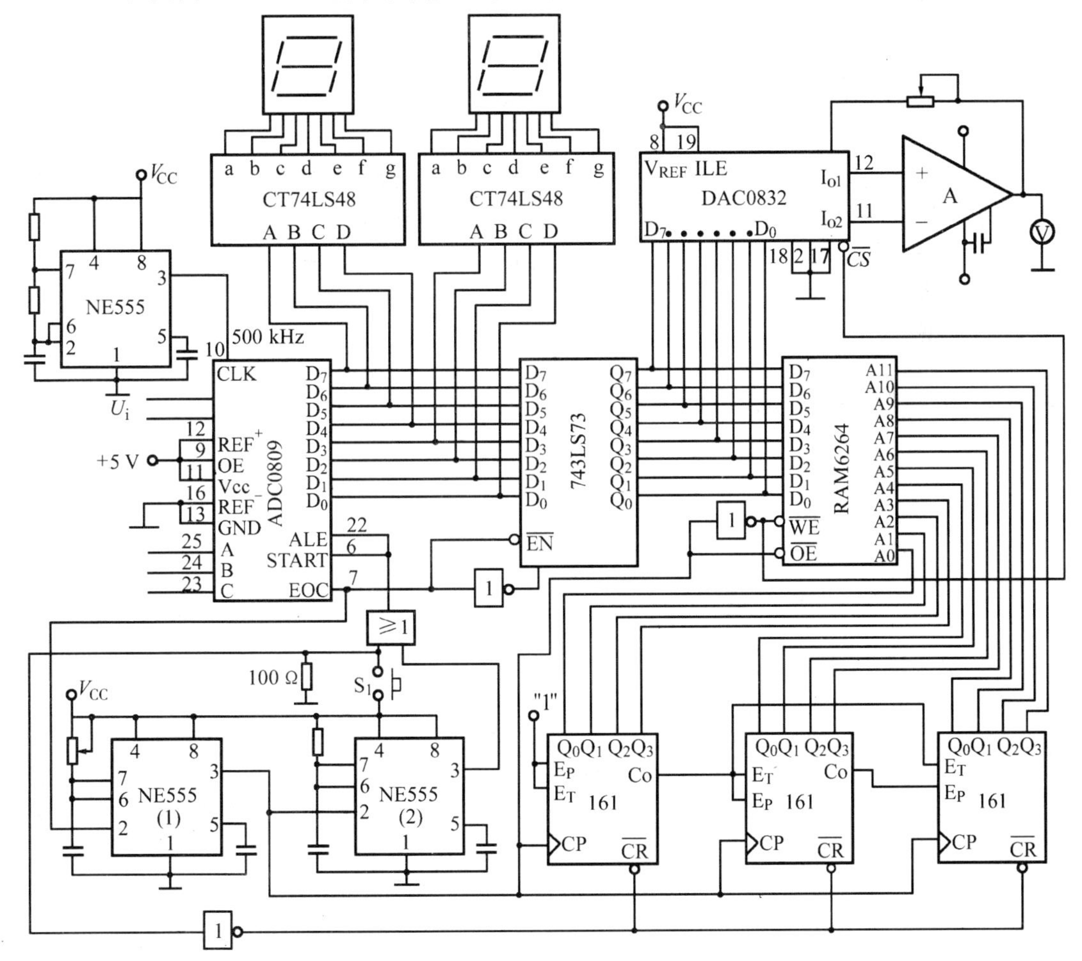

图6.57　多路数据采集系统

1) A/D 转换电路

8 位 A/D 转换器 ADC0809 接成可控制的转换形式,由计数器清零信号启动,或者每转换一次结束之后经过存储,D/A 转换再由控制电路启动下一次 A/D 转换。改变 ADC0809 的地址线 A、B、C 的状态,可以对输入信号进行选择。

2) D/A 转换电路

DAC0832 接成直通型,即将$\overline{WR_1}$、$\overline{WR_2}$、$\overline{XFER}$三个端接地,当片选端$\overline{CS}$为低电平时,其输出随输入的变化而变化。

3) 控制电路

保证系统正确运行的重要条件是控制电路能给出正确的时序信号,电路中主要利用两级单稳态电路和一些门电路。当 A/D 转换完毕后启动第一级单稳态延时电路,以形成地址产生电路的时钟信号,第二级延时电路延时后再启动 A/D 电路进行循环转换。

4) 地址产生电路

地址产生电路的任务是产生存储器的地址,其电路由 3 片 4 位二进制计数器 74LS161 组成,形成 12 位存储器地址信号,剩余的存储器高位地址接地。

6.10 温度测量仪

6.10.1 简述

温度是非电物理量,在工农业生产中是一个常用的量,如锅炉的温度自动调节、生产现场的温度控制等。要实现自动控制,首先要解决的问题是怎样将温度这个非电量转换为电量,然后对这个电量进行精确测量,再把测量得到的温度值送到计算机或 CPU 进行必要的数据处理,最后再返回到现场,即可实现闭环控制。本课题的任务是要解决温度的精确测量并用数码管直接显示测量结果。

6.10.2 设计任务与要求

(1) 测温范围:0 ~99 ℃,误差 <1 ℃。

(2) 显示位数:2 位(× ×),分辨率 1 ℃。

(3) 测温现场与控制电路可以分开。

(4) 可设置温度上限报警。

6.10.3 设计思路

温度是一个非电量,要进行测量,首先要做的是把温度转换为电量,可以是电压信号也可以是电流信号,实现这一物理量的转换需要用到温度传感器。温度传感器有电压型和电流型两类,这要根据测温现场的条件及要求来选择,本设计要求测温现场与控制电路分开,因而选择电流型传感器较好。

从传感器出来的信号一般是比较小的信号,不能直接送到 A/D 转换器件进行转换,一般需要进行放大处理,再送到 A/D 转换器,经 A/D 转换后的量是十六进制数字量,可以直接送到数码管进行显示,但和人们的习惯稍微有点差别。如果要用十进制显示,还需加十六进制/十进制转换电路。这虽然有专门的集成电路,但会使本设计更加复杂,不宜作为本科生的综合课程设计。

6.10.4　电路设计

1）数据的采集

（1）AD590 温度传感器

AD590 产生的电流与绝对温度成正比,它可接收的工作电压为 4～30 V,检测的温度范围为 -55 ℃～+150 ℃,它有非常好的线性输出性能,温度每增加 1 ℃,其电流增加 1 μA。AD590 的外形图如图 6.58 所示,电路符号如图 6.59 所示。

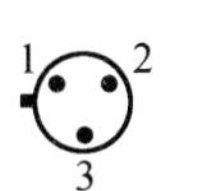

图 6.58　AD590 的外形电路

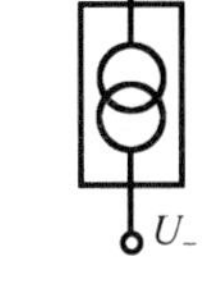

图 6.59　集成温度传感器电路符号

AD590 温度与电流的关系如表 6.10 所示。

表 6.10　AD590 温度与电流的关系

摄氏温度(℃)	AD590 电流(μA)	输出电压(V)
0	273	0
5	278	0.5
10	283	1
15	288	1.5
20	293	2
25	298	2.5
30	303	3
35	308	3.5
40	313	4

AD590 的主要特性如下:

① 流过器件的电流微安数等于器件所处环境温度的热力学温度数,即:

$$I_T/T = 1\ \mu A/K$$

式中:I_T——流过 AD590 的电流(μA)。

T——环境温度(K)。

② AD590 的测温范围为 -55 ℃～+150 ℃。

③ AD590 的电源电压范围为 4～30 V,电源电压从 4 V 到 6 V 变化,电流 I_T 变化 1 μA,相当于温度变化 1 K。AD590 可以承受 44 V 正向电压和 20 V 反向电压。

④ AD590 的输出电阻为 710 MΩ。

⑤ 精度高，AD590 共有 I、J、K、L、M 五挡不同精度。其中 M 挡精度最高，在 -55 ℃ ~ 150 ℃范围内，非线性误差为 ±0.3 ℃；I 挡误差最大，约为 ±10 ℃，故应用时应校正（补偿）。

（2）斩波自稳零集成运算放大器 CF7650

CF7650 是第四代集成运放，它是性能很优越的集成运放，内部设有时钟（约 200 Hz）、误差检测校零电路，从而实现自稳零。在 -25 ℃ ~ +80 ℃的工作范围，失调电压温度漂移在 0.001 μV/℃，故失调电压漂移低于 1 μV。且由于输入电阻很高，则输入电流很小，典型值为 10^{-10} A。而开环电压增益很高，典型值为 140 dB，共模抑制比高于 130 dB。

型号：CF7650CT，CF7650LT，CF7650CP，CF7650LJ。

主要参数：

① 电源电压极限：±7.5 V。

② 输入电压极限：$(U_+ + 0.3 \sim U_- - 0.3)$ V。

③ 共模输入电压范围：-5 ~ +2.3 V。

④ 外接时钟电压极限：$(U_+ + 0.3 \sim U_- - 0.6)$ V。

⑤ 时钟频率：200 ~ 300 Hz。

⑥ 开环电压放大倍数：$(R_L = 10\ k\Omega)\ 5 \times 10^6$ 倍。

⑦ 共模抑制比：130 dB。

⑧ 输入电阻：$10^{12}\Omega$。

⑨ 单位增益带宽：2.0 MHz。

⑩ 电源电流：$(R_L = \infty)$ 2.0 mA。

（3）由电流型温度传感器 AD590 和运放 CF7650 组成的测温放大电路

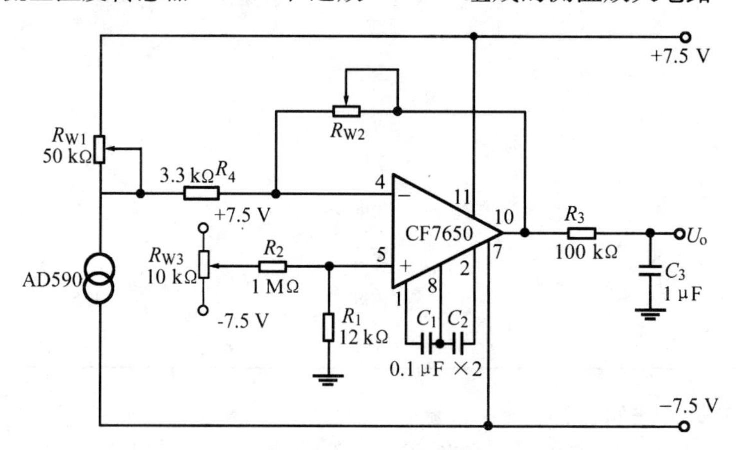

图 6.60　由 CF7650 组成的测温放大电路

测温放大电路原理图如图 6.60 所示。±7.5 V 通过 R_{W1} 加在 AD590 上，当温度变化时，通过 AD590 的电流变化，则 R_{W1} 上的电压降变化，从而使运放反相输入端的电压随温度变化。这个电压被运放放大由 10 脚输出，再经 R_3、C_3 滤除干扰信号后由输出端输出 U_o。可见 U_o 是随被测物体的温度而变化的。R_{W1} 是调零电位器，R_{W2} 为满度调节电位器，R_{W3} 用于调节放大器的输入失调。

该电路测温范围为：0 ~ 99 ℃，输出电压为 0 ~ 5 V。输出的电压信号接 ADC0809，进行 A/D 转换。

2）数据的处理与显示

将温度信号转换为电压信号后，需要将模拟量转换为数字量，可以选用 A/D 转换器，因为只有一路数据需要处理，因此直接选用 ADC0804 即可，ADC0804 和 ADC0809 属于一个系列，前者输入通道数少，而后者有 8 个通道，因为本设计中只用到一个通道，虽然选用 ADC0809 会造成不用的输入端较多，是一种浪费，但考虑到实验箱上的 A/D 转换器件是 ADC0809，在原理图设计上将继续采用 ADC0809 作为 A/D 转换器件。A/D 转换的输出是 8 位二进制码，可以用低 4 位、高 4 位分别驱动两个数码管进行显示，显示的值最大范围为 00 ~ FF，本设计只要显示 00H ~ 63H 即可。数据的转换与显示电路如图 6.61 所示。

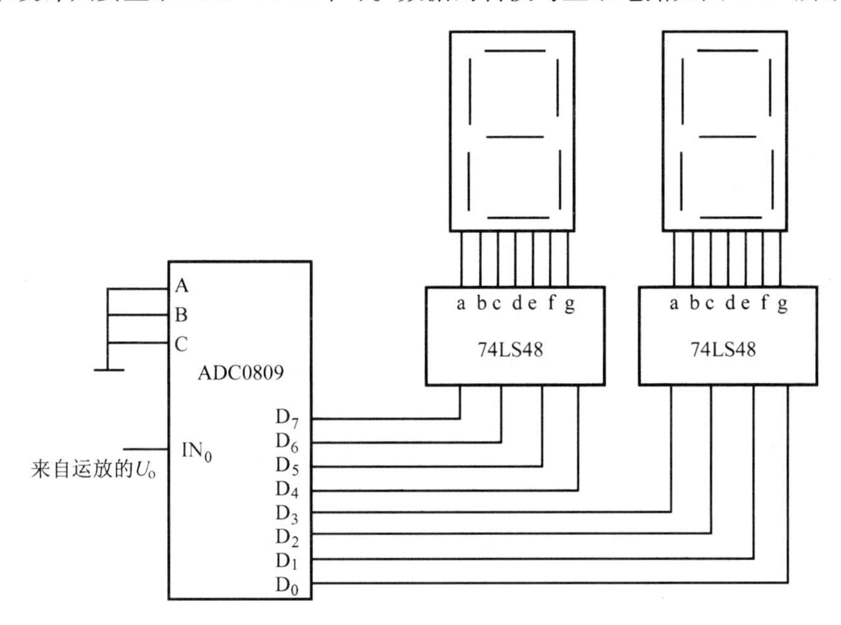

图 6.61 数据处理与显示电路

6.11 低频相位计的设计

6.11.1 简述

相位差的测量在工农业生产中应用非常广泛。工程上用符号 φ 表示电路的电压和电流之间的相位差角。因为相位角 $\varphi=\omega\tau=2\pi f\tau$，在频率 f 为固定不变的条件下，可以通过测量时间来达到测量相位 φ 的目的。在现代测量技术中，时间测量的准确度比较高，所以遇到要求对相位进行精密测量的场合，可以把对相位角 φ 的测量转换为对时间 τ 的测量。常用 $\cos\varphi$ 表示功率因数，这个量在电力系统中用得较多，对如何有效地提高电能的使用率有着重大意义。

6.11.2 设计任务与要求

设计并制作一个相位测量仪（参见图 6.62）。

设计要求：

（1）频率范围：20 Hz ~ 20 kHz。

（2）相位测量仪的输入阻抗≥100 kΩ。

（3）允许两路输入正弦信号峰 - 峰值可分别在 1 ~ 5 V 范围内变化。

（4）相位测量绝对误差≤2°。

（5）具有频率测量及数字显示功能。

（6）相位差数字显示：相位读数为 0° ~ 359.9°，分辨率为 0.1°。

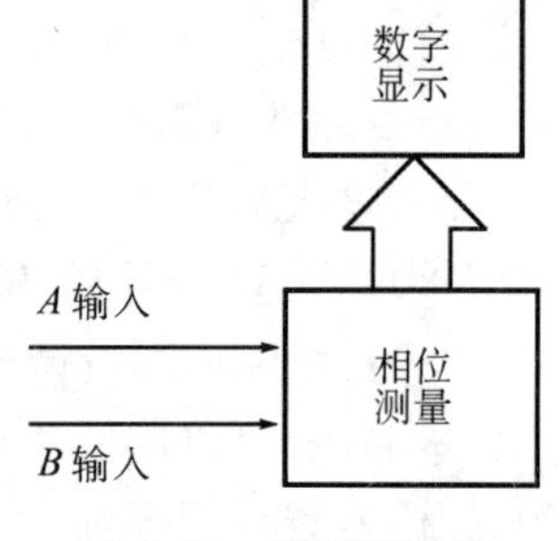

图 6.62　相位测量仪

6.11.3　设计思路

相位差的测量首先要将被测信号的相位差 φ 转换为时间间隔 τ，转换的方法是将两个被测信号经过两个过零比较器，将正弦波信号转换为方波信号，两个方波信号的上升沿之间的差即为时间间隔 τ，可以通过一个门电路将两个上升沿之间的间隔转换为一个窄脉冲，波形的转换如图 6.63 所示。时间间隔 τ 已经通过电路转换出来了，但其大小的测量也是至关重要的，一种方法是采用计数器加闸门控制可以完成该时间的测量，这种方法对实验所测得的数据以相位差的形式进行显示不太方便；另一种方法是直接把时间间隔送到单片机进行计数测量，结果显示也十分方便，但当测量对象的频率较高时（1 kHz），测量误差会明显增大。设计要求测量频率范围是 20 Hz ~ 20 kHz，因此单纯用单片机无法满足此要求，可以把两种方法结合起来完成这一功能。

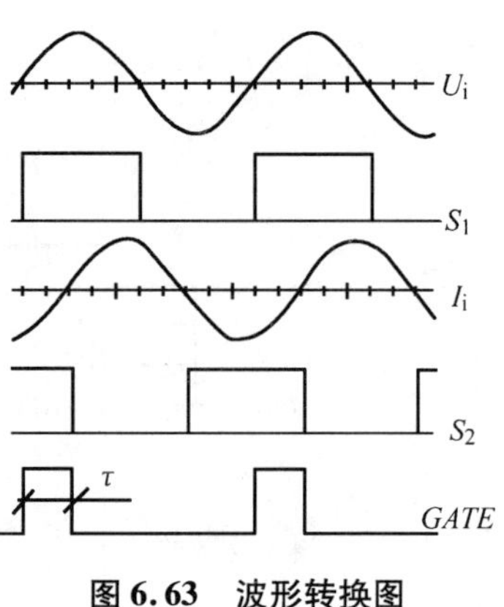

图 6.63　波形转换图

由于设计要求测量电路的输入电阻大于 100 kΩ，所以波形转换电路可以采用同相端输入的方法。测量结果可以直接用数码管（LED）显示出来。整个系统的组成框图如图 6.64 所示。

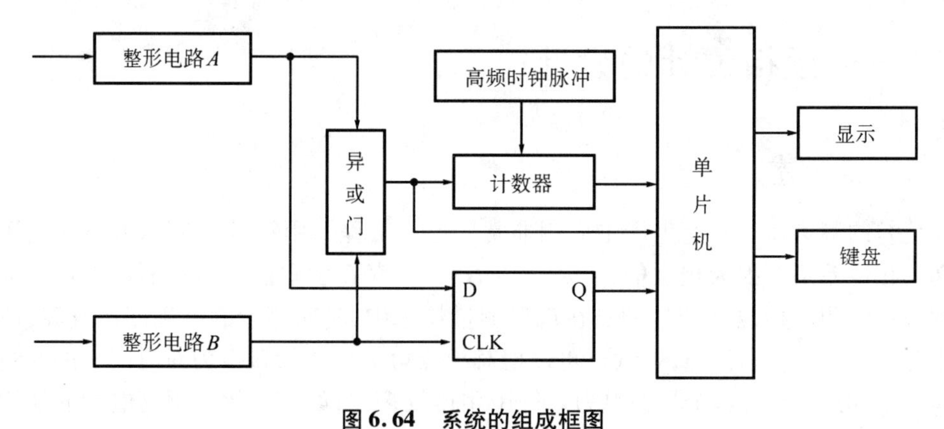

图 6.64　系统的组成框图

6.11.4　电路设计

1）波形转换电路

时间间隔波形转换电路见图 6.65。电压信号和电流信号分别接入两个比较器，其中电压信号由同相端输入，电流信号由反相端输入，两个比较器的输出为矩形脉冲 S_1 和 S_2，由于比较器的灵敏度较好，矩形脉冲的上升沿仅仅决定于输入信号的过零点，两个脉冲经过与门处理即可合成待测信号 *GATE*，*GATE* 脉冲信号的宽度即为 t_p。波形转换图见图 6.63 所示。

图 6.65 中触发器的作用是判断相位是超前还是滞后，当 Q 输出为低电平时呈感性，Q 为高电平时呈容性。图 6.65 能完成相应的功能，但当被测信号在过零点有干扰时，就有可能出现多个脉冲。为了有效地解决干扰问题，过零比较器可以改为滞回比较器，改进后的电路如图 6.66 所示。用同相端作为输入端的目的是增加输入电阻，以满足设计题目的要求。R_5、R_6 是上拉电阻。

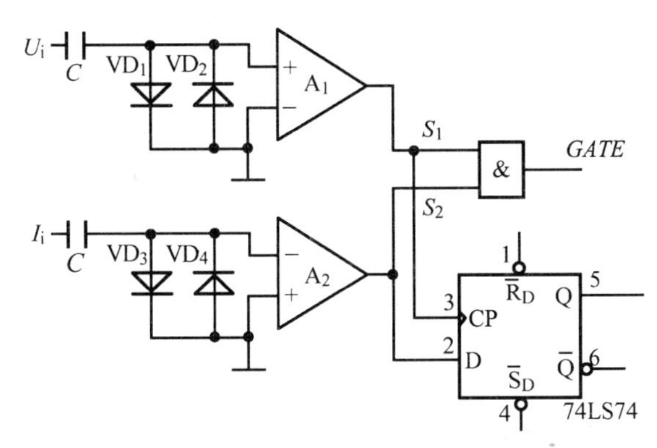

图 6.65　波形转换电路

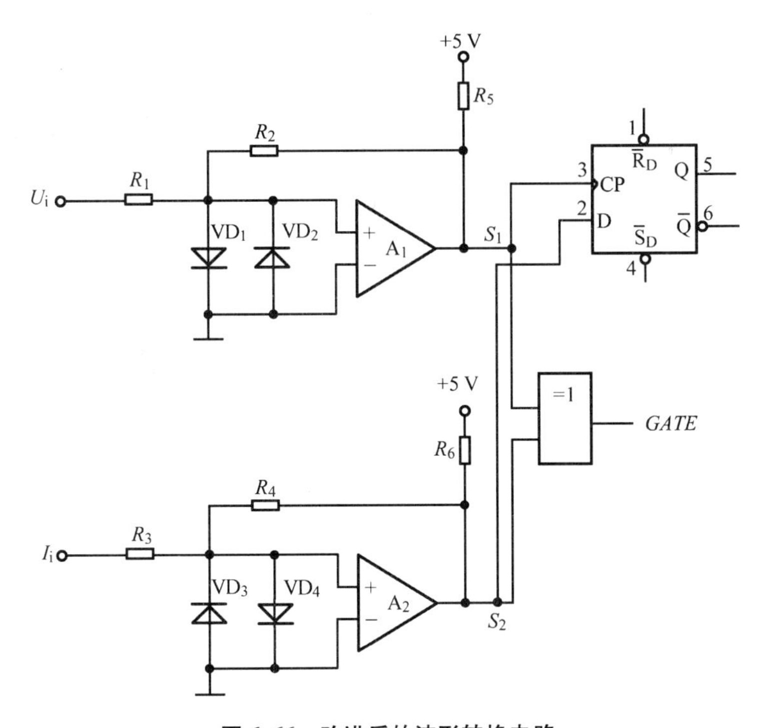

图 6.66　改进后的波形转换电路

2）计时电路

单片机应用系统的时钟频率一般在 6 ~ 12 MHz 左右，执行一条指令至少需要一个机器周期，而完成任何一项工作，至少需要若干条指令，这就是说，单片机操作比数字逻辑电路（无论是组合电路还是时序电路）都慢得多。根据题目的精度要求，相位差绝对误差≤2°，最高频率为20 kHz，如果将异或门输出的方波直接送给单片机计时，由于单片机系统的速度较慢，执行单字节指令至少需要1 μs，无法达到精度的要求，所以可以经过数字逻辑电路计数后（当然最好能用CPLD/FPGA完成计数功能，但成本也相应提高了），再送给单片机处理。数字逻辑电路（TTL型）的最高工作时钟频率可以达到25 MHz，即周期为0.04 μs，这样精度可以得到保证。计数电路可以由普通计数器74LS191构成，用异或门输出的方波控制计数器计数，计数脉冲为高频信号（如20 MHz），用4个74LS191构成16位的计数器，计数值送入单片机处理。16位计数器的连线较简单，读者可自行画出。

3）数据处理与显示电路

数据处理与显示电路如图6.67所示。该电路的作用是，把测得的时间间隔 τ 转换为相位差并且显示出来。相位差的转换用单片机来完成是很容易办到的。显示电路采用移位寄存器具有占用单片机的资源少的优点。

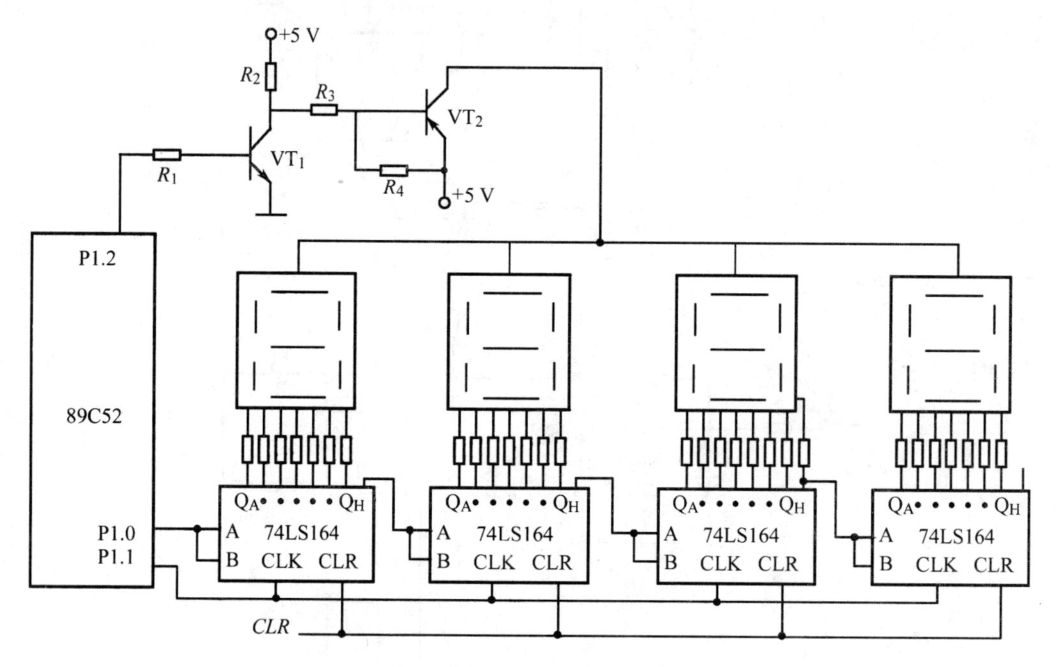

图6.67　数据处理与显示电路

主要参考文献

[1] 邱关源. 电路[M]. 4 版. 北京:高等教育出版社,1999.
[2] 秦曾煌. 电工学[M]. 5 版. 北京:高等教育出版社,1999.
[3] 康华光. 电子技术基础(模拟部分)[M]. 4 版. 北京:高等教育出版社,1999.
[4] 孙桂瑛,齐凤艳. 电路实验[M]. 哈尔滨:哈尔滨工业大学出版社,2001.
[5] 王澄非. 电路与数字逻辑设计实践[M]. 南京:东南大学出版社,1999.
[6] 王振宇. 实验电子技术[M]. 北京:电子工业出版社,2004.
[7] 路而红. 虚拟电子实验室——Multisim 7 & Ultiboard 7[M]. 北京:人民邮电出版社,2005.
[8] 周凯. EWB 虚拟电子实验室——Multisim 7 & Ultiboard 7 电子电路设计与应用[M]. 北京:电子工业出版社,2005.
[9] 谢自美. 电子线路设计·实验·测试[M]. 2 版. 武汉:华中理工大学出版社,2000.
[10] 付家才. 电子工程实践技术[M]. 北京:化学工业出版社,2003.
[11] 黄继昌. 数字集成电路应用 300 例[M]. 北京:人民邮电出版社,2002.
[12] 吴新开,于立言. 电工电子实践教程[M]. 北京:人民邮电出版社,2002.